PMS2.0

设备(资产)运维
精益管理系统(PMS2.0)
应用百问百答
(第二版)

国网黑龙江省电力有限公司设备管理部 组编

内容提要

本书以标准化、精益化管理为原则，以生产人员实际应用环境为基础，结合多年 PMS2.0 系统推广经验和基层单位实际应用经验编写而成。全书共分为八个部分，分别为电网资产管理——台账部分、图形部分，电网运维检修管理，实物资产管理，指标管理与统计分析，电网资源管理——技改一体化管理、大修一体化管理，PMS2.0 移动作业终端。

本书具有理论与实际紧密结合、图文并茂、易学易用等特点，涵盖了 PMS2.0 系统各专业常用模块所需的基础操作知识和常见问题解析，具有很强的专业性、实用性和可操作性。

本书开发了系统操作培训试题库自测小程序，具备自学、模拟考试等功能。

本书可供国家电网有限公司系统内电力生产管理人员和输电、变电、配电现场一线生产人员学习使用。

图书在版编目（CIP）数据

设备（资产）运维精益管理系统（PMS2.0）应用百问百答／国网黑龙江省电力有限公司设备管理部组编．—2 版．—北京：中国电力出版社，2020.11

ISBN 978-7-5198-5054-8

Ⅰ．①设…　Ⅱ．①国…　Ⅲ．①电网—电力系统运行—问题解答 ②电网—电气设备—维修—问题解答　Ⅳ．①TM727-44

中国版本图书馆 CIP 数据核字（2020）第 194540 号

出版发行：中国电力出版社
地　　址：北京市东城区北京站西街 19 号（邮政编码 100005）
网　　址：http://www.cepp.sgcc.com.cn
责任编辑：薛　红
责任校对：黄　蓓　于　维
装帧设计：郝晓燕
责任印制：石　雷

印　　刷：三河市百盛印装有限公司
版　　次：2019 年 10 月第一版　2020 年 11 月第二版
印　　次：2020 年 11 月北京第三次印刷
开　　本：710 毫米 ×1000 毫米　16 开本
印　　张：19.75
字　　数：332 千字
印　　数：4001—6500 册
定　　价：80.00 元

编 委 会

前言

国家电网有限公司设备（资产）运维精益管理系统（PMS2.0 系统）自 2012 年建设投运以来，深刻体现了国家电网有限公司统一信息平台，加强融合共享的思路。系统面向智能电网管理，实现对电力生产执行层、管理层、决策层业务全覆盖，实现了管理的高效、集约。PMS2.0 系统覆盖了运维检修全过程精益化管理和电网资产的全寿命周期管理，贯通了运维检修业务流程，对智能电网建设提供坚强支撑；较传统纸质办公，在数据规范性及查询统计便利性上存在很大优势，便于有针对性地开展各类运检数据分析，提高管理效率。

为适应国家电网有限公司生产信息化建设要求，全面提升 PMS2.0 系统应用水平，支撑设备（资产）全寿命周期标准化、精益化管理，国网黑龙江省电力有限公司设备管理部组织相关专家编写了《设备（资产）运维精益管理系统（PMS2.0）应用百问百答》，并于 2019 年出版发行，各级管理人员和基层班组人员普遍认为在解决系统应用基础培训困难方面提供了强有力的帮助，在规范化应用管理和数据管理方面提供了强有力的支撑。同时，各级生产人员提出扩充图书内容、增加范例的建议和需求。为及时解决基层需求，持续提升 PMS2.0 系统管理和应用水平，国网黑龙江省电力有限公司设备管理部组织对《设备（资产）运维精益管理系统（PMS2.0）应用百问百答》进行了第二版的编写工作。

第二版在第一版的基础上更新了部分系统的操作，并且新增了技改一体化管理、大修一体化管理、PMS2.0 移动作业终端等功能，进一步提升了系统的应用性。第二版全书分为电网资产管理——台账部分、图形部分，电网运维检修管理，实物资产管理，指标管理与统计分析，电网资源管理——技改一体化管理、大修一体化管理，PMS2.0 移动作业终端八大部分，涵盖了PMS2.0 系统各专业常用模块所需的基础操作知识和常见问题解析，具有很强的专业性、实用性和可操作性。

由于编写时间仓促及水平有限，书中难免存在疏漏之处，为了更好地促进工作，恳请各位专家及广大读者批评指正，使之不断完善。

编　者

2020 年 10 月

目 录

前言

一　电网资产管理——台账部分 / 1

1. 配电网电系铭牌如何建立？ / 2

2. 铭牌应该如何注销？有哪些注意事项？ / 5

3. 铭牌应该如何变更？ / 6

4. 主网设备变更如何启动——台账和图形？ / 8

5. 配电网设备新增流程如何启动——图形？ / 11

6. 配电网设备新增流程如何启动——台账？ / 14

7. 站用交直流设备应如何建立？/ 18

8. 继电保护及自动化设备应如何建立？/ 24

9. 消防设施应如何建立？/ 28

10. 防误装置应如何建立？/ 30

11. 退役设备流程如何启动？/ 31

12. 设备修改流程如何启动？/ 40

13. 电系铭牌如何查询并导出设备 ID？ / 42

14. 新建线路如何创建主线、分支线？ / 45

15. 线路或分支退役怎样处理？ / 46

16. 如何进行设备认领？ / 46

17. 站房类设备如何查找主线？ / 48

18. 导线杆塔设备台账重复如何处理？ / 50

19. 怎么使用待办业务查找、回退功能？ / 51

20. 站内同一设备类型如何复制台账？ / 52

21. 杆塔、导线台账如何批量更改？ / 54

22. 如何在台账端找到大馈线台账对其更改？ / 55

23. 大馈线生成后如何创建其分支？ / 56

24. 营配贯通工作生产站—线—变关系是怎样的？ / 57

25. 营配贯通工作台账维护要求有哪些？ / 57

26. 同期线损与线—变关系是怎样的？ / 58

27. 运检转营销设备怎样操作？ / 58

28. PMS 端业扩报装运检操作流程是怎样的？ / 59

29. 二次设备台账怎样创建？ / 61

30. 二次保护怎样创建？ / 62

31. 二次保护屏怎样创建？ / 63

32. 直流系统怎样创建？ / 64

二　电网资产管理——图形部分 / 69

1. 如何使站房内添加的设备准确无遗漏？ / 70

2. 站房类设备能否先绘制站内图，再进行铭牌关联？ / 72

3. 导线无起始、终止杆塔如何处理？ / 73

4. 如何防止直线杆 T 接设备导致拓扑不通？ / 73

5. 新绘制的线路、电站开关未闭合，下端白色如何处理？ / 74

6. 如何确定新画站房所属线路？ / 75

7. 线路间隔变化时，线路关系如何改变？ / 76

8. 图形中删除导线时应注意哪些问题？ / 76

9. 创建大馈线前应做什么准备？ / 77

10. 对图形设备进行编辑时，出现设备单位、责任区不一致怎么办？ / 78

11. 对图形绘制中的某一步进行撤销如何操作？ / 79

12. 图形绘制完后，如何对所有操作进行撤销？ / 80

13. 绘制站房时低压与高压有何区别？ / 81

14. 柱上变压器画（连）低压线路时，为何不用超连接线？ / 82

15. 如何配合营配贯通工作开展？ / 83

16. 低压架空线路画完，设备导航树只有高压设备时应怎么处理？ / 84

17. 图形绘制完，如何检验其准确性？ / 85

18. 质检线路拓扑完整性错误如何处理？ / 85

19. 质检线路端子连通性错误如何处理？ / 86

20. 用何办法查看线路整体布局？ / 87

21. 怎样查看设备变更对专题图的影响？ / 87

22. 怎样从变电站索引图打开屏柜图？ / 89

23. 如何进入站间联络图？ / 89

24. 如何进入区域系统图？ / 91

25. 如何重新生成单线图？ / 91

26. 如何局部更新单线图？ / 93

27. 线路切改工作的顺序如何梳理？ / 93

28. 所属线路怎样更新？ / 96

29. 如何刷新线路的出线开关？ / 97

30. 如何进行大馈线分析？ / 98

31. 冷备用的线路设备投运如何操作？ / 99

32. 如何体现馈线各级关系？ / 101

33. 怎样清空所属大馈线？ / 101

34. 怎样更新馈线所属大馈线？ / 103

35. 怎样创建主线、分支线？ / 104

36. 怎样更新主线、分支线设备到馈线？ / 106

37. 怎样更新低压线路所属变压器？ / 106

38. 怎样维护低压用户接入点？ / 108

39. 怎样删除单线图？ / 109

40. 怎样生成低压台区图？ / 110

41. 怎样维护低压台账？ / 110

42. 怎样做台区沿布图？ / 112

三　电网运维检修管理 / 113

1. 值班岗位及安全天数应如何配置？ / 114

2. 值班班次应如何配置？ / 114

3. 例行工作应如何配置？ / 115

4. 避雷器动作检查怎样配置？ / 116

5. 运行值班日志如何新建？ / 118

6. 巡视周期如何维护？ / 118

7. 巡视计划如何编制？ / 120

8. 巡视记录如何登记？ / 122

9. 临时巡视记录如何录入？ / 125

10. 缺陷如何登记？ / 126

11. 任务池如何新建？ / 131

12. 月度检修计划如何编制？ / 132

13. 周检修计划如何编制？ / 137

14. 工作任务单编制及派发如何进行？ / 140

15. 工作任务单如何受理？ / 140

16. 修试记录如何验收？ / 144

17. 巡视登记、缺陷登记、添加设备时为何无法选取到线路？ / 145

18. 线路定期巡视，有何方法不用每次巡视都做计划？ / 146

19. 线路巡视完发现没有提前做计划，能否登记记录？ / 146

20. 为何班组人员线路定期巡视后，业务数据查询时不合格？ / 146

21. 进行缺陷登记后，业务数据录入为何提示不合格？/ 147

22. 检修计划编制完成，能否添加检修任务或检修设备？ / 147

23. 如何修改设备上次停电时间？ / 147

24. 如何修改设备检修状态？ / 147

25. 工作任务受理后，检修计划时间有变化时处理步骤有哪些？ / 147

26. 什么是带电作业，PMS2.0 中带电作业管理包括哪些内容？ / 148

27. 带电作业管理中，如何进行人员资质维护？ / 148

28. 怎样在带电作业管理中实现人员资质信息审核？ / 150

29. 如何进行人员资质信息统计？ / 153

30. 怎样进行查询统计带电作业？ / 154

31. 如何进行车辆仓库维护？ / 156

32. 如何在带电管理中进行车辆台账维护？ / 158

33. 怎样查询配电带电作业报表？ / 161

34. 故障管理中包含哪些功能？ / 163

35. 如何进行故障登记？ / 163

36. 如何进行故障查询统计？ / 166

37. 怎样进行故障分析模板维护？ / 168

38. 配网停电停役管理包括哪些内容？ / 169

39. 怎样建立停电停役申请？ / 170

40. 如何进行施工联系人维护？ / 172

41. 怎样进行停电申请单统计？ / 173

42. 如何进行申请单查询？ / 174

43. 配电网抢修过程管理包括哪些内容？应如何操作？ / 176

44. 如何配置抢修 APP 的 IP 地址？ / 176

45. 配电网抢修 APP 中如何进行上班、下班操作？都包括哪些内容？ / 178

46. 抢修过程包含哪些内容？ / 184

47. 如何进行勘察汇报？ / 185

48. 怎样填写修复记录？ / 187

四　实物资产管理 / 191

1. 当新增设备台账已完成建立，如何操作进行设备“PM 编码”生成？ / 192

2. 如何对设备资产同步的回填情况进行查询？ / 194

3. 如何对设备资产同步的未同步情况进行查询？ / 194
4. 如何操作可将某一设备退役台账进入退役处置区？ / 195
5. 如何对退役设备进行技术鉴定？技术鉴定结论有哪两类？退役设备处置（技术鉴定）后设备台账转入哪里？ / 197
6. 如何进行退役设备处置情况的查询及导出？ / 197
7. 如何填写技术鉴定申请单，将设备转为待报废状态？ / 198
8. 如何填写技术鉴定申请单，将设备转为再利用状态？ / 200
9. 如何操作可对备品备件进行新增？新增来源有哪些？ / 201
10. 如何对备品备件定额进行修改？ / 201
11. 如何查询并导出备品备件的台账？ / 202
12. 如何操作进行占用其他网省的备品备件？ / 203
13. 如何操作可对再利用库的设备进行处置？可进行哪些处置？ / 203
14. 再利用处置情况的查询及导出怎样操作？ / 205
15. 变更再利用设备的共享级别或取消共享怎样操作？ / 205
16. 当需要进行设备实物 ID 生成时，如何操作才能准确找到所需设备？ / 206
17. 准确找到所需设备后，如何进行设备实物 ID 生成并打印？ / 207
18. 如何查看对应电压等级某类设备的实物 ID 生成及打印情况？ / 208
19. 如何查看对应电站某类设备的实物 ID 生成及打印情况？ / 210
20. 如何操作可查询设备的实物 ID 生成及打印情况并进行数据导出？ / 211
21. 设备调拨情况的查询及导出如何操作？ / 214
22. 省内调拨处置如何操作？ / 214
23. 设备跨省调拨情况的查询及导出如何操作？ / 215
24. 作为跨省调拨的调出单位，如何操作进行跨省调拨申请？ / 216

25. 如何操作进行跨省调拨申请的上报或撤回？ / 217

26. 作为跨省调拨的调入单位，如何操作进行跨省调拨调入单位分配？ / 218

五　指标管理与统计分析 / 221

1. 指标评价包括哪些功能？ / 222

2. 如何进行设备台账查询统计？ / 224

3. 如何进行设备台账专题统计？设备台账专题统计包含哪些内容？ / 227

4. 设备变更查询统计能实现哪些需求？ / 228

5. 如何查询统计工器具及仪器仪表？ / 230

6. 实物资产新投统计如何操作？可按哪些类别进行统计？ / 232

7. 实物资产再利用统计如何操作？可按哪些类别进行统计？ / 232

8. 实物资产退役统计如何操作？可按哪些类别进行统计？ / 233

9. 实物资产备品备件统计如何操作？可按哪些类别进行统计？ / 234

10. 实物资产报废统计如何操作？可按哪些类别进行统计？ / 234

11. 实物资产账卡物一致性统计如何操作？可按哪些类别进行统计？ / 235

12. 实物资产跨省调拨统计如何操作？可按哪些类别进行统计？ / 236

13. 巡视记录查询统计如何进行？ / 237

14. 缺陷查询统计如何进行？ / 238

15. 计划执行情况查询统计如何进行？ / 240

16. 两票查询统计如何进行？ / 243

六　电网资源管理——技改一体化管理 / 249

1. 系统中技改一体化管理包含哪些？ / 250

2. 技改需求管理如何编制？ / 250

3. 在需求编制下如何查询出对应数据？ / 252

4. 需求项目如何修改？ / 252

5. 需求项目如何查看详细？ / 253

6. 技改需求项目如何上报及审核？ / 254

7. 技改项储备项目如何编制？ / 256

8. 技改项目里程碑如何编制？ / 262

9. 技改项目如何完善实施进度？ / 263

10. 技改项目里程碑如何查询？ / 266

11. 技改规划项目如何编制？ / 267

12. 规划项目如何修改？ / 269

13. 规划项目如何上报？ / 270

七 电网资源管理——大修一体化管理 / 271

1. 系统中大修一体化管理包含哪些？ / 272

2. 大修需求管理如何编制？ / 272

3. 在需求编制下如何查询出对应数据？ / 274

4. 需求项目如何修改？ / 274

5. 需求项目如何查看详细信息？ / 275

6. 大修需求项目如何上报及审核？ / 276

7. 大修储备项目如何编制？ / 278

8. 大修项目里程碑如何编制？ / 284

9. 大修项目如何完善实施进度？ / 285

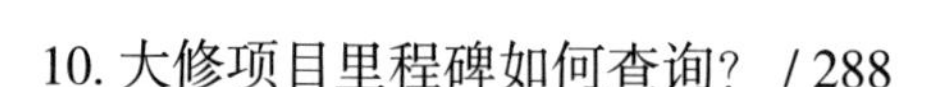

10. 大修项目里程碑如何查询？ / 288

八　PMS2.0 移动作业终端 / 291

1. 移动作业终端启动流程是怎样的？ / 292

2. 用移动作业终端怎样新增设备（以变电为例）？ / 292

3. PMS 移动端如何上传作业卡？ / 293

4. PMS 移动端如何上传运维标准作业卡？ / 295

5. PMS 移动端如何删除运维标准作业卡？ / 296

6. 如何区分是否为移动终端录的巡视记录？ / 297

7. 如何区分是否为移动终端录的缺陷记录？ / 298

8. 如何区分是否为移动终端录的隐患记录？ / 298

一　电网资产管理——台账部分

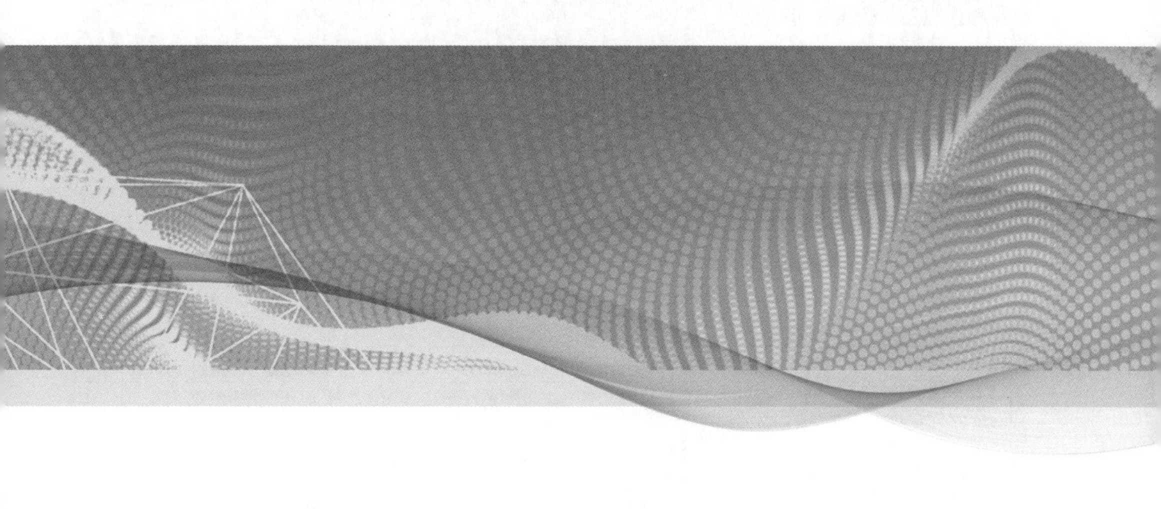

1. 配电网电系铭牌如何建立?

答: 点击“系统导航”下拉菜单中选择“配网运维指挥管理”，右侧子菜单点击“铭牌申请单编制”，见图 1–1。

在“铭牌申请单编制”界面点击“新建”弹出对话框后按实际内容填写齐全，见图 1–2。

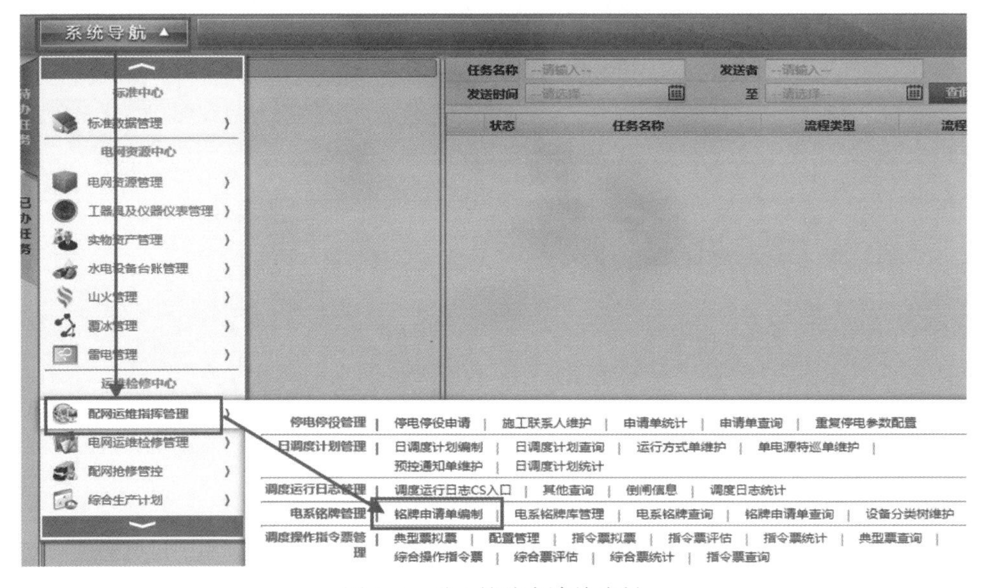

图 1–1　进入铭牌申请单编制

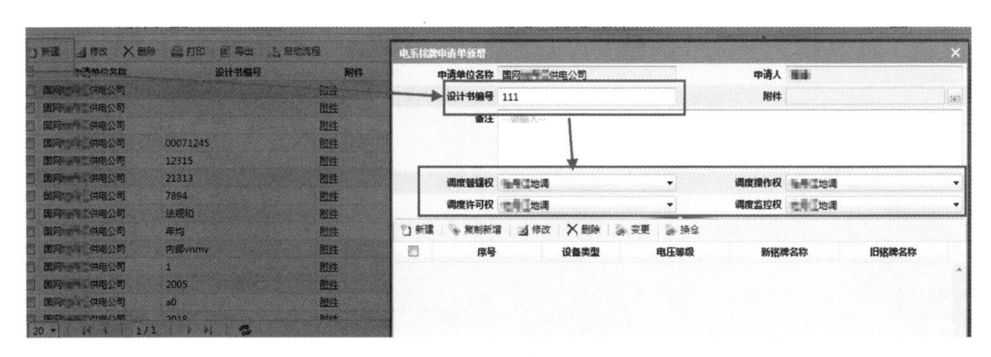

图 1–2　新建铭牌

在“电系铭牌申请单新增”窗口点击“新增”弹出“申请单明细新建”把带 * 号内容按实际需要填写齐全点击保存，见图 1–3。

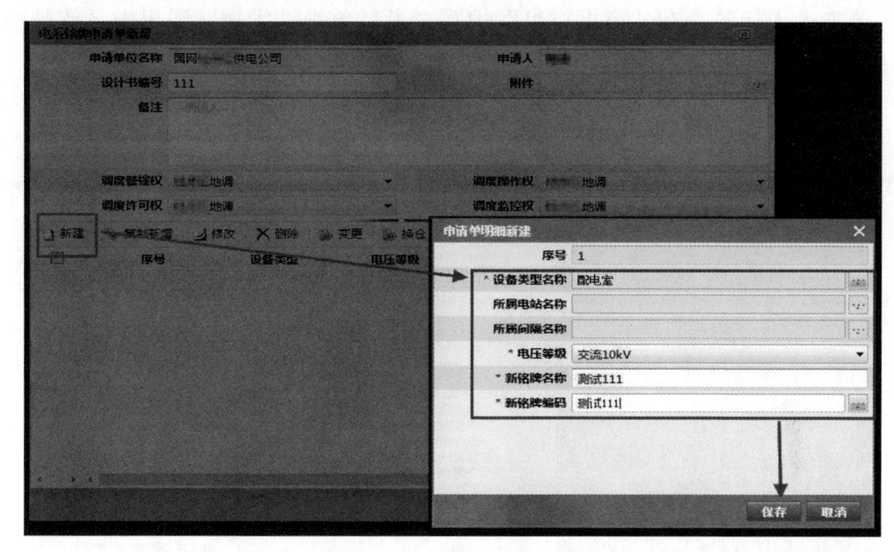

图 1–3 填写铭牌细节

“电系铭牌申请单修改”全部填写完成后点击“保存”，见图 1–4。

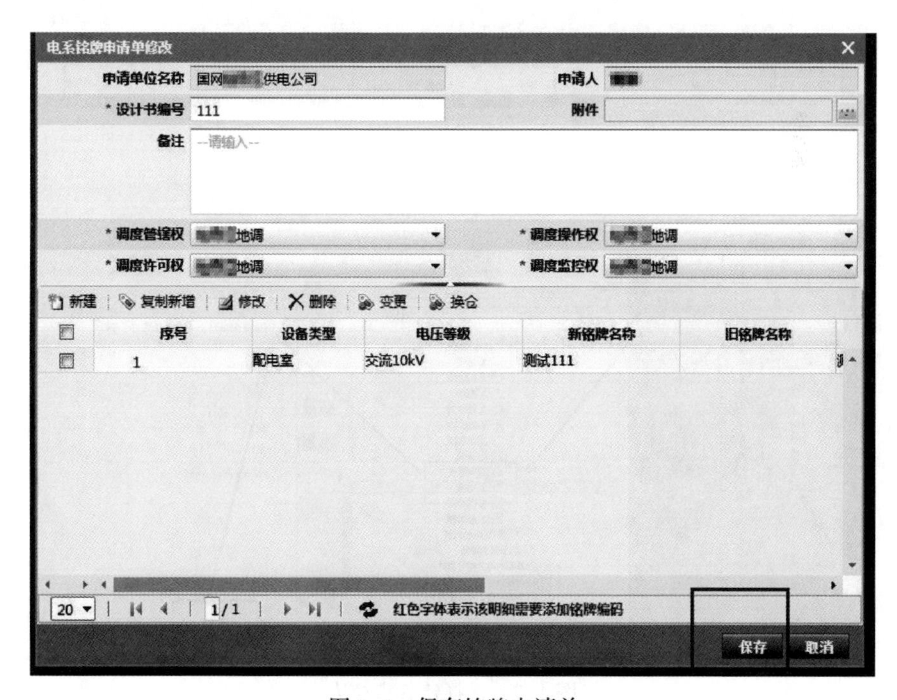

图 1–4 保存铭牌申请单

保存后点击“启动流程”选择好铭牌审核人，双击后点击“确定”，见图 1–5。

进入发送人的账号，在待办中可以看见刚才所发送的铭牌任务，见图 1–6。

单击进入任务，在“审批意见”填写意见后单击“发送”弹出电系铭牌执行审核对话框，在这里选择执行人后单击“确定”，见图 1–7。

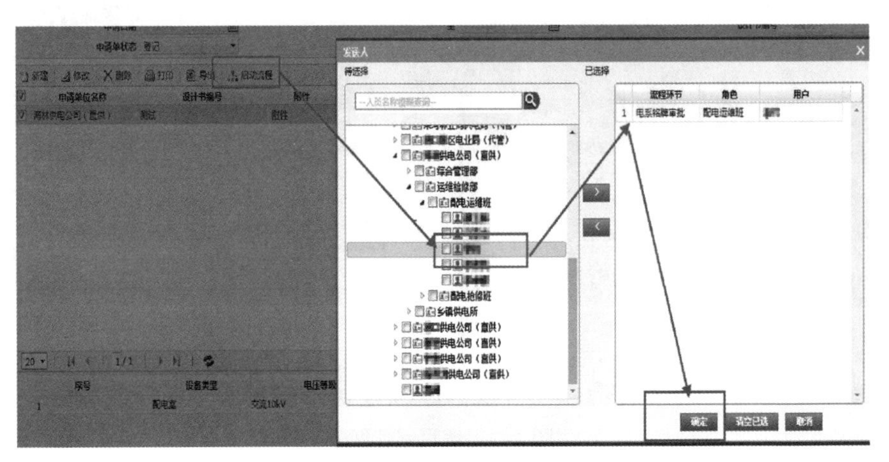

图 1–5　启动铭牌流程

图 1–6　进入铭牌审批

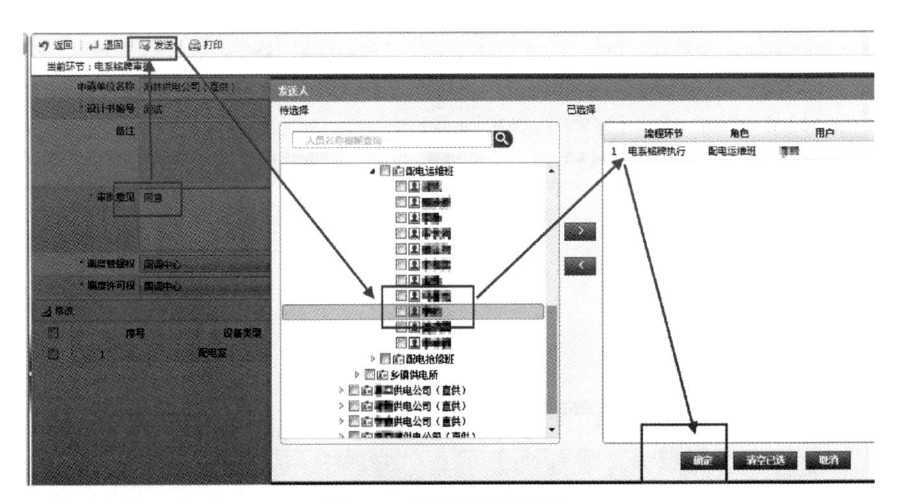

图 1–7　选择铭牌审核人

再进入刚才所发送的铭牌执行人账号进入铭牌任务，在“全部执行”下方勾选所新建的铭牌，点击“执行”或“全部执行”，然后点击“发送”，双击“结束”选择后单击“确定”，见图 1–8。

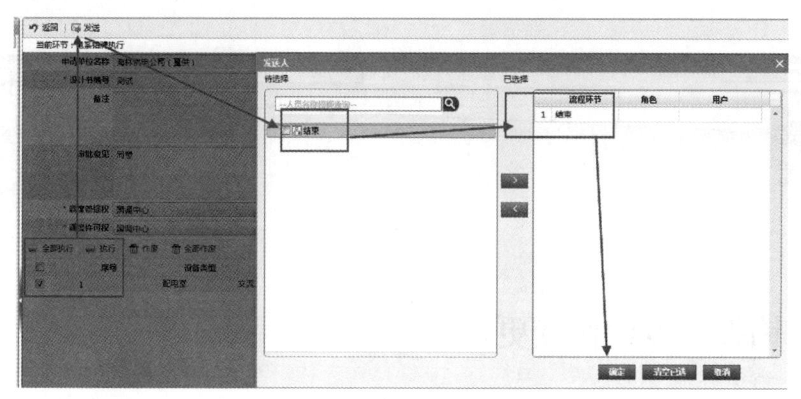

图 1–8　结束铭牌申请流程

2. 铭牌应该如何注销？有哪些注意事项？

答：在“系统导航”选择“配网运维指挥管理”右侧菜单单击选择“电系铭牌库管理”，见图 1–9。

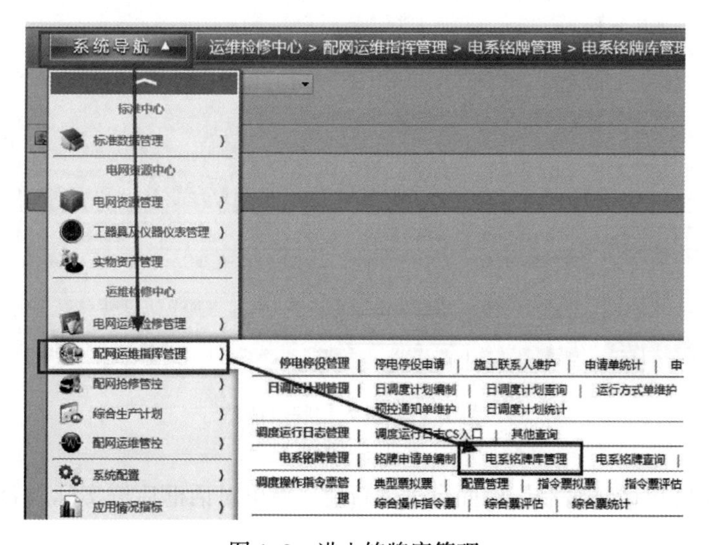

图 1–9　进入铭牌库管理

从“电系铭牌库管理”中先选择要注销的设备类型，填写设备名称后点击“查询”，在查询结果中选择要注销的铭牌后单击“注销”即可，见图 1–10。

注意：要注销的电系铭牌不能有关联的台账或者图形，需先解除关联的台账和图形，否则无法注销。

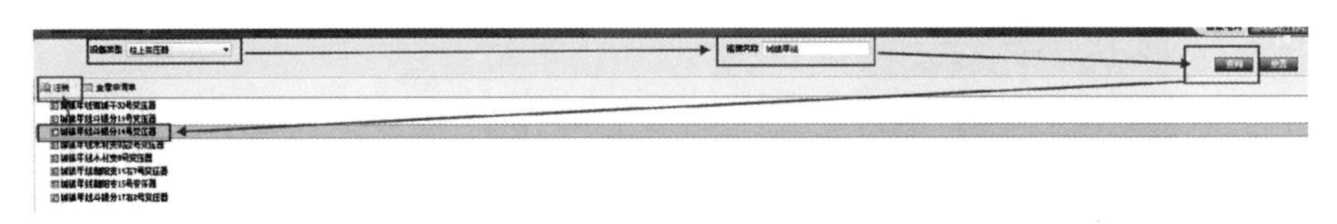

图 1–10　注销铭牌

3. 铭牌应该如何变更?

答：点击“系统导航”下拉菜单中选择“配网运维指挥管理”，右侧子菜单点击“铭牌申请单编制”，见图 1–11。

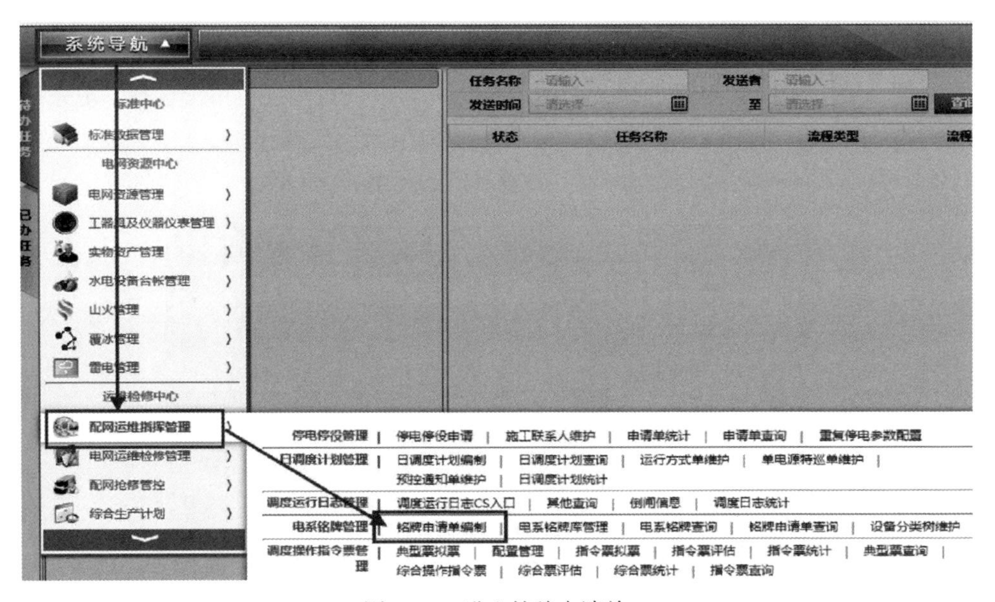

图 1–11　进入铭牌申请单

在“铭牌申请单编制”界面点击“新建”弹出对话框后按实际内容填写齐全，见图 1–12。

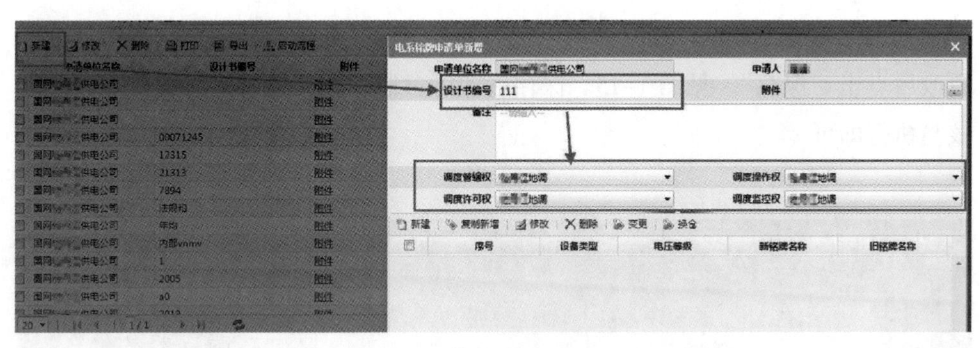

图 1-12　新建申请单

点击“变更”弹出变更窗口后填写“设备类型”“铭牌名称”等需要变更的设备信息后点击“查询”，单击查询出来的设备铭牌后点击“变更”按钮，见图 1-13。

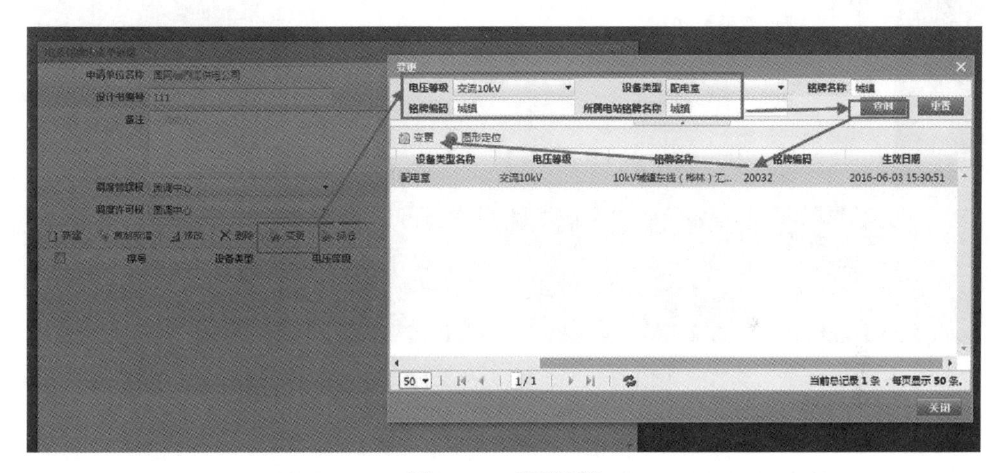

图 1-13　变更铭牌

弹出对话框单击“确定”，见图 1-14。

图 1-14　确定变更

弹出铭牌变更窗口，这时就可以把需要变更的“设备类型名称”等信息进行更改后点击“保存”，见图 1–15。保存后即可参照“配网电系铭牌建立”进行审核与执行即可。

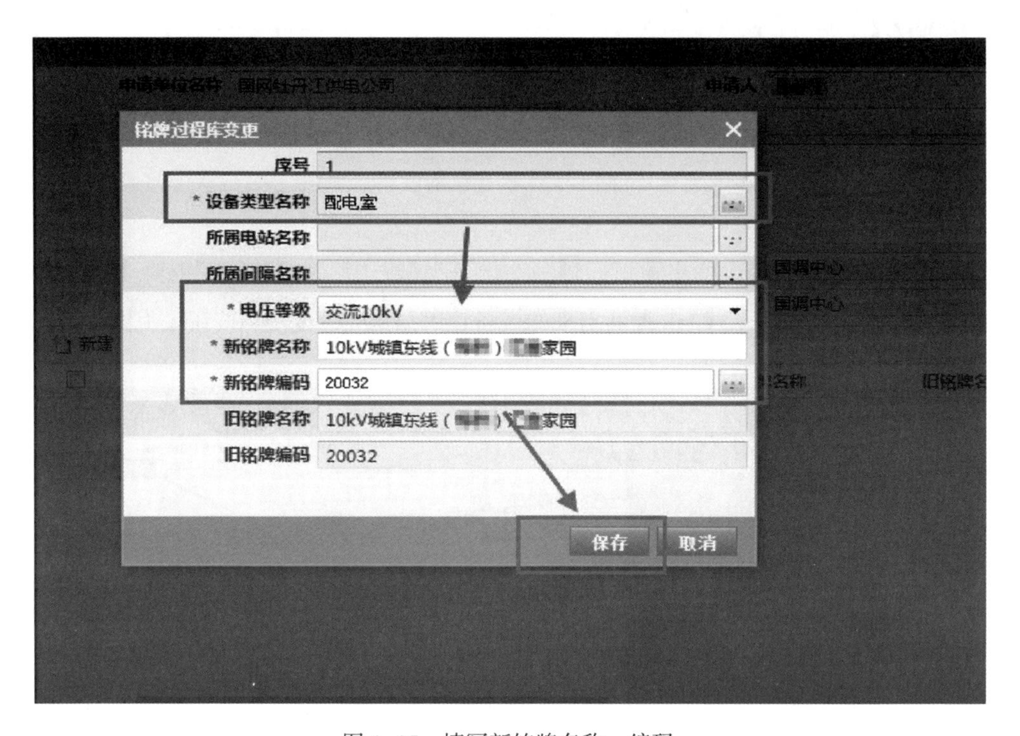

图 1–15　填写新铭牌名称、编码

4. 主网设备变更如何启动——台账和图形？

答：点击“系统导航”下拉菜单中选择“电网资源管理”，右侧子菜单点击“设备变更申请”，见图 1–16。

单击“新建”，见图 1–17。

填全所有红色星号后，单击“保存并启动”发送给班长审核，见图 1–18。

选择相应班组并选择本班组班长，见图 1–19。

班长审核，见图 1–20。

任务发送给班员，见图 1–21。

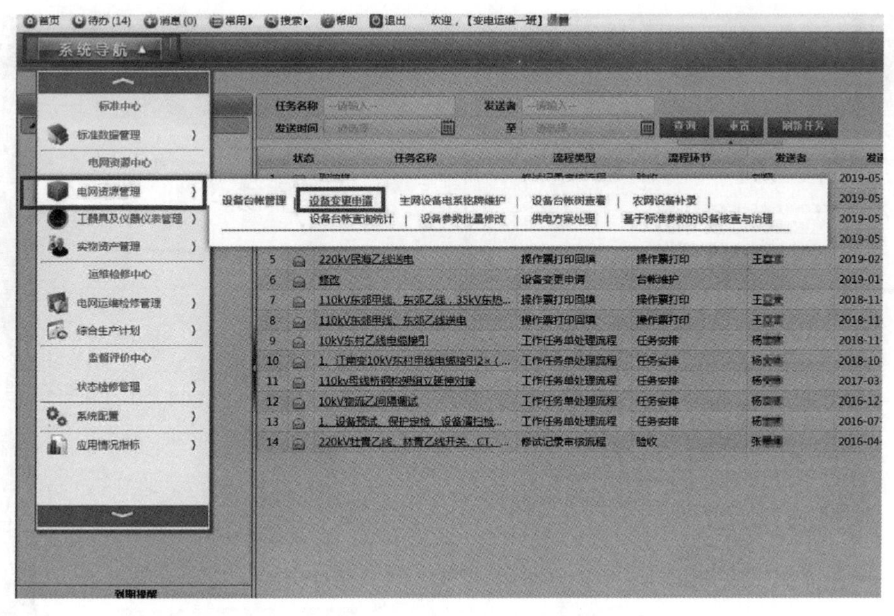

图 1-16　进入设备变更申请

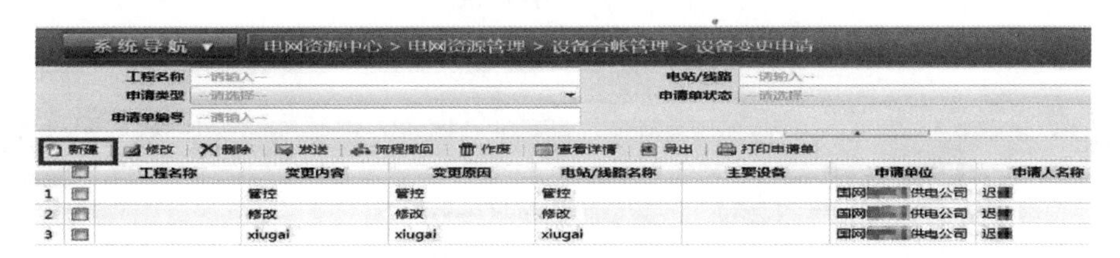

图 1-17　新建申请

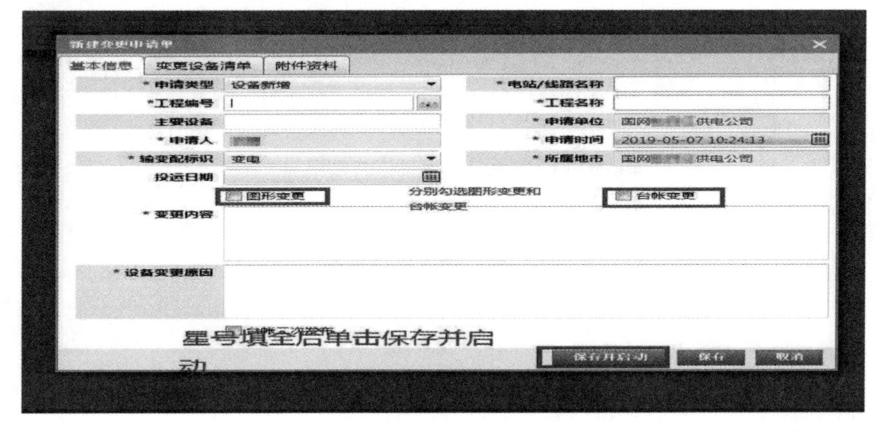

图 1-18　填写申请单

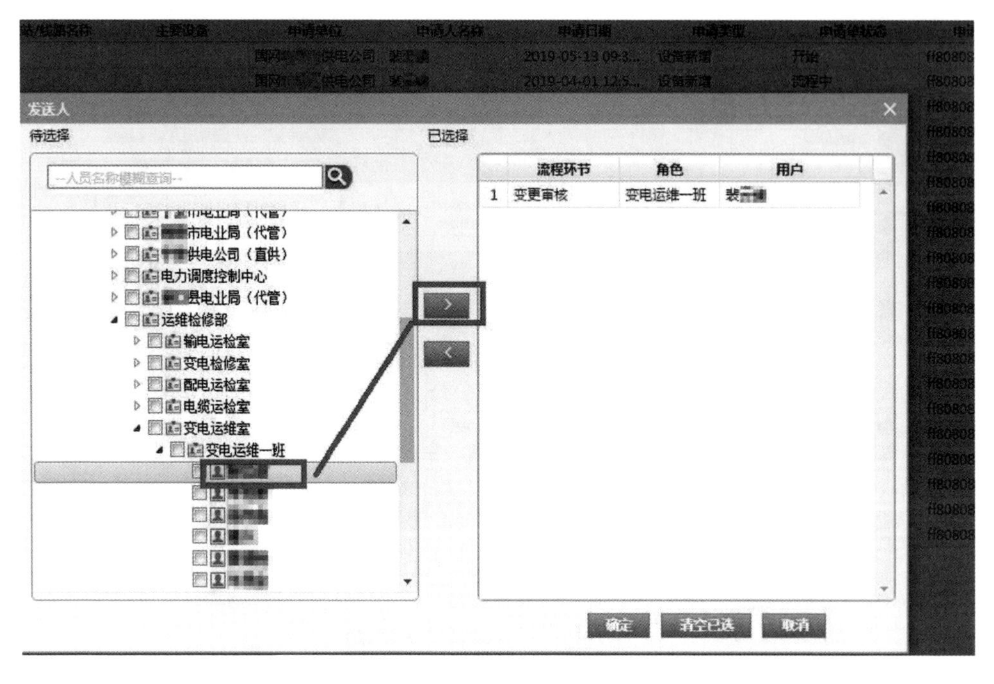

图 1-19　选择审核人

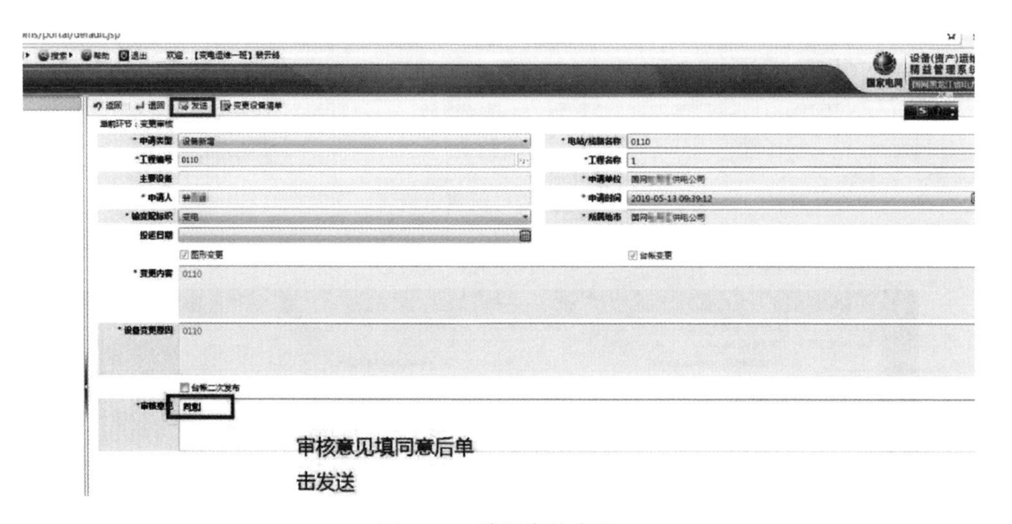

图 1-20　填写审核意见

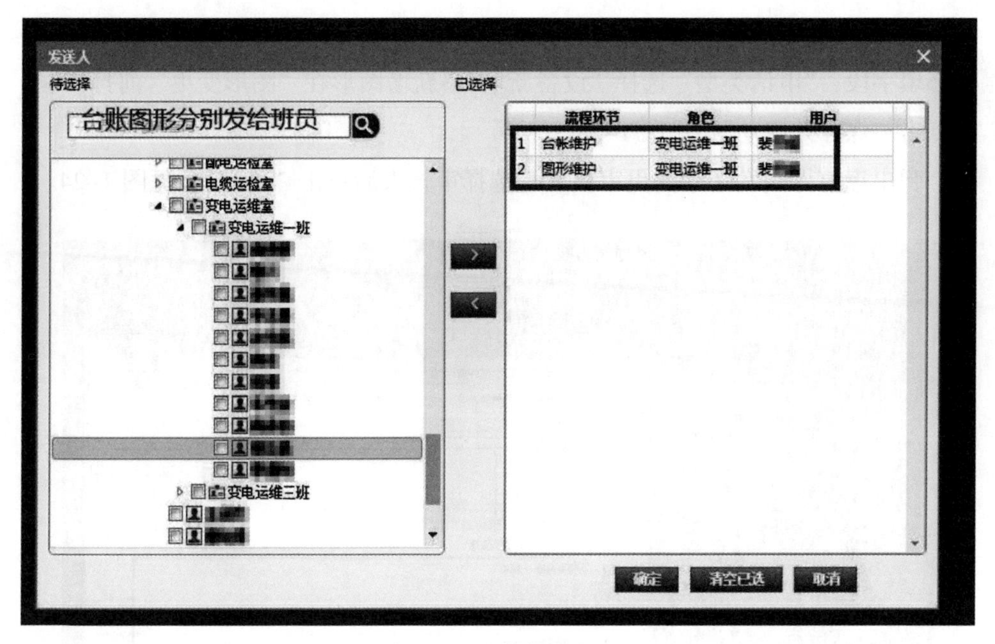

图 1-21　发送维护人员

任务启动结束。

5. 配电网设备新增流程如何启动——图形?

答: 点击“系统导航”下拉菜单中选择“电网资源管理”，右侧子菜单点击“设备变更申请”，见图 1-22。

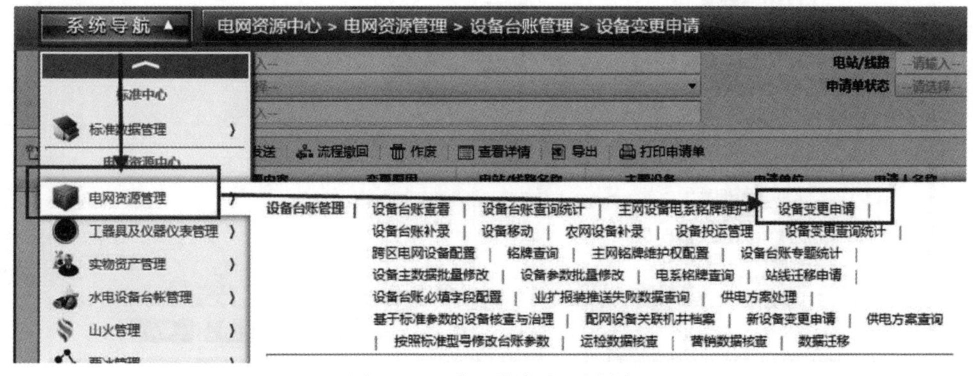

图 1-22　进入设备变更申请

进入“设备变更申请”后选择单击“新建”，在新建变更申请单对话框中填写必填字段，“申请类型”选择“设备新增”，新增图形在“图形变更”前打“√”后点击“保存并启动”，见图 1–23。

弹出审核界面发送给变更审核人，选择审核人后点击“确定”，见图 1–24。

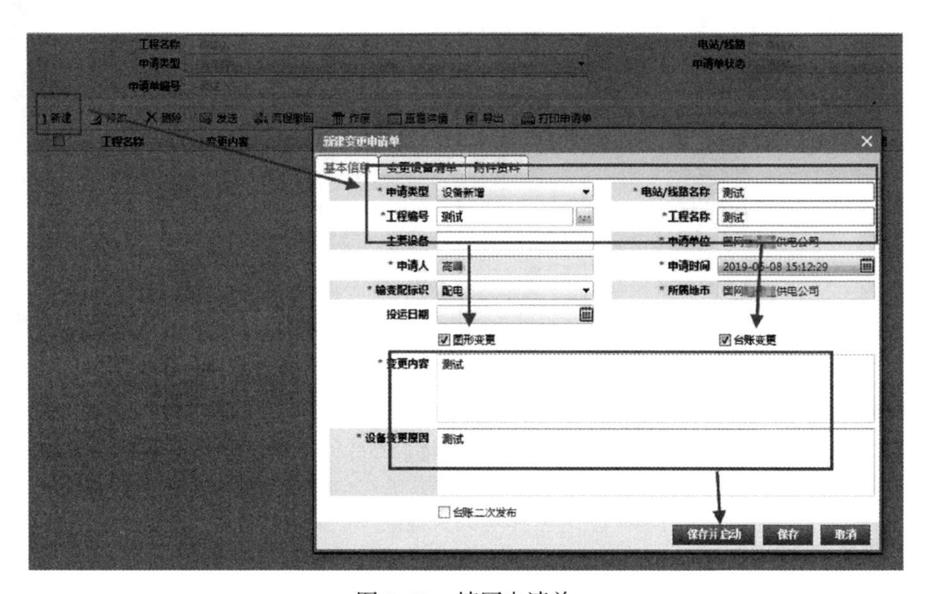

图 1–23　填写申请单

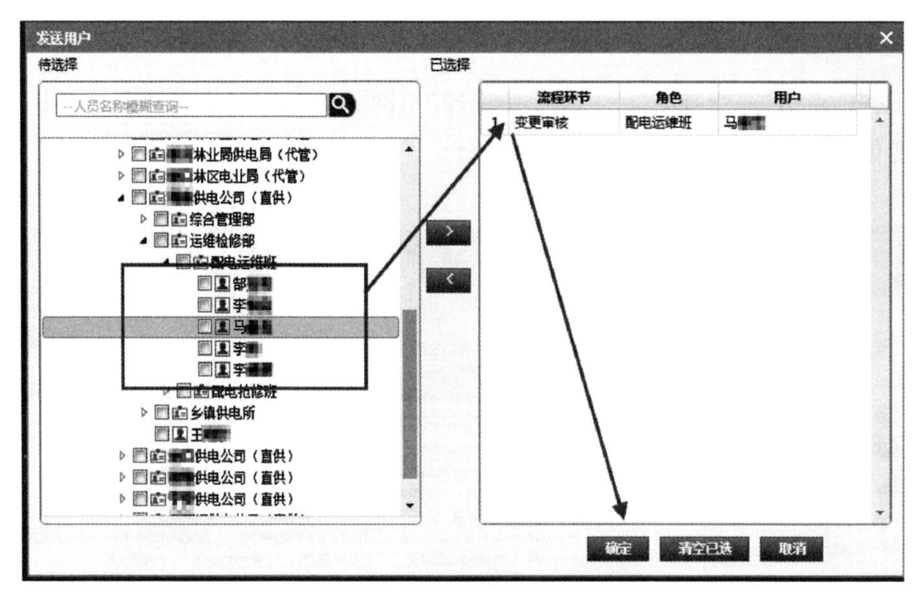

图 1–24　发送审核人

进入发送的审核人账号，在“待办”中找到刚才申请的任务，单击任务名称，见图 1–25。

图 1–25　进入申请单

进入任务页面填写“审核意见”后点击“发送”，在“图形维护”中选择维护人员双击，选择后点击“确定”，见图 1–26。

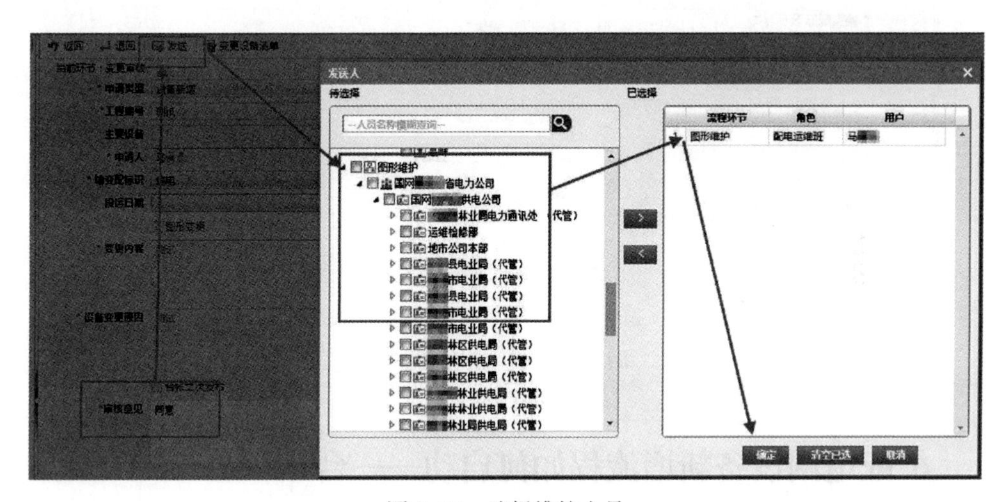

图 1–26　选择维护人员

进入发送的审核人账号，在“待办”中找到刚才申请的任务，单击任务名称，见图 1–27。

进入任务界面点击“图形维护”后弹出对话框，选择打开“PMS2.0”即可进行图形端的维护，见图 1–28。

图 1–27　进入申请单

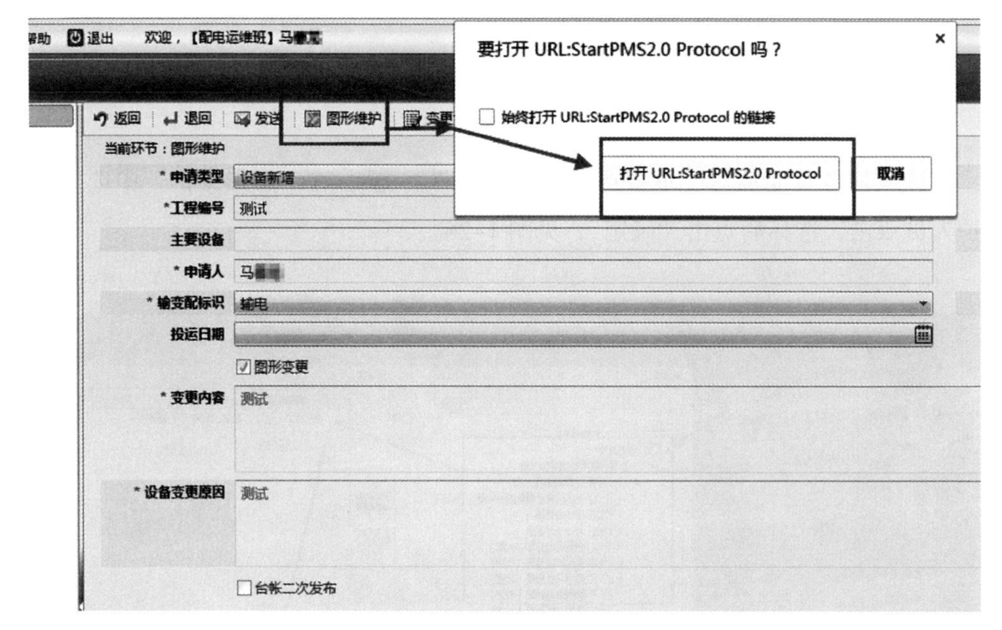

图 1–28　进入图形维护

6. 配电网设备新增流程如何启动——台账？

答：点击“系统导航”下拉菜单中选择“电网资源管理”，右侧子菜单单击“设备变更申请”，见图 1–29。

进入“设备变更申请”后选择单击“新建”，在新建变更申请单对话框中填写必填字段，“申请类型”选择“设备新增”，新增台账在“台账变更”前打“√”后点击“保存并启动”，见图 1–30。

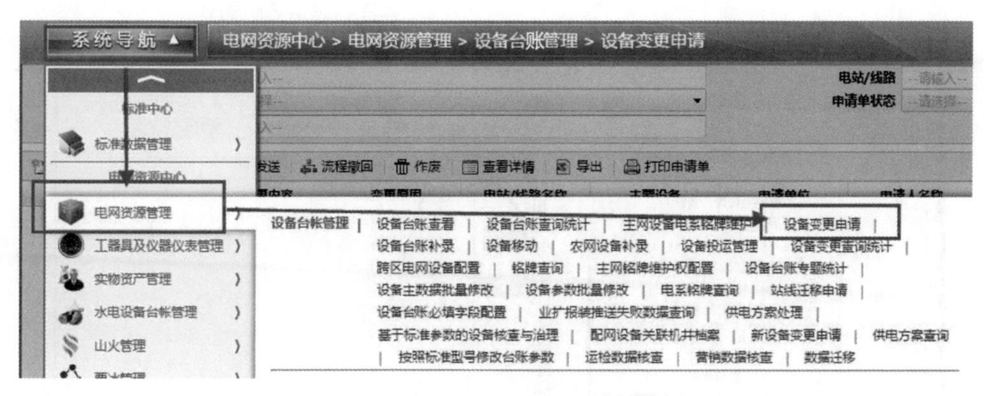

图 1–29 进入设备变更申请

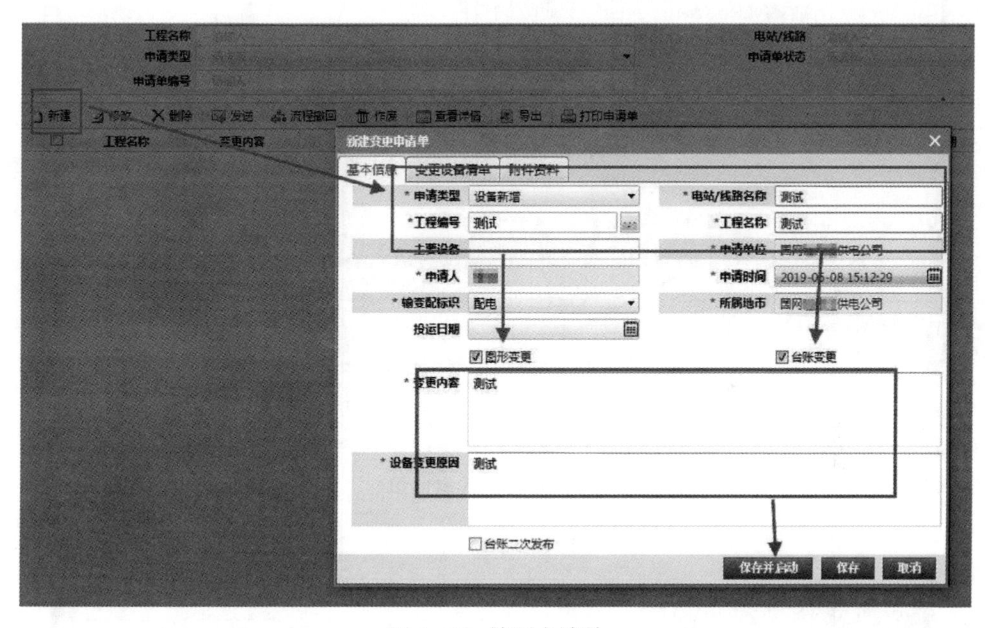

图 1–30 填写申请单

弹出审核界面发送给变更审核人，选择审核人后点击“确定”，见图 1–31。

进入发送的审核人账号，在“待办”中找到刚才申请的任务，单击任务名称，见图 1–32。

进入任务页面填写“审核意见”后点击“发送”，在台账维护中选择维护人员，双击选择后点击“确定”，见图 1–33。

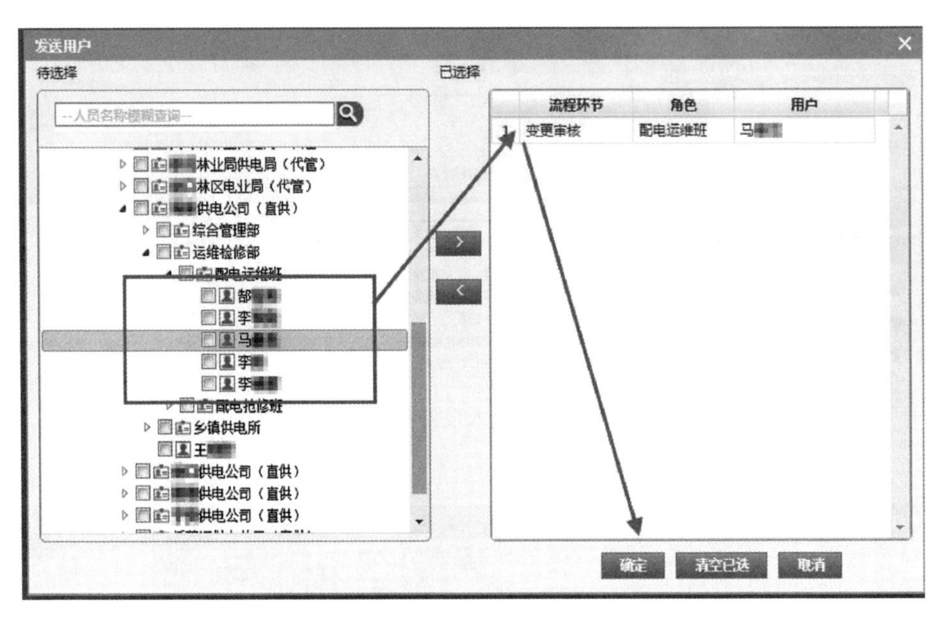

图 1-31　选择审核人

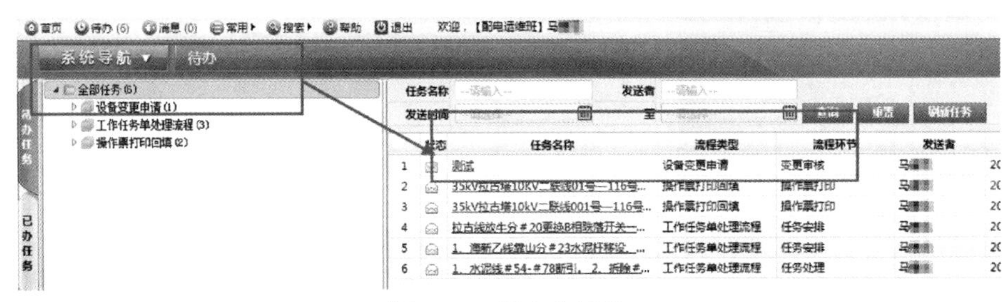

图 1-32　进入申请单

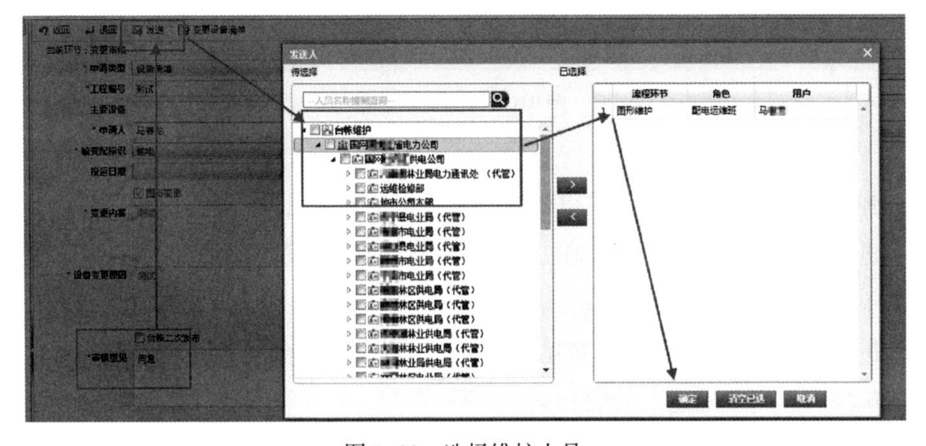

图 1-33　选择维护人员

进入发送的审核人账号，在“待办”中找到刚才申请的任务，单击任务名称，见图 1–34。

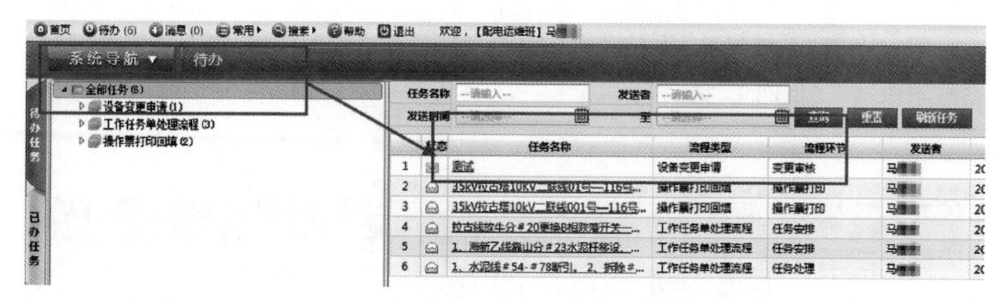

图 1–34　进入申请单

进入任务界面，点击“台账维护”即可进行台账的新增，见图 1–35。

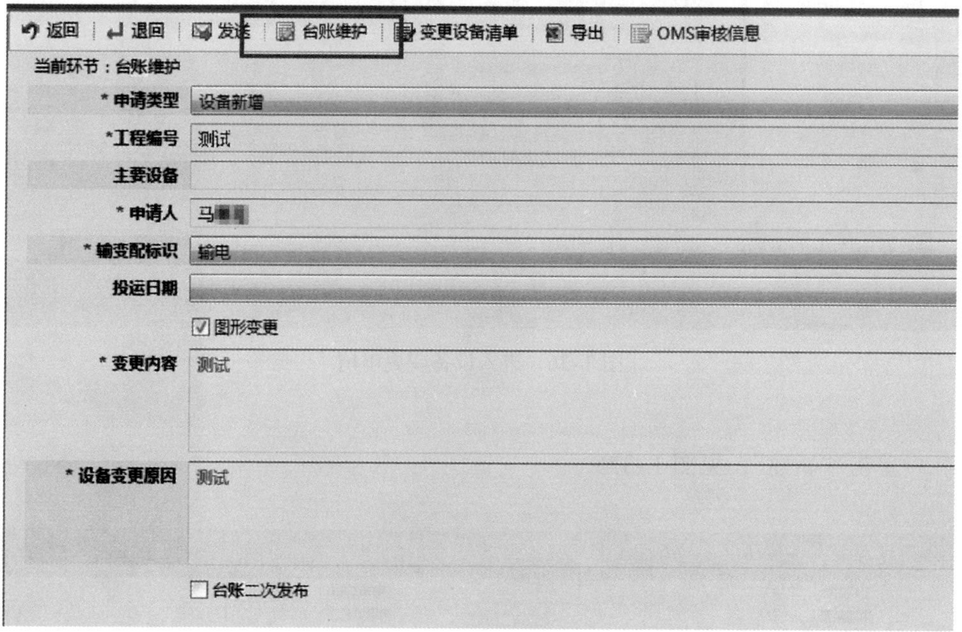

图 1–35　进入台账维护

7. 站用交直流设备应如何建立？

答： 点击“系统导航”下拉菜单中选择“电网资源管理”，右侧子菜单点击“设备变更申请”，见图 1–36。

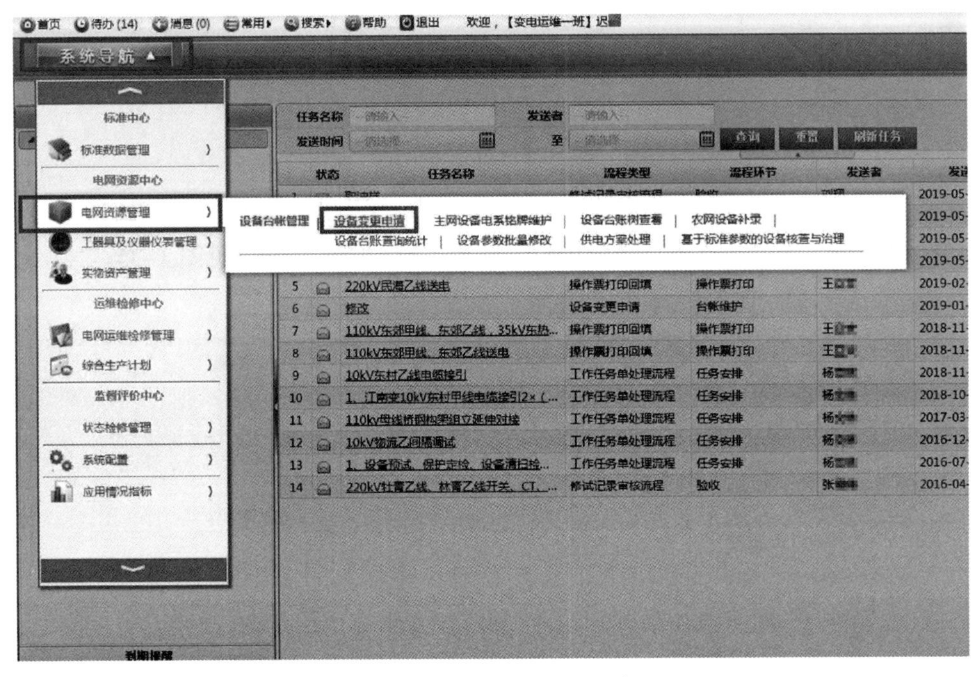

图 1–36　进入设备变更申请

单击“新建”，见图 1–37。

系统导航 ▼　电网资源中心 > 电网资源管理 > 设备台账管理 > 设备变更申请

工程名称 --请输入--　　电站/线路 --请输入--

申请类型 --请选择--　　申请单状态 --请选择--

申请单编号 --请输入--

新建 | 修改 | 删除 | 发送 | 流程撤回 | 作废 | 查看详情 | 导出 | 打印申请单

		工程名称	变更内容	变更原因	电站/线路名称	主要设备	申请单位	申请人名称
1			管控	管控	管控		国网供电公司	迟
2			修改	修改	修改		国网供电公司	迟
3			xiugai	xiugai	xiugai		国网供电公司	迟

图 1–37　新建变更

填全所有红色星号后单击“保存并启动”，发送给班长审核，二次设备不用勾选“图形变更”，不要选择“台账二次发布”，见图 1–38。

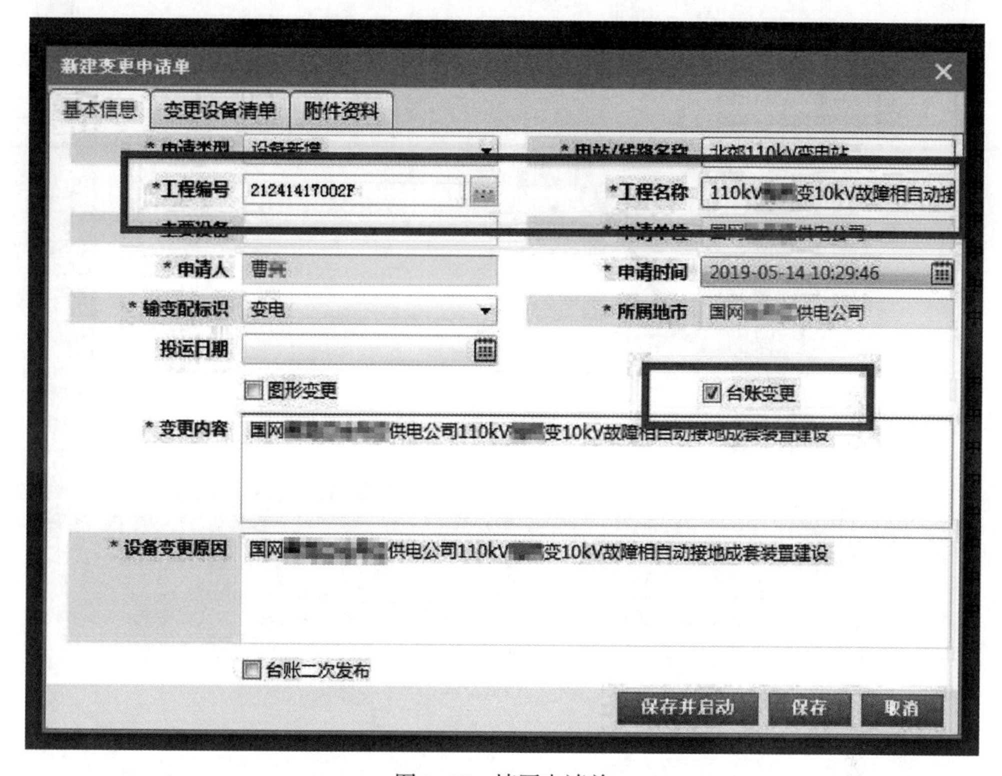

图 1–38　填写申请单

选择相应班组并选择本班组班长，见图 1–39。

班长审核，见图 1–40。

任务发送给班员，点击“确定”，见图 1–41，申请流程结束。

台账维护：选择“二次设备”→选择变电站“交直流电源及站用电系统”，在右上方“直流电源系统”“站用电系统”“交直流一体化电源”三个标签中选择相应的，点击“新建”，见图 1–42 和图 1–43。

维护“系统名称”：填写新增设备信息后，点击“确定”，见图 1–44。

维护设备台账信息：打开新建系统（设备旁边的小三角），选择对应的设备“新建”，维护设备台账信息，保存。以下“直流充电装置”“蓄电池巡检设备”“空气开关”“绝缘监察设备”“UPS 电源设备”参照蓄电池新建方法。

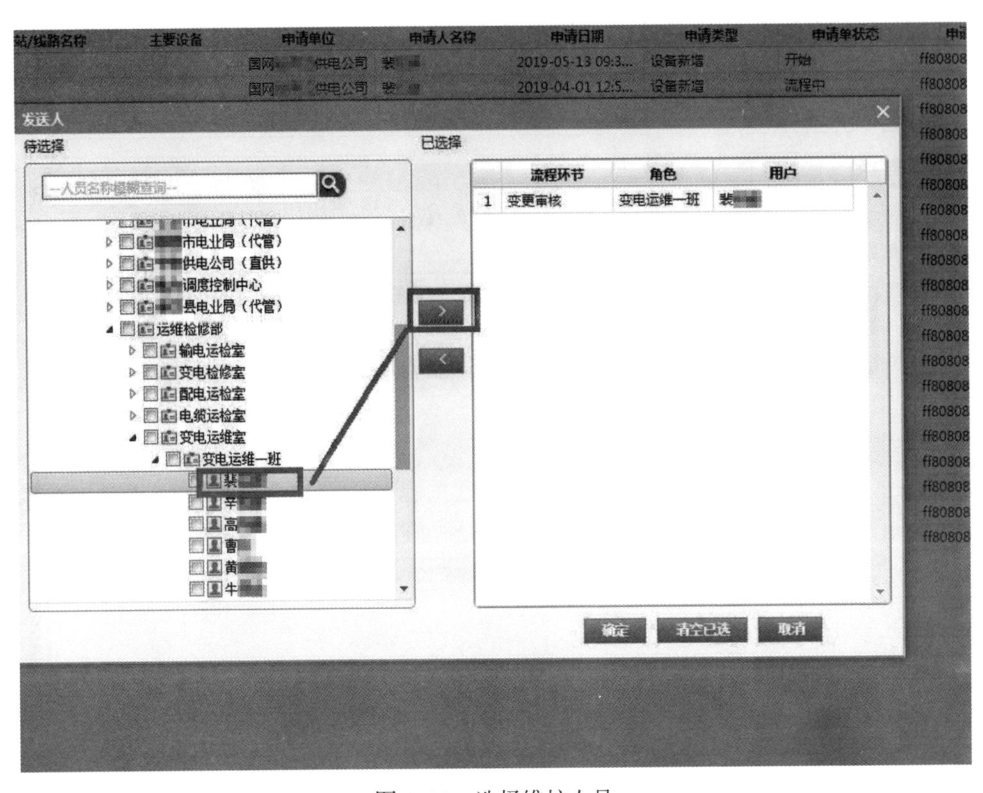

图 1-39　选择维护人员

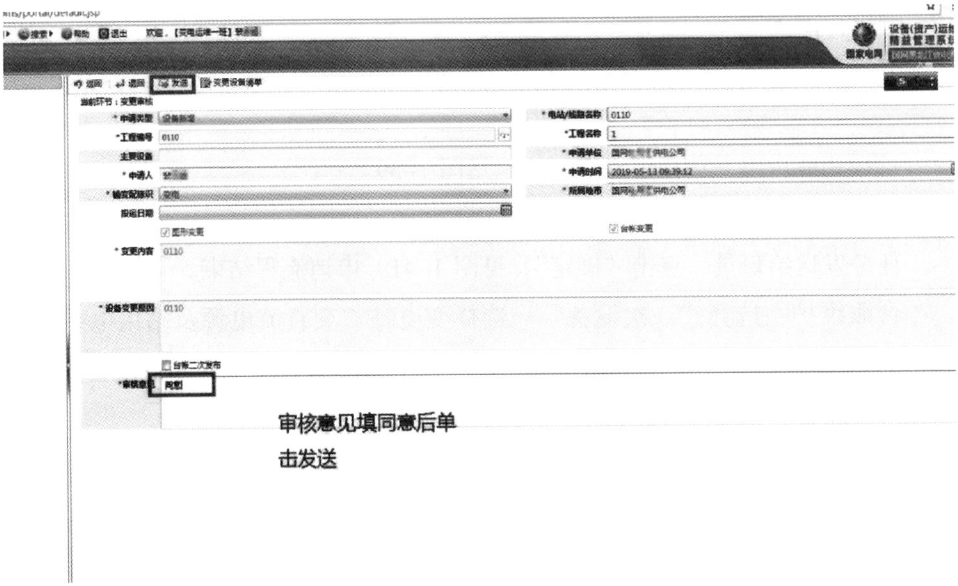

搜索　帮助　退出　欢迎，【变电运维一班】
设备(资产)运维精益管理系统
国家电网
返回　退回　发送　变更设备清单
当前环节：变更审核
*申请类型　设备新增
*电站/线路名称　0110
*工程编号　0110
*工程名称　1
主要设备
*申请单位　国网供电公司
*申请人
*申请时间　2019-05-13 09:39:12
*输变配标识　变电
*所属地市　国网供电公司
投运日期
图形变更
台帐变更
*变更内容　0110
*设备变更原因　0110
台帐二次发布
*审核意见　同意

审核意见填同意后单击发送

图 1-40　审核变更单

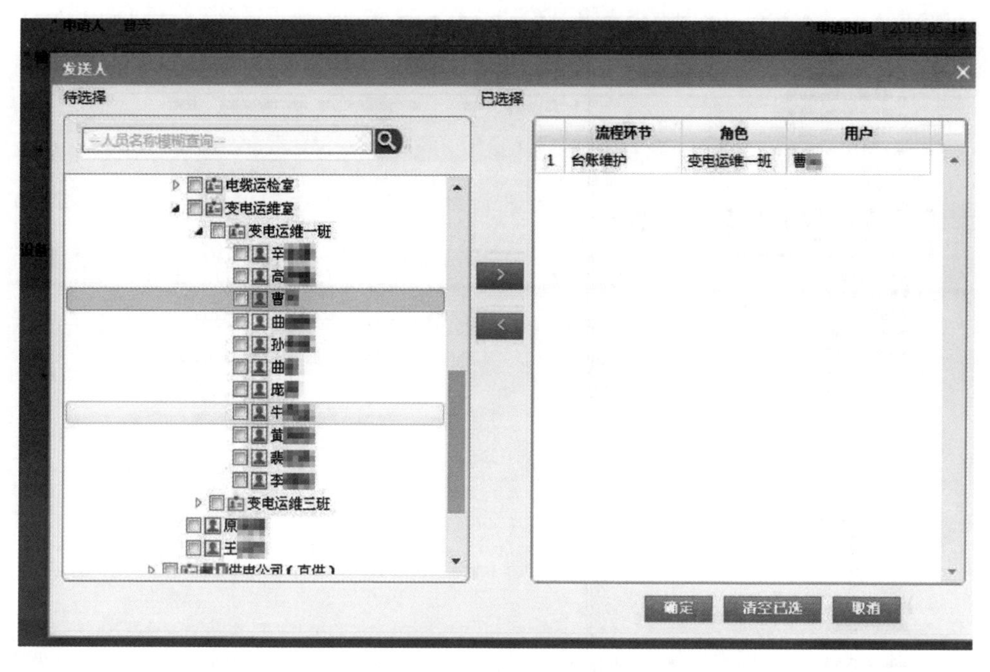

图 1–41　选择维护人员

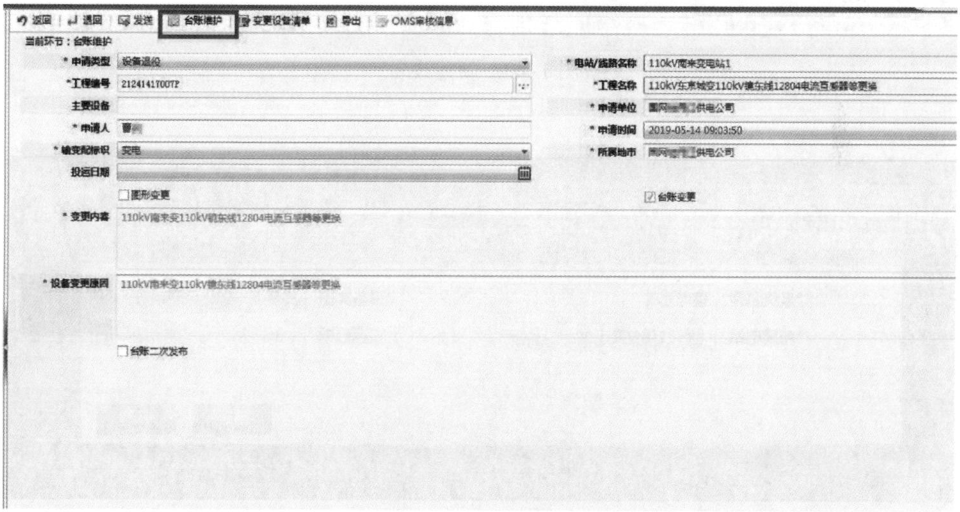

图 1–42　台账维护

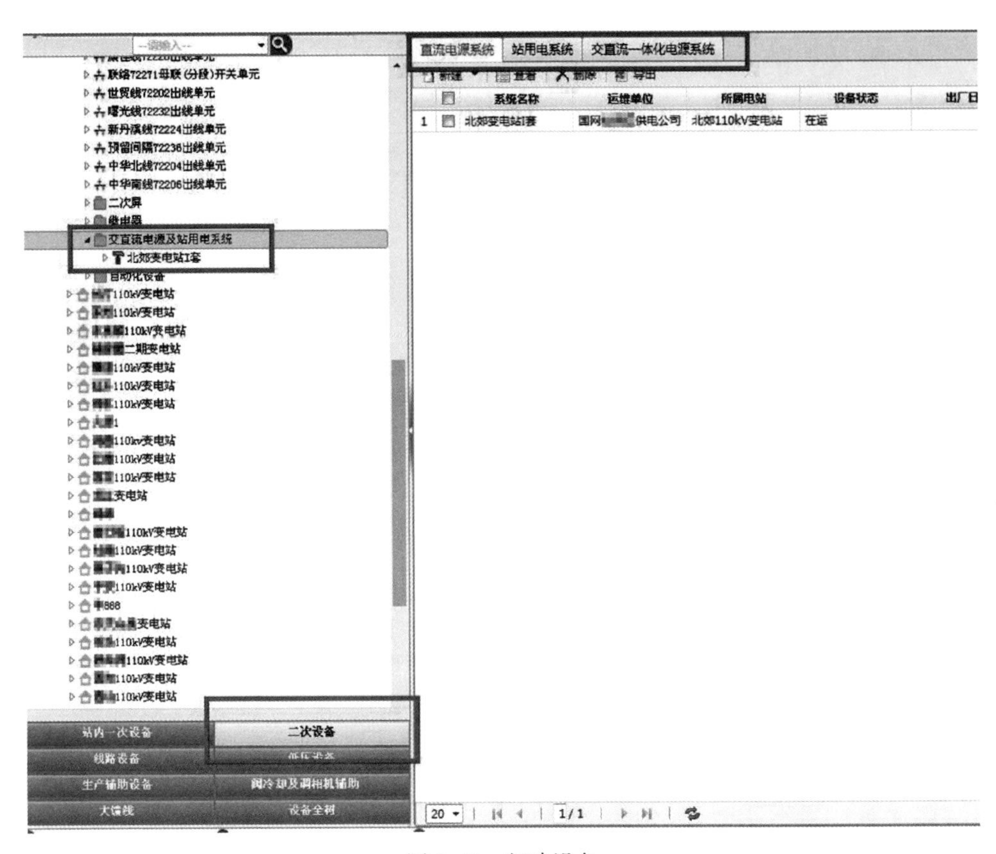

图 1-43　新建设备

图 1-44　填写新增设备信息

两组蓄电池应该分别建两个系统，在两个蓄电池系统下分别建 1 号蓄电池和 2 号蓄电池。见图 1-45~ 图 1-47。

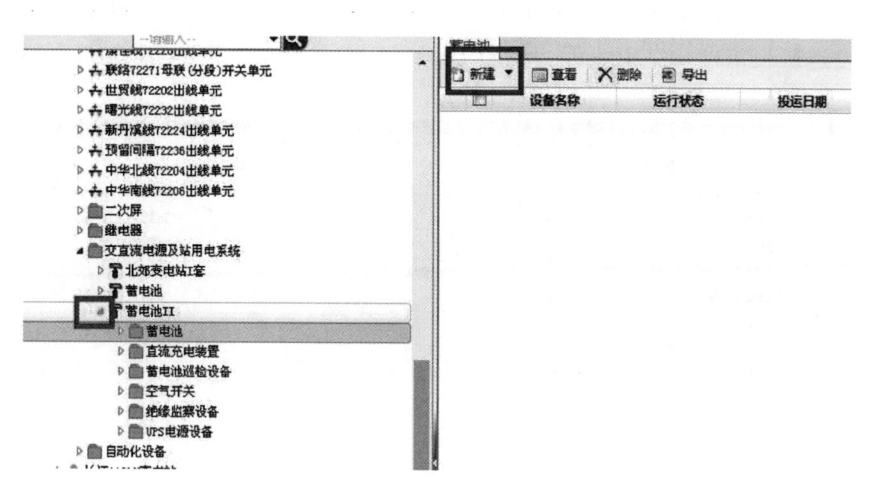

图 1-45　新建设备

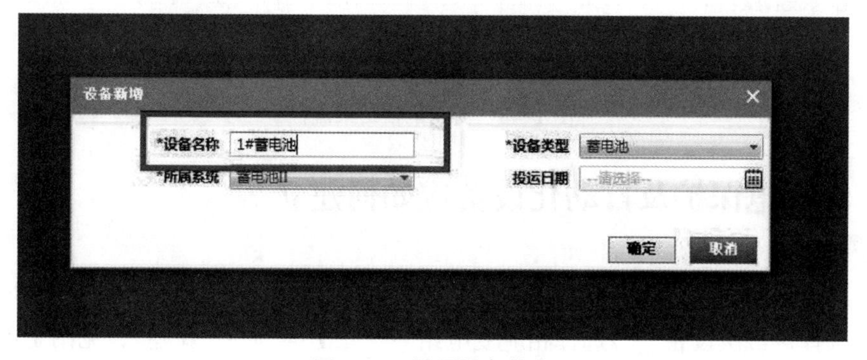

图 1-46　填写设备信息

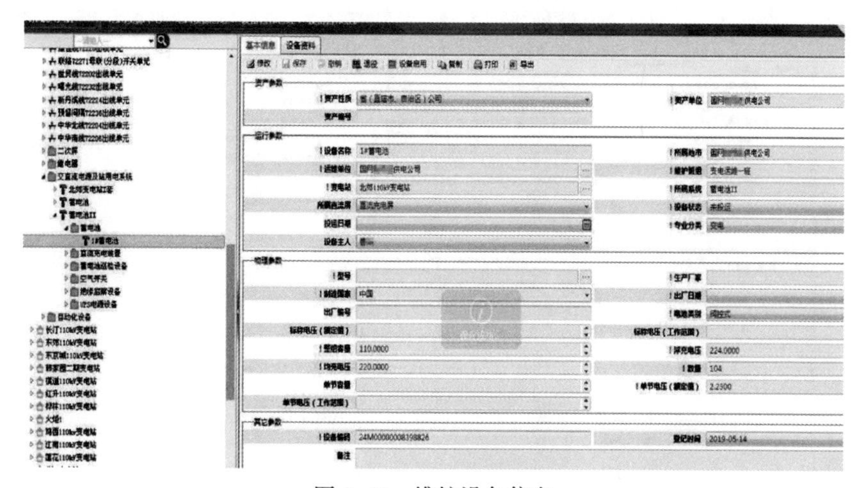

图 1-47　维护设备信息

发送任务结束流程：进入待办→“设备台账变更申请”→“审核意见”同意→发送班长审核→结束流程，见图 1–48。

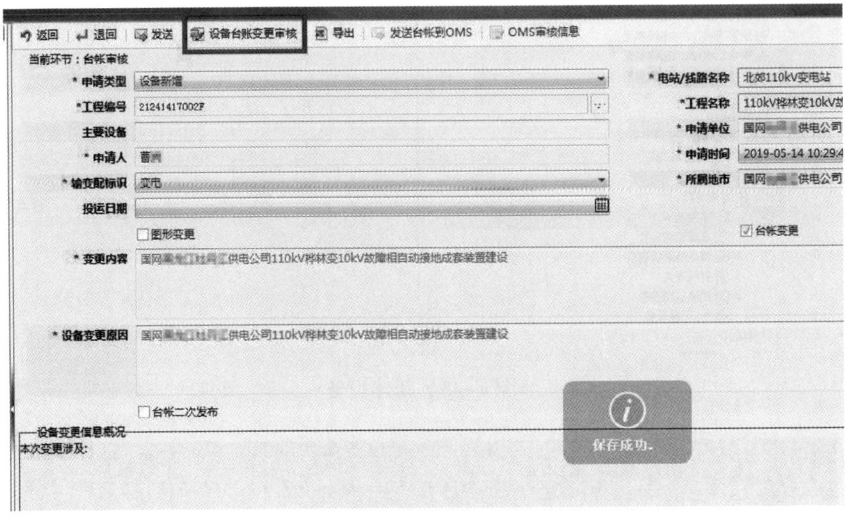

图 1–48　变更审核结束流程

8. 继电保护及自动化设备应如何建立？

答：新建一个台账新建任务，打开任务，单击“台账维护”，见图 1–49。选择“二次设备”→选择相应变电站→“二次屏”→“新建”，见图 1–50。

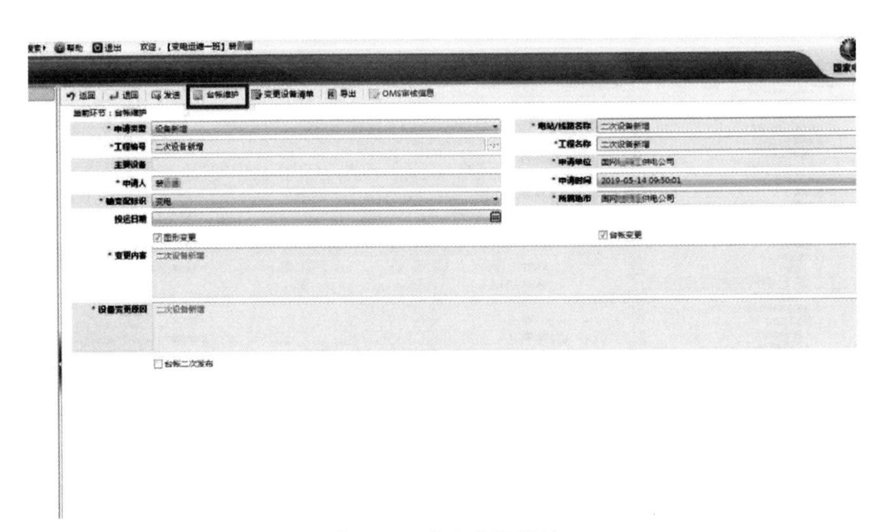

图 1–49　进入台账维护

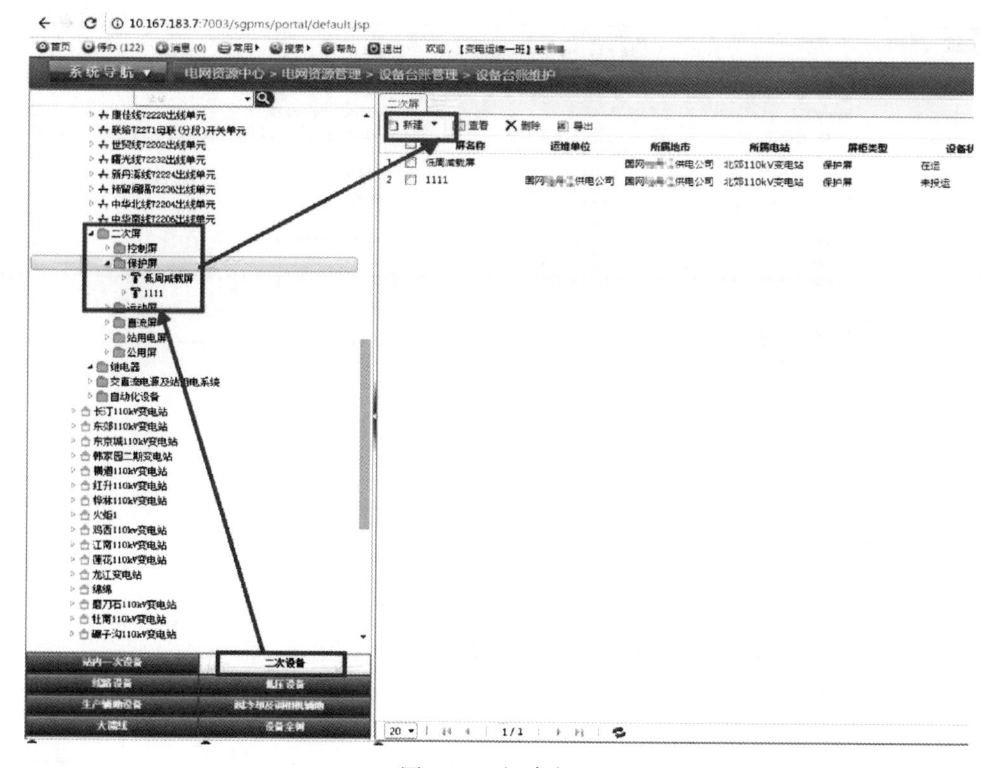

图 1–50　新建台账

在新建的目录下将该保护所属屏柜名称填写完全，屏柜类型选择正确，见图 1–51。

将设备状态更改为“在运”，其余必填项维护完全，见图 1–52。

图 1–51　填写名称

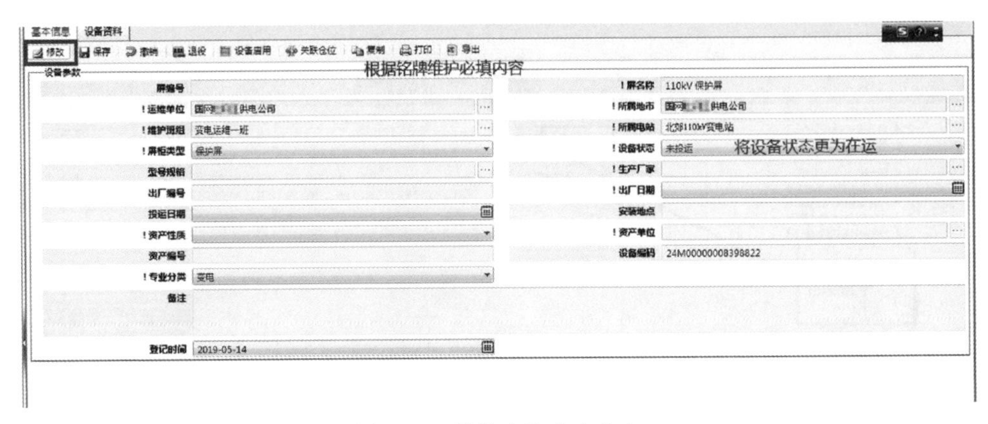

图 1–52　维护台账内容完全

然后找到所需将保护的相应间隔单元，在“设备列表”子菜单下单击“新建”，见图 1–53。

维护好必填字段，点击“确定”，见图 1–54。

单击“修改”维护必填字段，见图 1–55 和图 1–56。

选择刚刚新建的保护屏，将新建的保护屏和二次屏柜关联，见图 1–57。

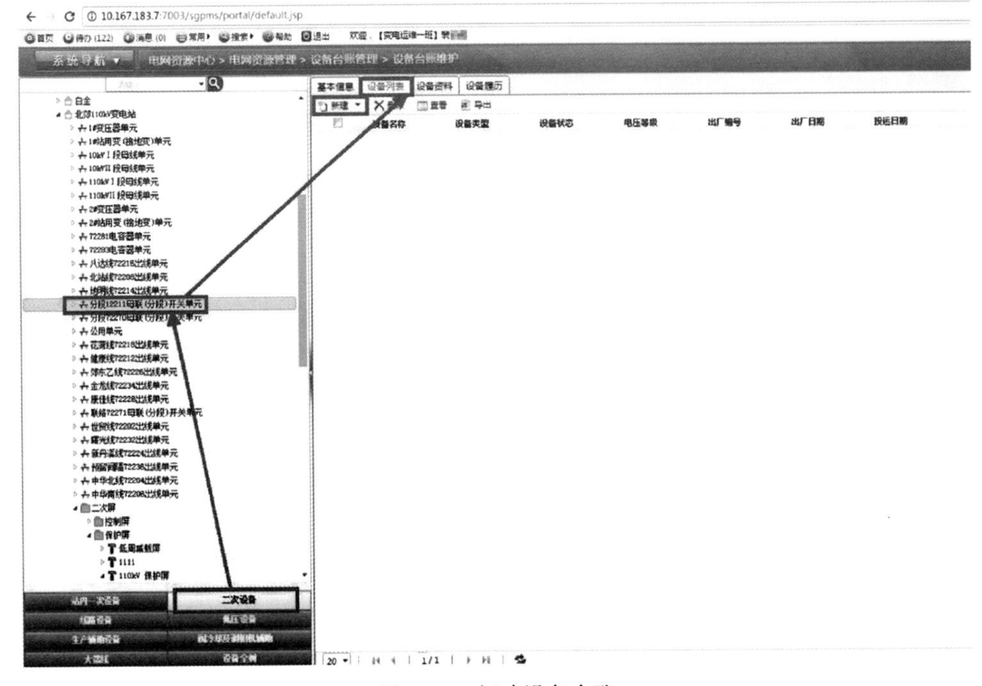

图 1–53　新建设备台账

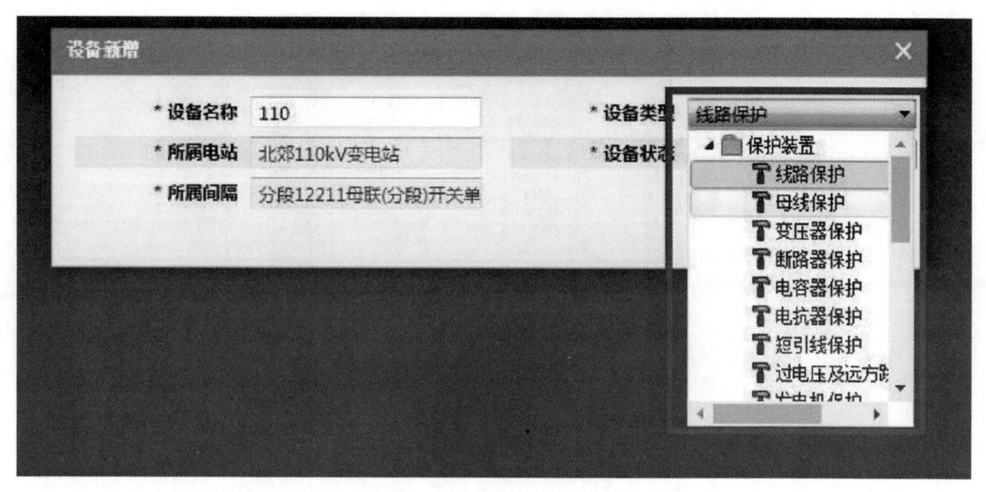

图 1–54　填写好设备字段

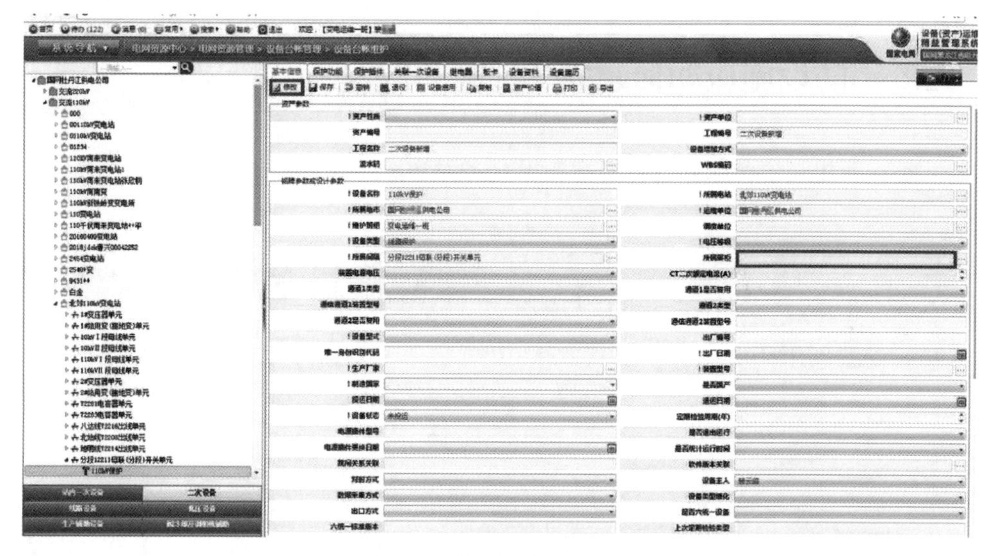

图 1–55　填写设备必填字段

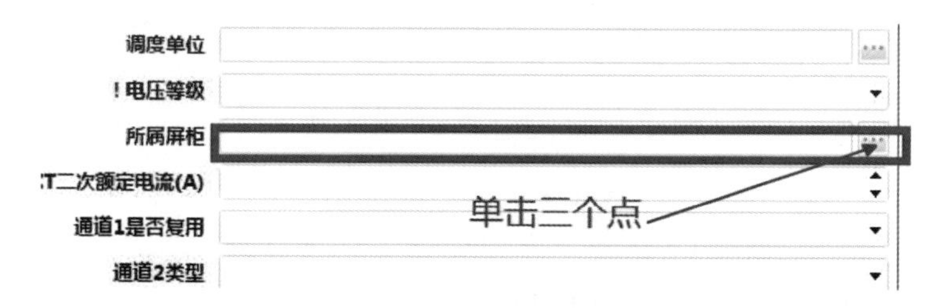

图 1–56　选择所属柜

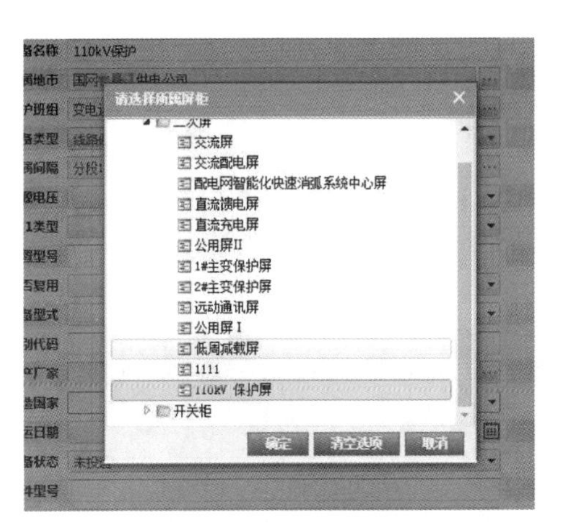

图 1–57　关联设备

保存之后启动结束流程。

9. 消防设施应如何建立？

答：新建一个台账新建任务，打开任务菜单，单击“台账维护”，见图 1–58。

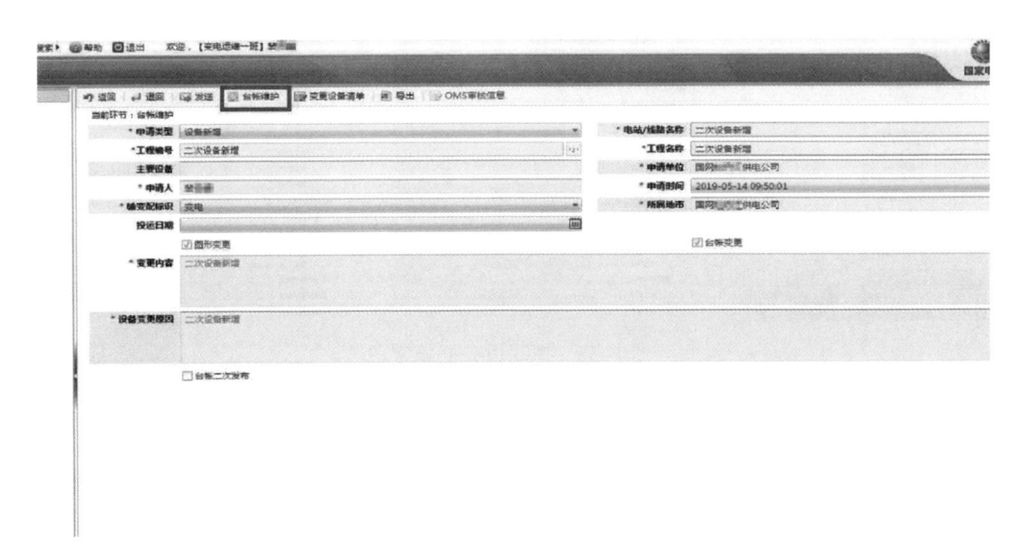

图 1–58　进入台账维护

点击生产辅助类设备，见图 1–59。

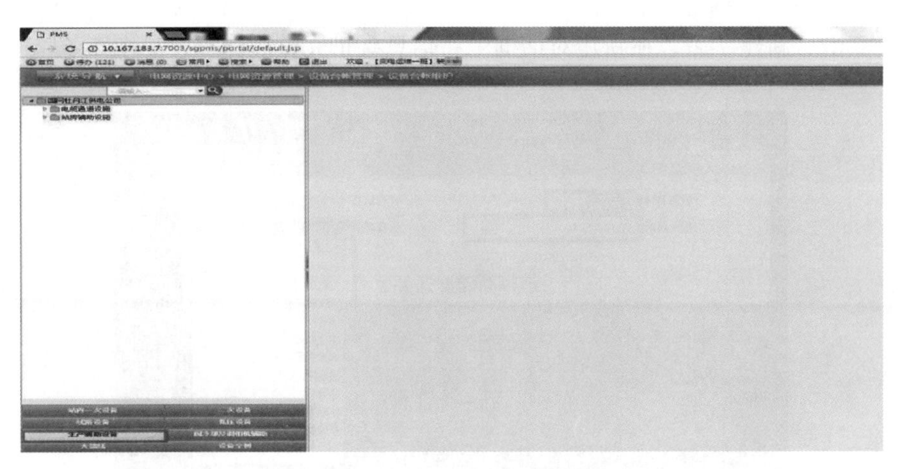

图 1–59　进入生产辅助设备

找到相应变电站，在该变电站节点下新建消防设施，见图 1–60。

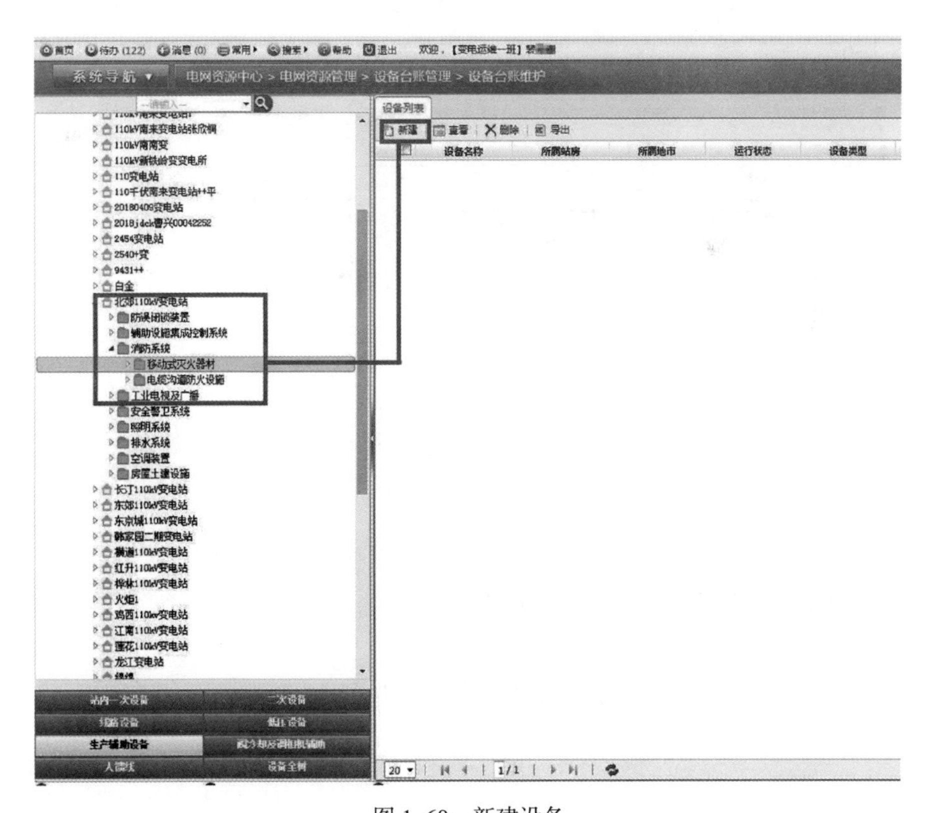

图 1–60　新建设备

点击“新建”后，在新建对话框中将信息维护完整后保存，见图 1–61。

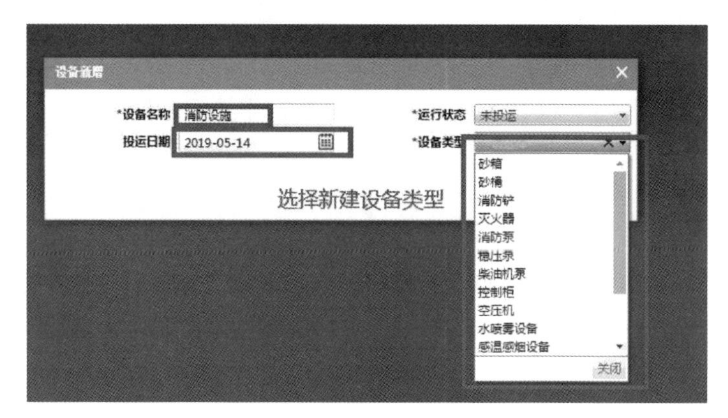

图 1–61　填写新建设备明细

在新增的设备台账处点击“修改”，将设备状态“未投运”更改为“投运”，见图 1–62。

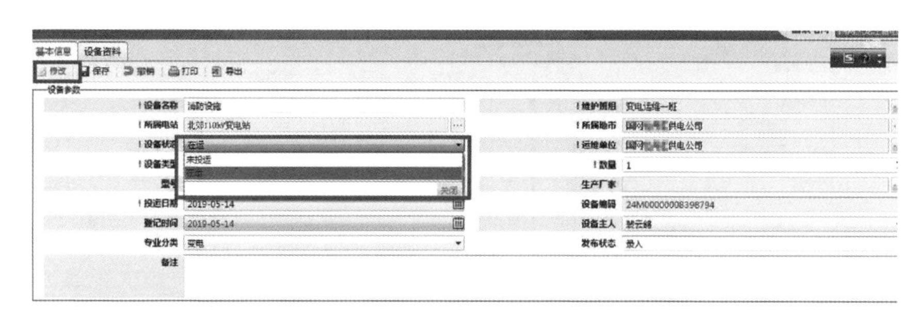

图 1–62　更改设备状态

然后将新建任务结束，消防设施新建完毕。

10. 防误装置应如何建立？

答：新建过程同消防设施，关键步骤见图 1–63。

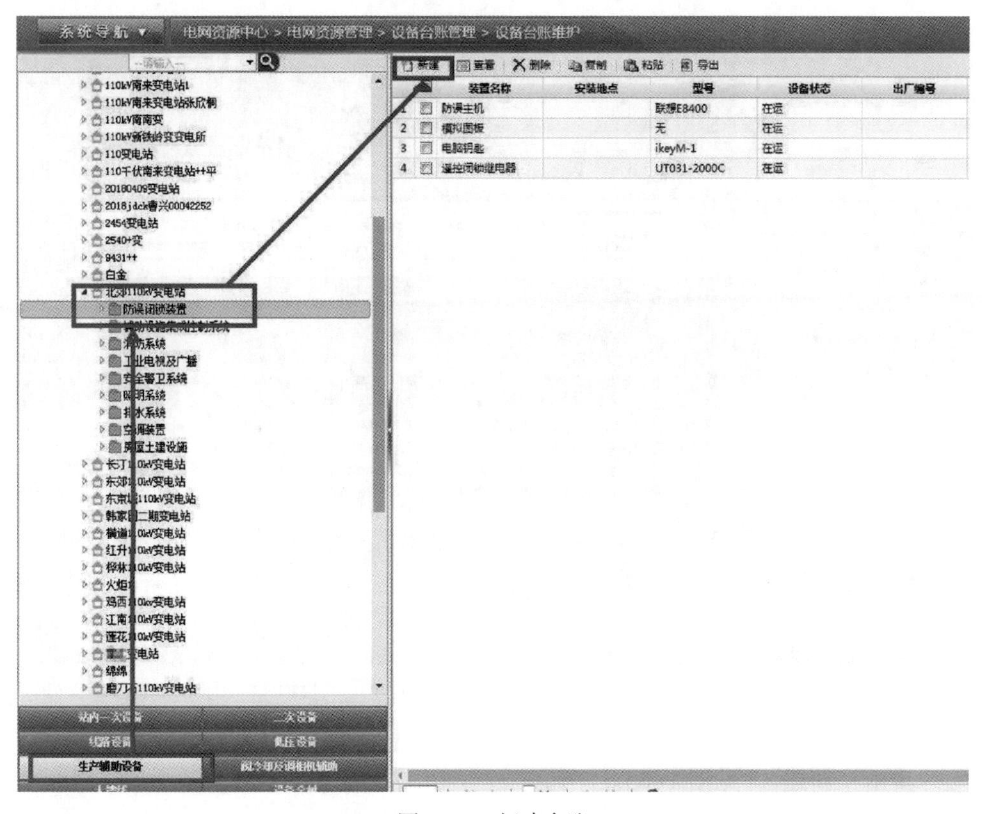

图 1–63　新建台账

11. 退役设备流程如何启动？

答：点击“系统导航”，下拉菜单中选择“电网资源管理”，右侧子菜单点击“设备变更申请”，见图 1–64。

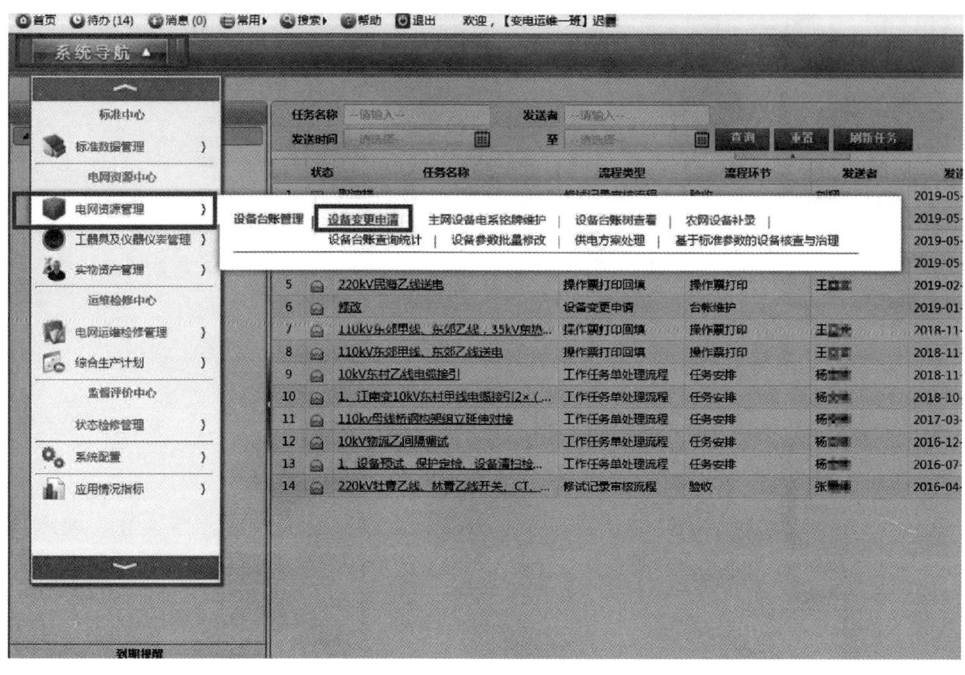

图 1–64　进入变更申请

单击“新建”，见图 1–65。

填全所有红色星号项目后单击“保存并启动”，发送给班长审核，见图 1–66。

系统导航　电网资源中心 > 电网资源管理 > 设备台账管理 > 设备变更申请

工程名称　电站/线路

申请类型　申请单状态

申请单编号

新建　修改　删除　发送　流程撤回　作废　查看详情　导出　打印申请单

	工程名称	变更内容	变更原因	电站/线路名称	主要设备	申请单位	申请人名称
1		管控	管控	管控		国网供电公司	迟
2		修改	修改	修改		国网供电公司	迟
3		xiugai	xiugai	xiugai		国网供电公司	迟

图 1–65　新建变更申请单

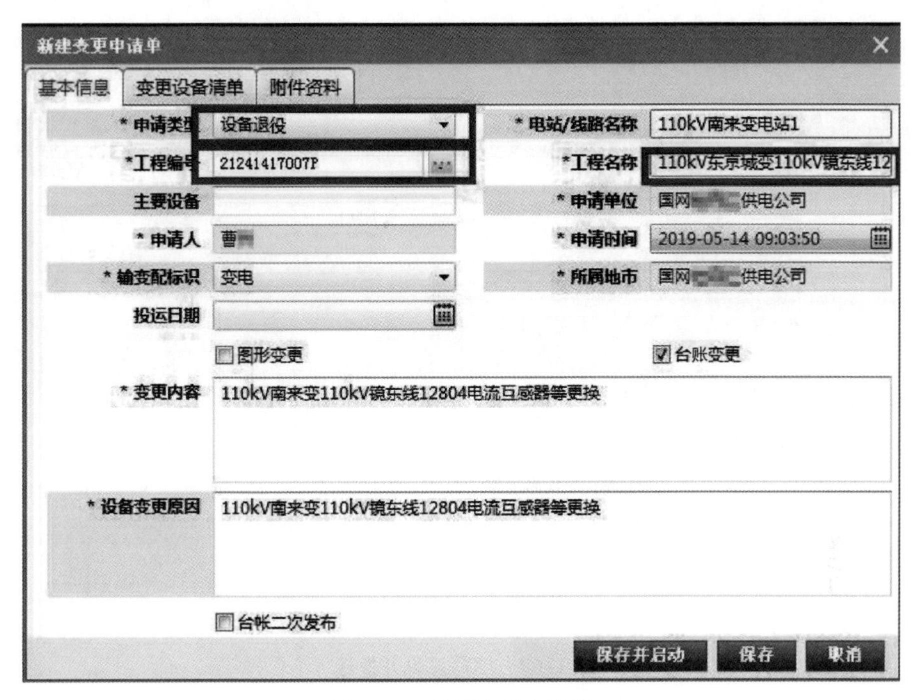

图 1–66　填写变更申请单

选择相应班组并选择本班组班长，见图 1–67。

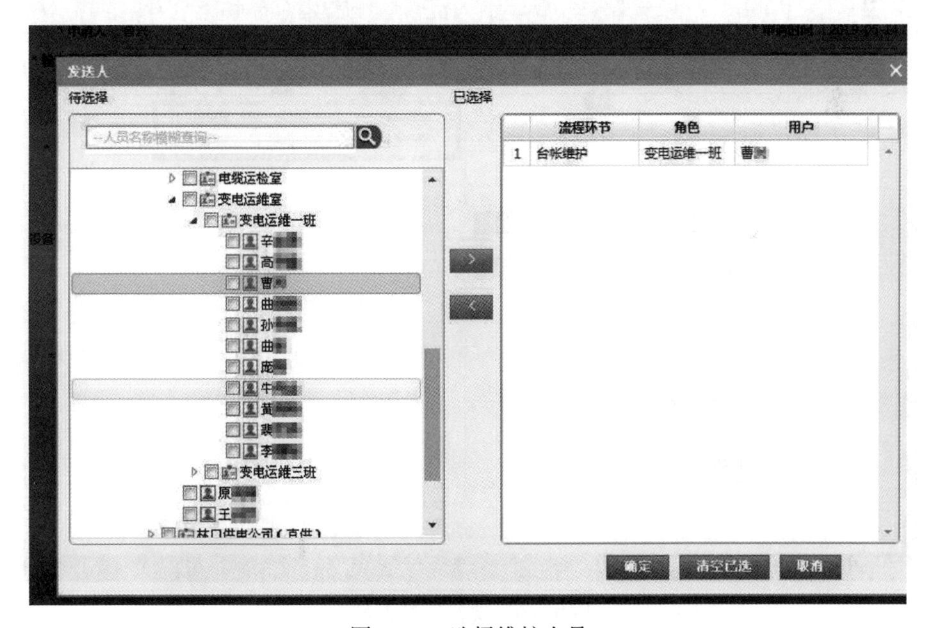

图 1–67　选择维护人员

班长审核，见图 1–68。

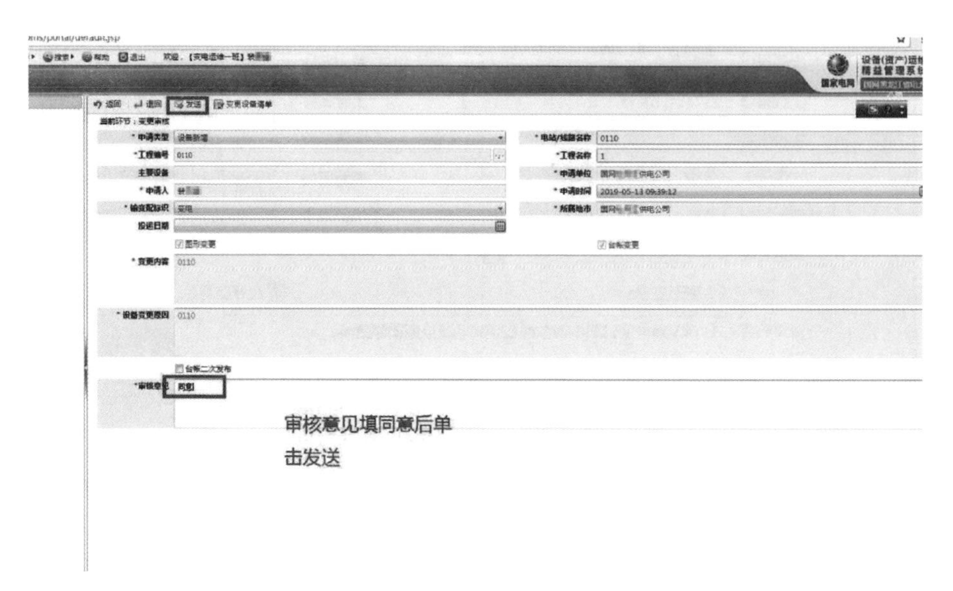

图 1–68　填写意见并发送

任务发送给班员，见图 1–69。

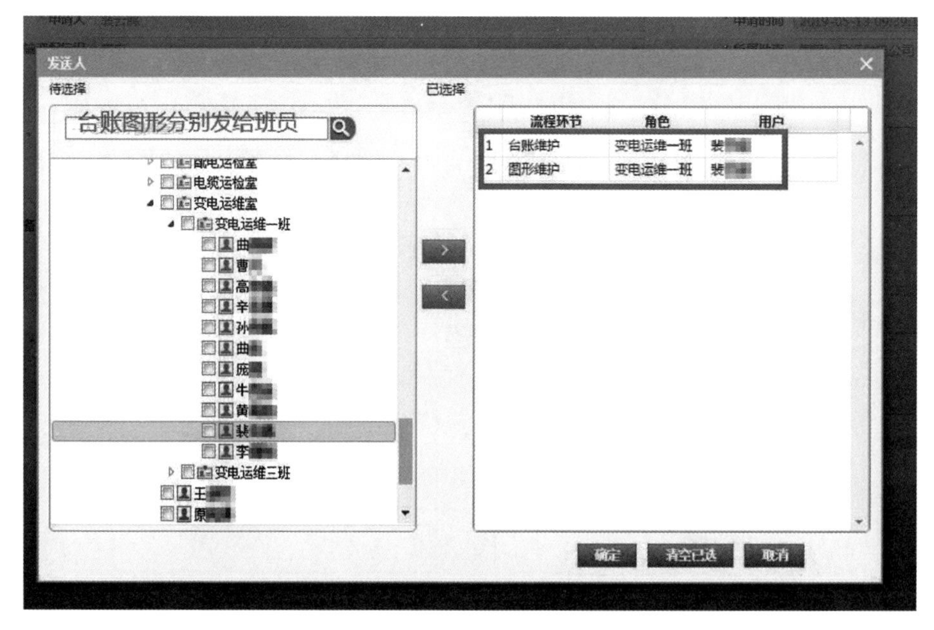

图 1–69　选择维护人员

任务启动结束。

进入 PMS 图形客户端图形任务，将该设备删除，并发送图形任务结束。

台账维护——选择要退役的设备，点击“退役”，选择退役时间及退役原因，点击“确定”，见图 1-70 和图 1-71。

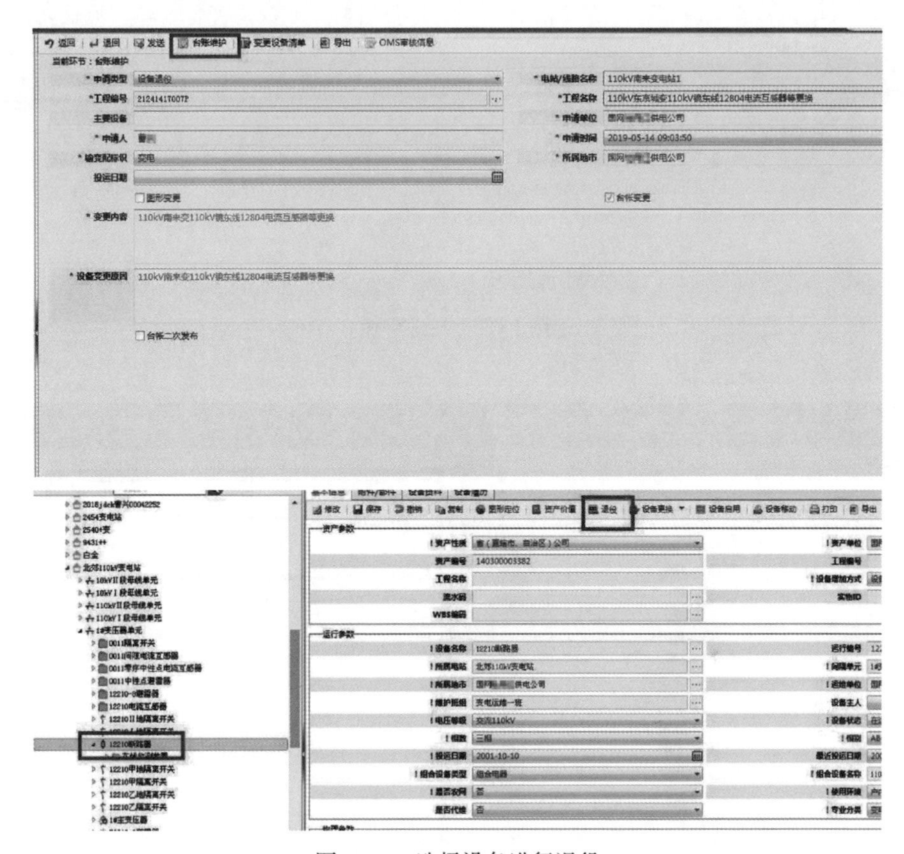

图 1-70　选择设备进行退役

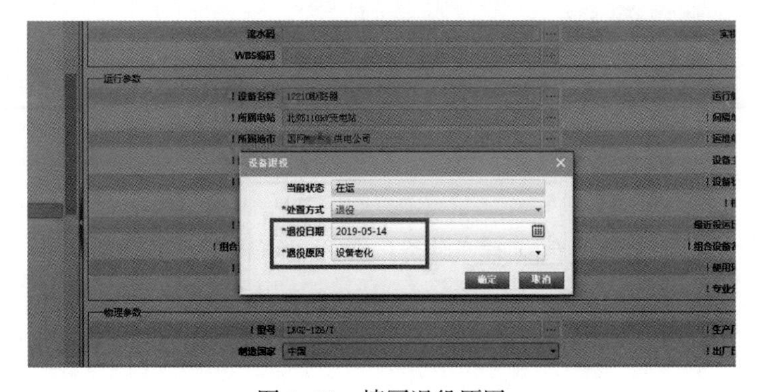

图 1-71　填写退役原因

发送任务结束流程：进入待办→发送班长审核，见图 1–72 和图 1–73。

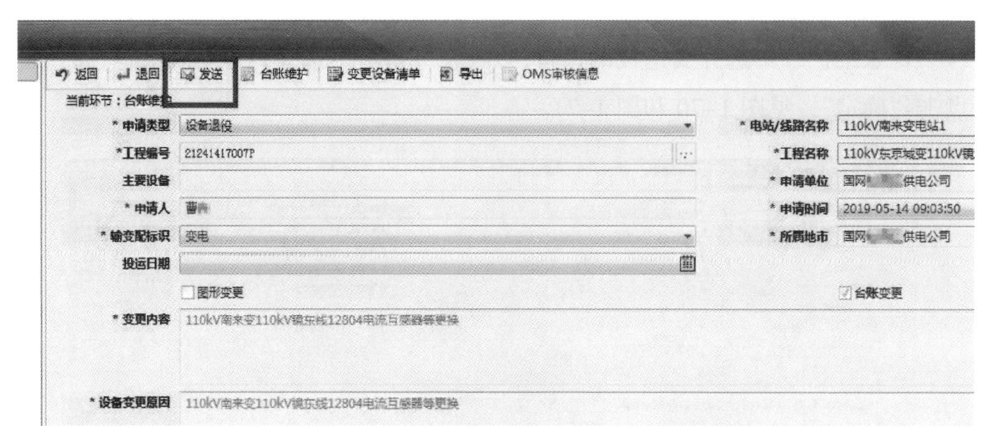

图 1–72　发送审核

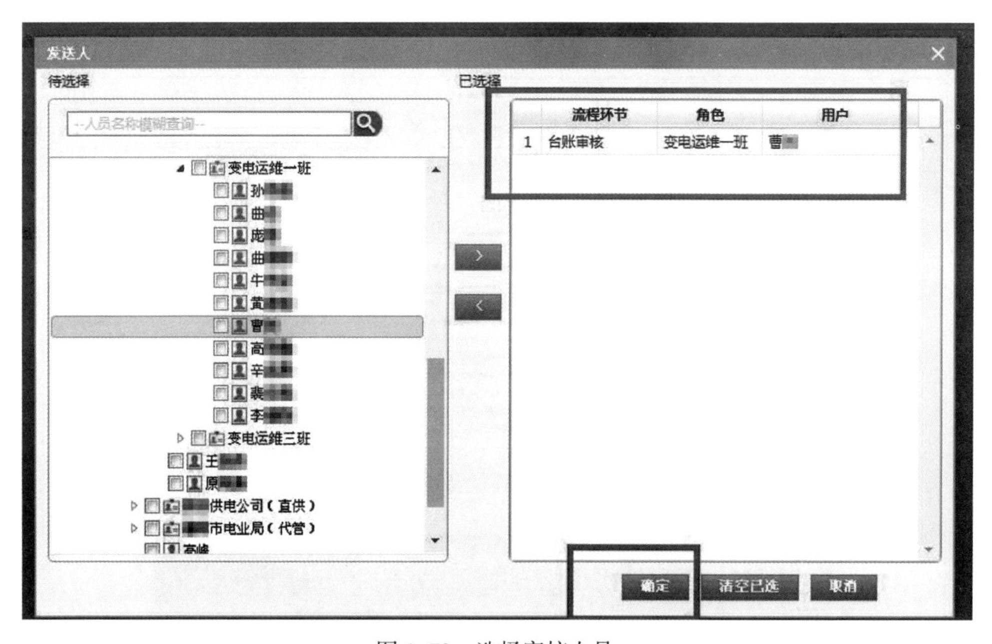

图 1–73　选择审核人员

在班长审核流程中，先选择“设备台账变更审核”→审核意见“同意”→“确定”，见图 1–74 和图 1–75。

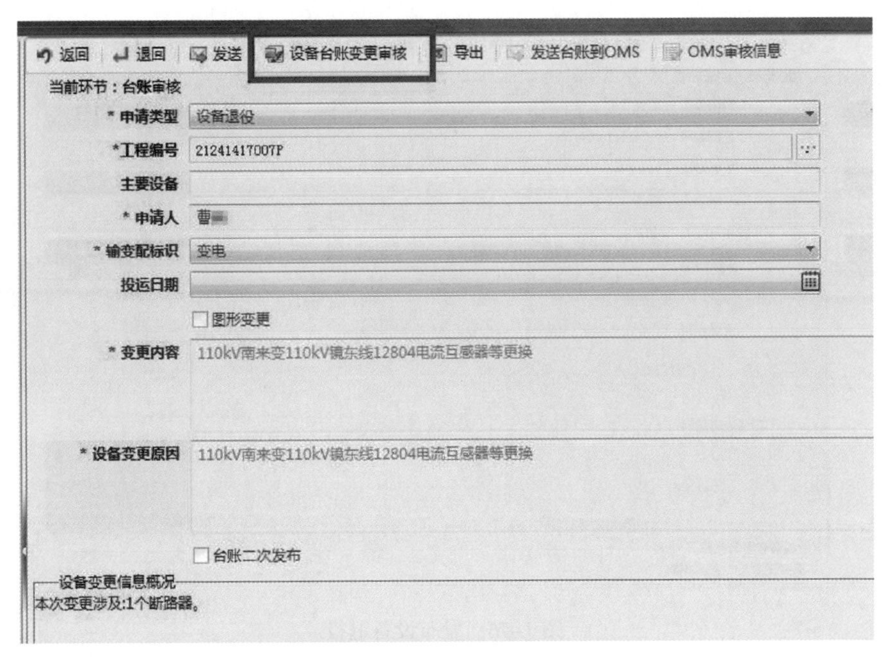

图 1–74　进入设备变更审核

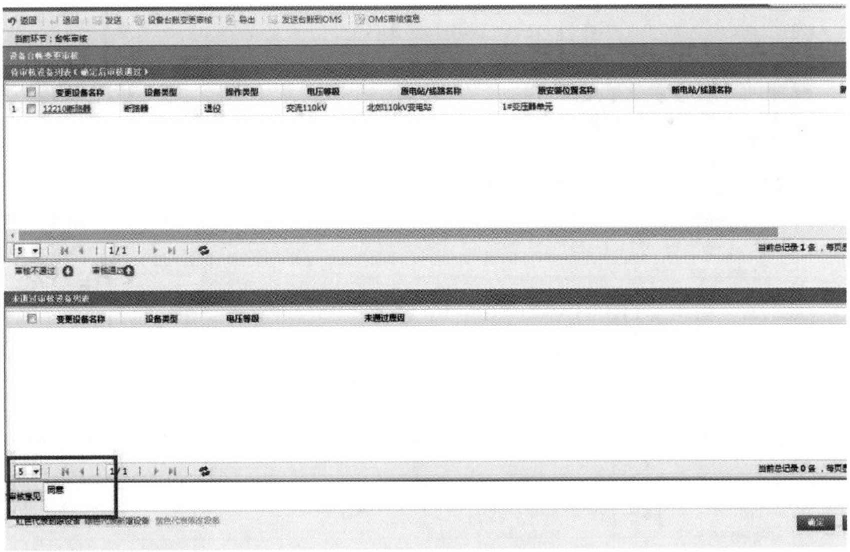

图 1–75　填写审核意见

系统自动跳转到该任务页面后，选择“发送”→显示“台账发布成功”→“确定”，见图 1–76 和图 1–77。

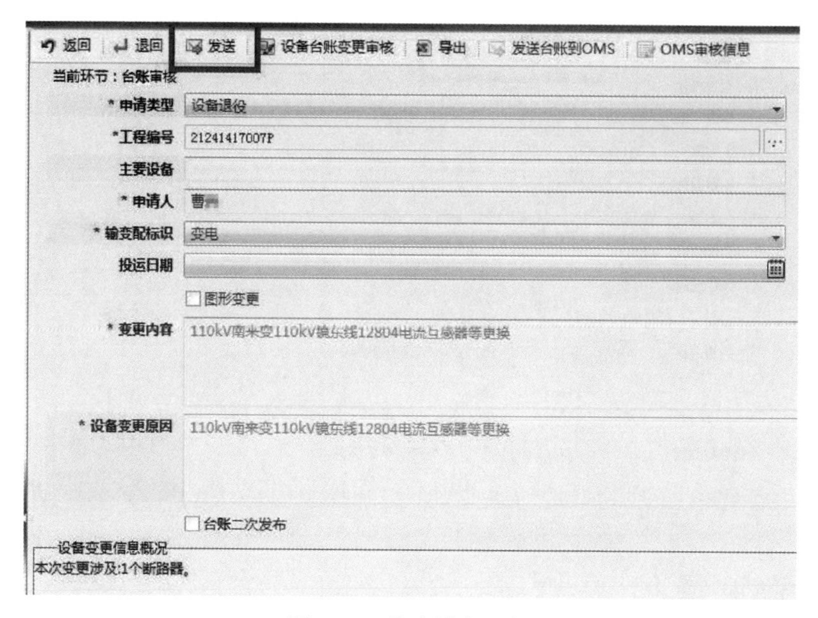

图 1–76　发布设备退役

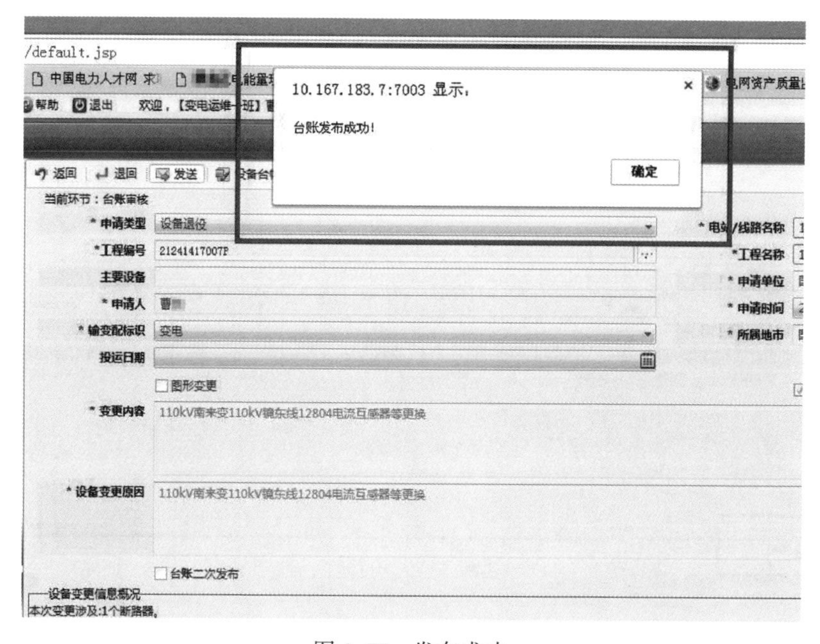

图 1–77　发布成功

系统跳转出现“参数同步”，根据提示内容选择“确定”或“关闭”，继续发送任务至结束，见图 1–78 和图 1–79。

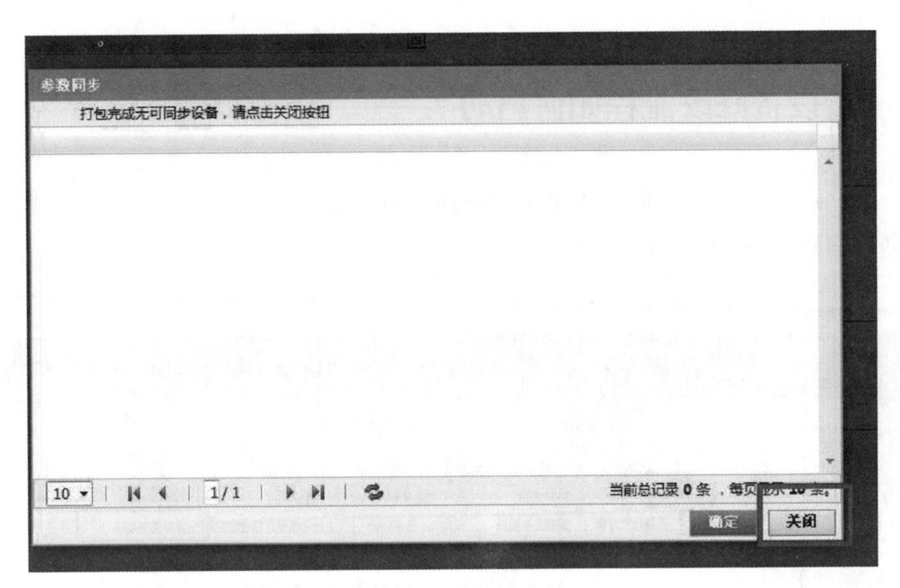

图 1-78　进行设备同步

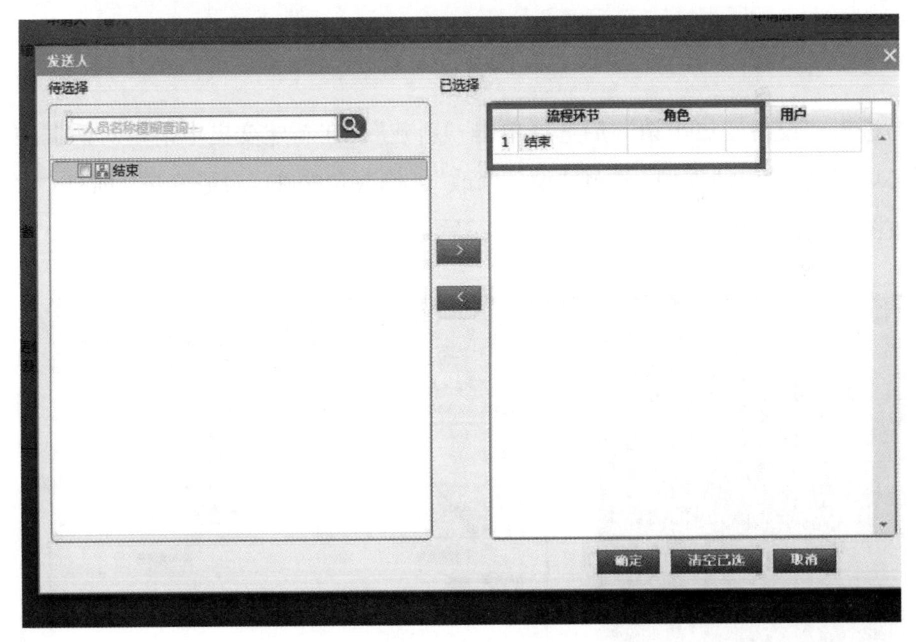

图 1-79　结束任务

12. 设备修改流程如何启动？

答：点击“系统导航”下拉菜单中选择“电网资源管理”，右侧子菜单单击“设备变更申请”，见图 1–80。

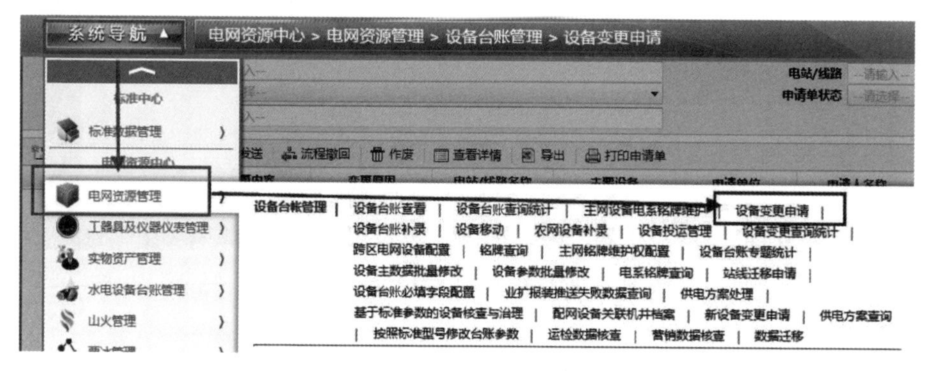

图 1–80　进入设备变更申请

进入“设备变更申请”后选择单击“新建”，在新建变更申请单对话框中填写必填字段，“申请类型”选择“设备修改”，修改台账在“台账变更”前打“√”，修改图形在“图形变更”前面打“√”，后点击“保存并启动”，见图 1–81。

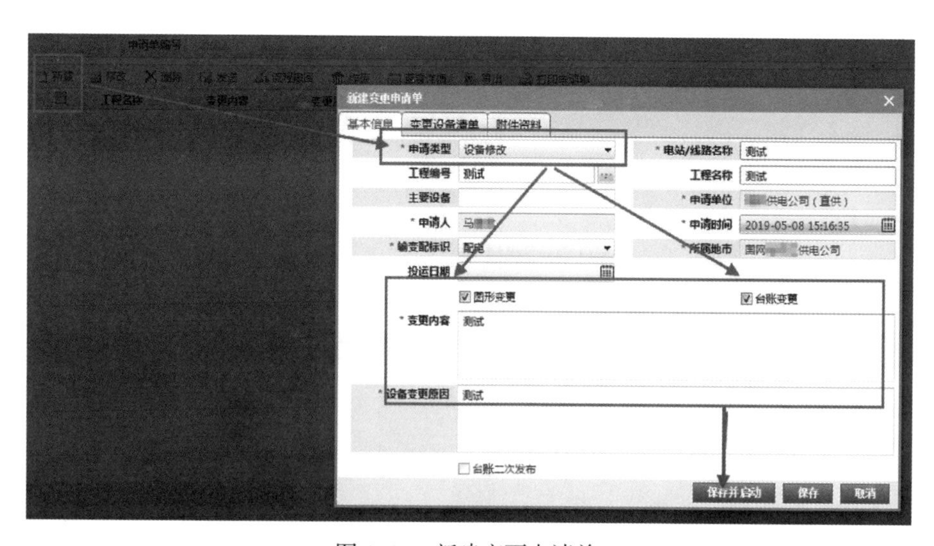

图 1–81　新建变更申请单

弹出审核界面发送给变更审核人，选择审核人后点击“确定”，见图 1–82。

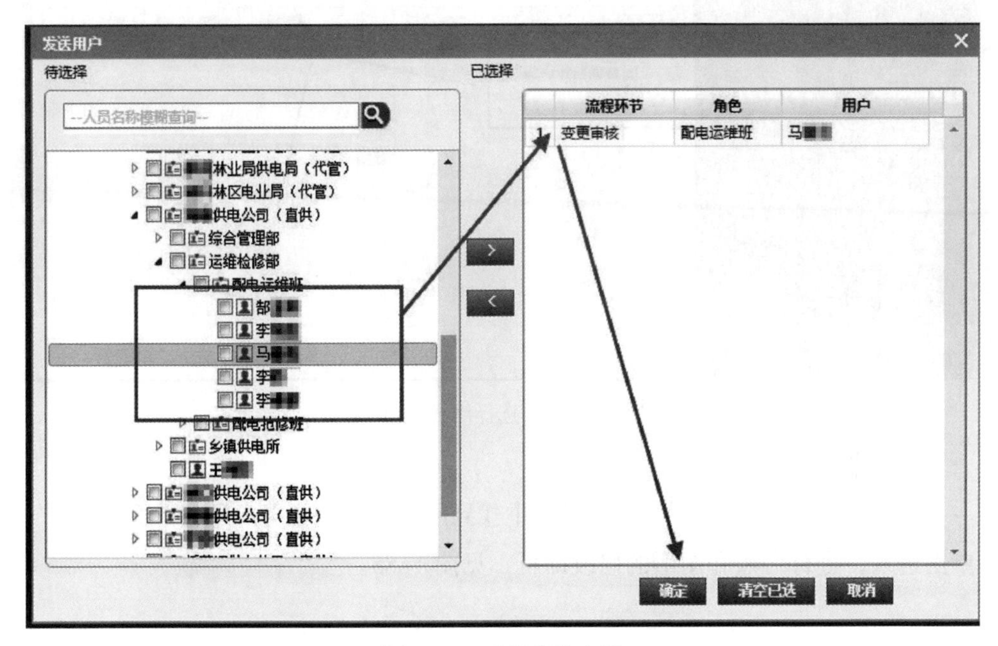

图 1–82　选择审核人员

进入发送的审核人账号在“待办”中找到刚才申请的任务，单击任务名称，见图 1–83。

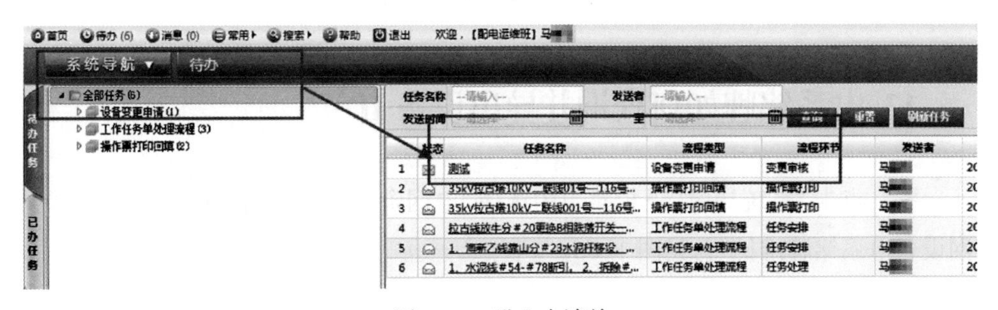

图 1–83　进入申请单

进入任务页面填写“审核意见”后点击“发送”，在“台账维护”或“图形维护”中选择维护人员双击选择后点击“确定”，见图 1–84。

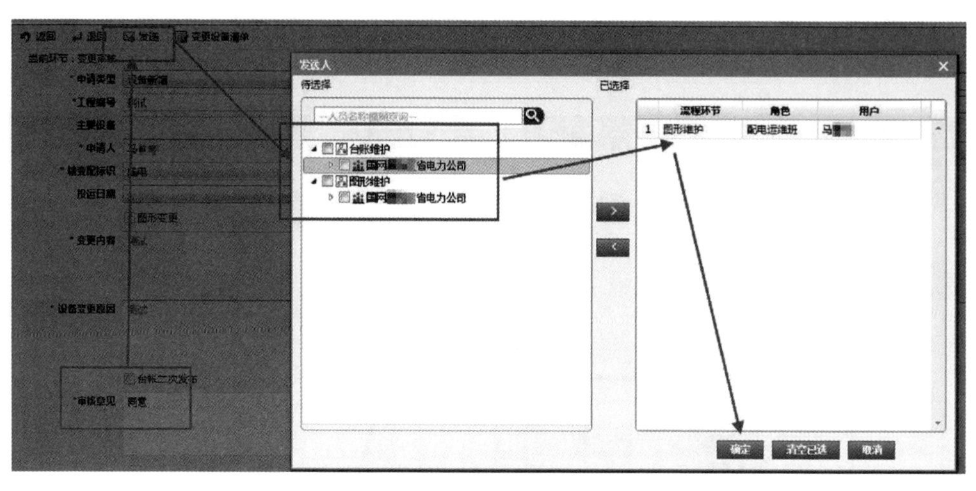

图 1–84　选择维护人员

进入发送的审核人账号在“待办”中找到刚才申请的任务，单击“任务名称”，单击进入，进行台账和图形的修改即可，见图 1–85。

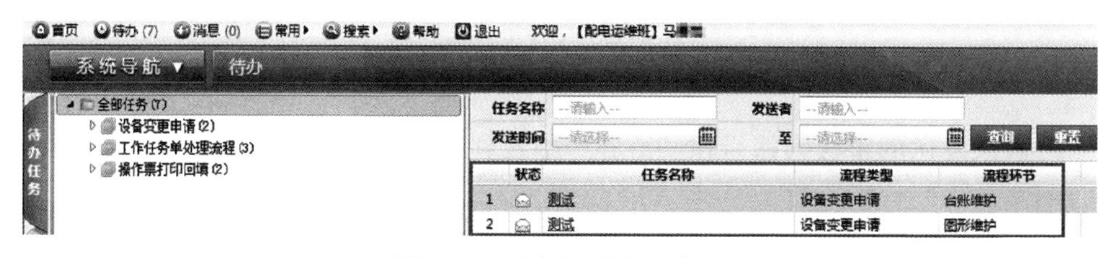

图 1–85　进行图形台账维护

13. 电系铭牌如何查询并导出设备 ID？

答：点击“系统导航”下拉菜单中选择“电网资源管理”，右侧子菜单单击“主网设备电系铭牌维护”，见图 1–86。

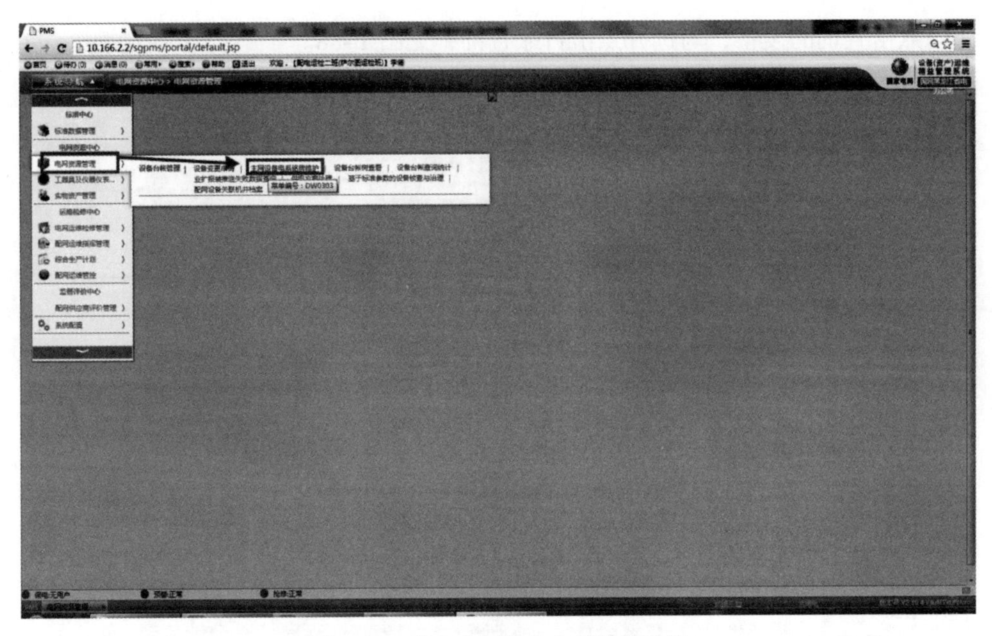

图 1-86 进入主网设备电系铭牌维护

设备铭牌查询：左侧可选择站内设备或站外设备，点击要查询的“交流××kV”，上方空白处输入查询的设备名称，见图 1-87。

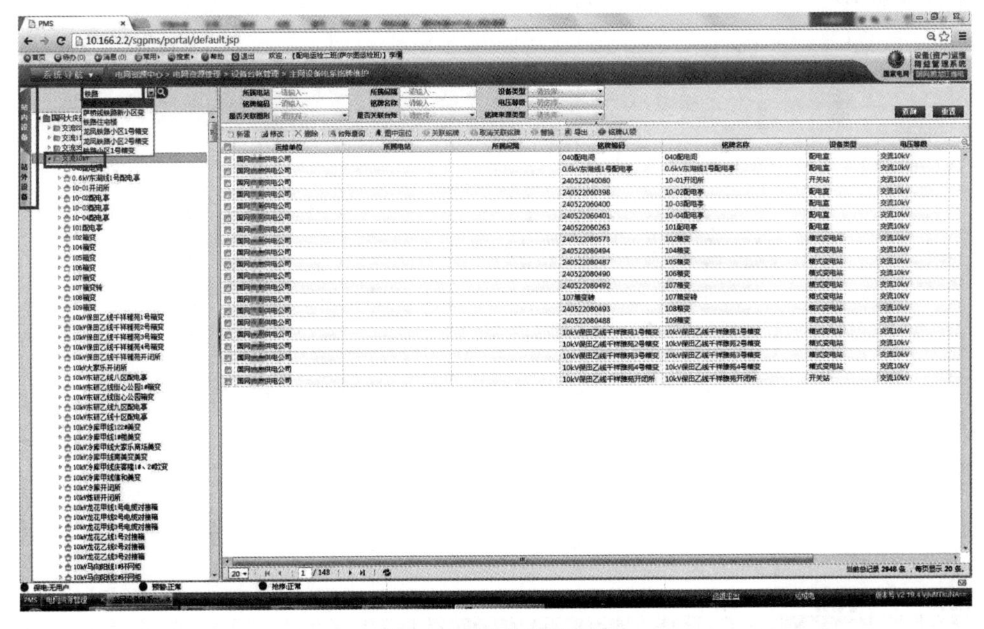

图 1-87 设备铭牌查询

点击查询的设备，勾选并点击台账查询，见图 1–88。

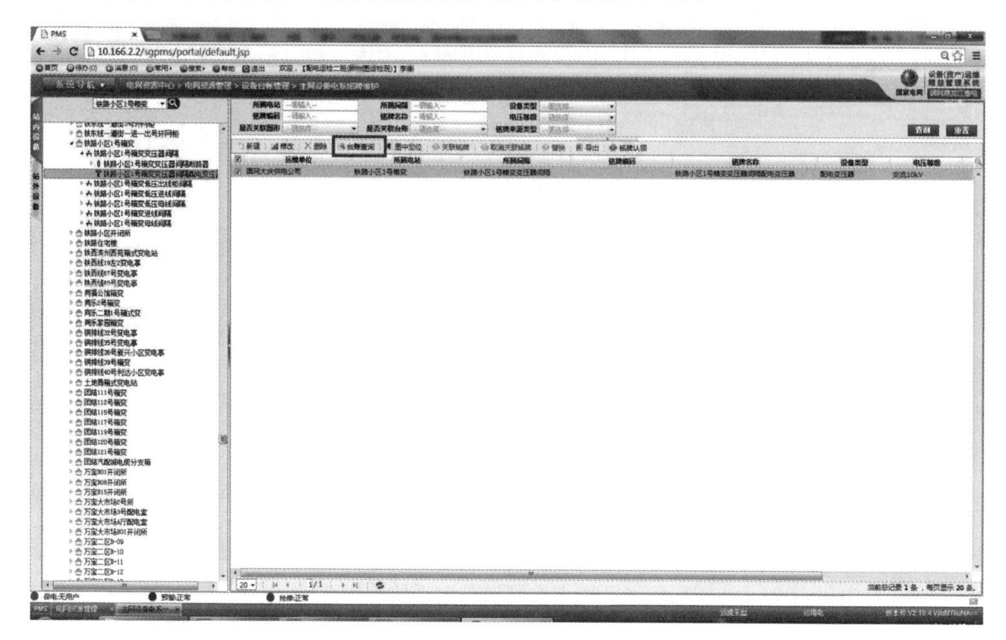

图 1–88　台账查询

设备铭牌导出：左侧选择设备类型，点击“导出”，在导出过程中可以选择铭牌设备 ID 一并导出，见图 1–89。

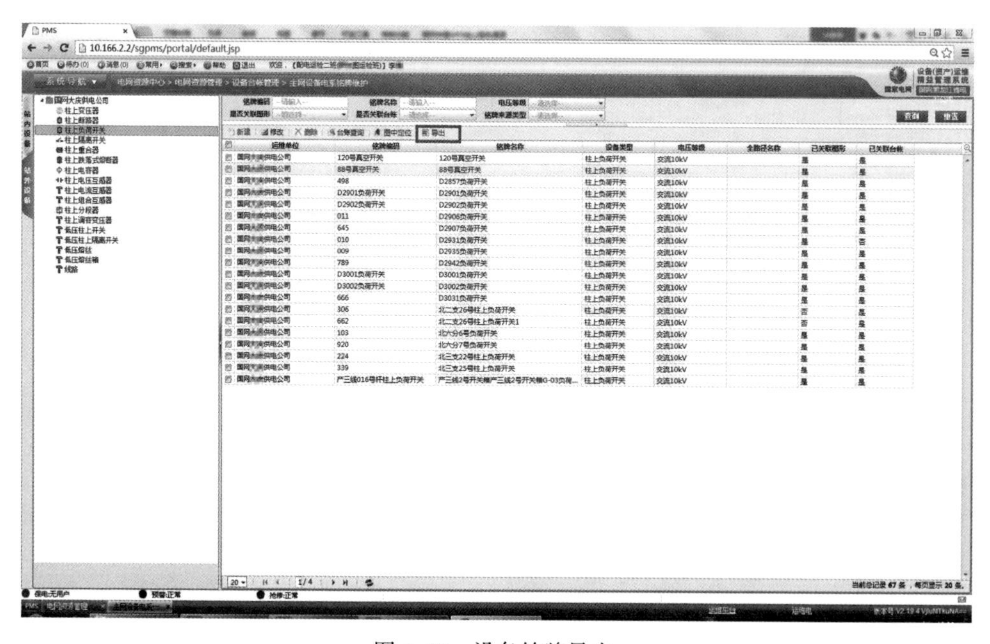

图 1–89　设备铭牌导出

14. 新建线路如何创建主线、分支线?

答: 新建线路创建主线：需要新建图形任务，在图形中绘制新建线路，将图形任务结束，在台账任务中找到新建的线路，补全台账信息，见图 1–90。

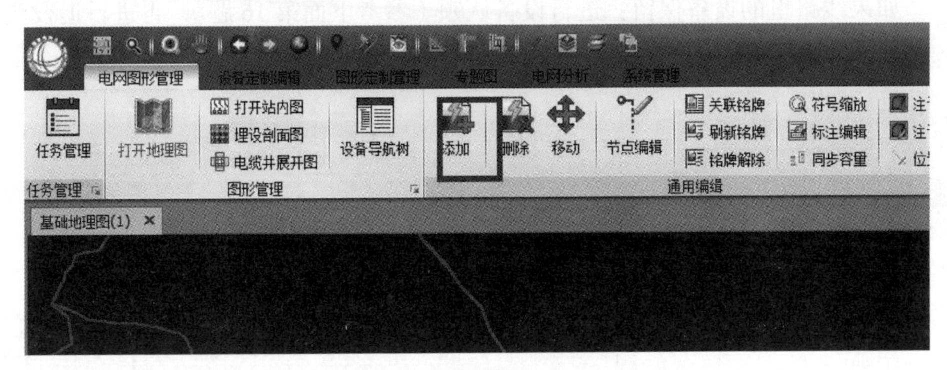

图 1–90 新建线路创建主线

创建新的分支线：新建台账任务→台账维护→线路设备，找到需要创建“分段线路”的母目录，点击“新建”，弹出框图，填写线路信息，点击“确定”，创建后补全台账信息即可，见图 1–91。

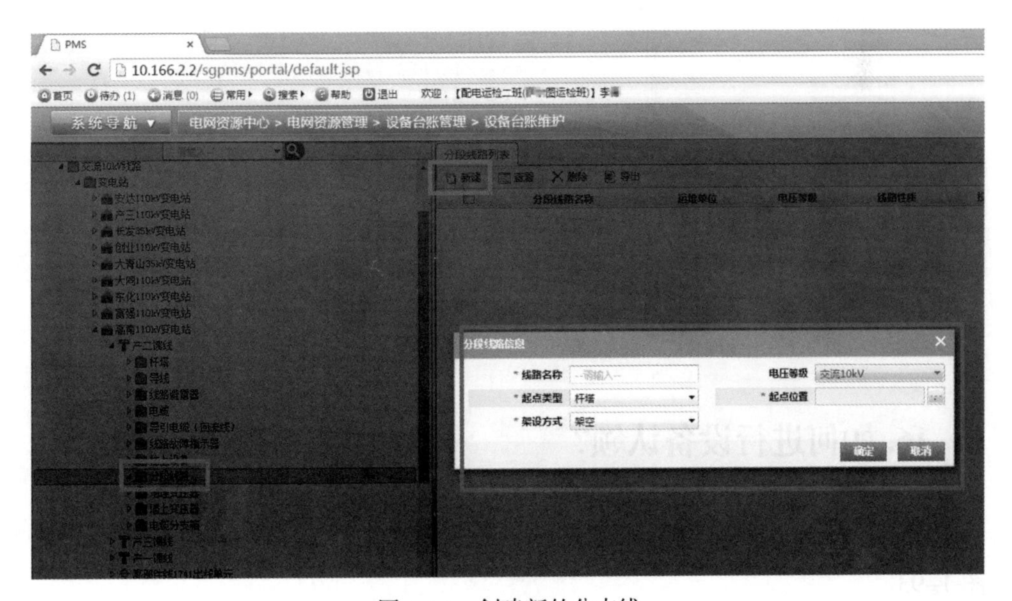

图 1–91 创建新的分支线

15. 线路或分支退役怎样处理?

答: 如果线路里的设备都删除：台账任务→台账维护→线路设备→找到退役的线路或者分支→点击退役功能→结束任务，见图 1-92。

如果线路里的设备保留：进行设备认领（参考下面第 16 题），再进行退役流程处理。

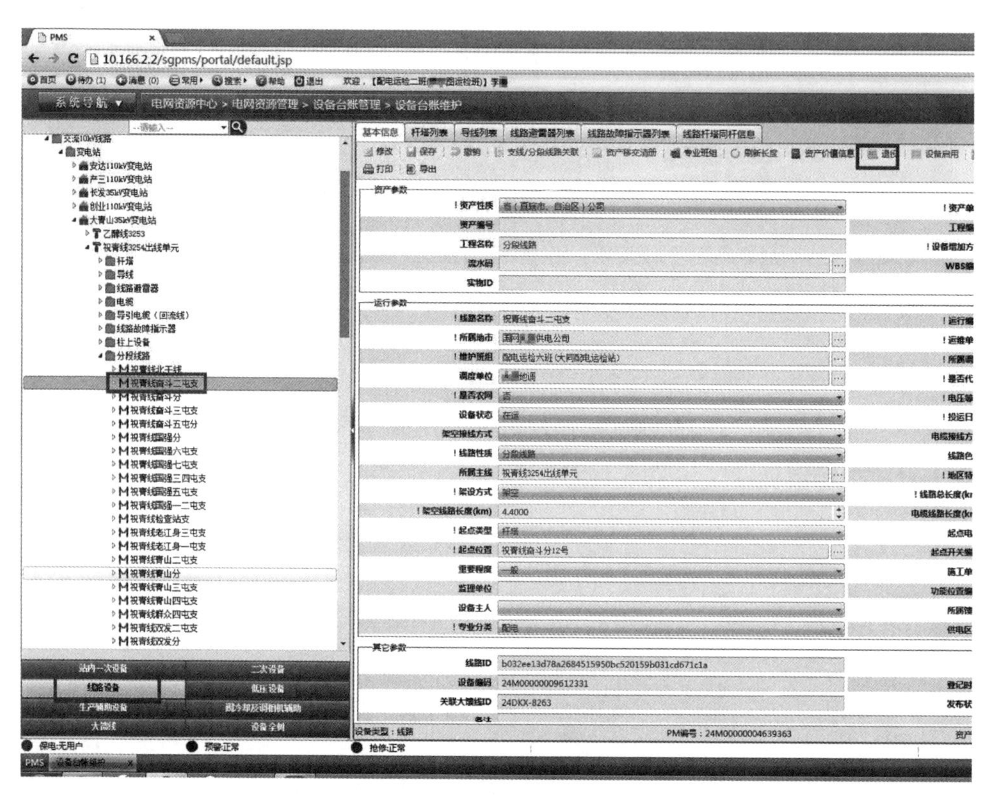

图 1-92　线路设备退役处理

16. 如何进行设备认领?

答: 系统导航→电网资源管理→设备台账查看，点击下方线路设备，见图 1-93。

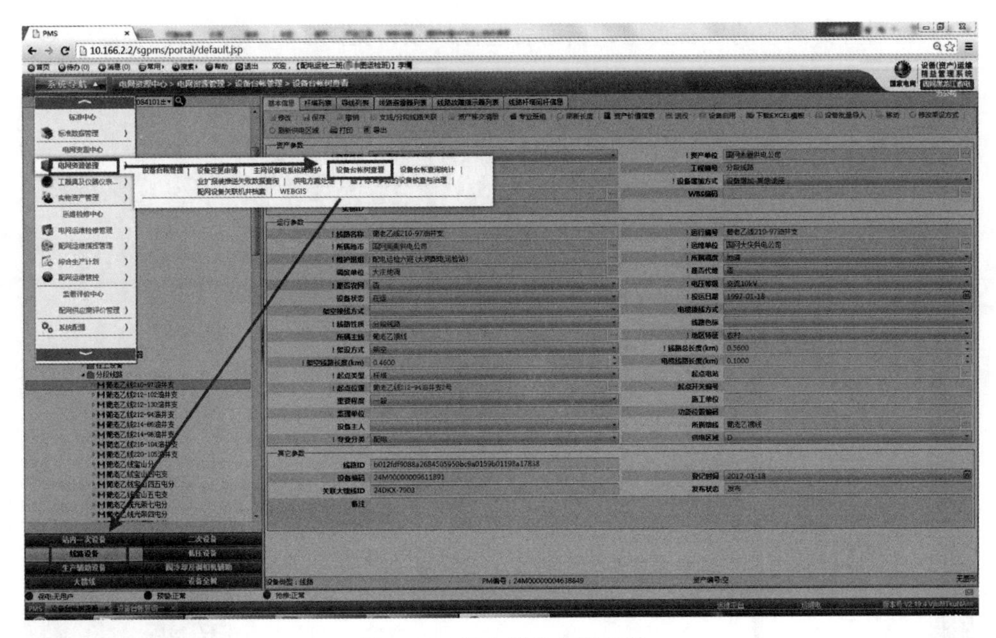

图 1–93 进入设备台账查看

找到需要认领的分段线路下的设备，右侧点击支线 / 分段线路关联，见图 1–94。

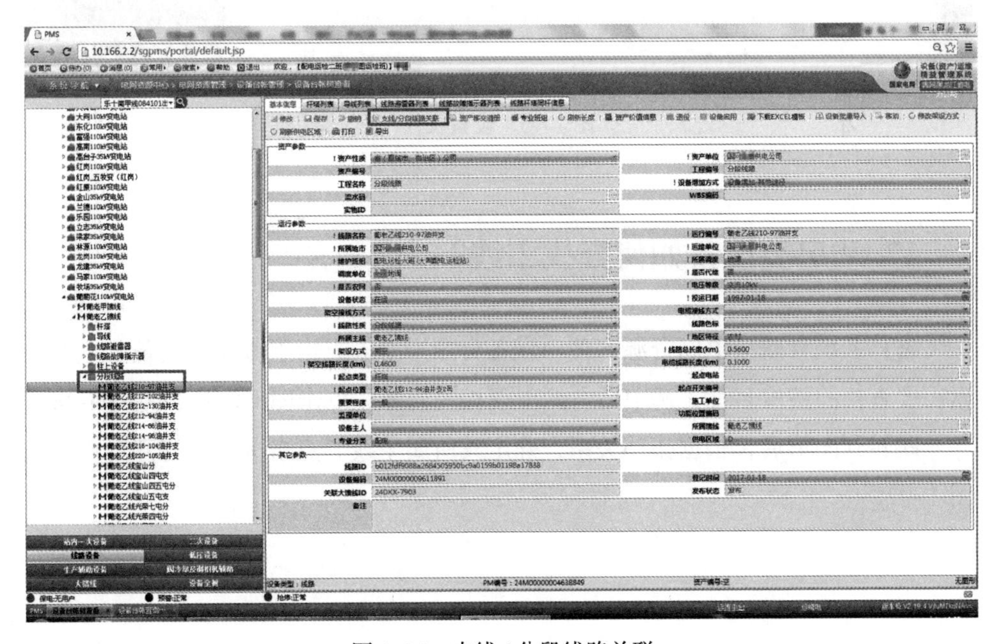

图 1–94 支线 / 分段线路关联

找到所要认领的设备类型，查询后选择认领，见图 1–95。

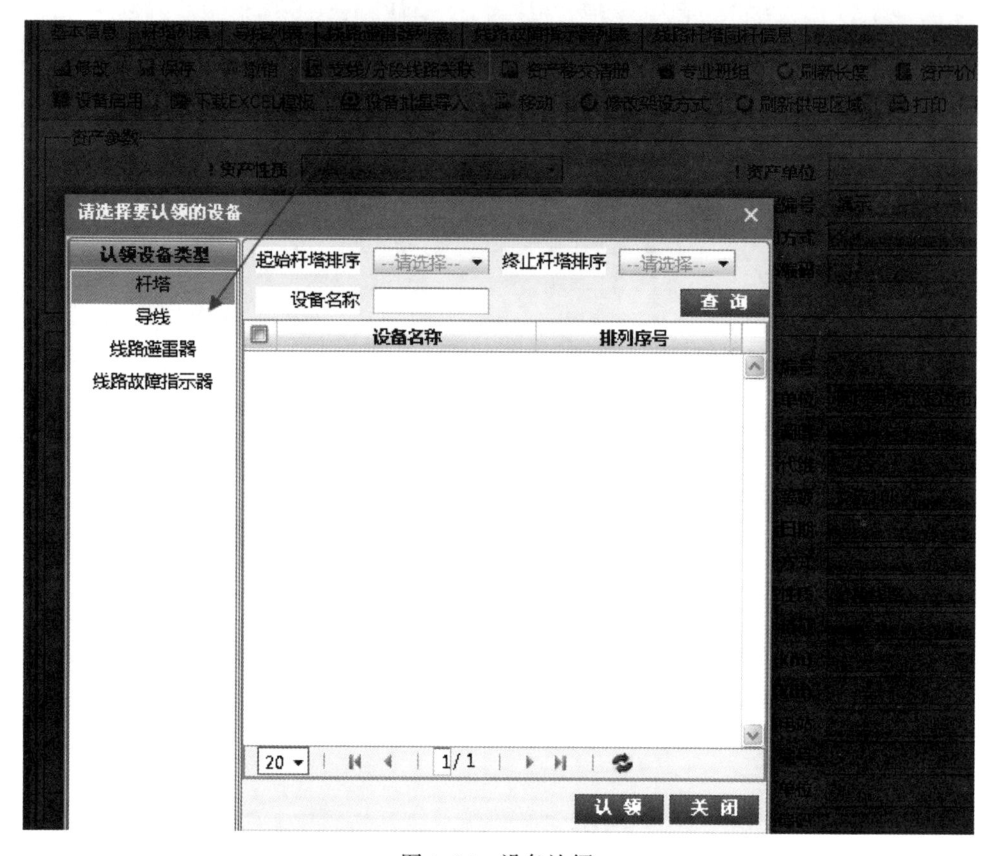

图 1–95　设备认领

17. 站房类设备如何查找主线？

答： 系统导航→电网资源管理→设备台账查看，点击下方线路设备。上方搜索需要查找的站房名称，选中后右侧出现相关台账，点击图形定位，见图 1–96。

跳转到图形后，根据拓扑关系，确定其所属主线。点击进入，打开台账，见图 1–97。

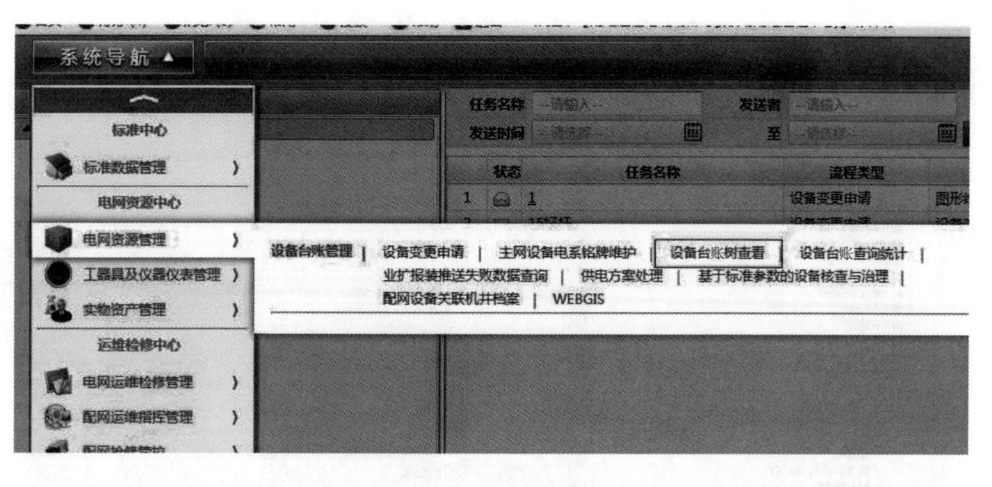
系统导航
标准中心
标准数据管理
电网资源中心
电网资源管理
工器具及仪器仪表管理
实物资产管理
运维检修中心
电网运维检修管理
配网运维指挥管理
任务名称
发送者
发送时间
至
状态
任务名称
流程类型
设备变更申请
设备台账管理 | 设备变更申请 | 主网设备电系铭牌维护 | 设备台账树查看 | 设备台账查询统计 |
业扩报装推送失败数据查询 | 供电方案处理 | 基于标准参数的设备核查与治理 |
配网设备关联机井档案 | WEBGIS

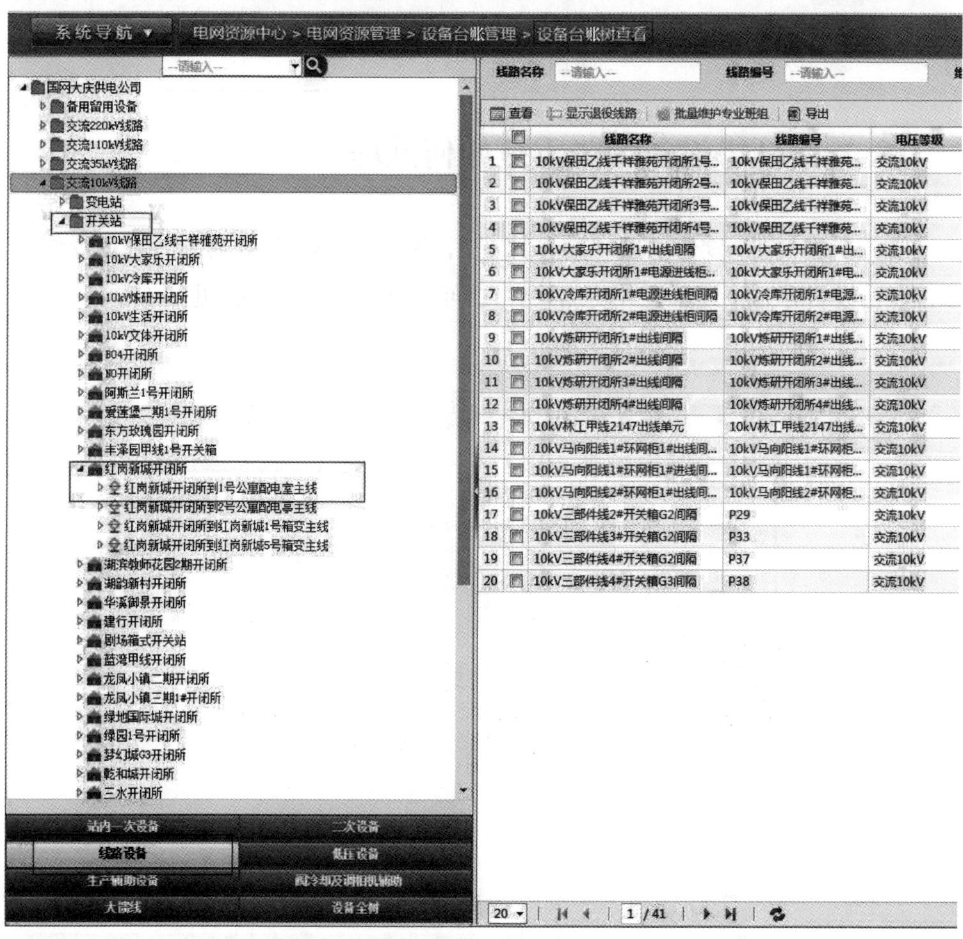
系统导航
电网资源中心 > 电网资源管理 > 设备台账管理 > 设备台账树查看
国网大庆供电公司
备用留用设备
交流220kV线路
交流110kV线路
交流35kV线路
交流10kV线路
变电站
开关站
10kV保田乙线千祥雅苑开闭所
10kV大家乐开闭所
10kV冷库开闭所
10kV炼研开闭所
10kV生活开闭所
10kV文体开闭所
B04开闭所
B0开闭所
阿斯兰1号开闭所
爱莲堡二期1号开闭所
东方玫瑰园开闭所
丰泽园甲线1号开关箱
红岗新城开闭所
红岗新城开闭所到1号公寓配电室主线
红岗新城开闭所到2号公寓配电亭主线
红岗新城开闭所到红岗新城1号箱变主线
红岗新城开闭所到红岗新城5号箱变主线
湖滨教师花园2期开闭所
湖韵新村开闭所
华溪御景开闭所
建行开闭所
剧场箱式开关站
蓝湾甲线开闭所
龙凤小镇二期开闭所
龙凤小镇三期1#开闭所
绿地国际城开闭所
绿园1号开闭所
梦幻城G3开闭所
乾和城开闭所
三水开闭所
站内一次设备
二次设备
线路设备
低压设备
大馈线
设备全树
线路名称
线路编号
查看
显示退役线路
批量维护专业班组
导出
电压等级
10kV保田乙线千祥雅苑开闭所1号...
10kV大家乐开闭所1#出线间隔
10kV冷库开闭所1#电源进线柜间隔
10kV炼研开闭所1#出线间隔
10kV林工甲线2147出线单元
10kV马向阳线1#环网柜1#出线间...
10kV三部件线2#开关箱G2间隔
P29
P33
P37
P38
交流10kV
1 / 41

图 1-96 搜索站房名称

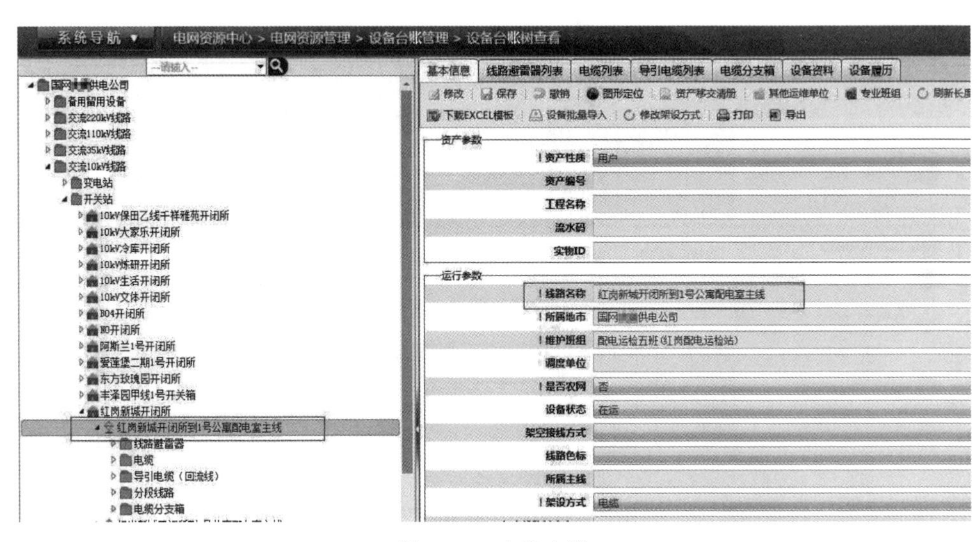

图 1-97　查找主线

18. 导线杆塔设备台账重复如何处理?

答：新建台账任务，点击“台账维护”，见图 1-98。找到需要合并的导线台账，点击设备合并（设备合并功能只有在导线台账中能实现），见图 1-99。

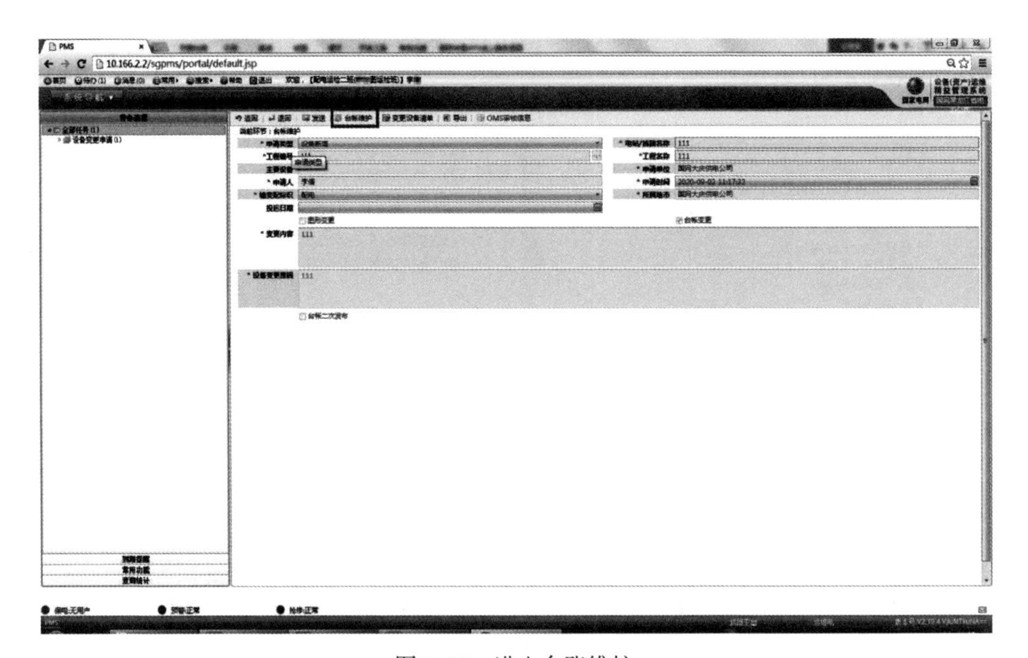

图 1-98　进入台账维护

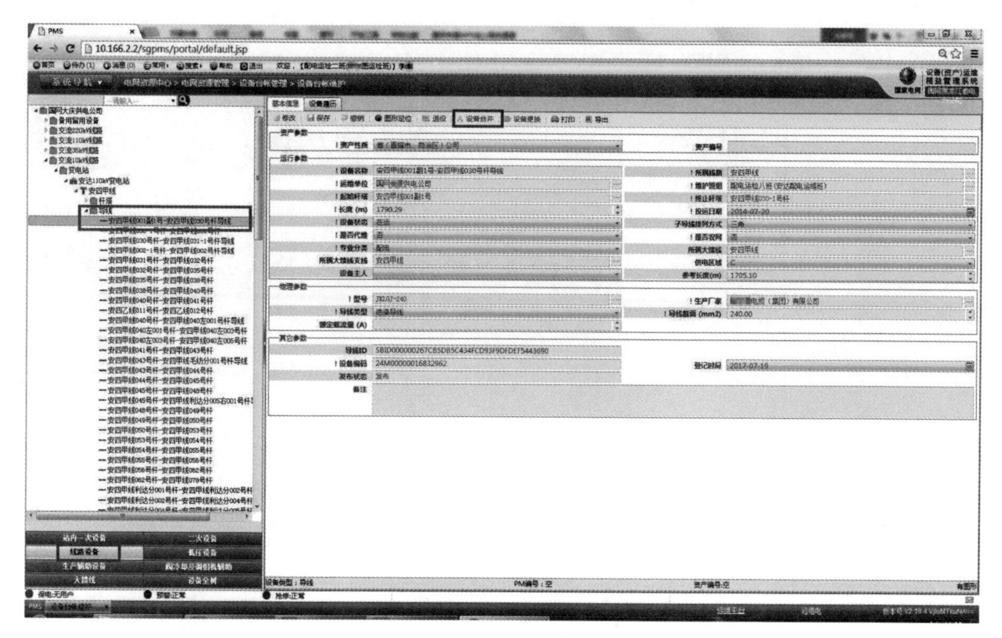

图 1-99　设备合并

19. 怎么使用待办业务查找、回退功能?

答: 在首页上端有待办功能,点击“待办”,下方出现所有待办事项。点击“查看”即可,见图 1-100。

图 1-100　待办功能

已经在流程中的任务如果审核人有异议可以选择退回。点击“退回”,确定,任务即可回到上一任务人账号中进行修改,见图 1-101。

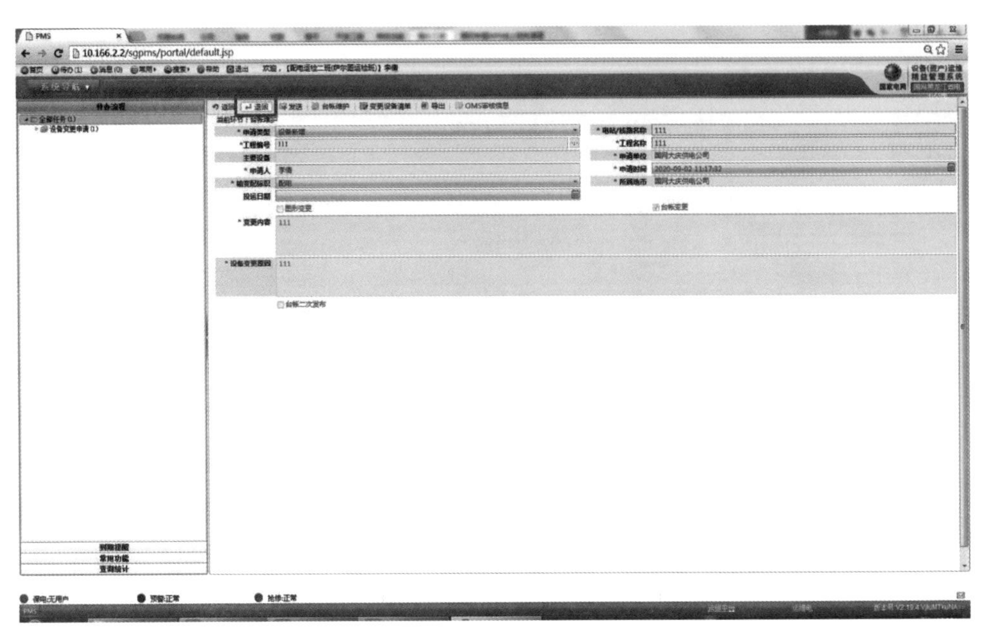

图 1–101　退回功能

20. 站内同一设备类型如何复制台账?

答： 站内（包括变电）同一设备类型之间可以实现复制功能。台账任务中，在设备台账中找到所要复制的设备台账，点击“复制”，见图 1–102。

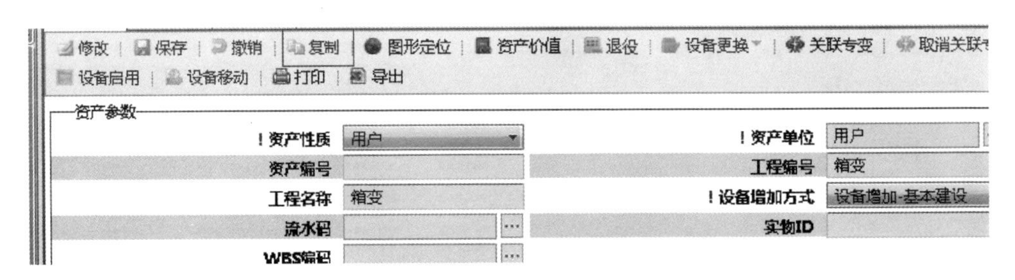

图 1–102　复制台账

弹出界面见图 1–103，源设备右侧三个点可选择粘贴的设备，在目标设备上勾选需要复制的，点击“确定”，弹出“设备复制成功”即可，见图 1–104。

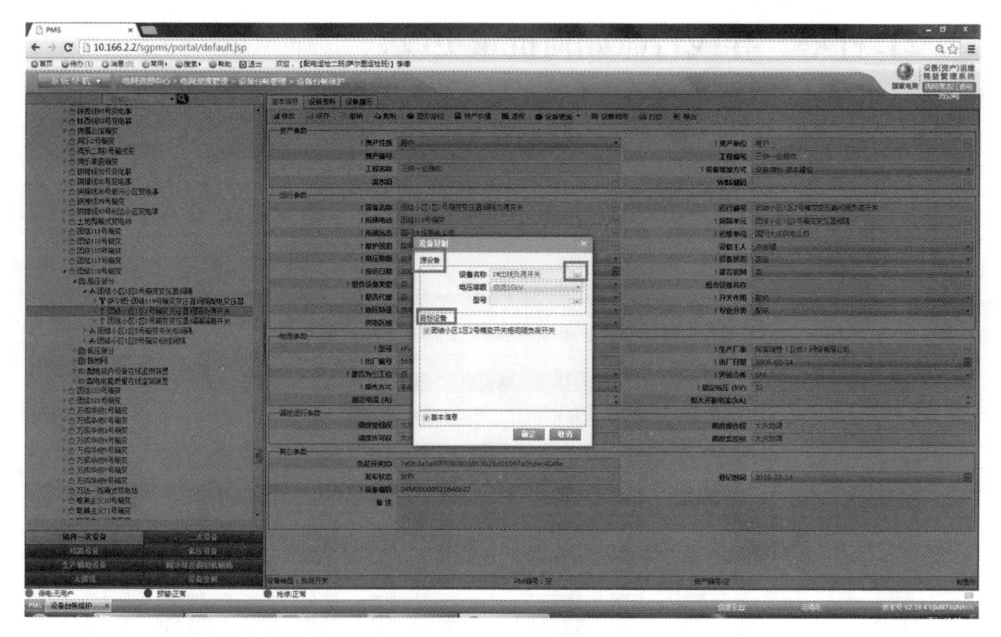

图 1–103　设备复制

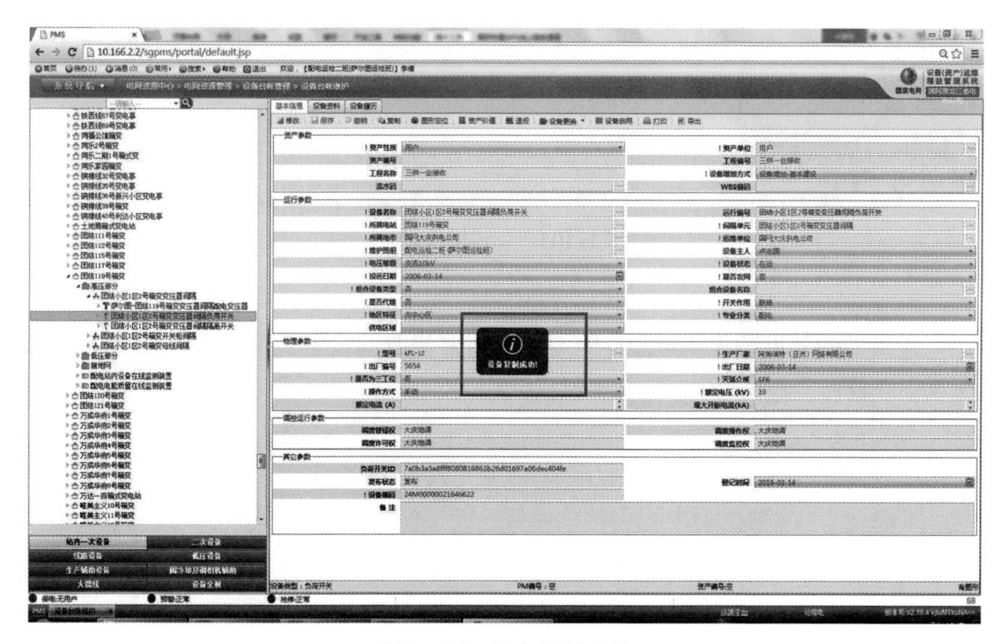

图 1–104　设备复制成功

21. 杆塔、导线台账如何批量更改？

答：台账任务中，点击下方线路设备，找到杆塔或者导线母目录，右侧会显示出该线路的导线或者杆塔。选择需要批量的设备，点击批量修改，见图 1–105。

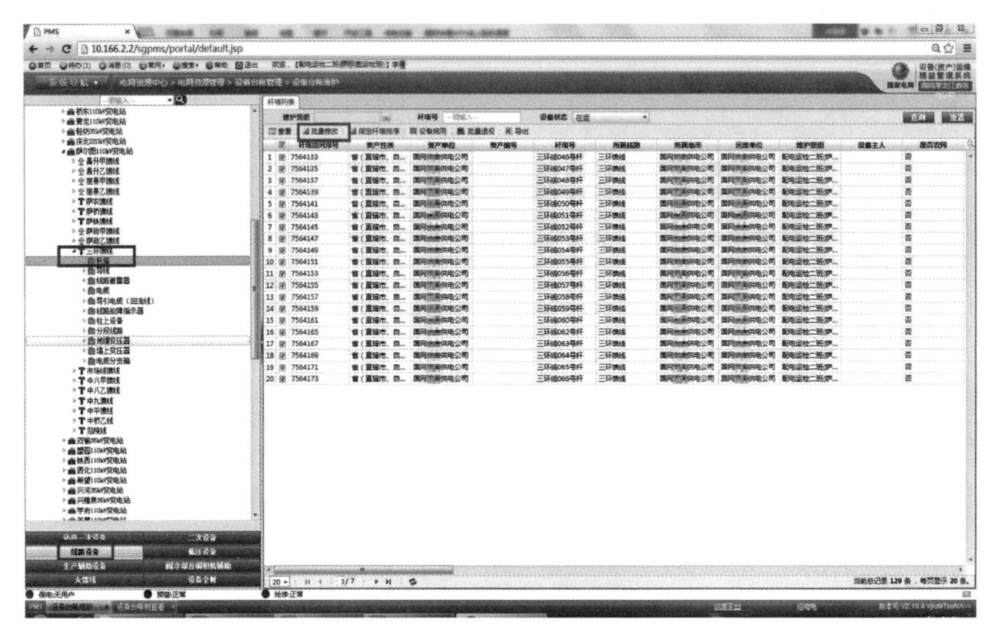

图 1–105　查找批量设备

弹出界面，见图 1–106，右侧勾选出需要修改的设备，左侧勾选需要变更的信息，并修改，修改完成后点击“确定”。

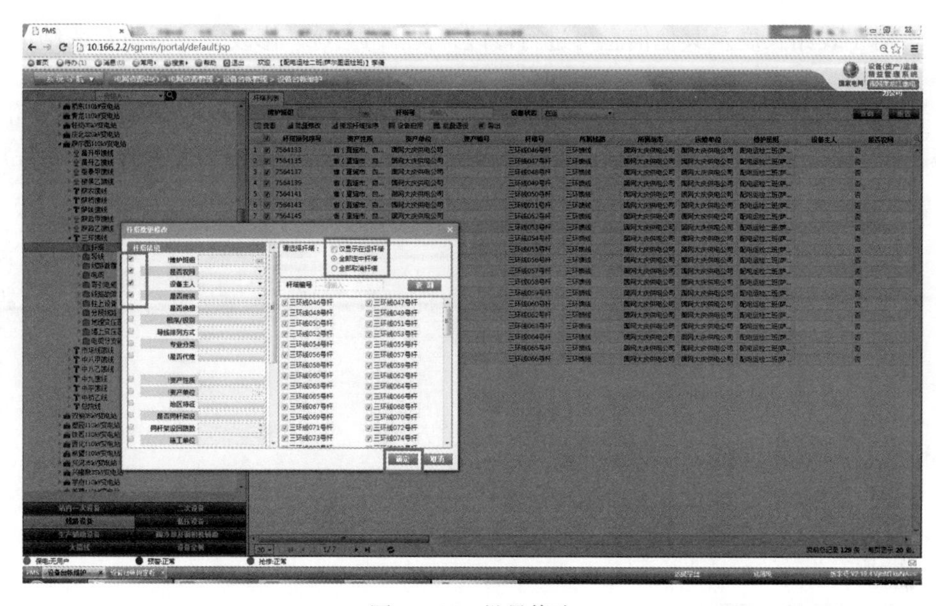

图 1–106　批量修改

22. 如何在台账端找到大馈线台账对其更改？

答：在台账维护中，点击下方“大馈线”，点击需要更改的大馈线，点击右侧修改，见图 1–107。

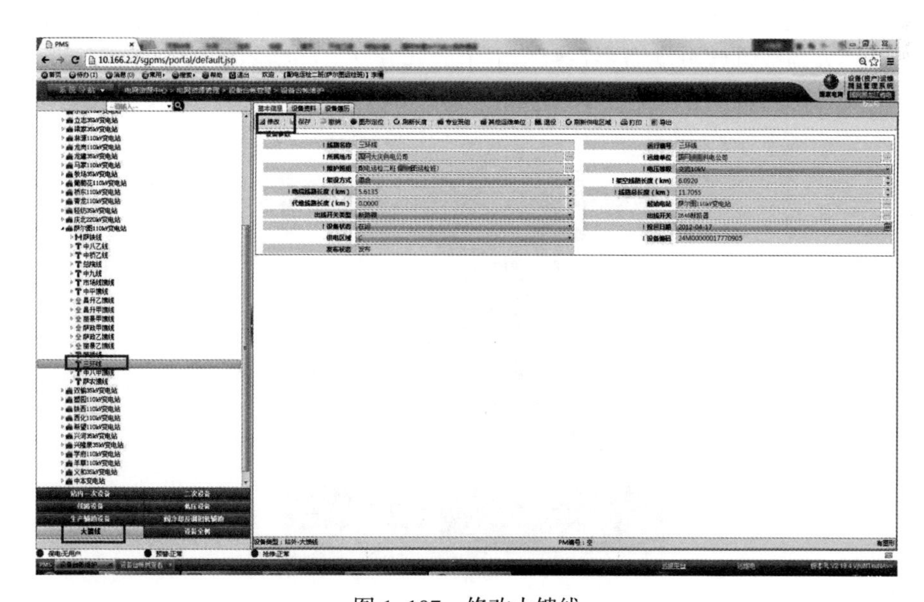

图 1–107　修改大馈线

对于线路长度及其他信息可进行修改，见图 1-108。修改完成后将台账结束。

图 1-108　修改其他信息

23. 大馈线生成后如何创建其分支？

答：大馈线创建分支需要在台账中生成其分支，终结图形任务后，台账可显示大馈线分支，见图 1-109。

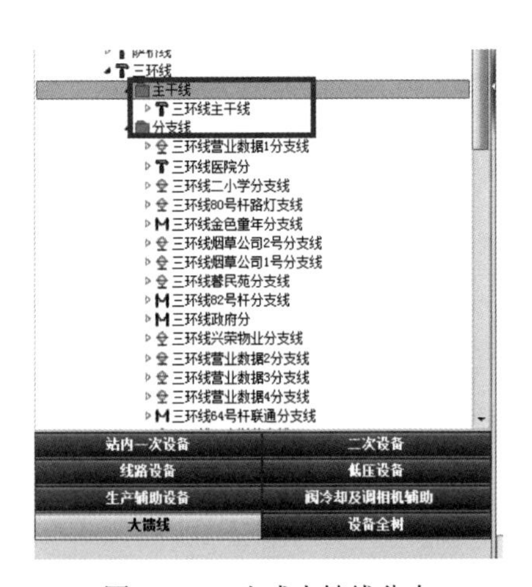

图 1-109　生成大馈线分支

24. 营配贯通工作生产站—线—变关系是怎样的？

答： PMS 中数据与现场实际情况进行核对，线—变关系不一致的用户或台区应在 PMS2.0 系统中进行修改。线—变关系不一致的用户或台区应在实际所属变压器下，同理，变压器应在实际线路下，线路应在实际变电站下。

25. 营配贯通工作台账维护要求有哪些？

答： 与营配贯通相关联的 PMS 数据，要保证 5 点要求，即设备台账端的是否代维选“否”、是否农网选“否”、发布状态选“发布”、设备状态选“在运或未投运”、使用性质选“公用变”，见图 1–110。

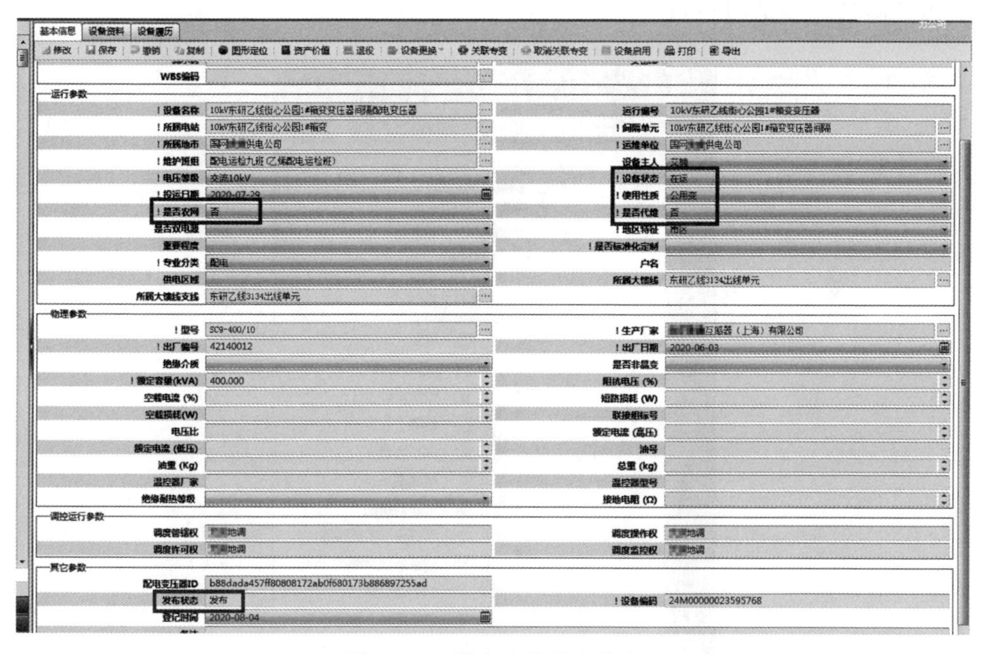

图 1–110　设备台账基本信息

26. 同期线损与线—变关系是怎样的?

答: 运维班组根据同期线损中“售电量明细”与现场实际情况进行核对，线—变关系不一致的用户或台区在 PMS2.0 系统中进行修改。

线—变关系不一致的用户或台区应在实际所属变压器下，同理，变压器应在实际馈线下，线路应在实际变电站下。

27. 运检转营销设备怎样操作?

答: 电网图形管理→设备导航树→大馈线树→找到用户设备挂接的线路并点击右键→在弹窗中选中“运检转营销”→在跳出的界面中勾选需要转换的设备→点击“修改”，见图 1–111。

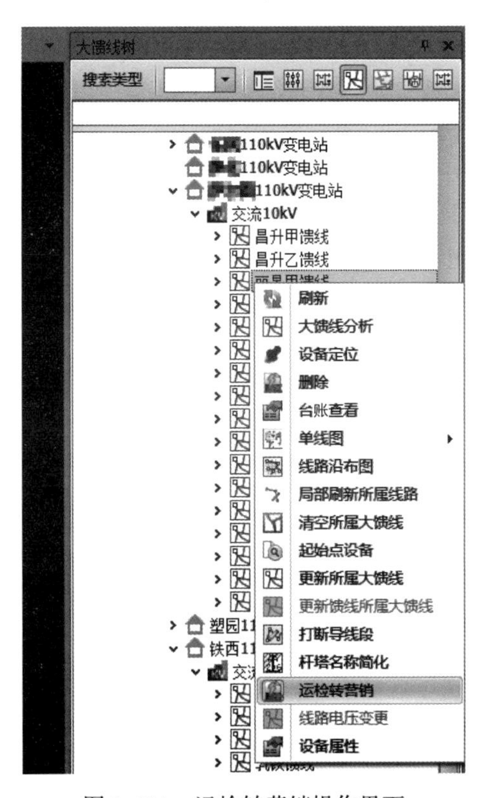

图 1–111　运检转营销操作界面

28.PMS 端业扩报装运检操作流程是怎样的?

答: 登录审核专人 PMS 账号，首页弹出类型为“供电方案处理流程”，双击，见图 1–112。

图 1–112 供电方案处理流程

提示框出来后，根据实际情况选择是否需要绘制图形以及台账，如果需要点击“是”，如果不需要点击“否”，见图 1–113。

图 1–113 选择任务处理

如果点击“是”，系统自动跳转设备变更申请，勾选当前一条点击“发送”，见图 1–114。

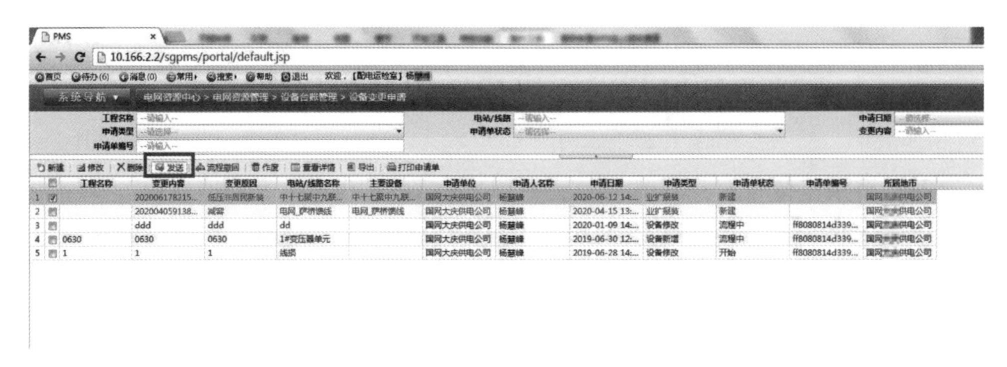

图 1–114　设备变更申清

选择变更审核人，进行发送，点击“确定”，再点击上方待办按钮，然后刷新任务，见图 1–115 和图 1–116。

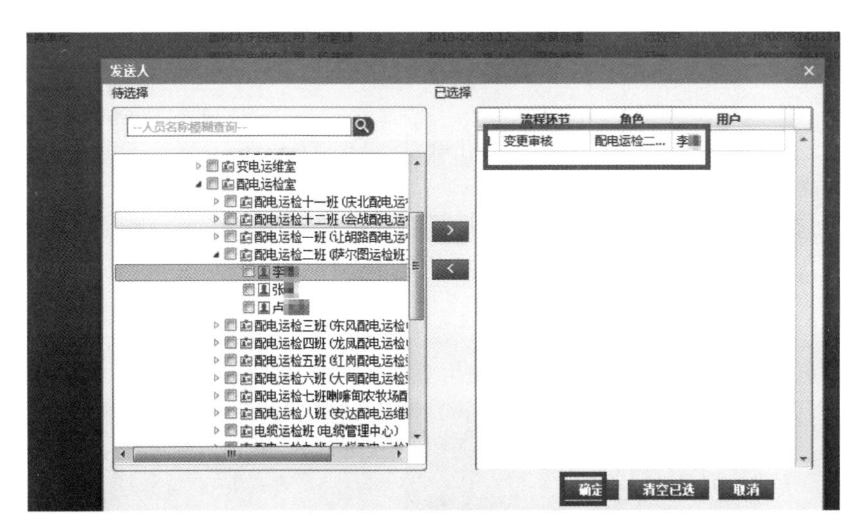

图 1–115　变更审核人

、

	状态	任务名称	流程类型	流程环节	发送者	发送时间	发送者审核意见	所属线路站房
1		202006178215 低压非居民新装 ...	设备变更申请	设备变更申请单		2020-09-03 10:...		中十七聚中九联...
2		202008140913 高压新装 大庆旺...	供电方案处理流程	供电方案处理	系统自动处理	2020-08-27 09:...		
3		202008246844 高压新装 大庆建...	供电方案处理流程	供电方案处理	系统自动处理	2020-08-26 15:...		
4		202008140913 高压新装 大庆旺...	供电方案处理流程	供电方案处理	系统自动处理	2020-08-19 14:...		
5		ddd	设备变更申请	台账维护		2020-01-09 14:...	变更审核:ty	dd
6		0630	设备变更申请	图形维护		2019-06-30 13:...	变更审核:同意	1#变压器单元
7		1	设备变更申请	设备变更申请单	杨	2019-06-28 14:...	变更审核:同意;...	线损

图 1–116　刷新任务

双击点入任务，填写审核意见，点击“发送”，发送台账维护人以及图形维护人，按照正常 PMS 进行图形维护。如果点击“否”，首页点击“返回”，再处理下一个供电方案，见图 1–117。

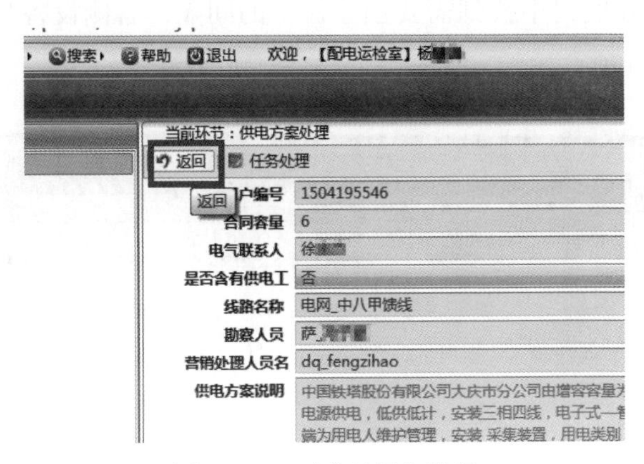

图 1–117 不进行任务处理

29. 二次设备台账怎样创建?

答：二次设备创建时，与一次设备的区别在于，二次设备不需要铭牌、不需要绘制图形，在台账维护环节中选择二次设备，即可创建，见图 1–118。

图 1–118 二次设备台账创建

30. 二次保护怎样创建?

答：在左侧导航树中找到需要创建保护的间隔，右侧设备列表中新建，见图 1-119 和图 1-120。

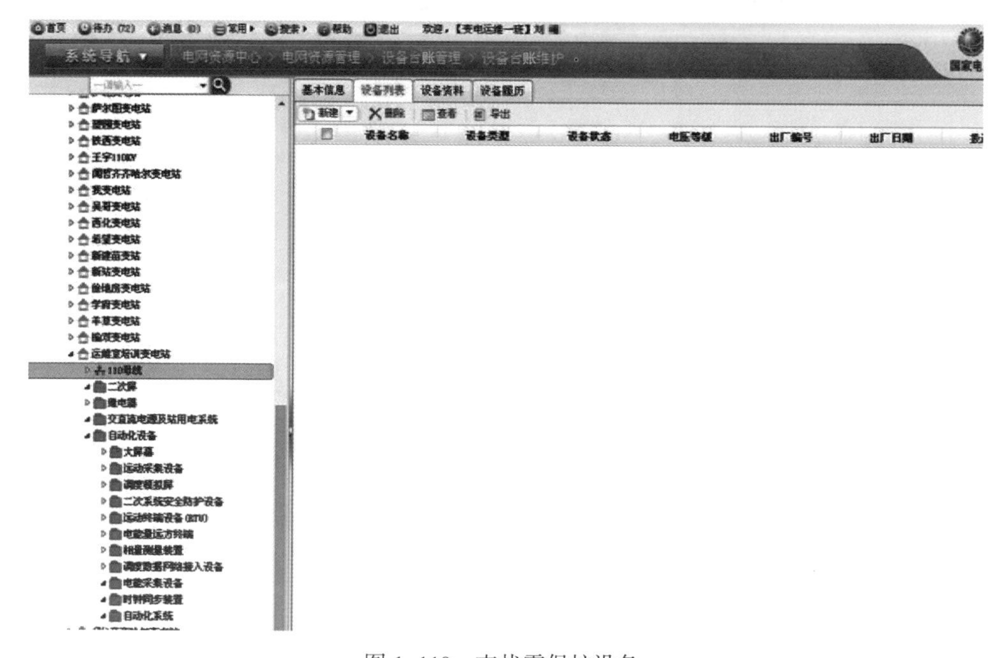

图 1-119　查找需保护设备

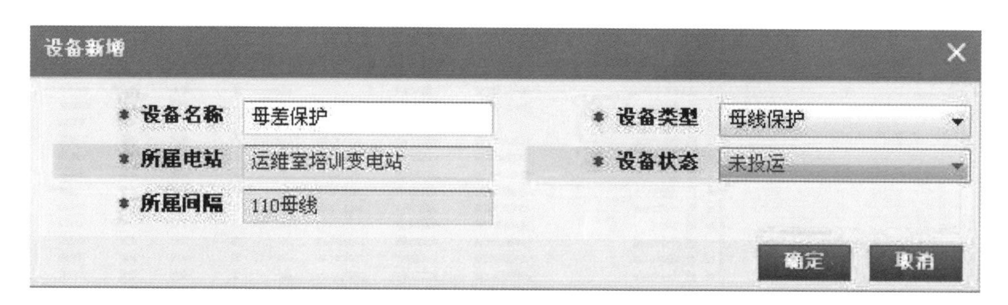

图 1-120　新建保护设备

点击修改、维护必填项后保存，见图 1-121。

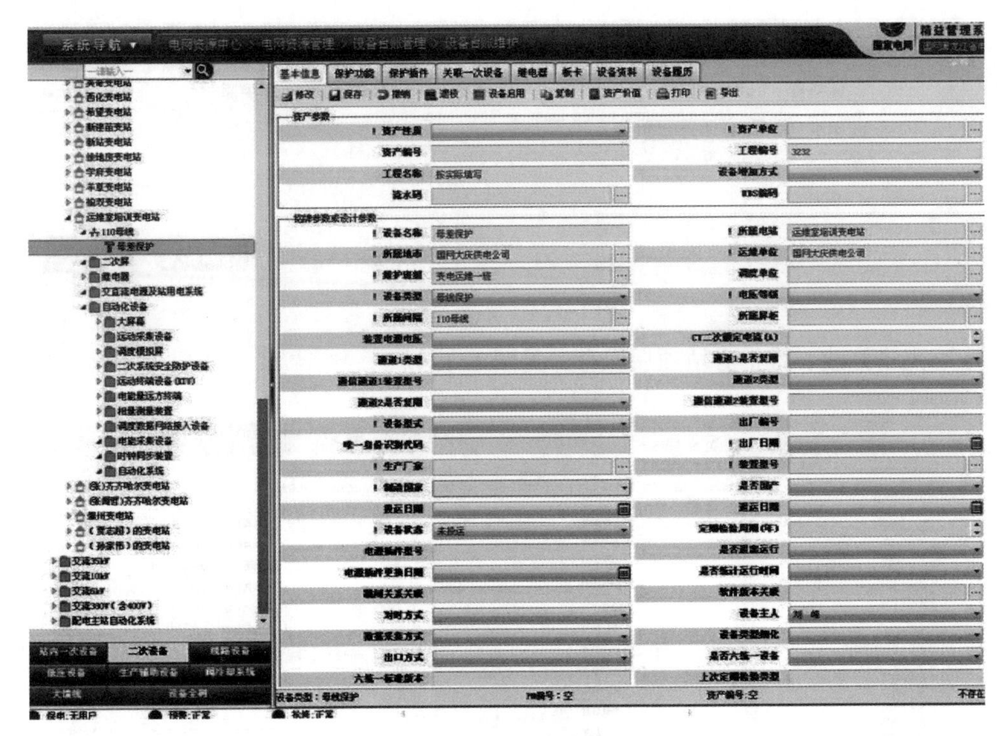

图 1-121　设备维护

31. 二次保护屏怎样创建?

答: 在左侧导航树中找到需要创建的变电站，选择二次屏，右侧新建，见图 1-122 和图 1-123。

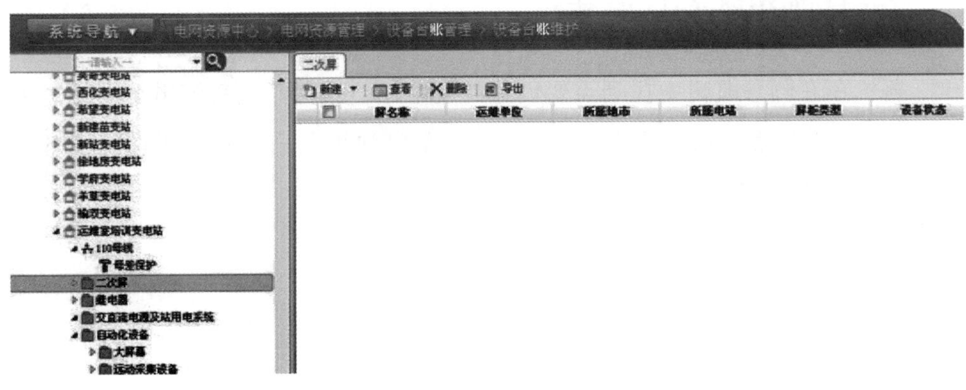

图 1-122　查找二次屏

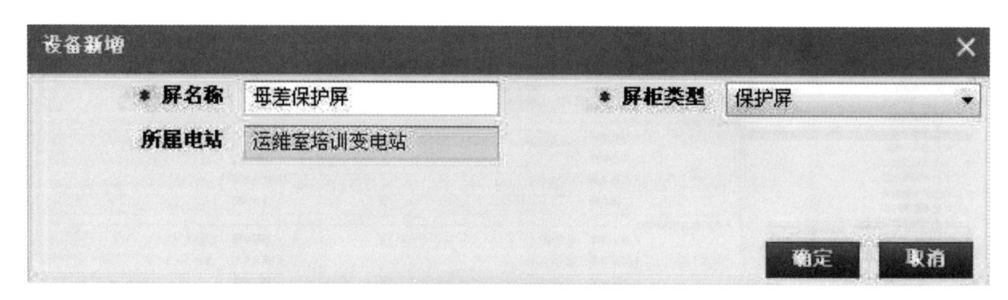

图 1-123　新增二次屏

点击修改、维护必填项后保存，见图 1-124。

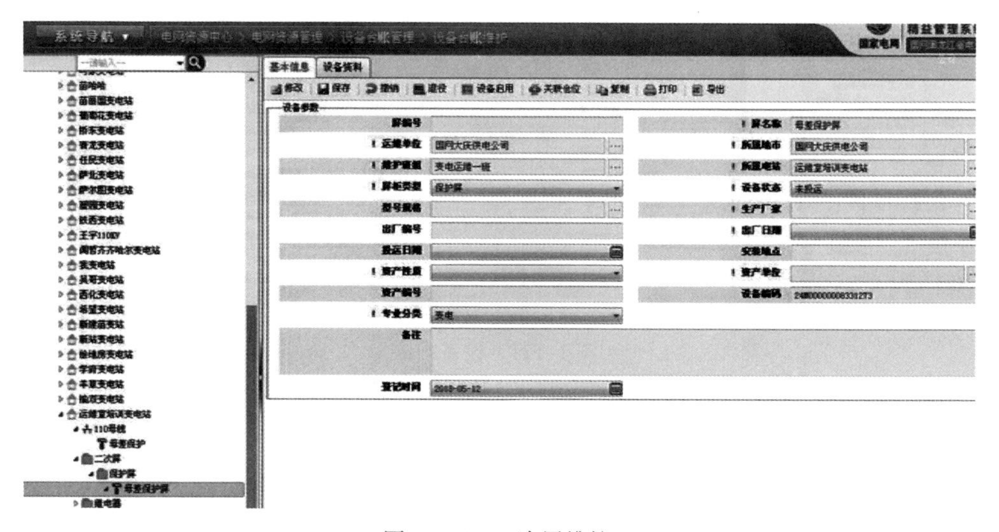

图 1-124　二次屏维护

32. 直流系统怎样创建?

答：在左侧导航树中找到需要创建的变电站，选择“交直流电源及站用电系统”，右侧新建。系统名称中输入“1 号蓄电池组”后确定，见图 1-125 和图 1-126。

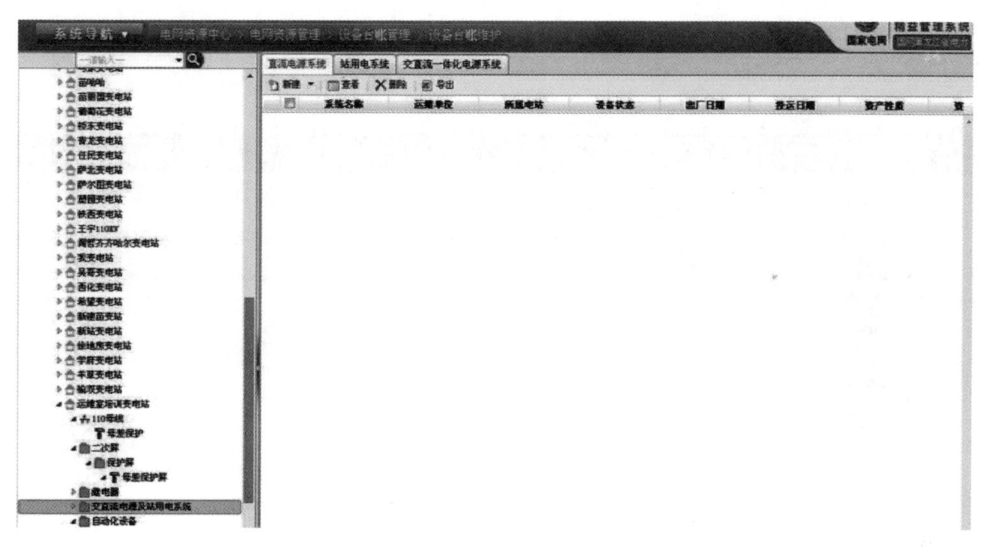

图 1-125　查找设备

图 1-126　新建直流系统

直流系统维护信息，见图 1-127。

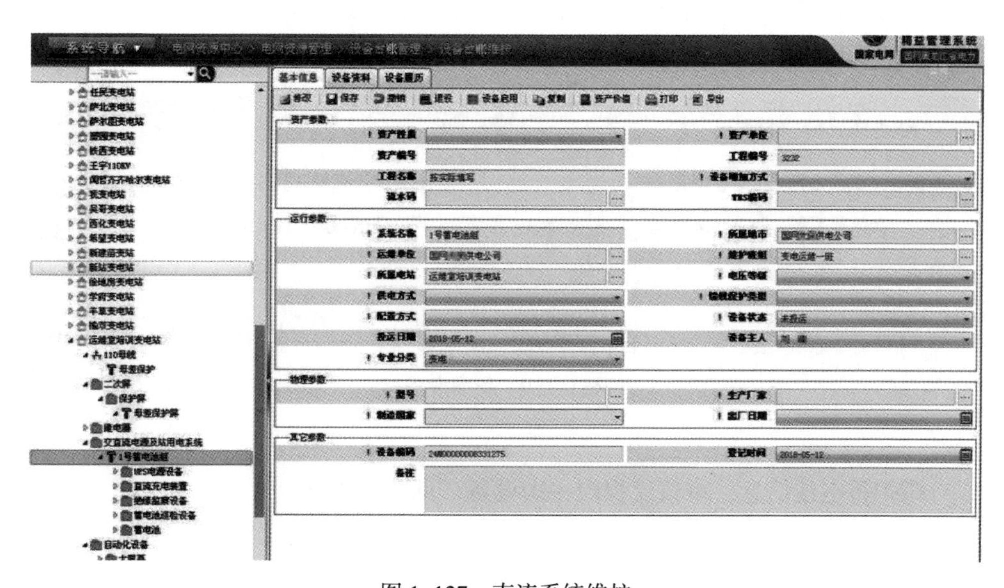

图 1-127　直流系统维护

左侧选择蓄电池，右侧新建，见图 1–128。

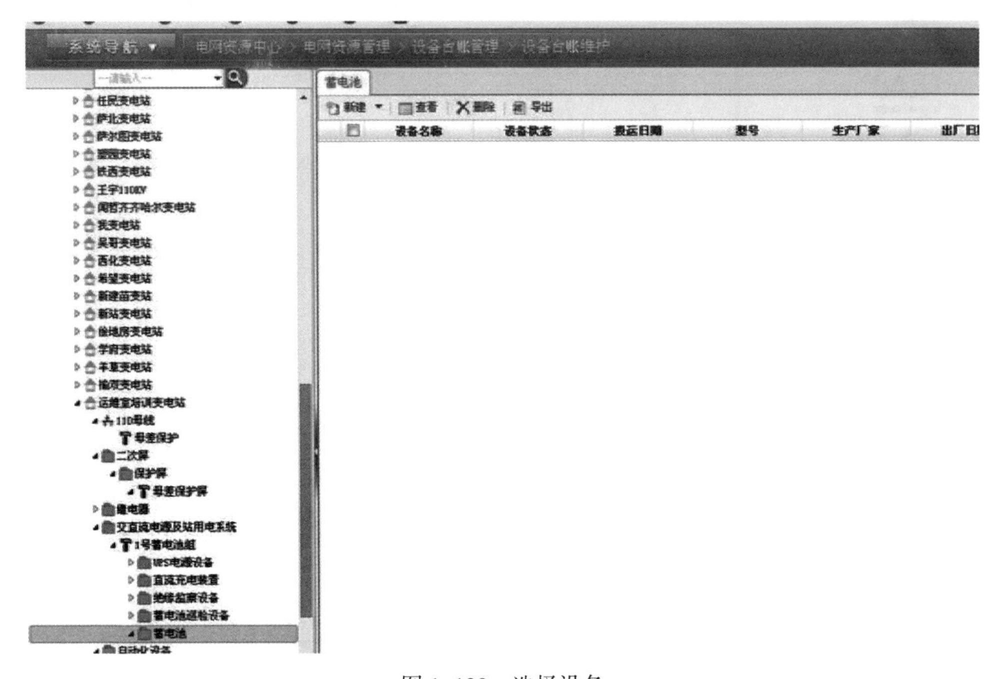

图 1–128　选择设备

填写设备名称“1 号蓄电池”后确定，见图 1–129。

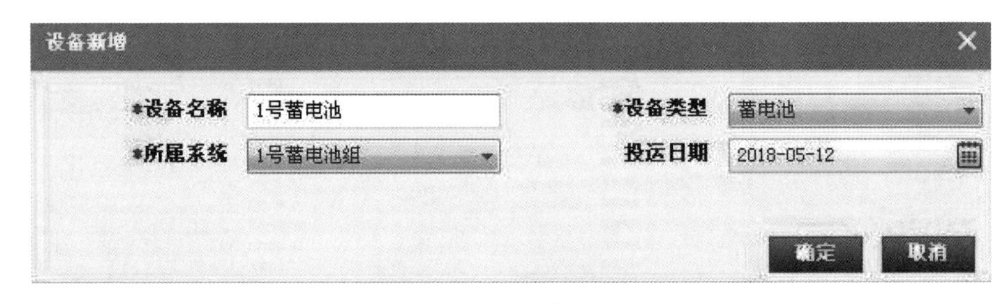

图 1–129　新增设备

维护蓄电池信息，审核流程同一次设备，见图 1–130。

系统导航
电网资源中心 > 电网资源管理 > 设备台账管理 > 设备台账维护
国家电网
精益管理系统
基本信息
设备资料
修改
保存
撤销
退役
设备启用
复制
打印
导出
设备参数
设备名称
1号蓄电池
所属直流系统
1号蓄电池组
所属直流屏
运维单位
国网大庆供电公司
所属地市
国网大庆供电公司
维护班组
变电运维一班
所属电站
运维室培训变电站
设备状态
未投运
型号
生产厂家
制造国家
出厂日期
出厂编号
投运日期
2018-05-12
电池类别
标称电压（额定值）(V)
标称电压（工作范围）(V)
浮充电压(V)
均充电压(V)
数量(个)
单节容量
单节电压（额定值）(V)
单节电压（工作范围）(V)
资产性质
资产单位
资产编号
设备编码
登记时间
2018-05-12
专业分类
变电
备注
运维室培训变电站
110母线
二次屏
保护屏
交直流电源及站用电系统
1号蓄电池组
UPS电源设备
直流充电装置
绝缘监察设备
蓄电池巡检设备
蓄电池
1号蓄电池

图 1-130　维护设备

二　电网资产管理——图形部分

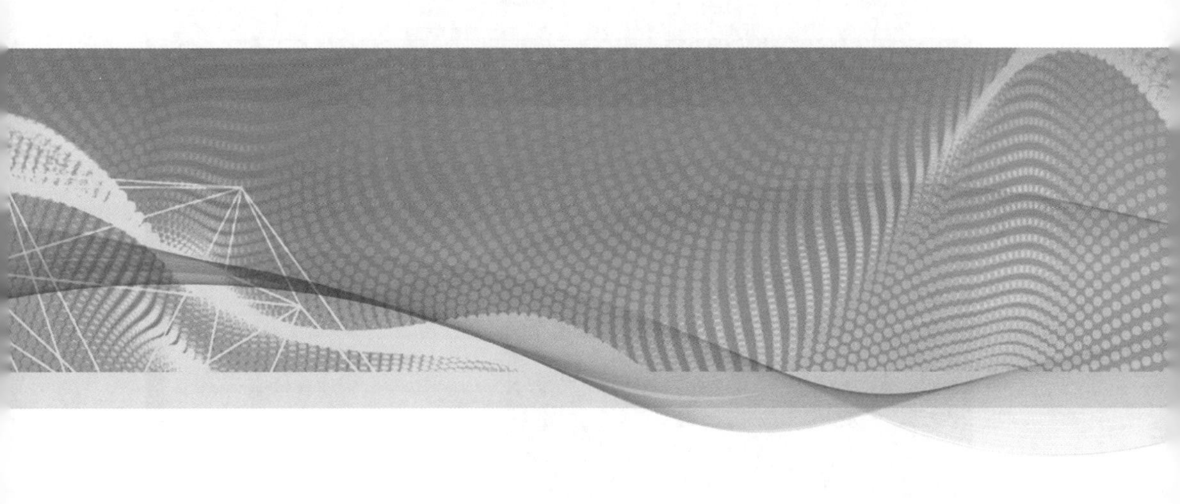

1. 如何使站房内添加的设备准确无遗漏?

答: 站内设备的创建必须关联铭牌，所以可采用“设备定制编辑→按铭牌添加”功能。点击“按铭牌添加”，弹出按铭牌添加窗口，点击箱变母线“›”打开铭牌信息。点选母线铭牌名称，单击“站内 – 母线”图元，在站内图中拖动鼠标绘制母线，见图 2–1。

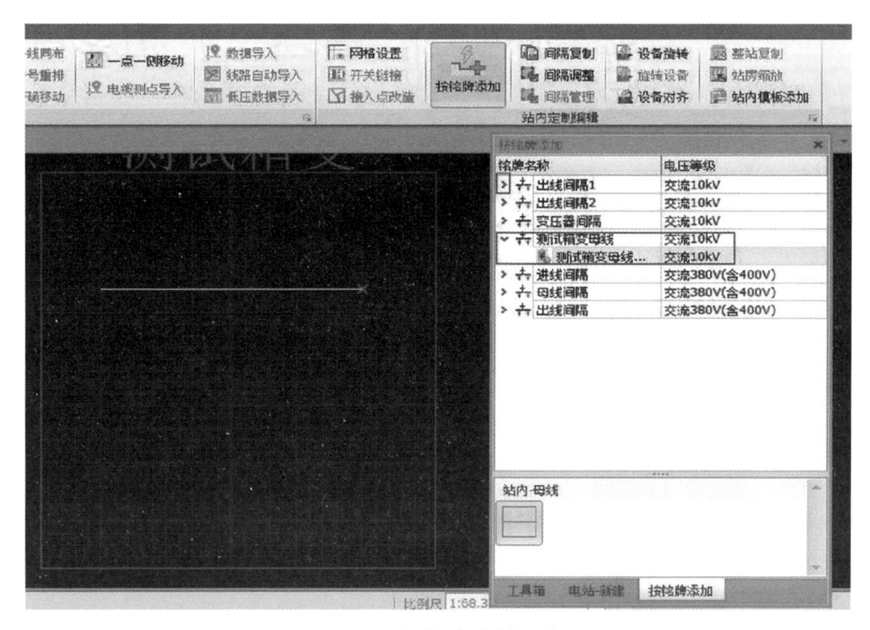

图 2–1　按铭牌绘制母线

站内图中母线创建完成后，在“按铭牌添加”窗口，系统自动将母线铭牌减掉。图形与铭牌相对应，做到图形设备无遗漏，见图 2–2。

站内图形“按铭牌添加”依次进行创建，先母线间隔后出线间隔，先高压间隔后低压间隔，见图 2–3。

站内间隔创建完成后，添加出线点为最后结束。在“按铭牌添加”窗口点击下面“工具箱”，“站内一次”左侧打开“其他类设备”列表，右侧点选“站内 – 出线点”图元，在间隔末端点击鼠标左键并移动，点击结束，见图 2–4。

图 2–2　按铭牌绘制站内设备 1

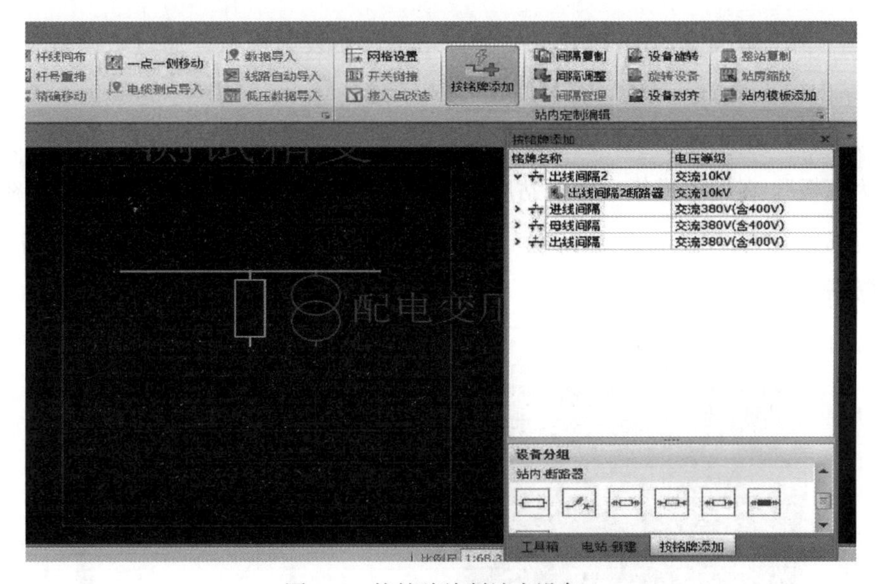

图 2–3　按铭牌绘制站内设备 2

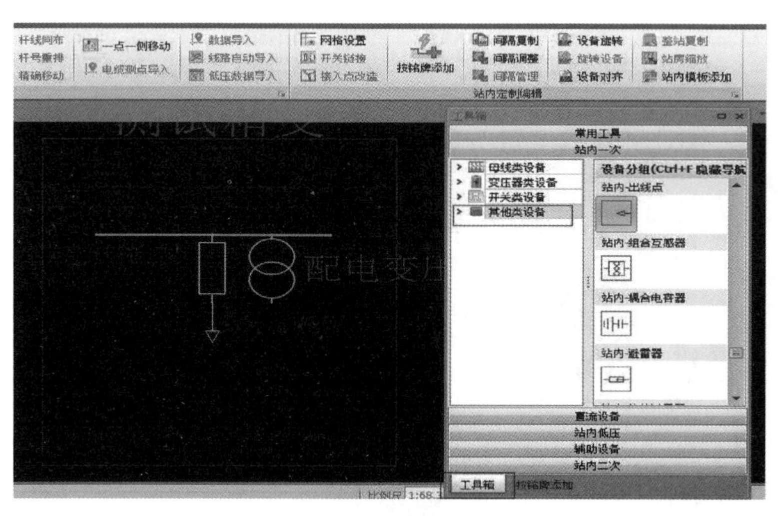

图 2–4　绘制出线点

2. 站房类设备能否先绘制站内图，再进行铭牌关联？

答：站内图绘制可将已生成的类似站房设备设为模板，通过“设备定制编辑→站内模板添加”功能，必要时也可略有改动。

点击“站内模板添加”，弹出站房复制窗口，在站房列表中选择站房，点击“设为模板”。在站房模板中选择站房，点击“按模版添加”。将鼠标移至站内图中，出现高亮的站内设备后点击结束，见图 2–5。此功能生成的站内设备未命名，需创建铭牌后手动关联。

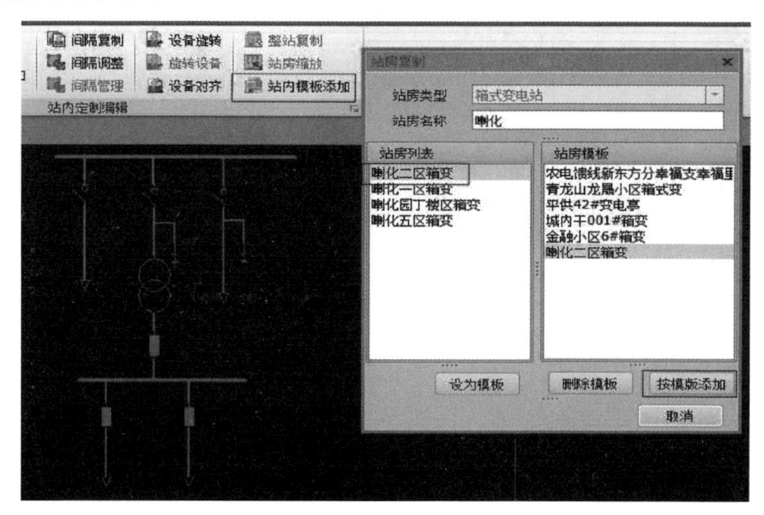

图 2–5　按模板添加

3. 导线无起始、终止杆塔如何处理？

答： 线路新增耐张杆塔或杆塔性质改变后，导线属性会出现无起始、终止杆塔问题。“设备定制编辑→导线 / 电缆重定义”功能可以处理。

点击“导线 / 电缆重定义”，弹出导线 / 电缆重定义窗口，点击“起点设备”，在图形中选择起始耐张运行杆，点击“终止设备”在图形中选择终止耐张运行杆。系统自动分析可选所属导线，勾选所要更新起止杆塔的导线，点击“重定义”，弹出提示窗口，确认无误点击“确定”，见图 2–6。

注意：在打开其他方式勾选“新建导线”，重定义时，设备树多余的导线需要删除，台账中导线合并。

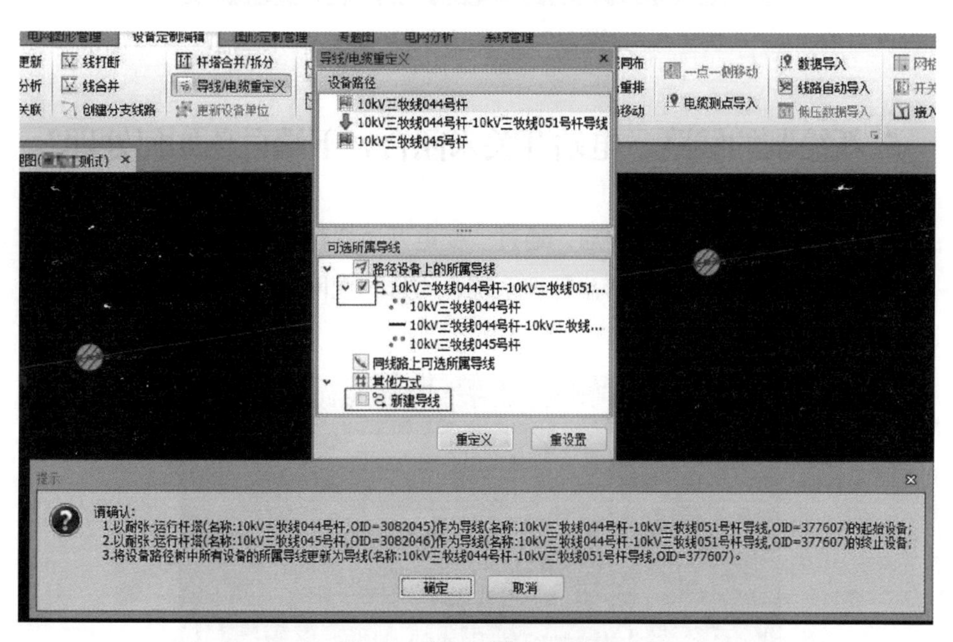

图 2–6　导线重命名界面图

4. 如何防止直线杆 T 接设备导致拓扑不通？

答： 如用“杆塔转换”改变杆塔类型的方法 T 接，但图实不一致不建议采用。可用“设备定制编辑→线打断”功能。点击“线打断”，在直线运行杆小方框中心位置单击选中导线，在高亮点上单击进行打断，弹出提示窗口，点击“确定”，在弹出“打断操作成功”窗口点击“确定”，见图 2–7。

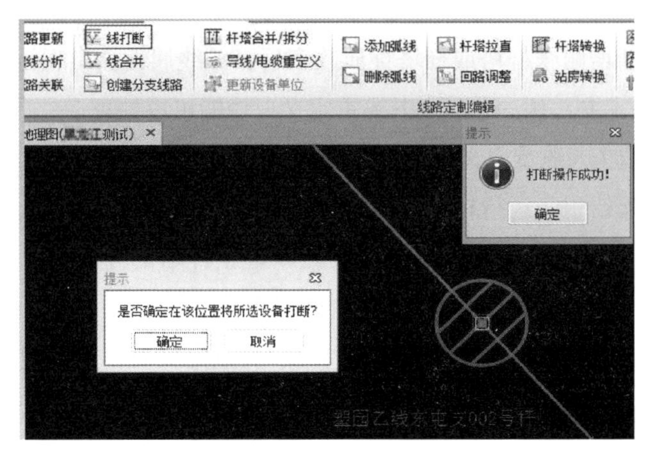

图 2–7　打断导线界面图

5. 新绘制的线路、电站开关未闭合，下端白色如何处理?

答：开关未闭合线路未连通，通过“变电开关置位”对开关进行操作。

登录设备（资产）运维精益管理系统，勾选“配网运维指挥”，见图 2–8。

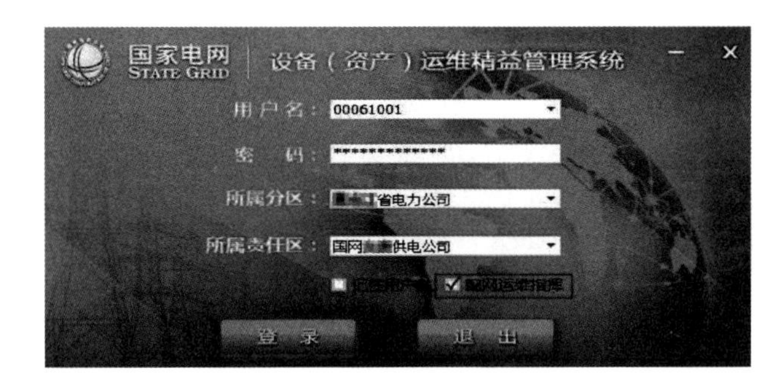

图 2–8　分合开关登录

打开地理图，“电网图形管理→图形定制管理”，点击“变电开关置位”，点击图中开关设备高亮，弹出开关置位完成窗口，点击“确定”，见图 2–9。

注意：开关置位不用任务，站房类设备开关置位不需打开站内图。

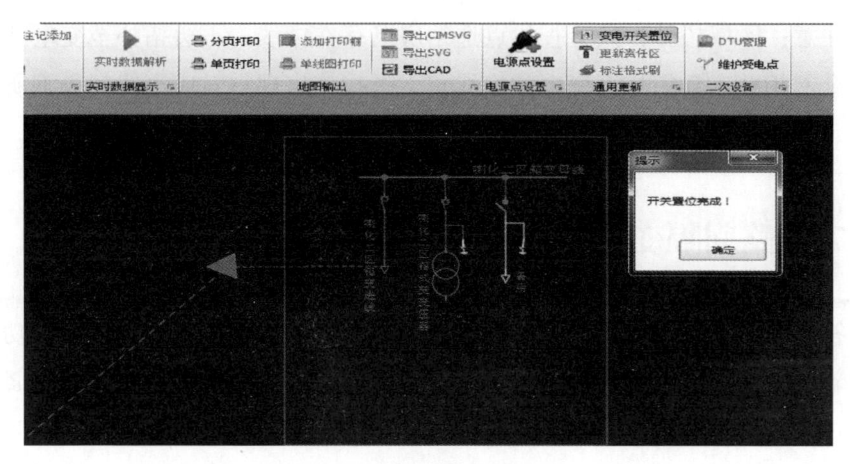

图 2-9　分合开关

6. 如何确定新画站房所属线路?

答：点击“设备定制编辑→馈线分析”，弹出馈线分析窗口，点选分析站房。在对话框内点选馈线名称右键，点选线路名称右键，点击“保存”，在弹出提示窗口点击“是”。在“设备上级线路保存成功”窗口点击“确定”，见图 2-10。

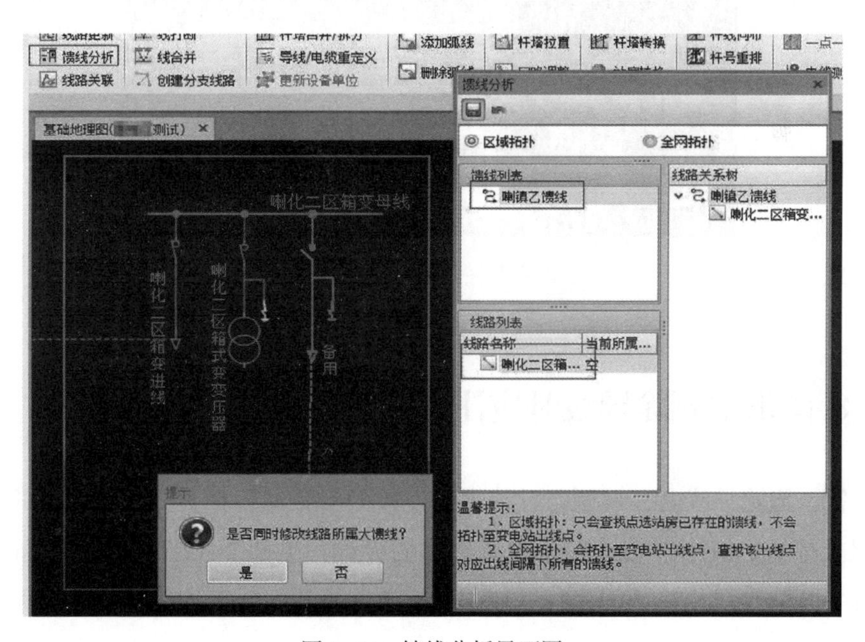

图 2-10　馈线分析界面图

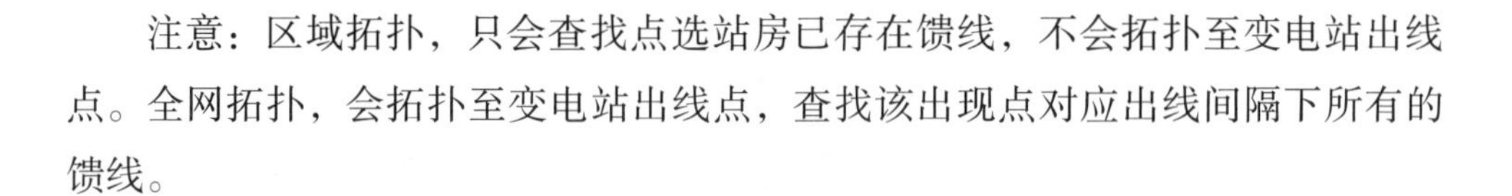

注意：区域拓扑，只会查找点选站房已存在馈线，不会拓扑至变电站出线点。全网拓扑，会拓扑至变电站出线点，查找该出现点对应出线间隔下所有的馈线。

7. 线路间隔变化时，线路关系如何改变？

答：线路涉及出线间隔变化时，可应用“设备定制编辑→线路关联”功能手动重新关联。点击“线路关联”，点击需关联的站外超连接线，弹出线路属性变更窗口。点选站外超连接线关联的站内开关，数据变更后点击“保存”，关联成功点击“确定”，见图 2–11。

注意：通过节点编辑超连接线搭接到新间隔出线点时，系统会自动更新线路关系。

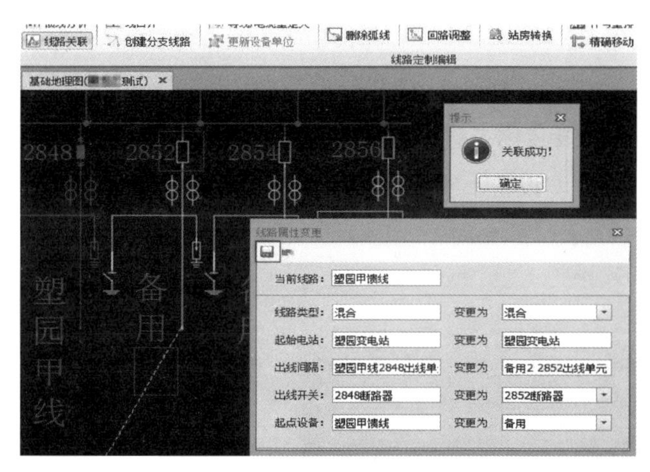

图 2–11　线路关联界面图

8. 图形中删除导线时应注意哪些问题？

答：删除导线时，误删与其他导线连接的耐张运行杆会导致相连接的导线无起止杆塔。点击“删除”选中要删除的导线，见图 2–12。所属子设备列表中有与其他导线连接的耐张杆，如果确定删除导线，与其连接的导线会无起止杆塔。

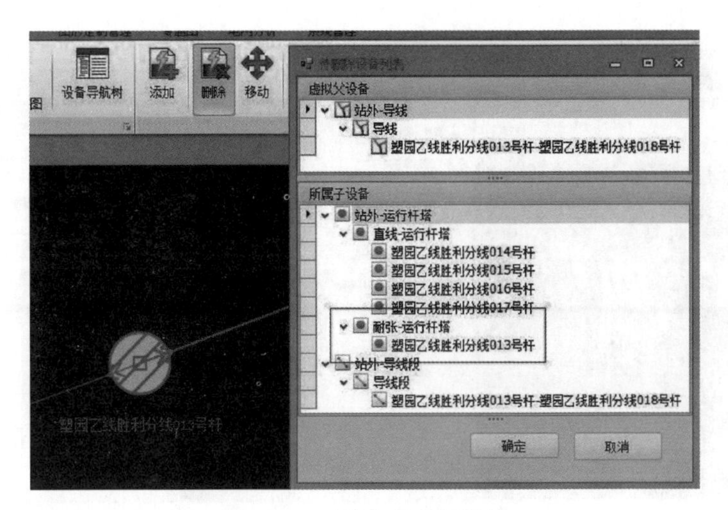

图 2-12　确认杆塔所属导线

处理方法：点击要处理的耐张杆塔高亮，在设备导航树找到与要删除导线连接的另一条导线。选中连接导线，点击鼠标右键，在弹出窗口点击“更新所属导线”，见图 2-13。

杆塔更新导线成功后，再删除导线。

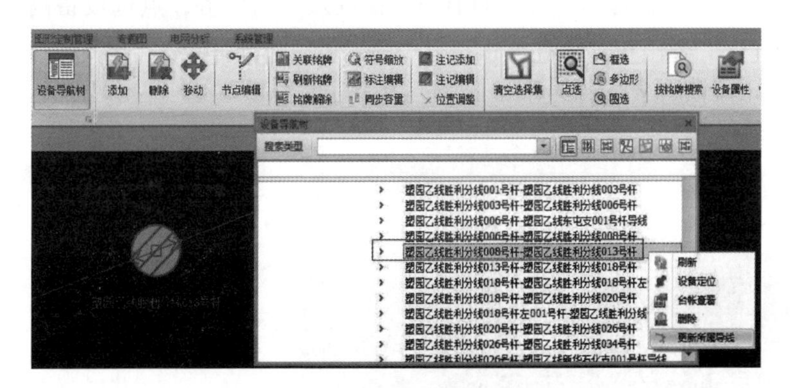

图 2-13　杆塔刷新导线

9. 创建大馈线前应做什么准备？

答：创建大馈线首先设置好开关状态（常开）。点击“设置常开”，在地图上选择需设置的开关，弹出“设置常开开关状态”窗口，开关状态选择“常开”。在地图上选择需设置的开关，查看“设备属性”，常开状态选择“常开”，见图 2-14。

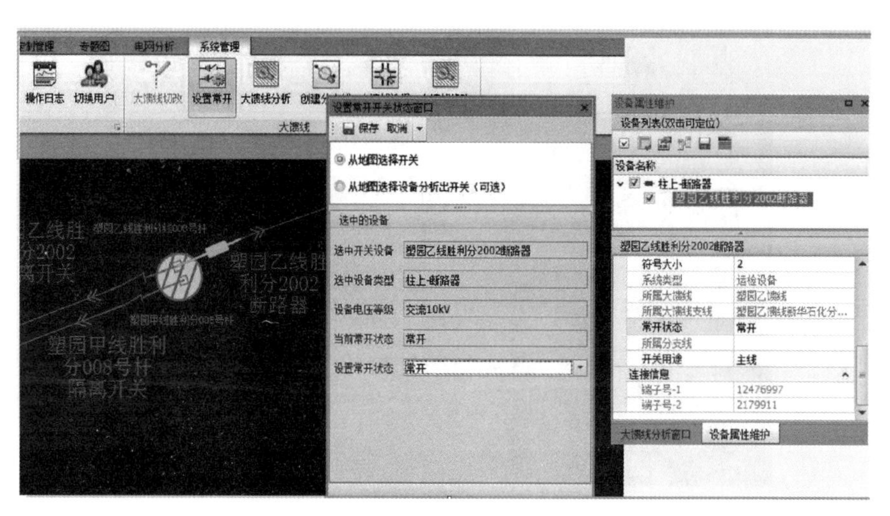

图 2–14　设置开关状态

10. 对图形设备进行编辑时，出现设备单位、责任区不一致怎么办?

答："图形定制管理→更新责任区"：进入申请任务，点选设备高亮，点击"更新责任区"弹出更新责任区窗口，勾选"写入运行单位""写入所属责任区"，点击"确定"，见图 2–15。

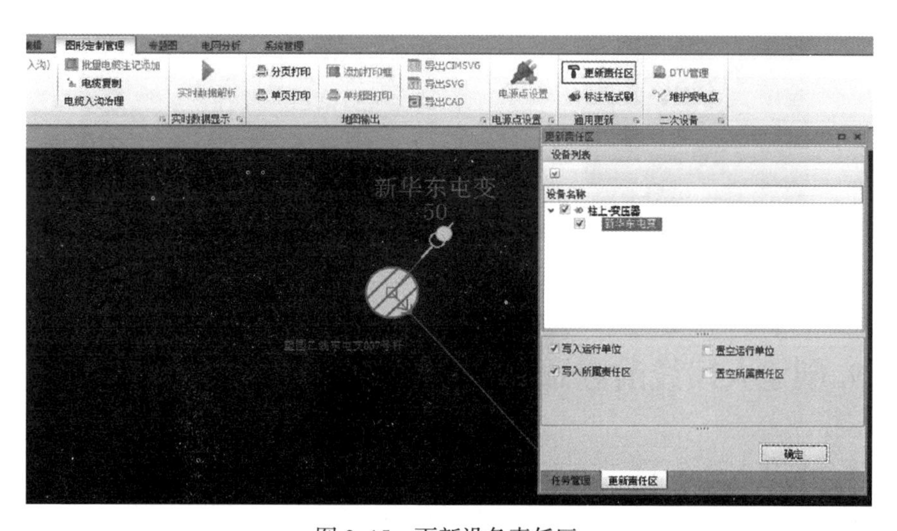

图 2–15　更新设备责任区

“设备定制编辑→更新设备单位”：任务外，点选设备高亮，点击“更新设备单位”弹出更新设备单位窗口，勾选正确运行单位点击“确定”，弹出更新设备列表点击“确定”图标。再次弹出提示窗口，点击“确定”，见图 2–16。

注意：更新设备单位责任区直接就继承了。

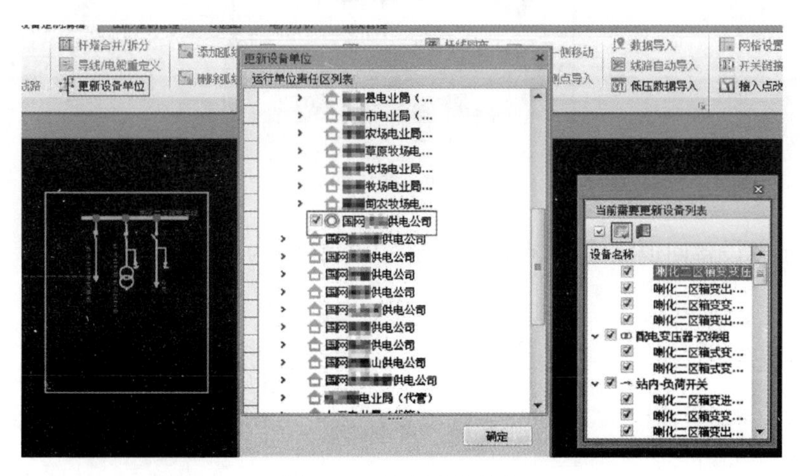

图 2–16　更新设备单位

11. 对图形绘制中的某一步进行撤销如何操作?

答：对任务内的新增、修改、删除等操作选择性回退。进入“任务管理”中的“待办任务”，选中当前任务点击右键，弹出对话框中点击“版本差异数据”。在弹出“设备回退”对话框中勾选需要撤销的操作项，点击“一键回退”。在设备批量工作中点击“是”按钮，见图 2–17。

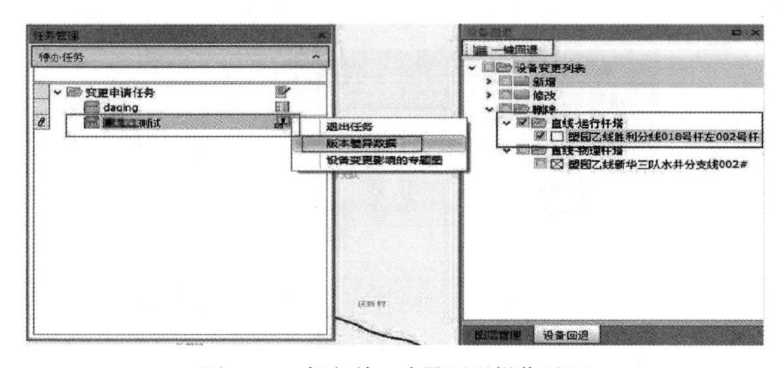

图 2–17　任务单一步骤回退操作界面

提示“开始设备批量回退”，点击“是”，见图 2-18。

图 2-18　操作提示

提示“设备回退完成”，点击“确定”，见图 2-19。

图 2-19　回退成功

12. 图形绘制完后，如何对所有操作进行撤销?

答：进入“任务管理”中的“待办任务”，选中当前任务点击右键，弹出对话框中点击“退出任务”，见图 2-20。在“询问”对话框中点击“是”，见图 2-21。

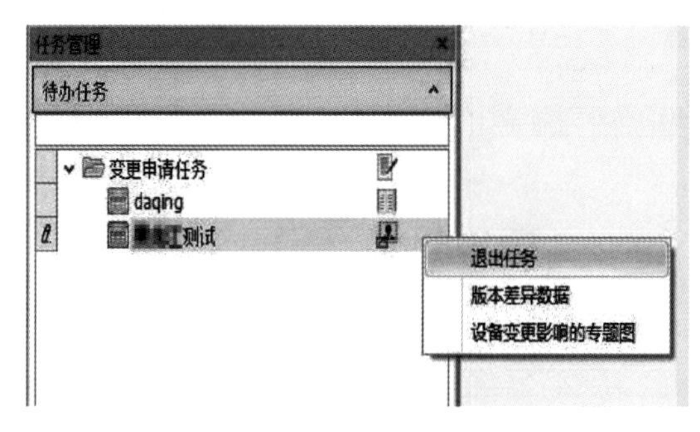

图 2-20　任务整体回退

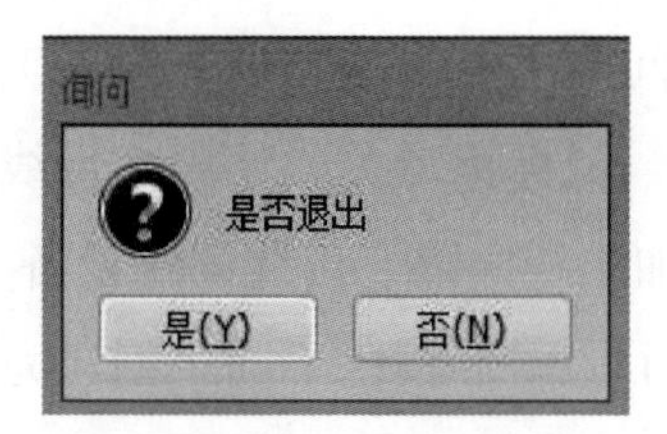

图 2-21 退出提示

任务管理窗口再次选中当前任务点击右键，弹出“任务回退”并点击，见图 2-22。

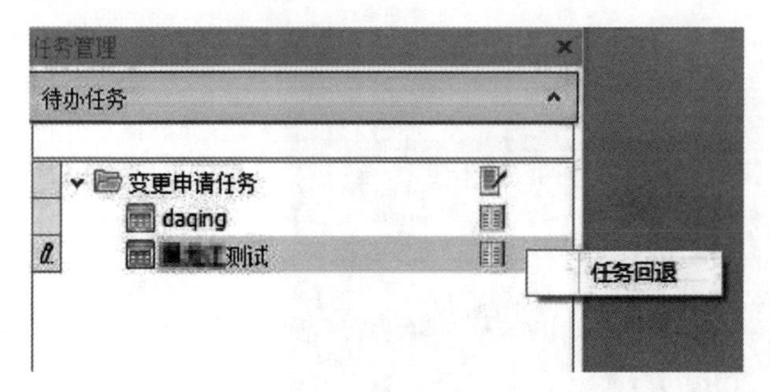

图 2-22 再次任务回退

弹出“开始回退任务”提示框，点击“是”，见图 2-23。弹出“任务回退完成”提示框，点击“确定”结束，见图 2-24。说明：两次右键退出任务，此任务里无任何操作项。

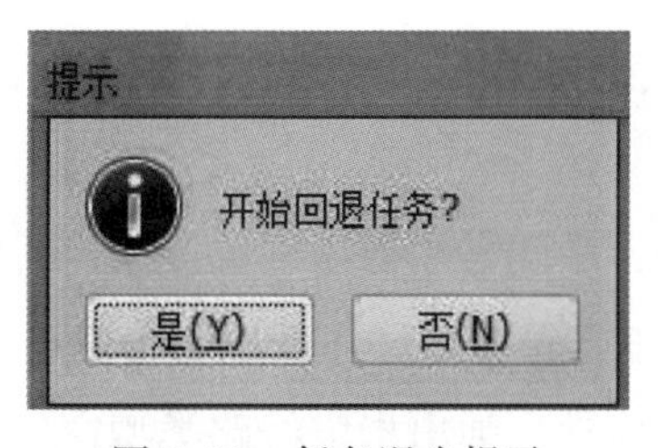

图 2-23 任务退出提示

图 2-24 任务退出成功

13. 绘制站房时低压与高压有何区别?

答：站内低压不需要重新绘制站房，打开站房站内图，点击“添加”，弹出工具箱窗口，低压设备列表点击“站内 – 低压开关”，从变压器向下拖拽，关联铭牌，创建低压进行间隔。点击“添加”弹出工具箱窗口，低压设备列表点选“低压－母线”图元，鼠标拖动关联铭牌建母线间隔。低压母线与低压进线连接。按照高压画法添加出线间隔、出线间隔设备，最终以低压出线点结束。电压等级不同，站内图显示的图形颜色不同。创建完的箱式变电站内部低压图见图 2–25。

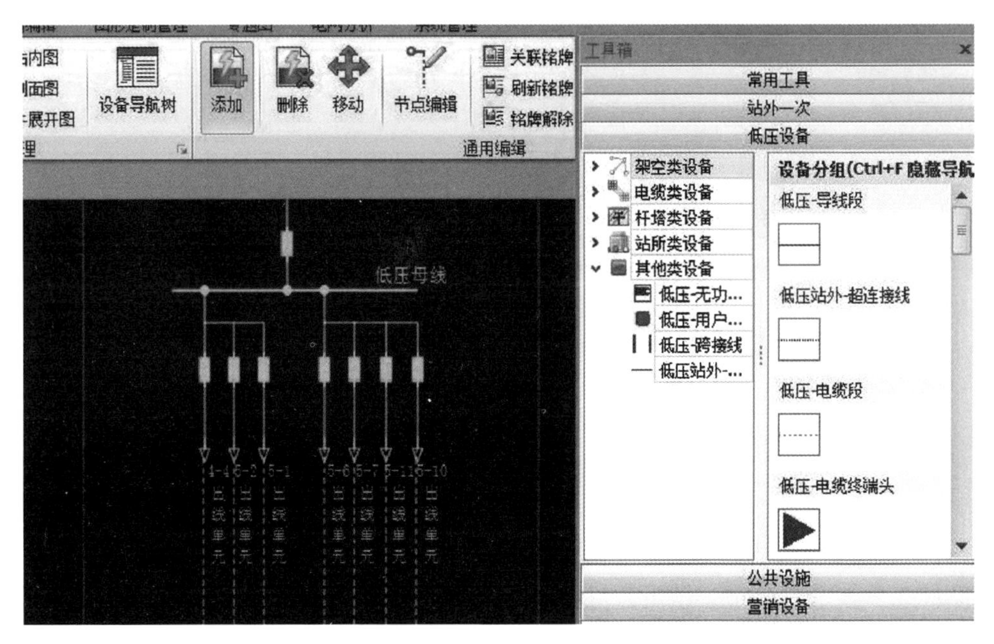

图 2–25　站内低压绘图

14. 柱上变压器画（连）低压线路时，为何不用超连接线?

答：因为变压器不能直接连低压线路，中间需用低压开关连接。所以画低压开关也是画低压线路。点击“添加”，弹出工具箱窗口，在低压设备里点击“低压－熔丝”图元，点击柱上变压器节点并向外拖动，弹出指定线路类型窗口，选择线路类型，点击“确定”，见图 2–26。点击“低压－熔丝”新建窗口，选择铭牌名称点击“确定”。

注意：低压开关以实际设备类型为主。

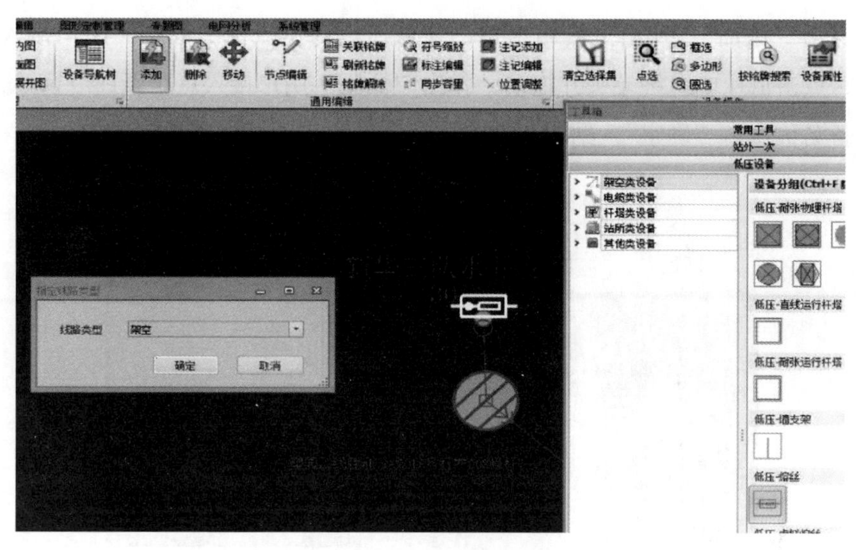

图 2-26　低压线路创建

15. 如何配合营配贯通工作开展？

答：营配贯通工作末端为用户表，图形中以用户接入点为代表。

点击“添加”，弹出工具箱窗口，在低压设备里点击“低压－用户接入点”图元，点击低压杆塔并拖动，弹出提示窗口，点击“否”通过连接线连接用户接入点，见图 2-27。导线有台账，连接线无台账。

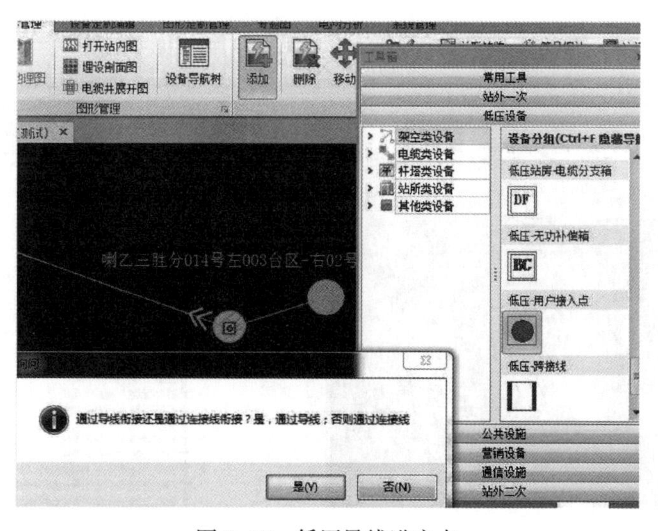

图 2-27　低压导线进户点

点击“添加”，弹出工具箱窗口，在低压设备里点击“低压－用户接入点”图元，点击低压电缆终端头并拖动，弹出“低压－用户接入点－新建”窗口，填写设备名称点击“确定”，见图 2-28。

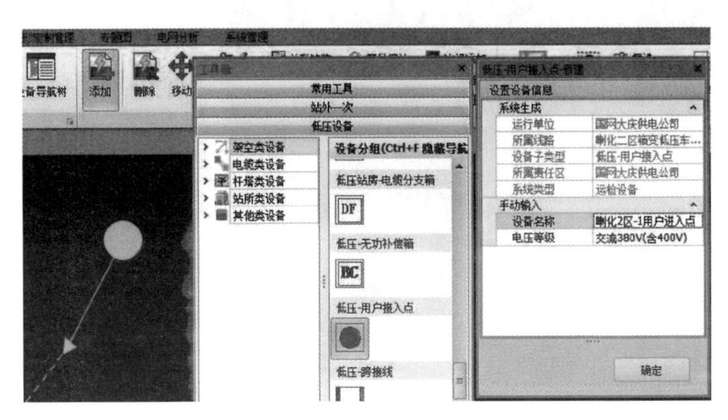

图 2-28　低压电缆进户点

16. 低压架空线路画完，设备导航树只有高压设备时应怎么处理?

答：点选“电网图形管理→设备导航树”，弹出设备导航树窗口，通过查询找到柱上变压器，右键弹出列表窗口，点击“转到低压设备树”，跳转到低压设备，见图 2-29。

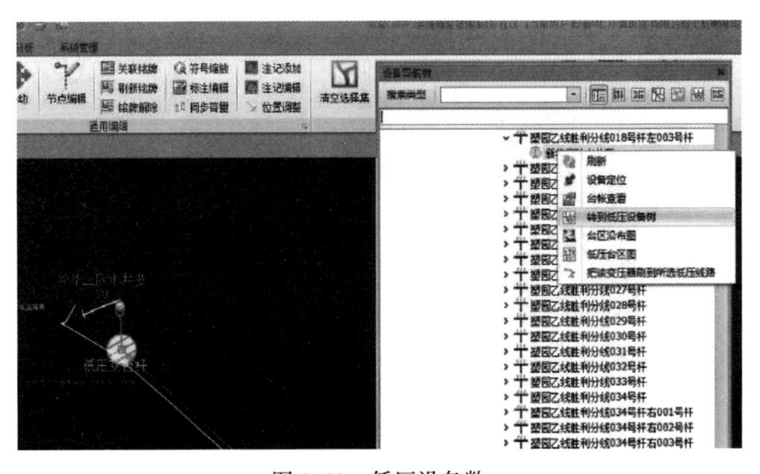

图 2-29　低压设备数

17. 图形绘制完，如何检验其准确性?

答: 为确保图形正确性，通过质检工具对其检测。点击“电网分析→查看质检结果”查看线路，见图 2–30。红色代表错误，黄色代表未检测，绿色代表无错误。也可点击“详情”查看线路、站房错误数据。勾选一条需要质检的线路或变电站，点击“执行”开始对选中线路进行质检。

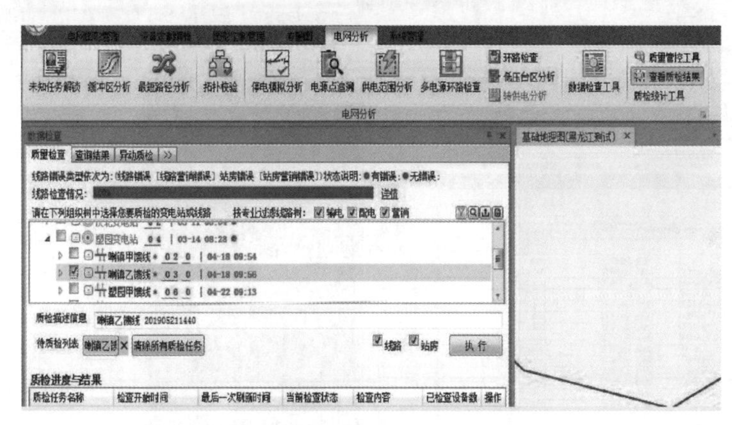

图 2–30　质检界面

18. 质检线路拓扑完整性错误如何处理?

答: 线路末端无终止设备。

处理：选择对象数据，点击“添”。弹出可选终端设备表，点击下拉选项，选择实际终端设备，点击“保存”，见图 2–31。

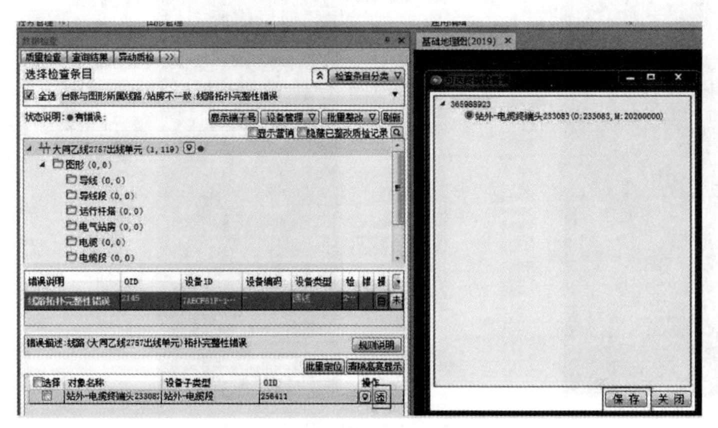

图 2–31　线路无末端设备

19. 质检线路端子连通性错误如何处理?

答: 线路设备之间连接不通，设备连接点端子号不相同。

处理：选择组别不同的设备点击“定位”，通过设备属性查看其设备的端子号，见图 2–32。

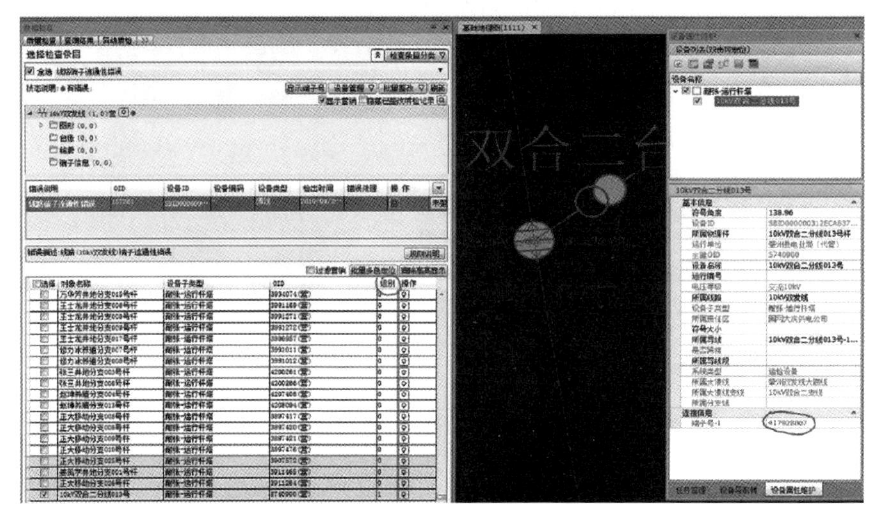

图 2–32　线路不连通

点击相邻设备，通过设备属性查端子号。如端子号不同，通过“节点编辑”重新连接。查看运行杆塔端子号发现有两个运行杆塔，删除多余的，见图 2–33。

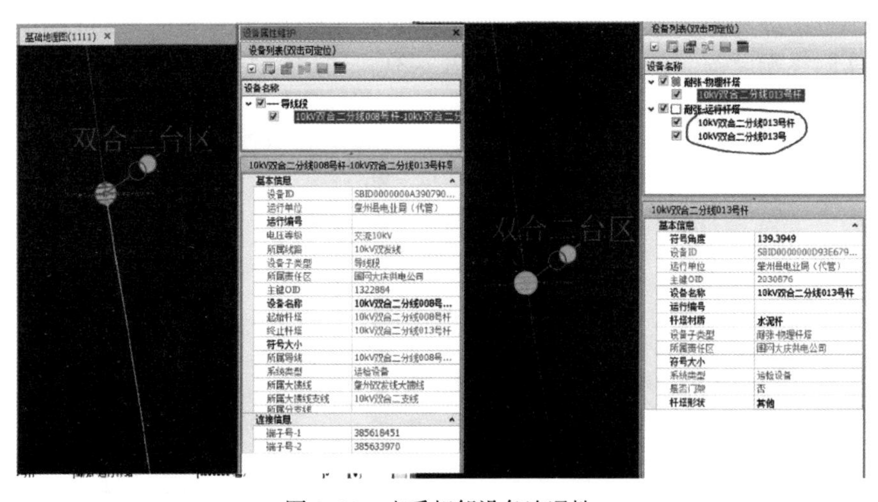

图 2–33　查看相邻设备连通性

20. 用何办法查看线路整体布局?

答: 查看线路所有设备及连接方式，地理图中移动太费力，“专题图→单线图”功能将线路整体体现。点击工具栏上“重新布局”按钮，在弹窗中下拉选择成图风格，勾选需要的扩展风格，点击“确定”，见图 2–34。

注意：如果存在原图，系统将提示“重新布局会先删除图中全部图形数据”。

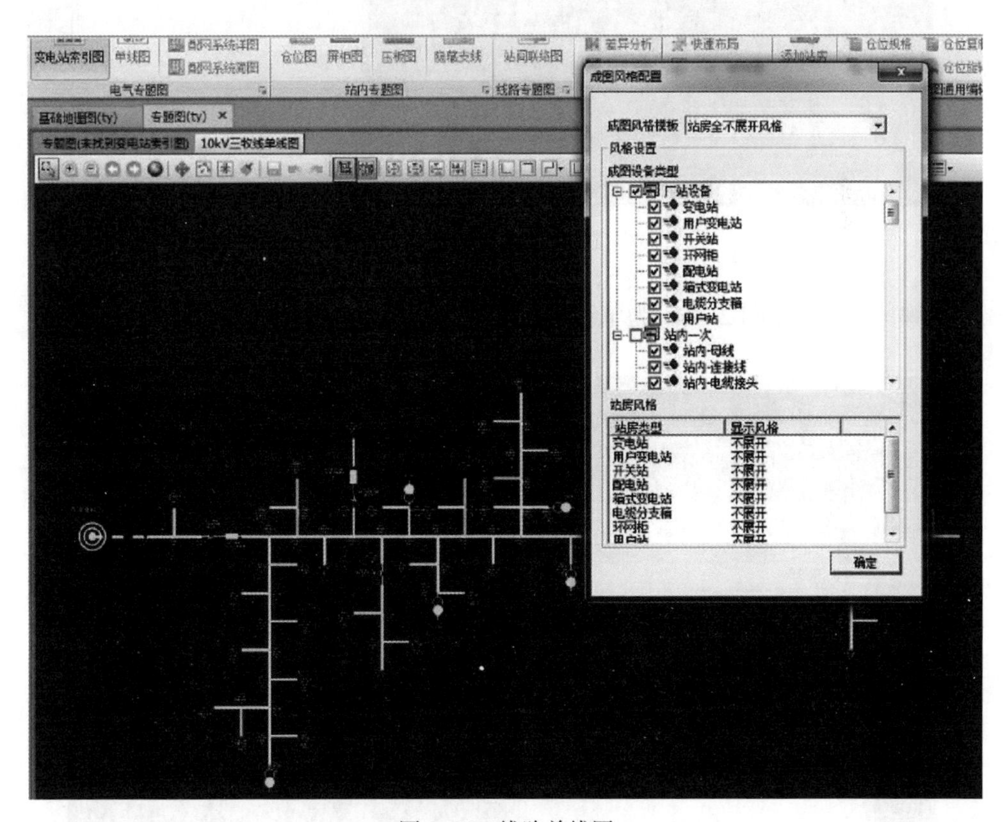

图 2–34 线路单线图

21. 怎样查看设备变更对专题图的影响?

答: 设备更新后，进入图形任务，右键点击“设备变更影响的专题图”，见图 2–35。

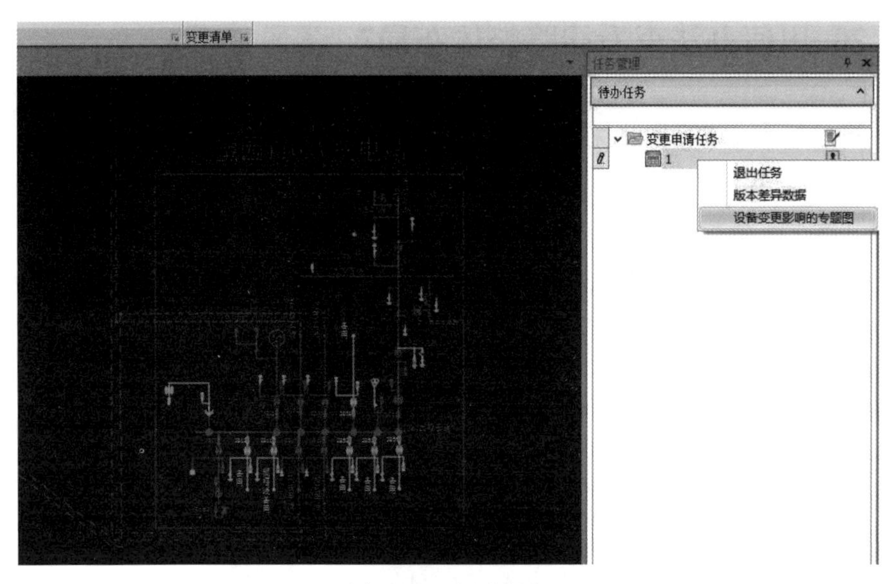

图 2-35　变更申清

弹出界面，见图 2-36，为单线图有变更，接下来再按照单线图变更进行操作。

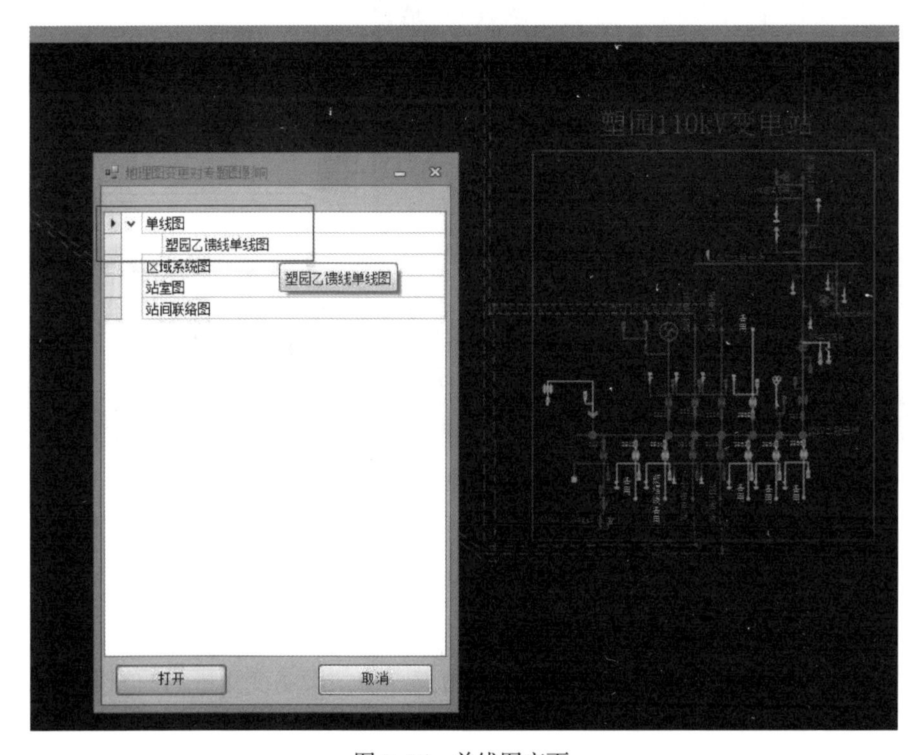

图 2-36　单线图变更

22. 怎样从变电站索引图打开屏柜图?

答：打开“专题图”→“变电站索引图”→在所要打开屏柜图的变电站上单击右键→点击“打开屏柜图”，即可进入变电站屏柜图，见图 2–37。

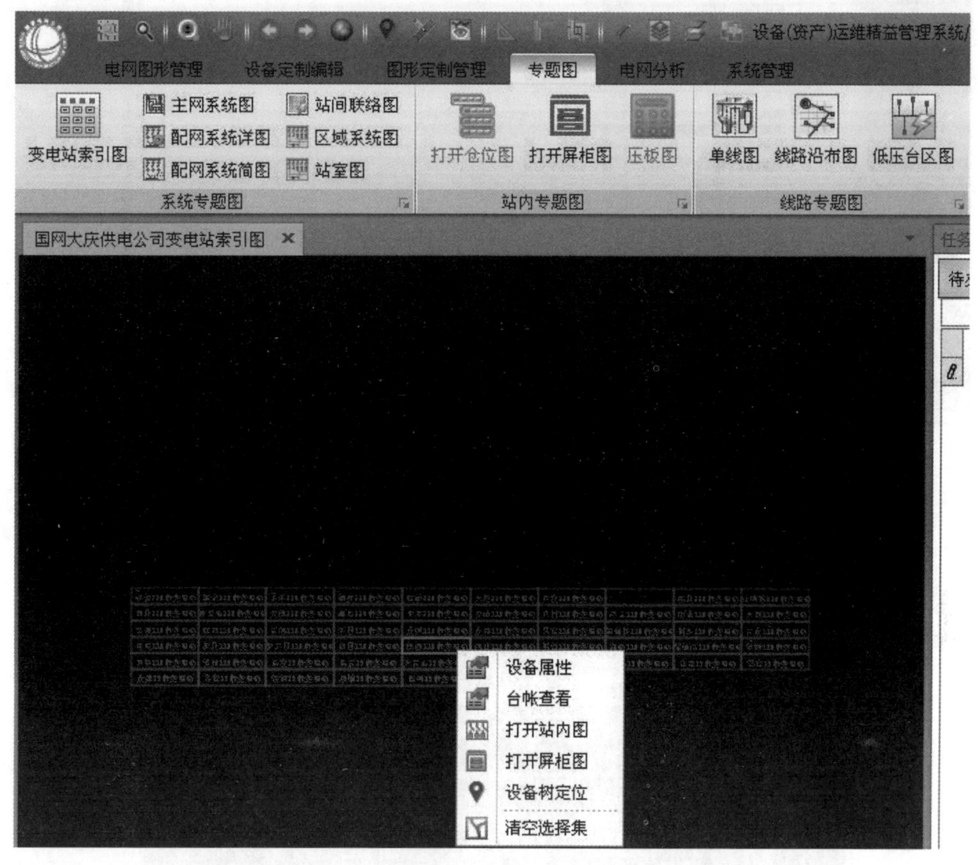

图 2–37　打开屏柜图

23. 如何进入站间联络图?

答：注：进入此项功能不能进入任务。打开“专题图”→“站间联络图”→找到所要看的变电站→打开，见图 2–38 和图 2–39。

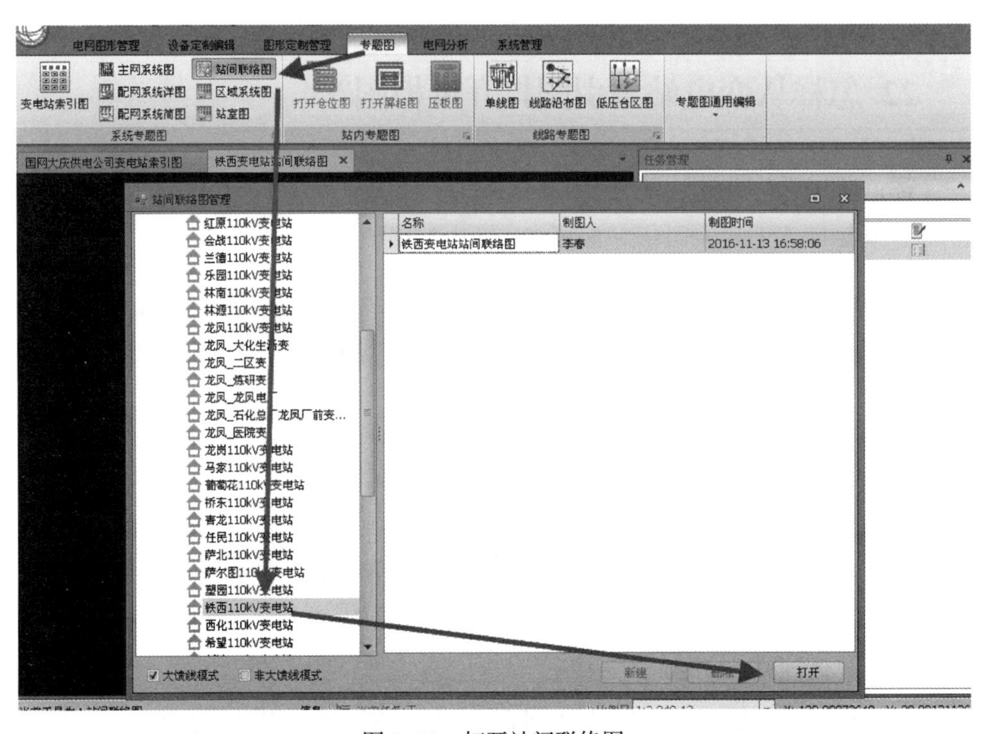

图 2-38　打开站间联络图

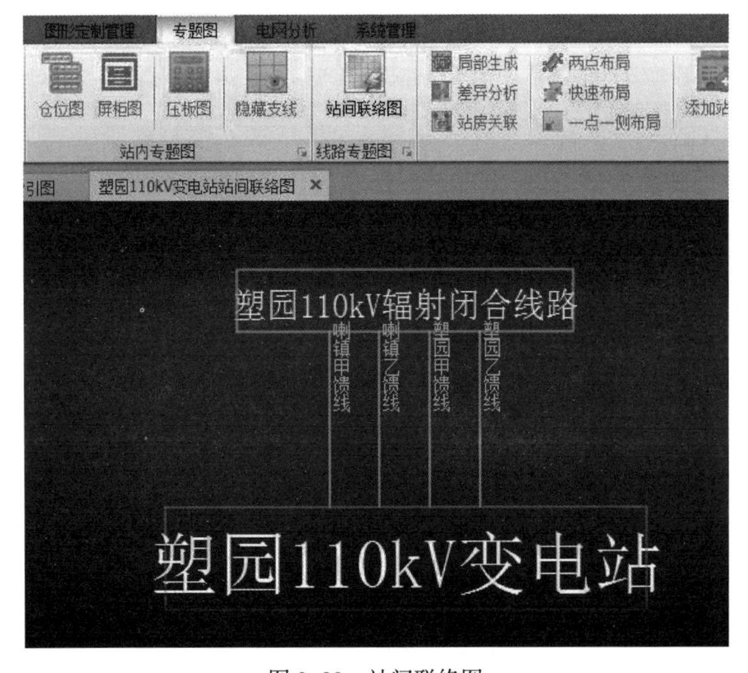

图 2-39　站间联络图

24. 如何进入区域系统图?

答：注：进入此项功能不能进入任务。打开“专题图”→“区域系统图”→找到所要看的变电站→找到所要看的线路，见图 2-40。

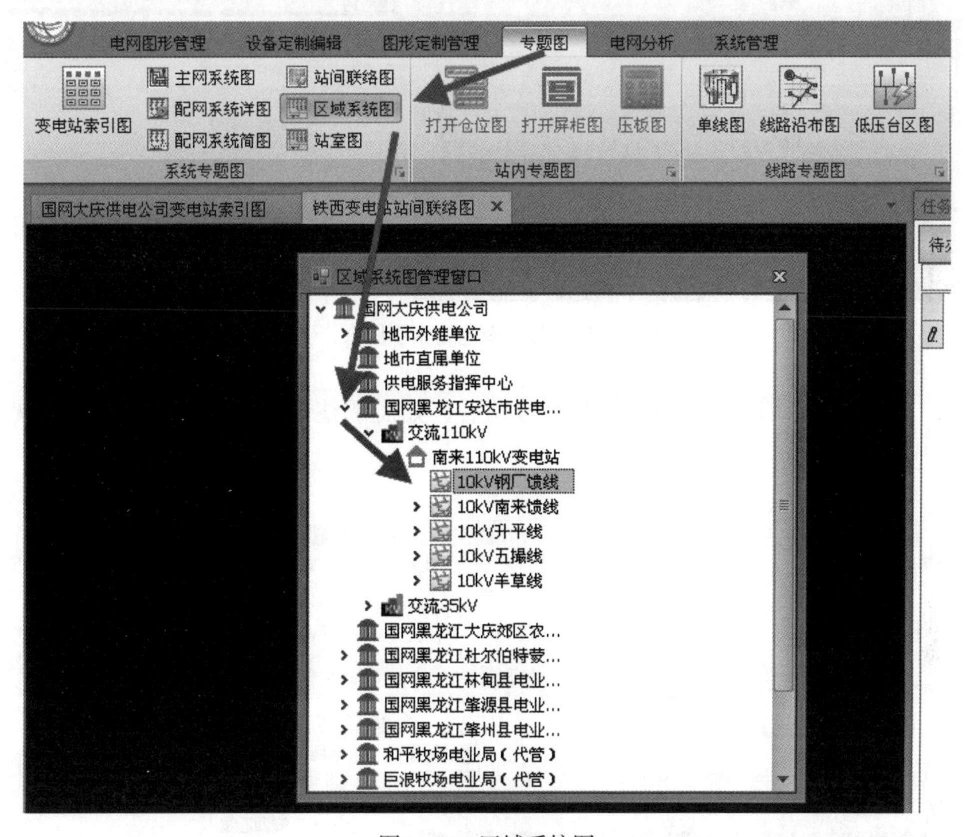

图 2-40　区域系统图

25. 如何重新生成单线图?

答：在台账端创建好图形任务后，登录图形端。进入所创建的任务，“专题图”→“变电站索引图”，找到线路所在变电站左键单击“+”，在线路名称上单击右键，找到“打开单线图”，左键单击。见图 2-41。

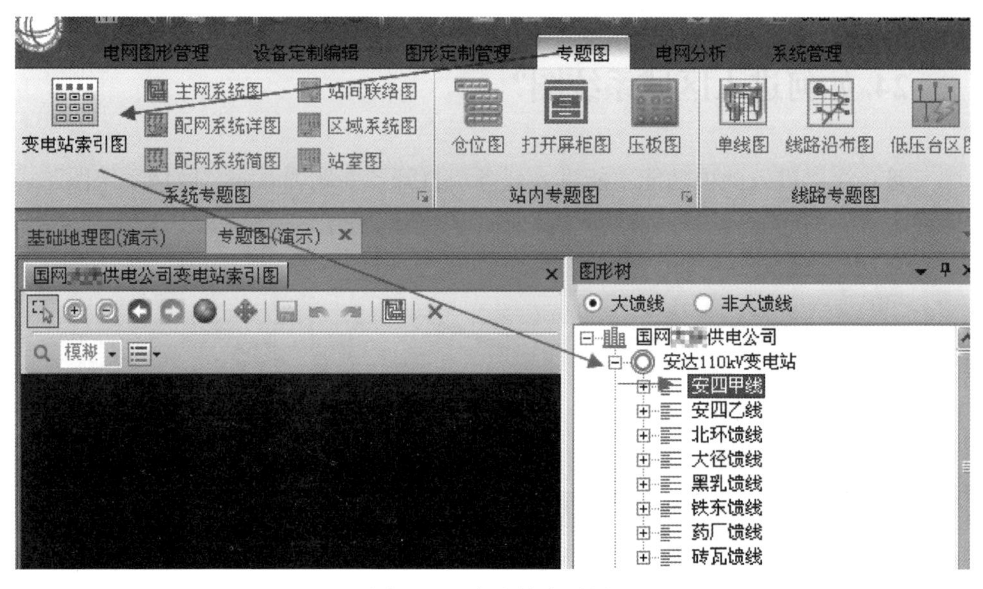

图 2-41　变电站索引图

已经有单线图的线路，打开单选图后，如需调整可以选择“重新布局”见图 2-42。

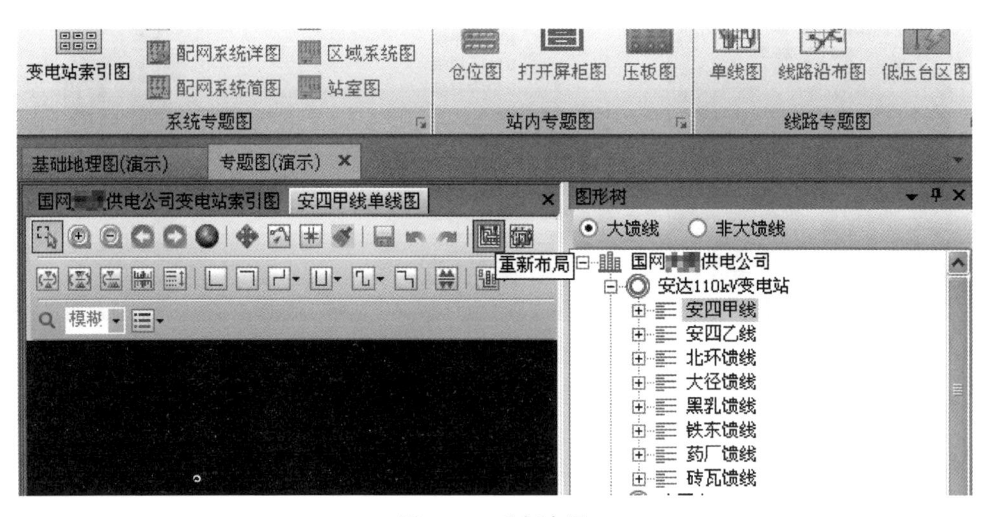

图 2-42　重新布局

确认设备无误后，左键单击“保存”，见图 2-43。终结任务。

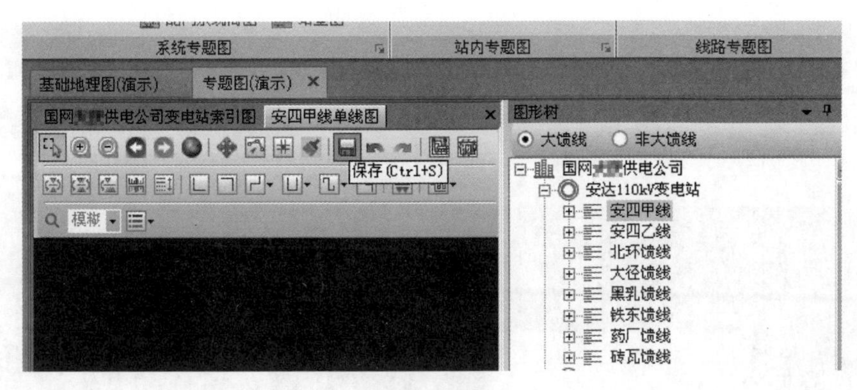

图 2–43　保存

26. 如何局部更新单线图?

答: 在台账端创建好图形任务后，登录图形端。进入所创建的任务，在“专题图→变电站索引图”，找到线路所在变电站左键单击“+”，在线路名称上单击右键，找到“打开单线图”，左键单击，见图 2–41。如需调整，可以选择“差异布局”，见图 2–44。

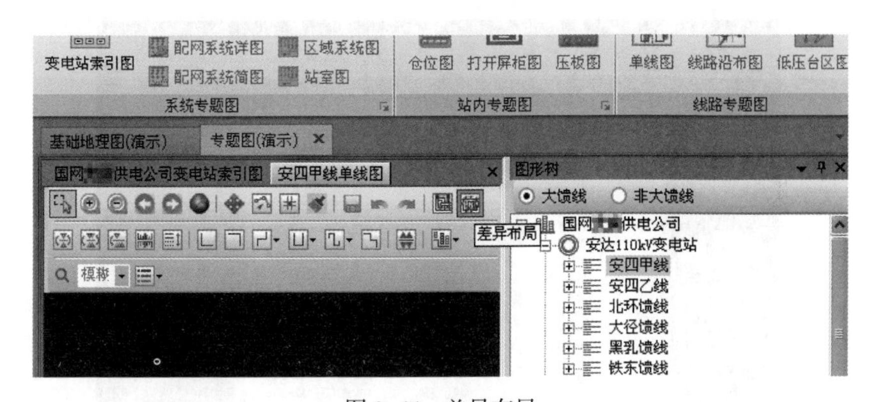

图 2–44　差异布局

确认设备无误后，左键单击“保存”，终结任务。

27. 线路切改工作的顺序如何梳理?

答: 在图形端，将要切改的线路进行“节点编辑”→弹出“是否分析线路切改影响的设备”界面→点击“是”→系统自动分析，见图 2–45 和图 2–46。

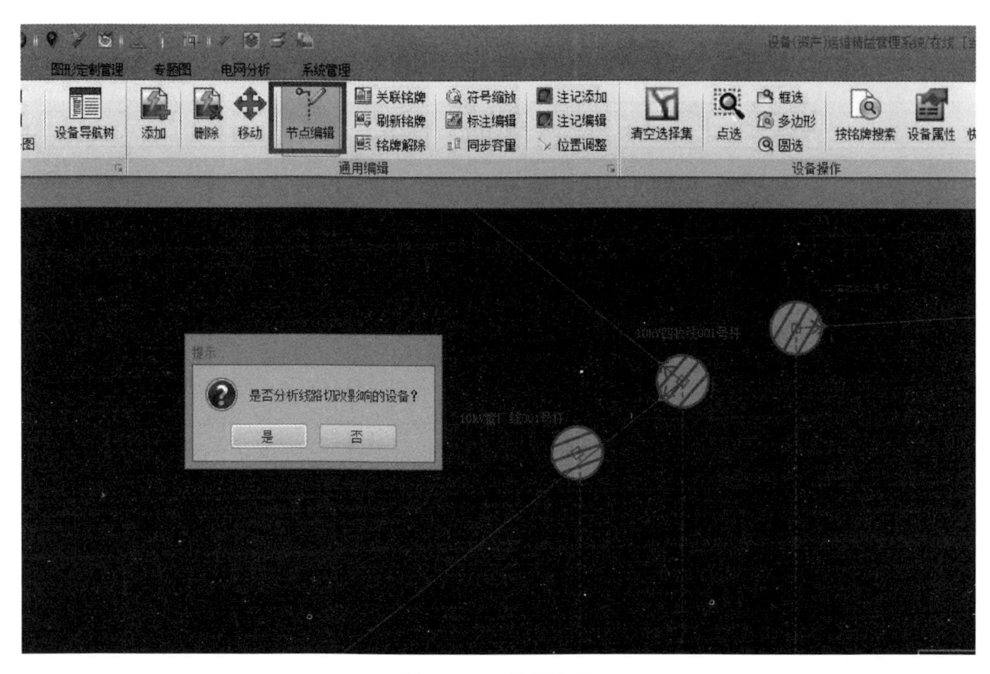

图 2-45　节点编辑

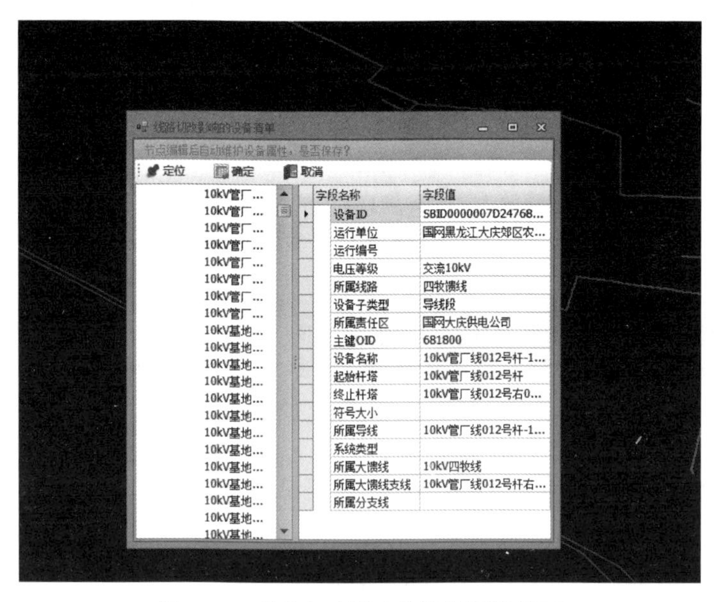

图 2-46　线路切改影响的设备清单界面

点击“否”→点选“线路更新”，见图 2-47 和图 2-48。操作步骤详见 28 题。

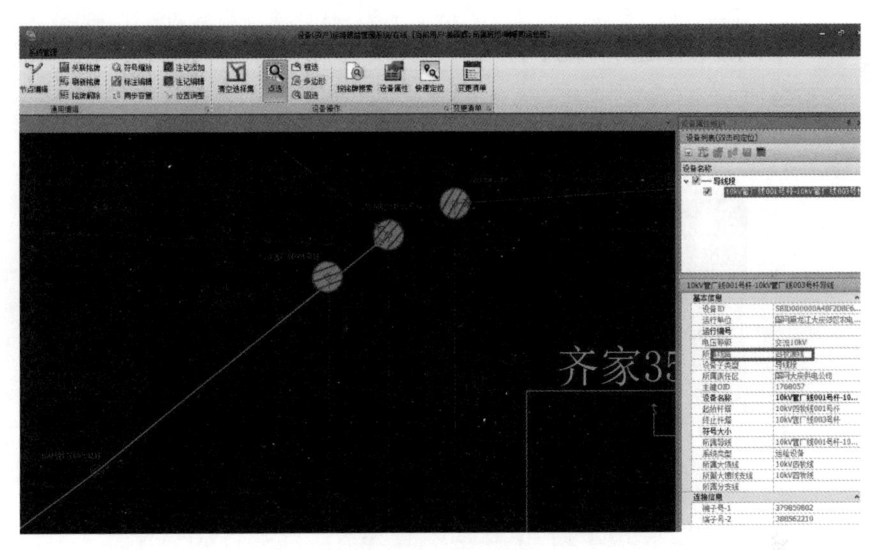

图 2-47　点选界面

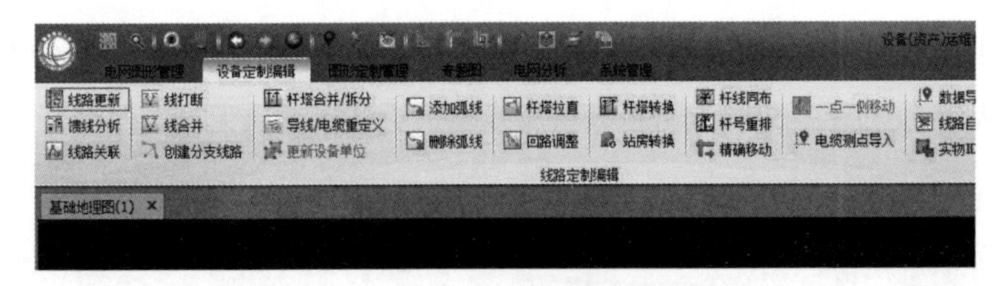

图 2-48　线路更新界面

弹出界面，见图 2-49。

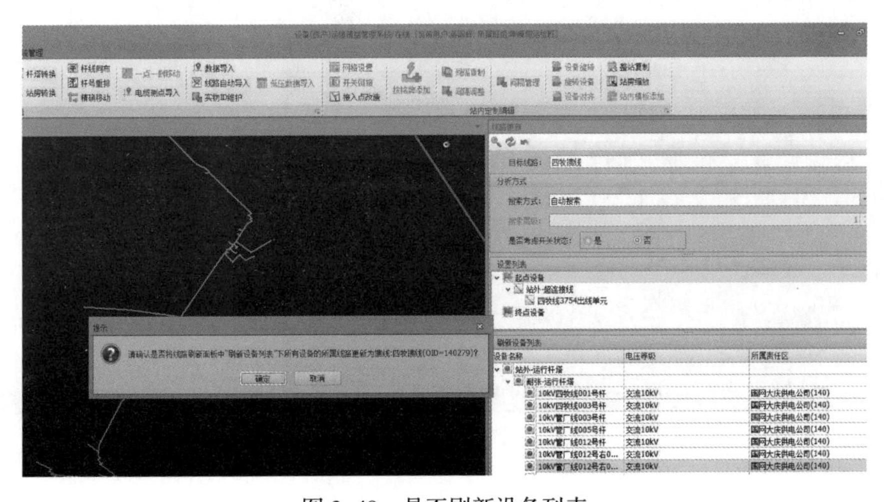

图 2-49　是否刷新设备列表

28. 所属线路怎样更新？

答："设备定制编辑"中找到"线路更新"，点击进入。见图 2-50。

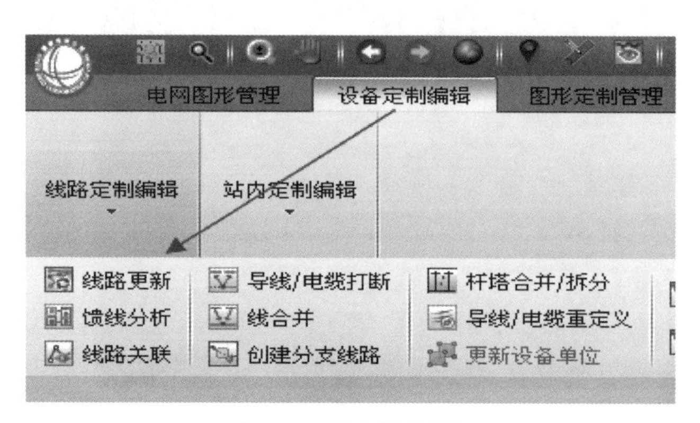

图 2-50　进入线路更新

点击所要的线路出线段，选择目标线路。二次点击超连接线，选择起点设备。点击放大镜，见图 2-51。点击更新所属线路，更新后确认无误，保存。

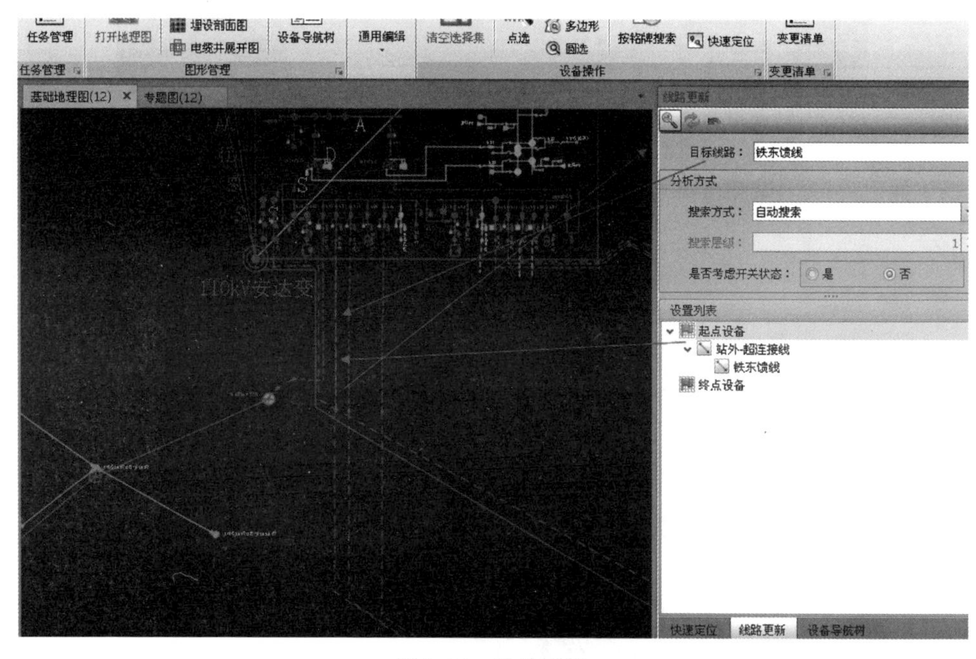

图 2-51　线路更新

29. 如何刷新线路的出线开关？

答：“设备定制编辑”中找到“线路关联”，点击进入，见图 2-52。

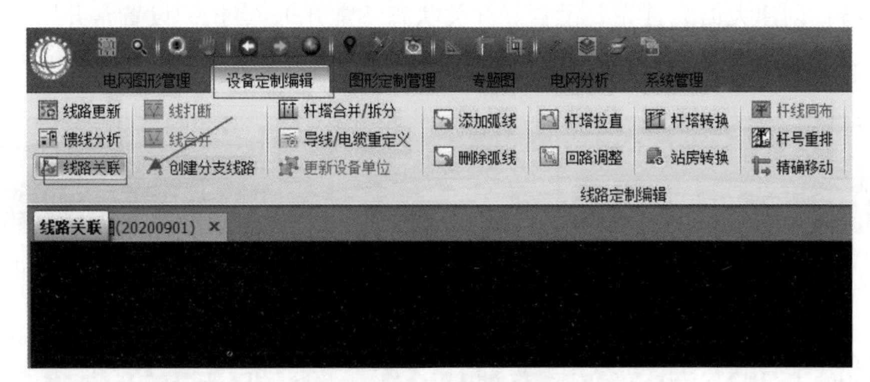

图 2-52　进入线路关联

高亮需要刷新的出线，弹出界面，见图 2-53，可更改出线开关。

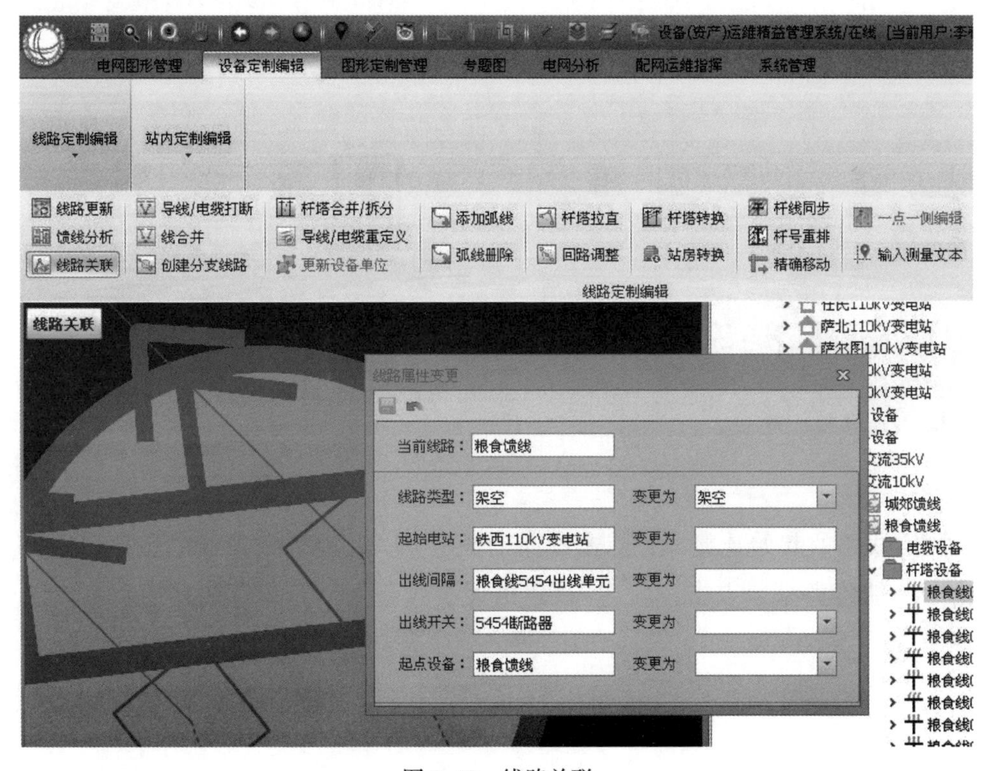

图 2-53　线路关联

30. 如何进行大馈线分析?

答：创建大馈线首先要设置好开关状态（常开）。点击“设置常开”，在地图上选择需设置的开关，弹出“设置常开开关状态”窗口，选择“常开”，见图 2-54。

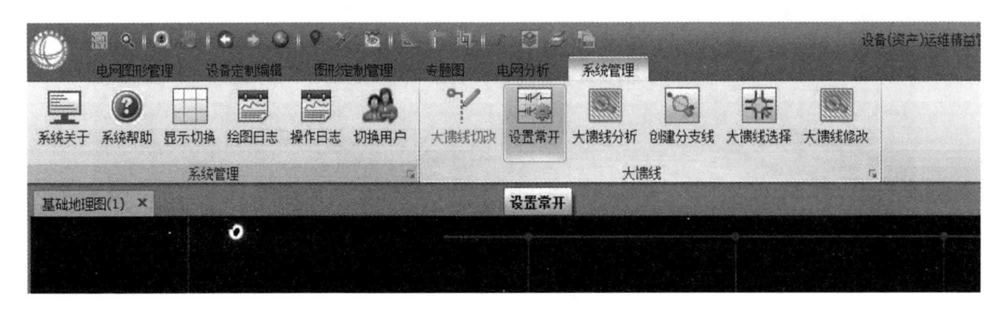

图 2-54　设置开关状态

在系统管理中找到“大馈线分析”，见图 2-55。

图 2-55　查找大馈线分析

点线路的起始连接线，点击线路的变电开关，输入大馈线的名称、运行编号、馈线类型，点击“新建”，建出大馈线路之后分析，成功后保存，见图 2-56。

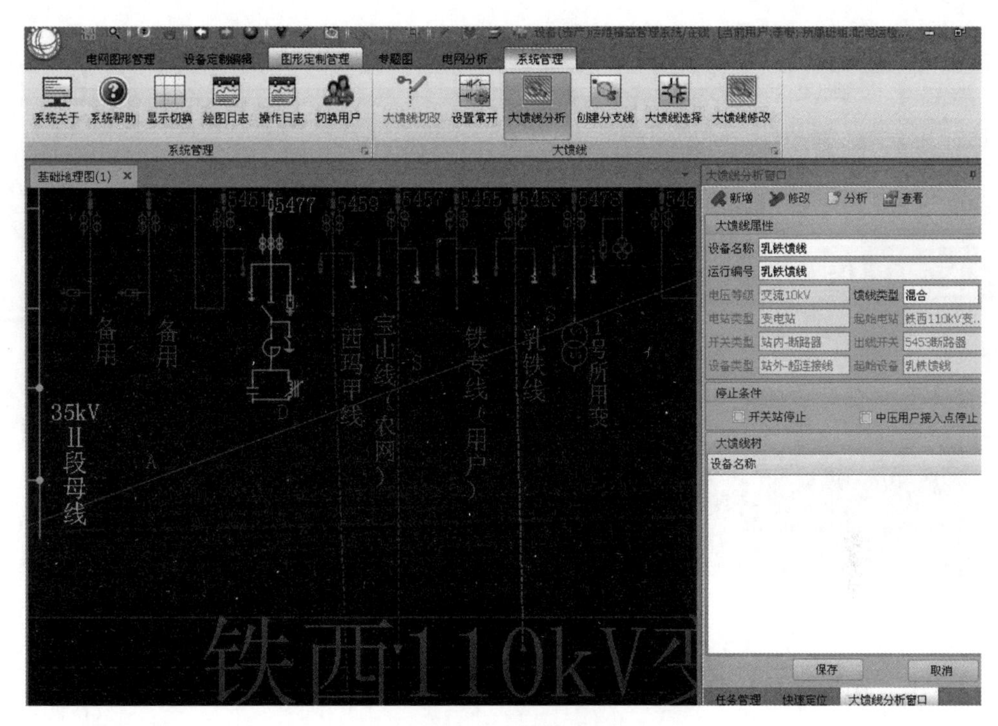

图 2–56　大馈线分析

31. 冷备用的线路设备投运如何操作？

答：冷备用的线路投运需要，将变电的开关合闸。登录时勾选“配电运维指挥管理”，不用进任务，见图 2–57。进入系统后“打开地理图”，见图 2–58。

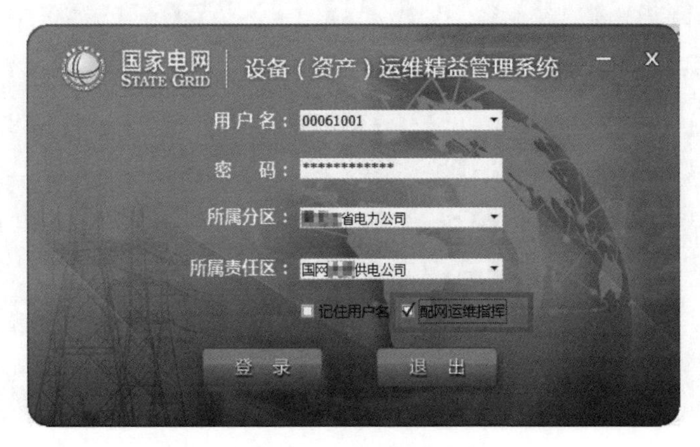

图 2–57　登录界面

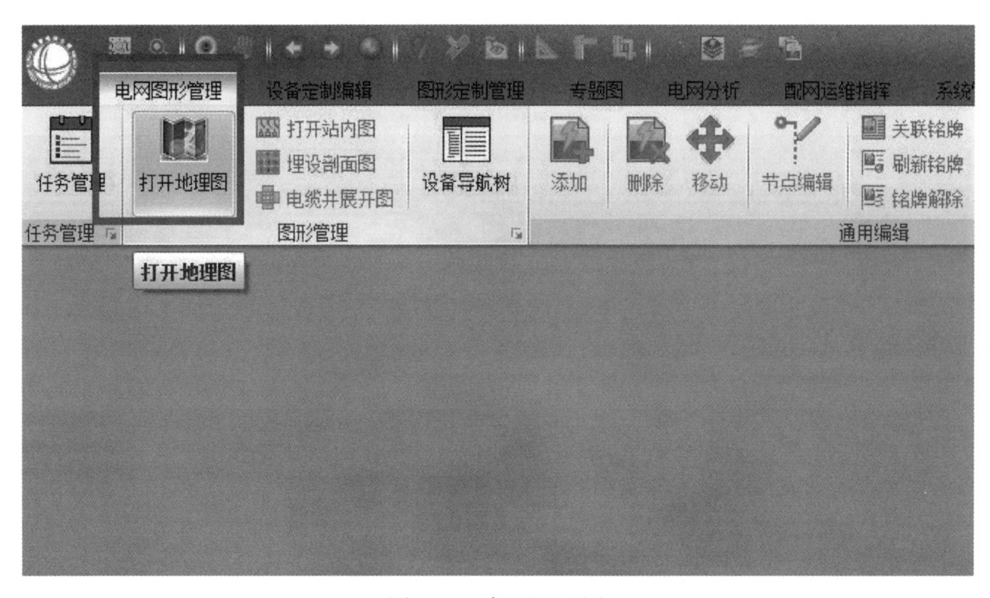

图 2–58　打开地理图

在“图形定制管理”中找到“变电开关置位”后，点击变电开关，进行合闸，见图 2–59。

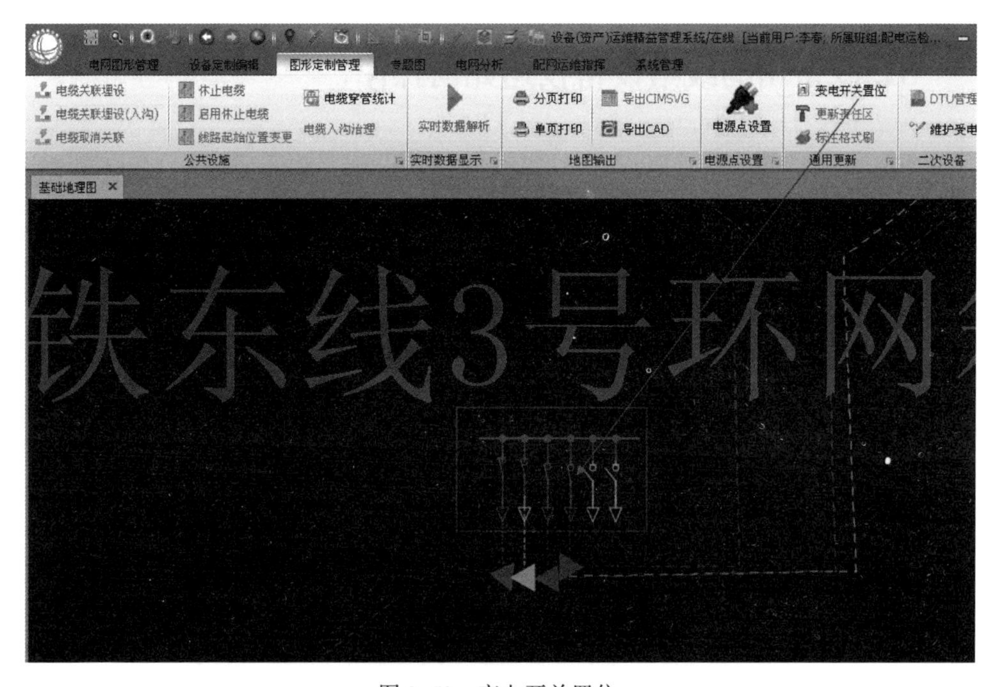

图 2–59　变电开关置位

32. 如何体现馈线各级关系？

答：在图形任务“系统管理”中找到“创建分支线”，选择适宜的起点设备和终点设备后，点击“分析”。输入设备名称、运行编号、线路类型，保存，见图 2-60。

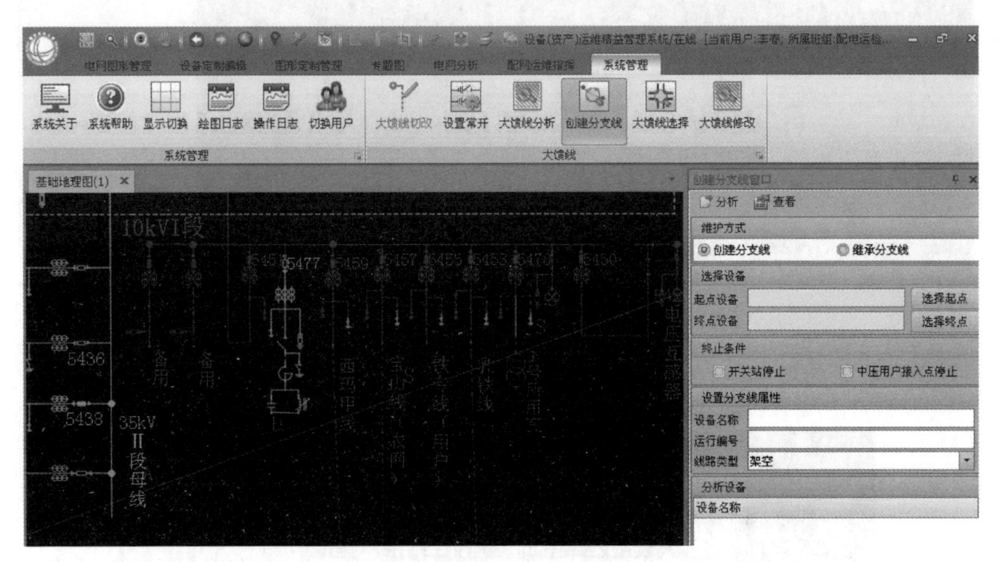

图 2-60　创建分支线

33. 怎样清空所属大馈线？

答：图形任务中，“电网图形管理→快速定位→查询内容”，点查询，见图 2-61。

双击设备，高亮后，单击右键，见图 2-62。

弹出界面，见图 2-63，点击清空所属大馈线。

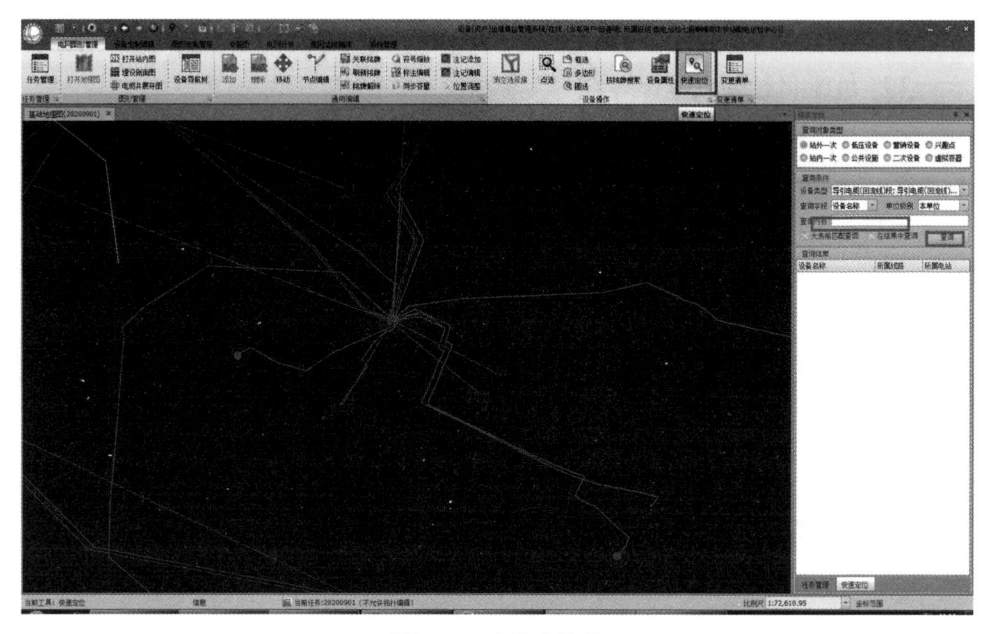

图 2-61　查找大馈线

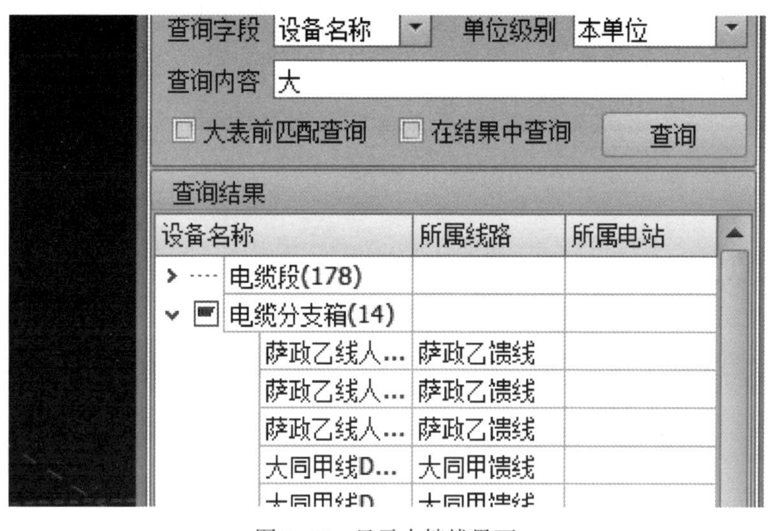

图 2-62　显示大馈线界面

图 2-63　清空所属大馈线

34. 怎样更新馈线所属大馈线？

答：图形任务中，“电网图形管理→快速定位→查询内容”，点查询，见图 2-61。双击设备，高亮后，单击右键，选择更新馈线所属大馈线，见图 2-64。

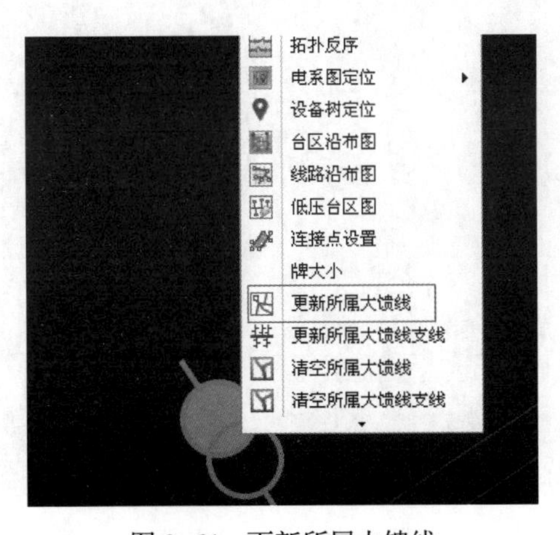

图 2-64　更新所属大馈线

35. 怎样创建主线、分支线？

答：创建主线（站房类设备）：在出线间隔添加站外超连接线，选择“创建线路”→信息完善后→点击“确定”，见图 2–65。

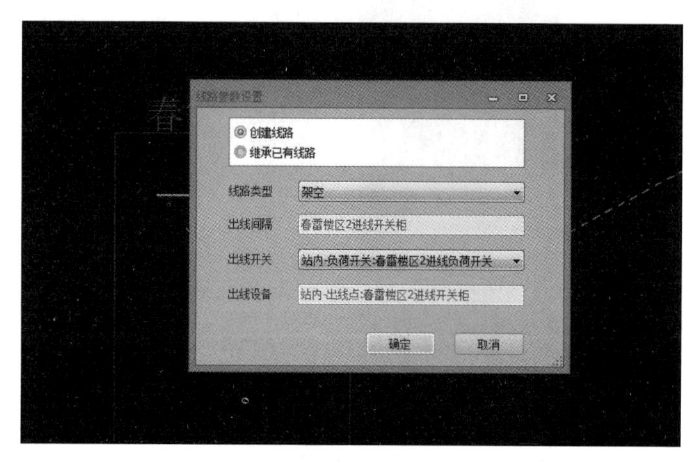

图 2–65　创建主线

创建分支线：点击创建分支线，右侧分别点击起点设备和终点设备，高亮之后，点击“分析”，见图 2–66。

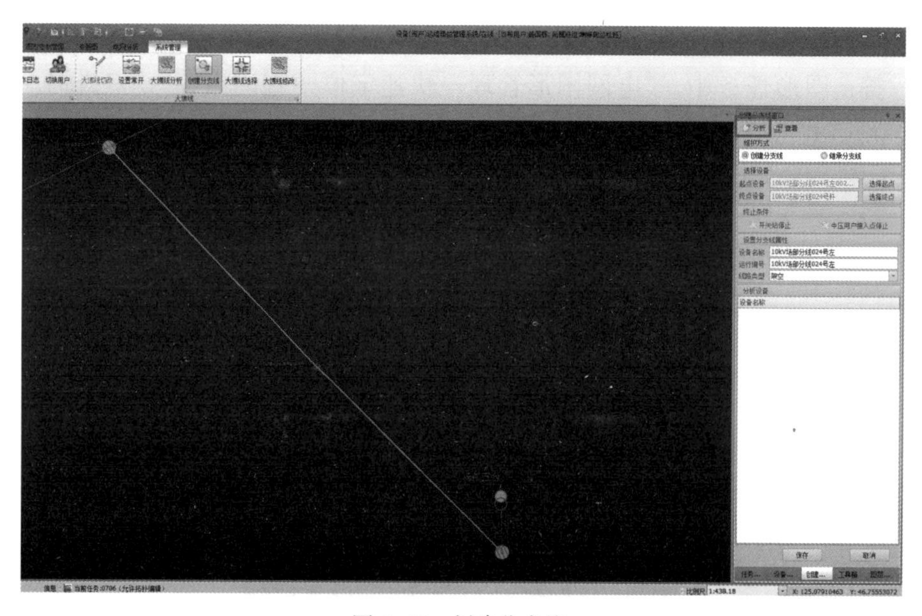

图 2–66　创建分支线

弹出提示“是否继续下级支线分析”，点击“是”，继续操作。点击“否”，则结束，见图 2–67。

图 2–67 是否继续下级支线分析

弹出界面，见图 2–68。点击“保存”。

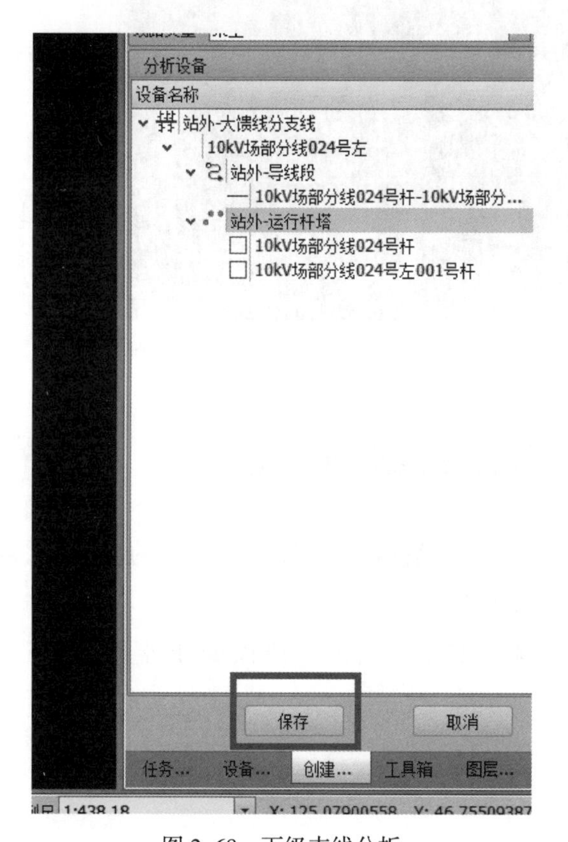

图 2–68 下级支线分析

36. 怎样更新主线、分支线设备到馈线？

答： 点选主线及分支线的设备→高亮→设备导航树→找到相应馈线→右键→点击“局部刷新所属线路”→确定，见图 2-69。

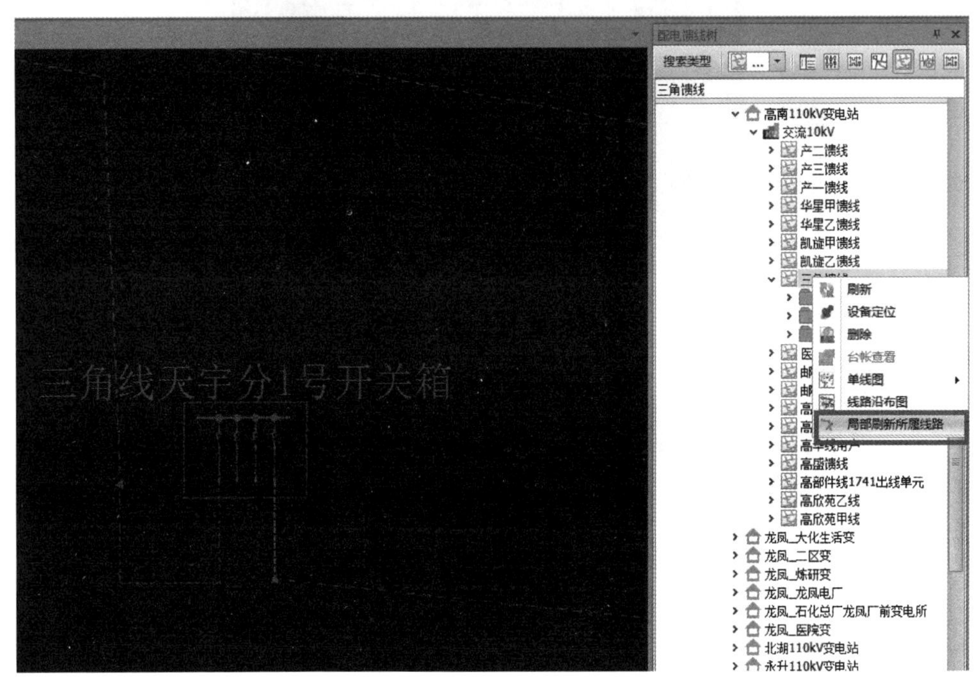

图 2-69　更新主线、分支线设备到馈线

37. 怎样更新低压线路所属变压器？

答：“电网图形管理→设备导航树”，找到更改的变压器，高亮后右键，点击“设备树定位”，见图 2-70。

右键单击右侧变压器，点击“把该变压器刷到所选低压线路”，见图 2-71。

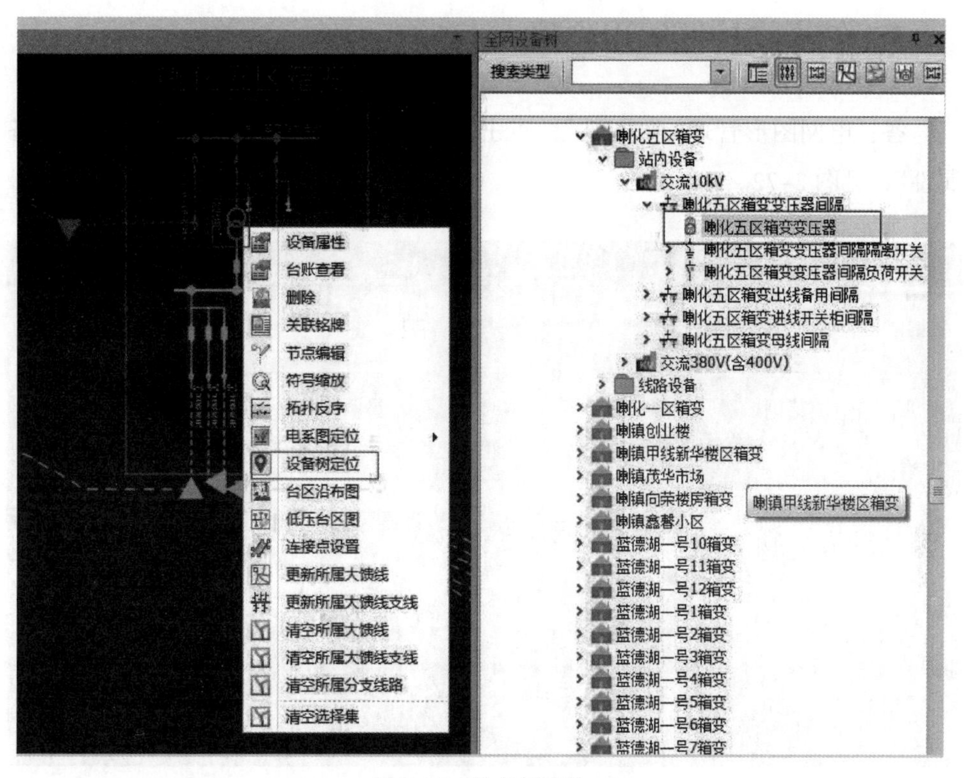

图 2-70　设备树定位

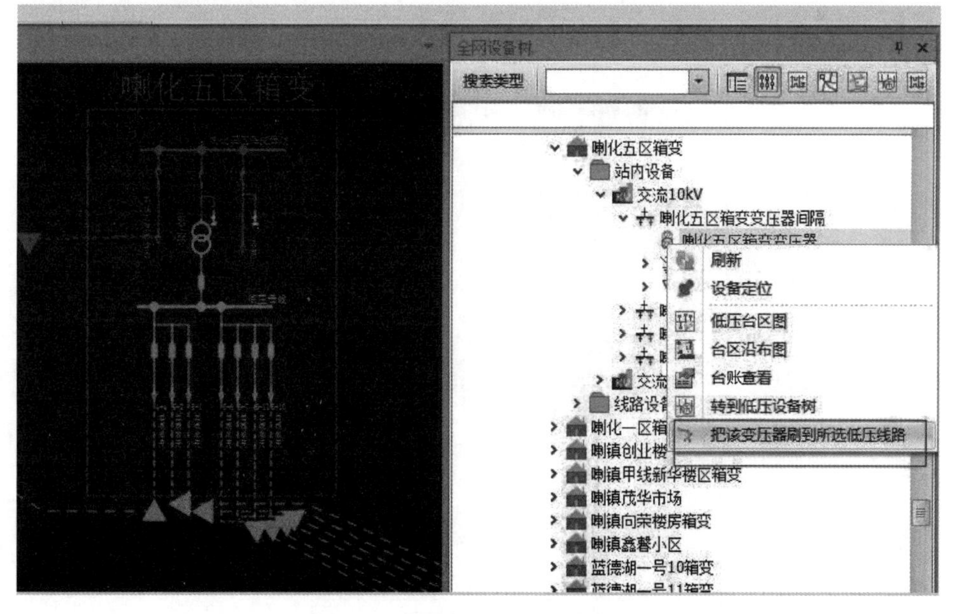

图 2-71　更新低压线路所属变压器

38. 怎样维护低压用户接入点？

答：电网图形管理→“点选”，点击低压用户接入点，高亮后，点击“设备属性”，见图 2-72。

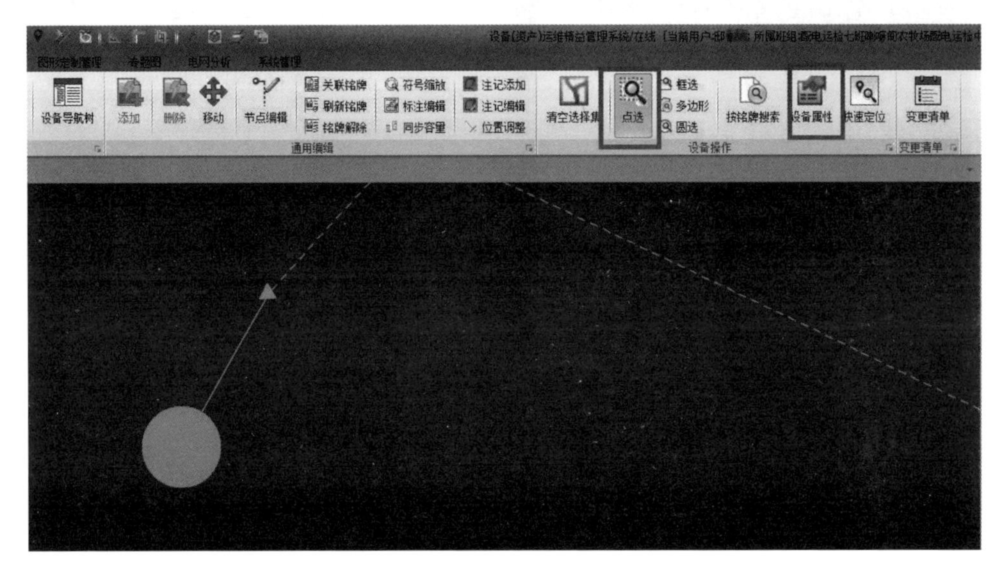

图 2-72　选择低压用户接入点

弹出界面（见图 2-73），设备名称及符号角度可修改，修改后，点击保存健。

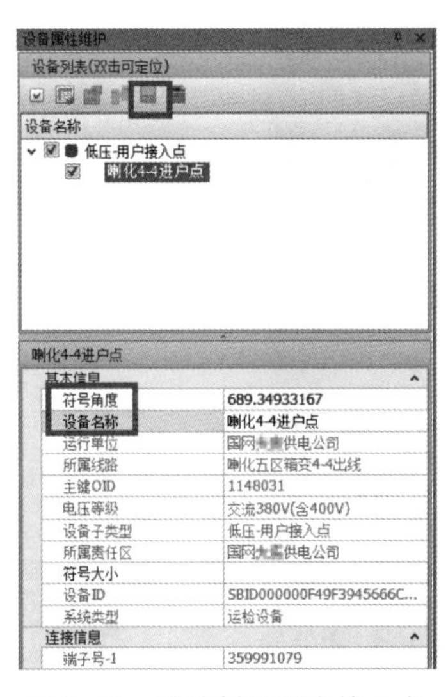

图 2-73　维护低压用户接入点

39. 怎样删除单线图?

答：打开单线图→点击图标右侧“▼”→“图纸管理”→“大馈线图纸管理”，见图 2–74。

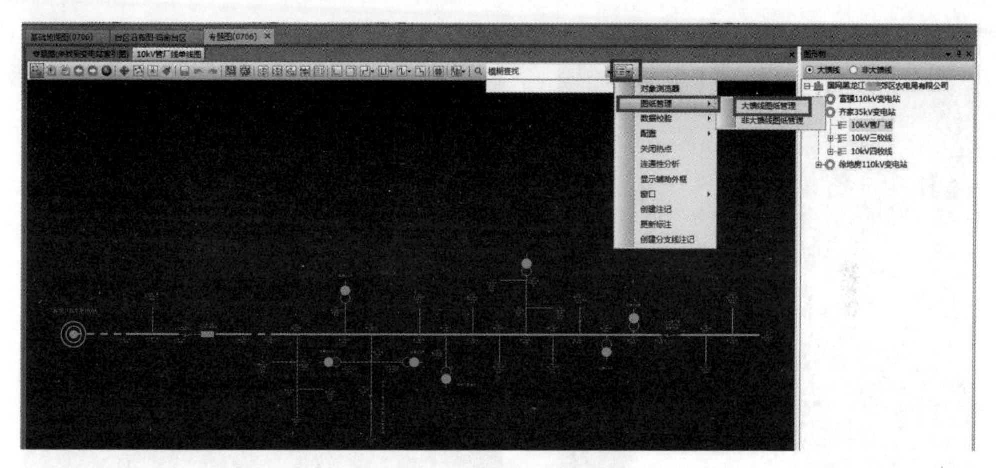

图 2–74　选择单线图

双击左侧线路→弹到右侧→“删除”，见图 2–75。

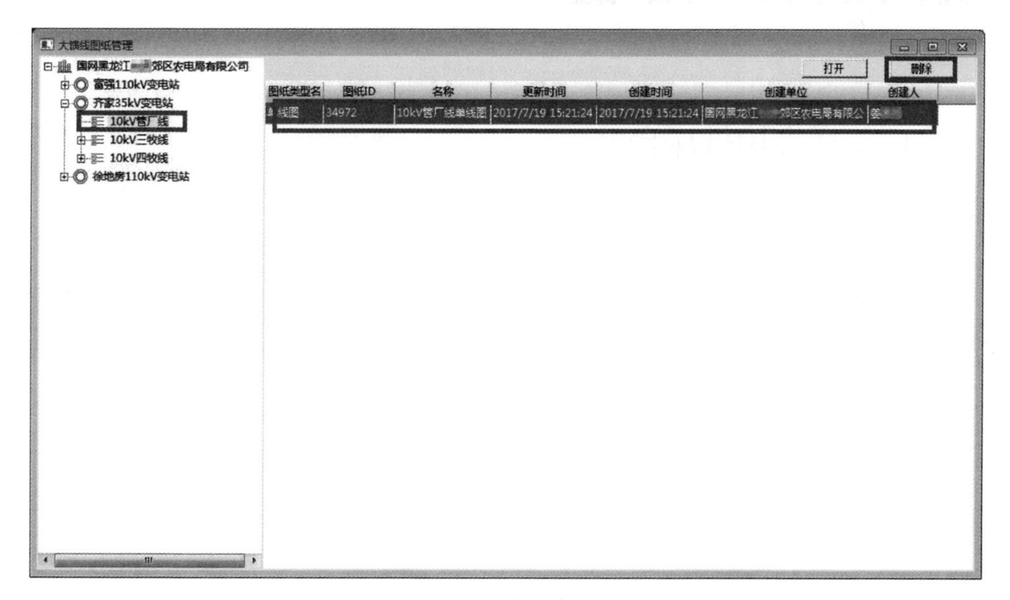

图 2–75　删除单线图

40. 怎样生成低压台区图?

答：“电网图形管理→设备定位→查询内容”，双击设备，高亮后右键，点击“低压台区图”，见图 2–76。

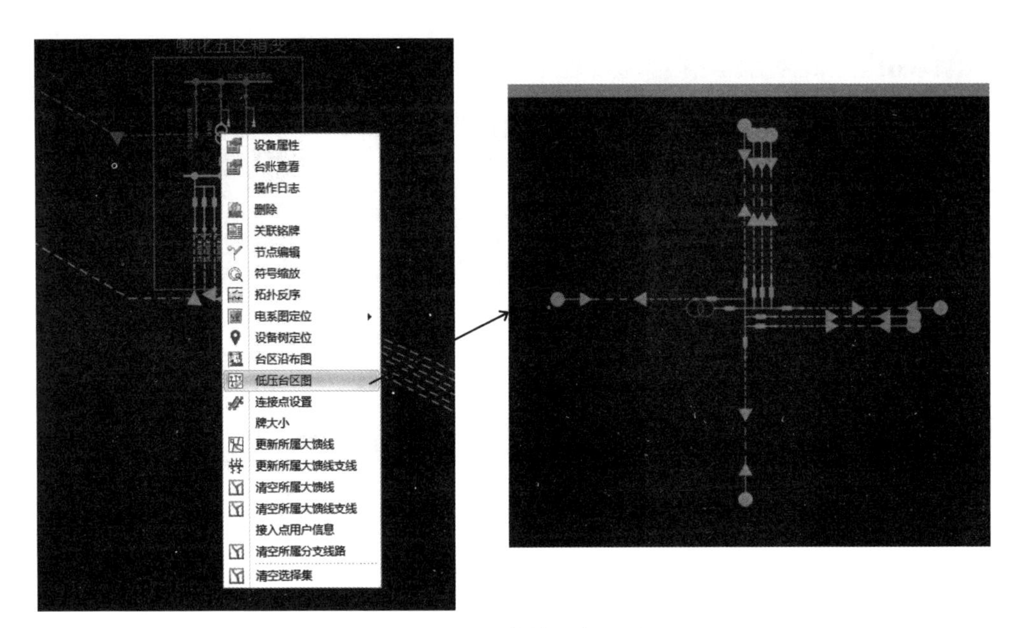

图 2–76 生成低压台区图

41. 怎样维护低压台账?

答：图形端在同一变压器下的低压开关、低压线路、低压用户接入点名称应对应，命名方式为 ×× 箱变 ×× 低压开关、线路、用户接入点，见图 2–77~图 2–79。

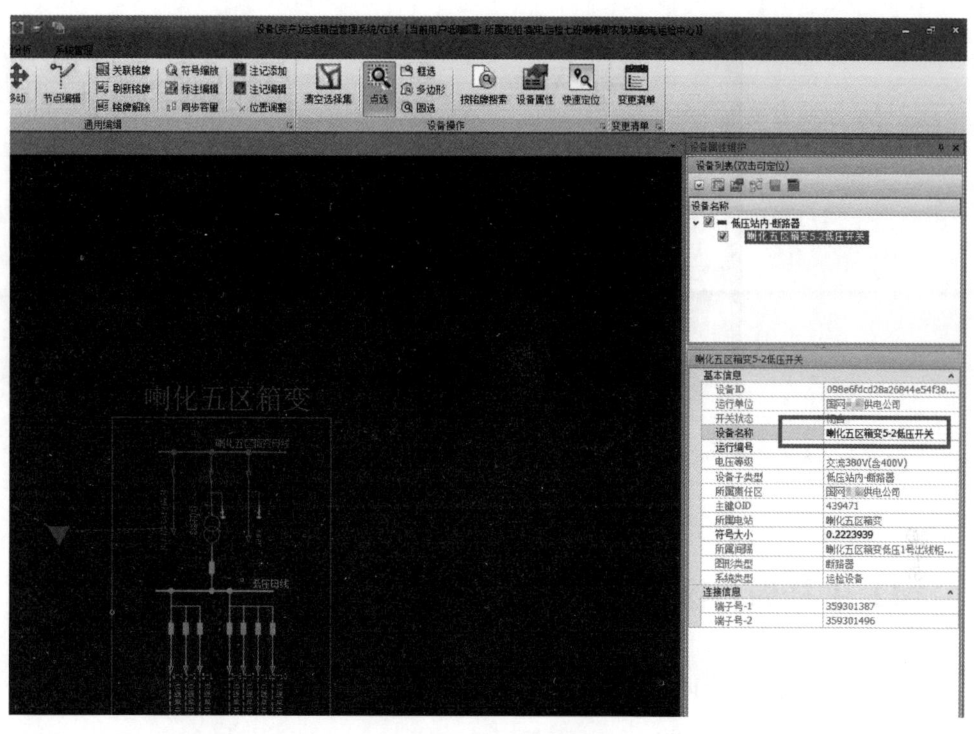

图 2–77　低压开关命名

基本信息	
主键OID	217068
设备名称	喇化五区箱变4-4出线
运行编号	
电压等级	交流380V(含400V)
设备子类型	低压-线路
设备ID	SBID0000004D1C5A998260...
上级线路	
所属责任区	国网[illegible]供电公司
运行单位	国网[illegible]供电公司
符号大小	
变压器类型	配电变压器-双绕组
所属变压器	喇化五区箱变变压器
出线开关	喇化五区箱变5-2低压开关
出线开关类型	低压站内-断路器
线路类型	电缆
出线间隔	喇化五区箱变低压1号出线柜...
起始点设备	喇化五区箱变低压1号出线柜...
起始点设备类型	低压站内-出线点
系统类型	运检设备

图 2–78　线路命名

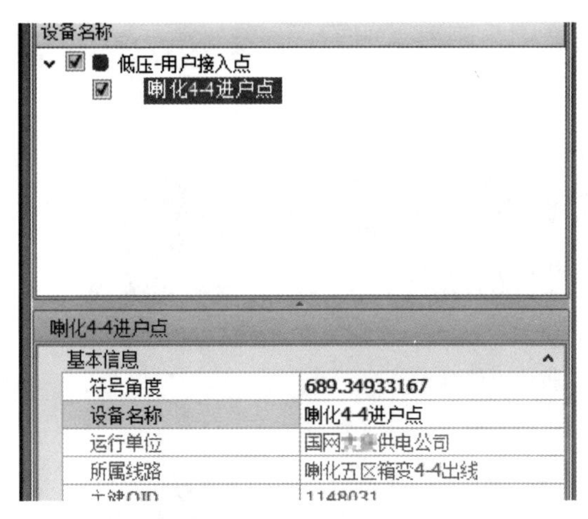

图 2-79　用户接入点命名

42. 怎样做台区沿布图?

答: “电网图形管理→设备定位→查询内容”，双击设备，高亮后右键，点击“台区沿布图”，见图 2-80。

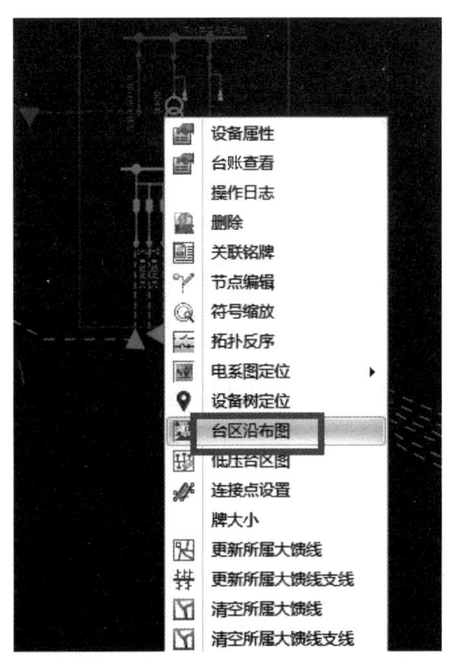

图 2-80　台区沿布图

三　电网运维检修管理

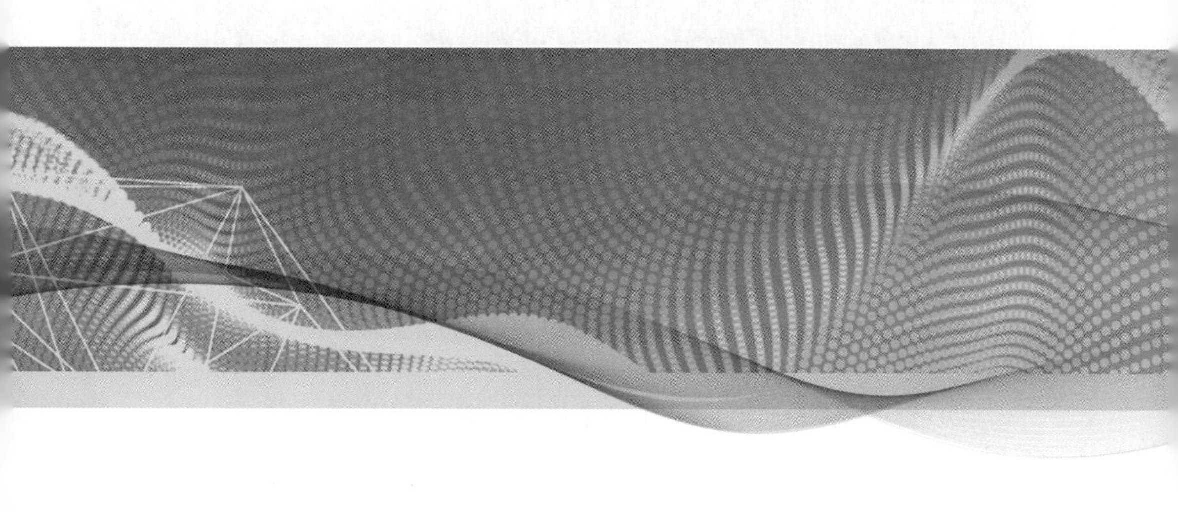

1. 值班岗位及安全天数应如何配置?

答：进入功能菜单：运维检修中心→电网运维检修管理→运行值班基础维护→值班岗位及安全天数配置。

新建：左侧选择变电运维班组，右侧填写字段名字、岗位名称、岗位责任，填选安全运行日期，点击“保存”，见图 3–1。

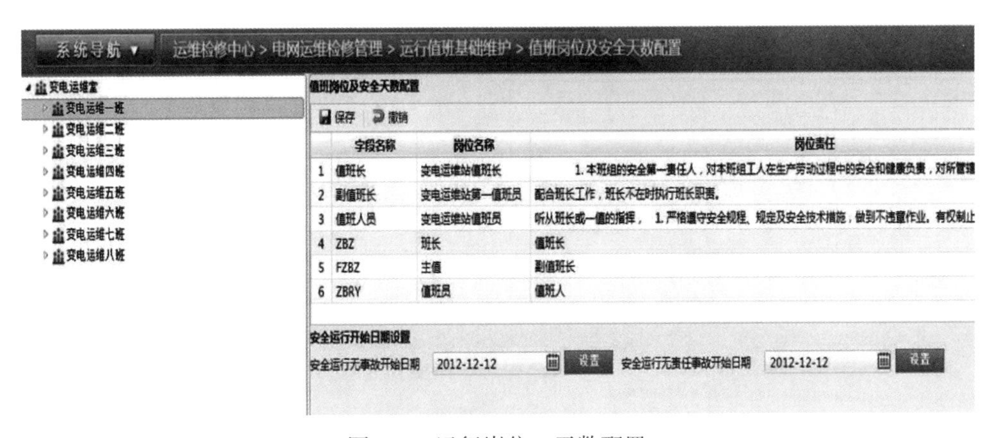

图 3–1　运行岗位、天数配置

2. 值班班次应如何配置?

答：进入功能菜单：运维检修中心→电网运维检修管理→运行值班基础维护→值班班次配置。

新建：左侧选择班组，右侧点击“新建”，配置值班顺序、班次、值班长、副值班长，点击“保存”，见图 3–2。

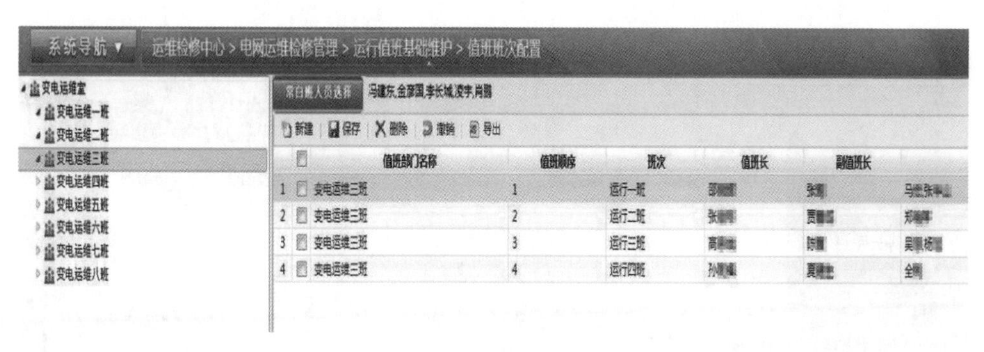

图 3–2　班组人员配置

3. 例行工作应如何配置？

答：进入功能菜单：运维检修中心→电网运维检修管理→运行值班基础维护→例行工作配置。

例行工作配置：左侧选择班组下的变电站，右侧点击“新建”，弹出例行工作类型选择窗口，勾选工作类型名称点击“确定”，见图 3–3。

系统导航 ▾　运维检修中心 > 电网运维检修管理 > 运行值班基础维护 > 例行工作配置

例行工作配置　电站巡视周期配置

变电运维室
变电运维一班
变电运维二班
变电运维三班
变电运维四班
变电运维五班
变电运维六班
变电运维七班
变电运维八班

新建　保存　删除

适用范围	工作类型名称
变电站	设备巡视检查记录
变电站	设备巡视
变电站	防潮装置检查
变电站	红外测温
变电站	蓄电池测量
变电站	避雷器动作检查
变电站	防小动物措施检查
变电站	端子箱清扫
变电站	保护屏清扫
变电站	开关柜清扫
变电站	设备巡视检查记录
变电站	蓄电池测量
变电站	避雷器动作检查
变电站	设备巡视检查记录
变电站	红外测温
变电站	蓄电池测量
变电站	防小动物措施检查
变电站	防潮装置检查
变电站	端子箱清扫
变电站	保护屏清扫

例行工作类型选择

确定　取消

工作大类	工作类型编号	工作类型名称	工作内容
测试	108	蓄电池内阻测试	蓄电池内阻测试
测试	107	主变温度计、绕组温度…	主变、绕组温度检查
维护	01029	设备测温记录	对设备测温进行记录
维护	408	排水、通风系统维护记录	排水、通风系统维护
维护	414	室内SF6氧量告警仪检测…	室内SF6氧量告警仪检测维护
维护	418	配电箱、检修电源箱检…	配电箱、检修电源箱检查维护
维护	416	微机防误装置维护记录	微机防误装置及其附属设备（电脑钥匙、锁具…
维护	01011	防小动物措施记录	对防小动物措施进行记录
维护	403	消防器材维护	消防器材维护
维护	01016	红外测温记录	对红外测温进行记录
维护	422	变压器冷却器冲洗记录	变压器冷却器冲洗（大负荷前）
维护	413	安防设施维护记录	安防设施维护
维护	412	加热器及照明系统维护…	机构箱、端子箱、汇控柜等加热器及照明系统…
维护	404	高压带电显示装置检查…	高压带电显示装置检查维护
检查	400	保护压板检查	保护压板检查
检查	304	打印机打印纸检查	检查打印机打印纸

20　1/3　当前总记录 47 条，每页显示 20 条。

图 3–3　班组工作配置

电站巡视周期配置：点击“新建”，弹出巡视周期设置窗口，点击“添加设备”选择变电站，填写周期设置信息＊项，点击“确定”，见图 3–4。

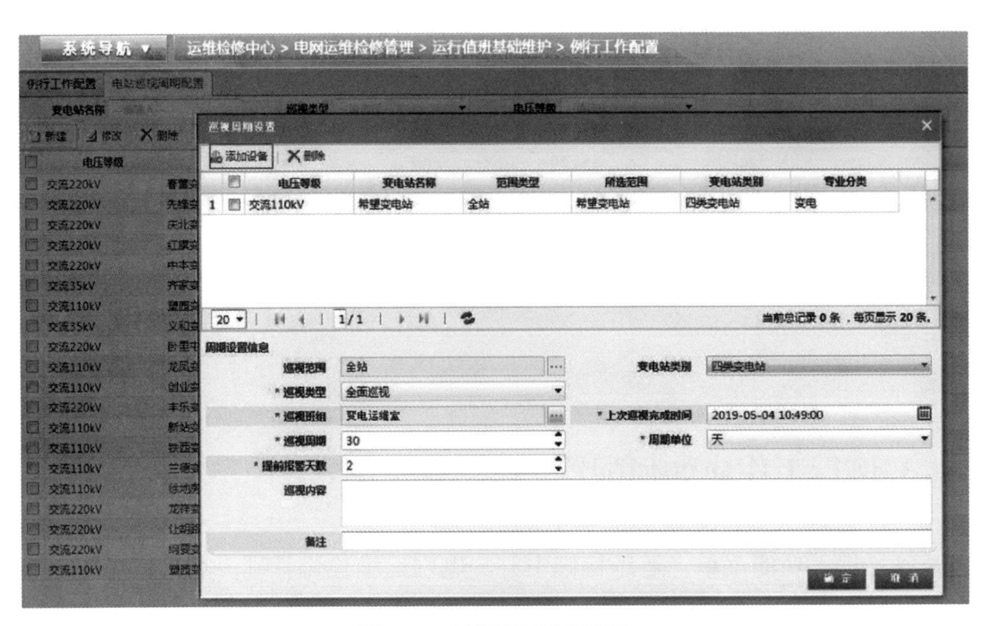

图 3–4　班组巡视周期配置

4. 避雷器动作检查怎样配置?

答：新投运的避雷器必须到“避雷器动作检查项目维护”中，将新投的设备增加到配置表中，方可录入记录，见图 3–5。

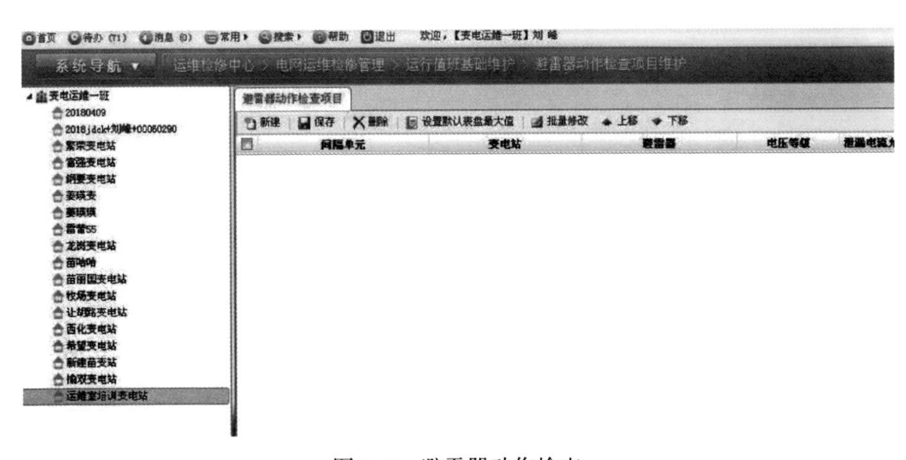

图 3–5　避雷器动作检查

选择所要维护的变电站，如果表内为空，则点击新建。

系统自动将该变电站内的所有避雷器显示出来，选择要添加的设备后确定，见图 3–6 和图 3–7。

图 3–6　变电站查询

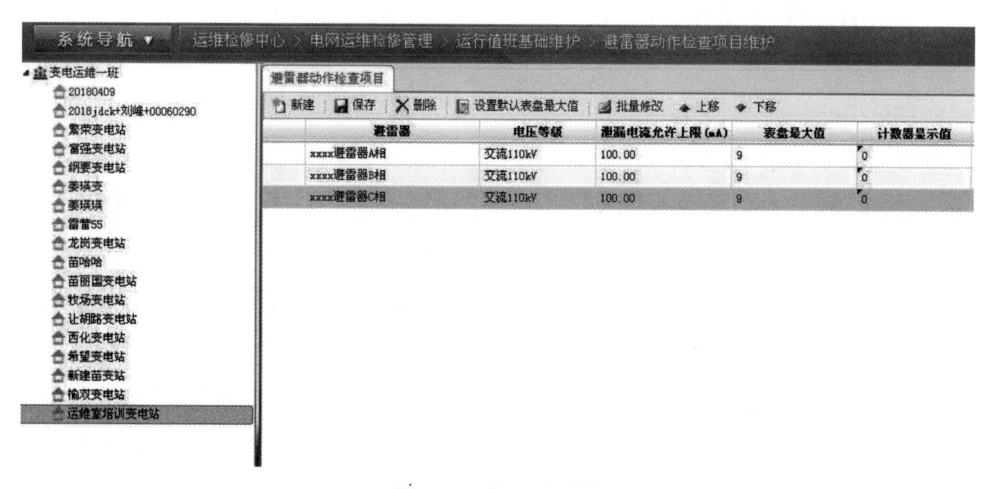

图 3–7　添加避雷器

维护计数器显示初始值并保存。

5. 运行值班日志如何新建?

答：进入功能菜单：运维检修中心→电网运维检修管理→运行值班→运行值班日志。

值班人员进行登录根据配置好的班次、交接班填写。填写左侧运行记事的各项记录，见图 3-8。

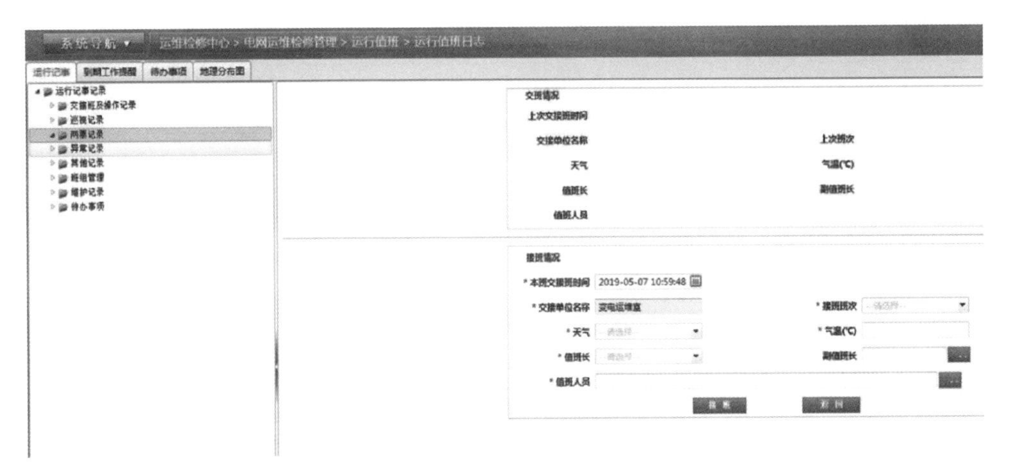

图 3-8 班组应用记录

6. 巡视周期如何维护?

答：进入功能菜单：运维检修中心→电网运维检修管理→巡视管理→巡视周期维护（新）。

选择“电站及设备巡视周期”或“线路巡视周期”，点击“新建”弹出“巡视周期设置”窗口，点击“添加设备”，见图 3-9。

“站外巡视范围选择”窗口，线路设备列表选择变电站下的线路，勾选线路名称点击下拉“V”键，点击“确定”，见图 3-10。

“巡视周期设置”窗口，在“周期设置信息”设置“上次巡视完成时间、巡视周期、周期单位、提前报警天数”，填写“巡视内容”，点击“确定”，见图 3-11。

注意：由巡视周期生成的巡视计划，巡视类型有“正常巡视”。

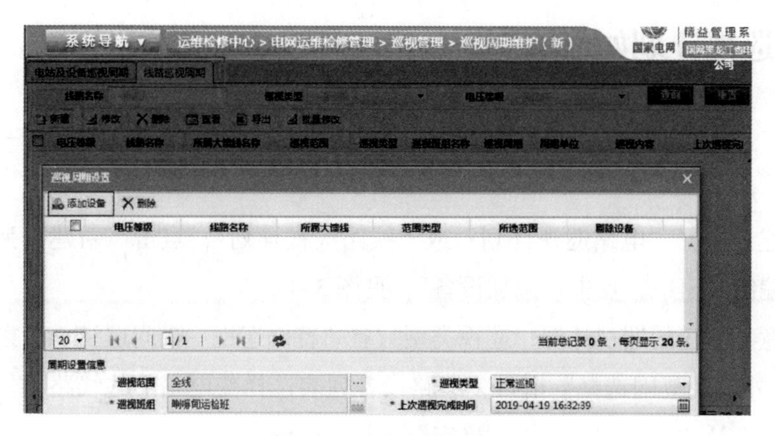

图 3-9　巡视周期类型

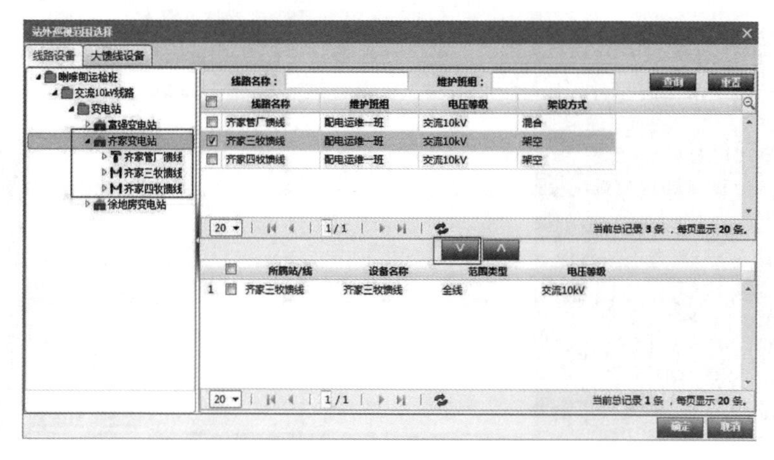

图 3-10　巡视线路

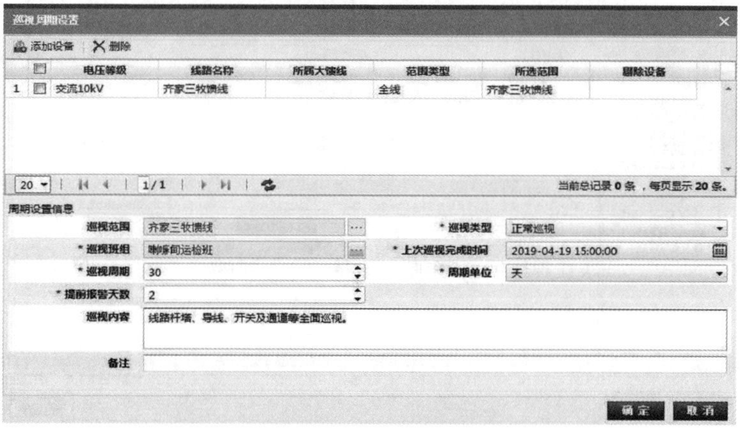

巡视周期设置

添加设备　删除

	电压等级	线路名称	所属大馈线	范围类型	所选范围	删除设备
1	交流10kV	齐家三牧馈线		全线	齐家三牧馈线	

当前总记录 0 条，每页显示 20 条。

周期设置信息

巡视范围：齐家三牧馈线　　* 巡视类型：正常巡视

* 巡视班组：　　* 上次巡视完成时间：2019-04-19 15:00:00

* 巡视周期：30　　* 周期单位：天

* 提前报警天数：2

巡视内容：线路杆塔、导线、开关及通道等全面巡视。

备注：

确定　取消

图 3-11　巡视内容

7. 巡视计划如何编制?

答：进入功能菜单：运维检修中心→电网运维检修管理→巡视管理→巡视计划编制（新）。

新建：选择“电站巡视计划”或“线路巡视计划”，点击“新建”弹出“巡视计划编制”窗口，点击“添加设备”，见图 3-12。

注意：新建的巡视计划，巡视类型只有“特殊巡视、夜间巡视、监察巡视”。

“站外巡视范围选择”窗口，线路设备列表选择变电站下的线路，勾选线路名称点击下拉“∨”键，点击“确定”，见图 3-13。

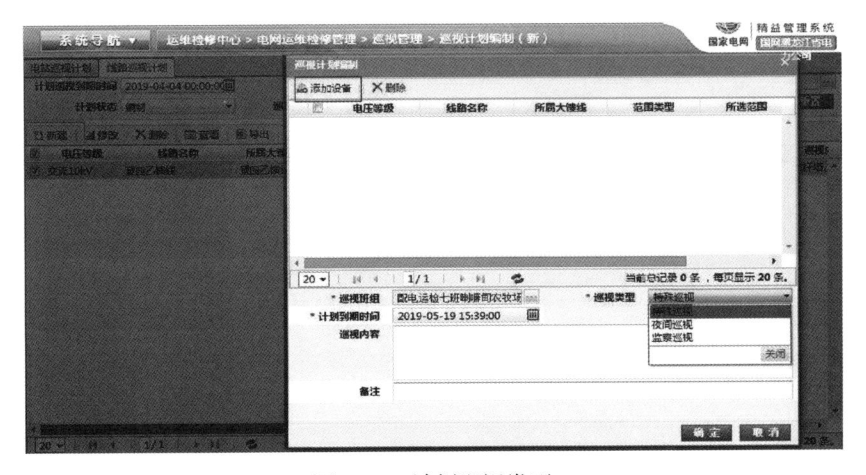

图 3-12　计划巡视类型

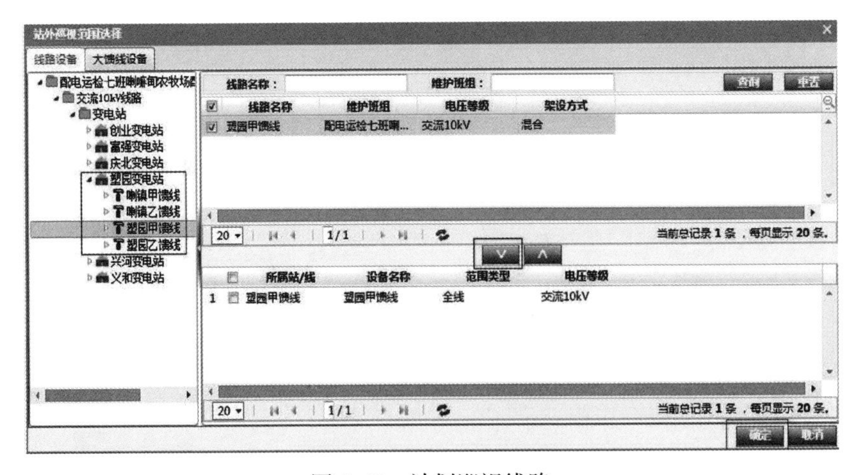

图 3-13　计划巡视线路

巡视计划编制窗口选填“计划到期时间”，填写“巡视内容”，点击“确定”，见图 3–14，生成一条巡视计划。

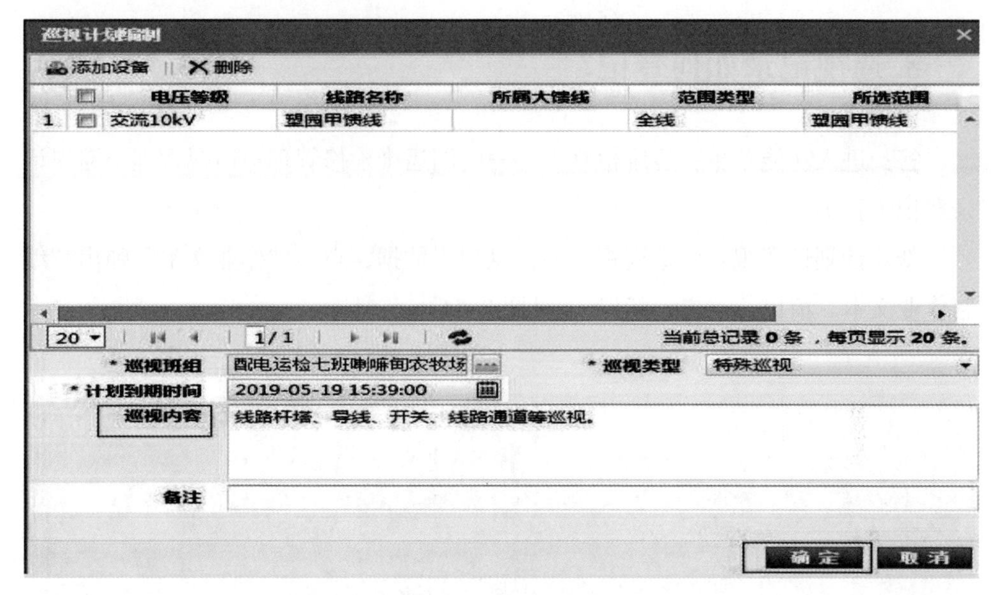

图 3–14　计划巡视内容

流程启动：勾选巡视计划点击“计划发布”，弹出系统提示窗口，点击“确定”，见图 3–15。成功发布 1 条信息，进入下一流程。

图 3–15　发布巡视计划

修改：勾选数据点击“修改”，对编制的巡视计划内容进行修改。

删除：勾选数据点击“删除”，对编制的巡视计划进行删除，巡视周期维护中的对应数据也可删除。

合并：勾选 2 个以上巡视计划，点击“合并”，所选数据合并为 1 条。

取消合并：勾选合并的计划点击“取消合并”，对计划分解。

8. 巡视记录如何登记？

答：进入功能菜单：运维检修中心→电网运维检修管理→巡视管理→巡视记录登记（新）。

新建计划性巡视：勾选巡视计划信息列表数据，点击“作业文本”弹出“编制作业文本”窗口，点击“新建”，见图 3–16。

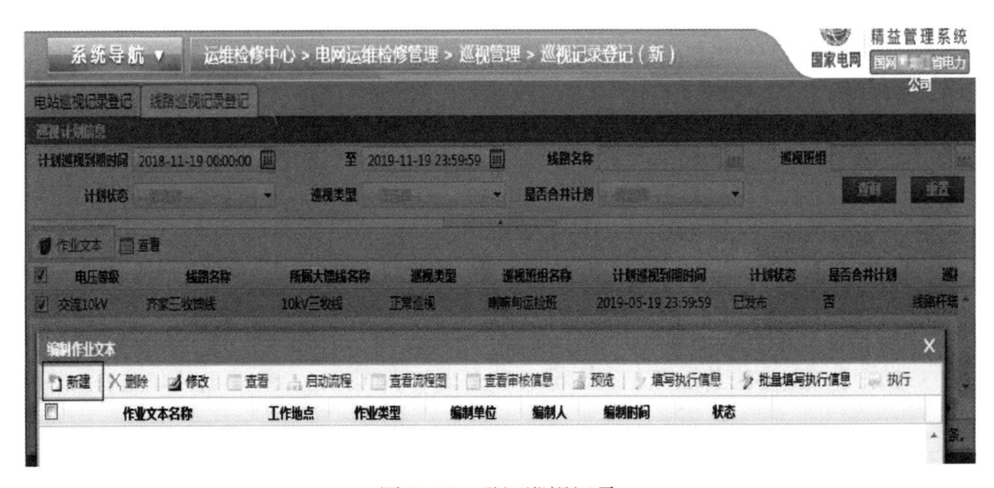

图 3–16　登记巡视记录

作业文本编制窗口，点击“参照历史作业文本”勾选数据点击“确定”，见图 3–17。

作业文本编制途径：参照范本、参照历史作业文本、参照标准库、手工创建。

作业文本详情窗口，填写“负责人”“工作成员”，修改“计划开始时间”“计划结束时间”。点击“保存”，见图 3–18。

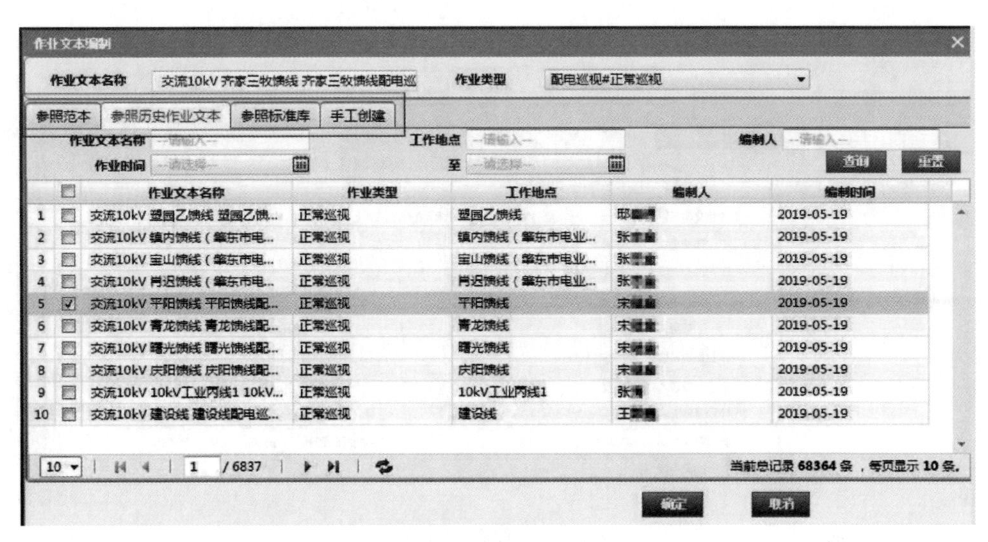

图 3-17　作业文本

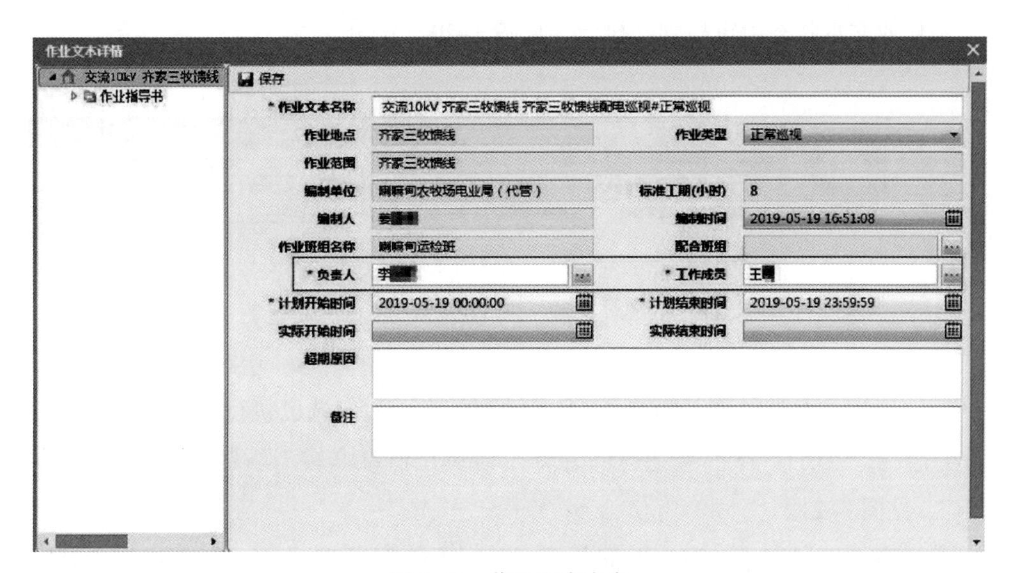

图 3-18　作业文本内容

编制作业文本窗口，勾选审核状态的数据点击“填写执行信息”，弹出“作业文本执行”窗口，填选“实际开始时间”“实际结束时间”，点击“保存”，点击“执行”，见图 3-19。

图 3-19　保存作业文本

作业文本状态由审核到已执行，见图 3-20。

图 3-20　执行作业文本

巡视记录登记（新）窗口，“巡视计划信息”栏勾选已执行的作业文本，点击“巡视记录信息”栏“登记巡视记录”，在弹出窗口填写“巡视结果”，点击“保存”，见图 3-21。

注意：巡视记录的发现时间与登记时间不能超过 72 小时。巡视中发现缺陷的，点击“缺陷登记”进入下个环节。无问题的点击“关闭”结束。

修改：勾选数据点击“修改”，可进行内容修改。

删除：勾选数据点击“删除”，可以清除记录。

归档：勾选数据点击“归档”，对巡视记录进行存档。见图 3-22。

注意：巡视记录如“归档”将无法“修改、删除”。

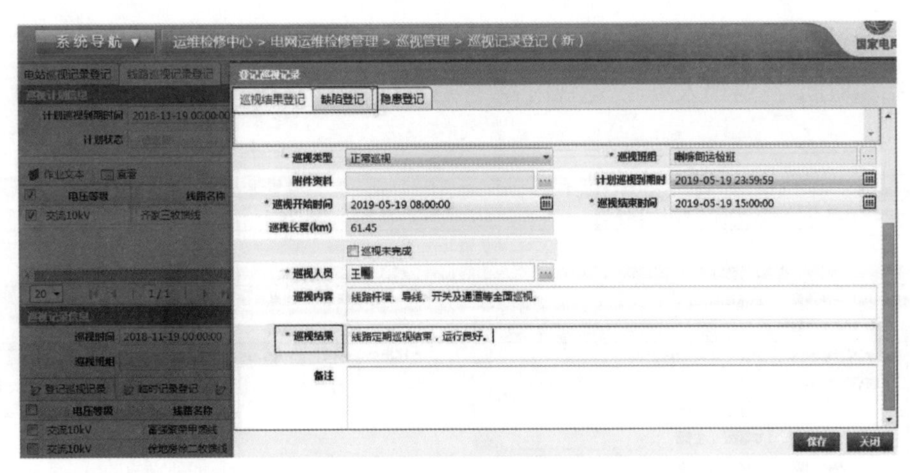

图 3–21　巡视内容

电压等级	线路名称	所属大馈线	巡视类型	巡视班组名称	巡视人员名称	巡视结果
交流10kV	徐地房徐二牧馈线	10kV徐二牧线	正常巡视	喇嘛甸运检班	李■，郝■，	线路巡视结束，.
交流10kV	齐家三牧馈线	10kV三牧线	正常巡视	喇嘛甸运检班	王■	线路定期巡视结

图 3–22　变更巡视记录状态

9. 临时巡视记录如何录入？

答：进入功能菜单：运维检修中心→电网运维检修管理→巡视管理→巡视记录登记（新）。

巡视记录信息列表点击“临时记录登记”，登记临时巡视记录，见图 3–23。

图 3–23　临时记录登记

通过“添加设备”维护巡视范围，巡视结果登记填写“巡视开始时间”“巡视结束时间”“巡视人员”“巡视内容”“巡视结果”。点击“保存”，见图 3-24。

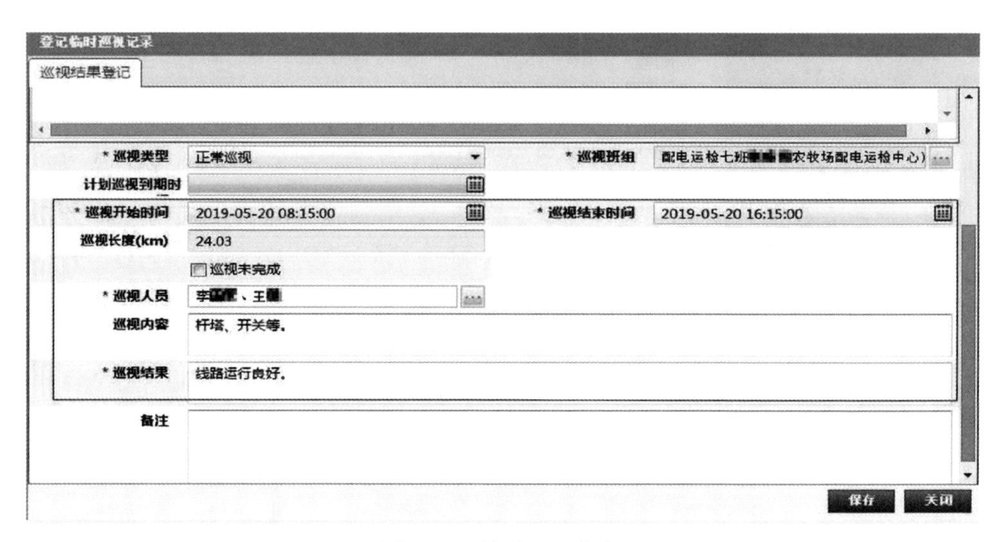

图 3-24　临时记录内容

10. 缺陷如何登记？

答：进入功能菜单：运维检修中心→电网运维检修管理→缺陷管理→缺陷登记。

线路巡视中发现缺陷的，可在“巡视记录登记”中登记缺陷。缺陷可新建，但是无缺陷来源。点击“新建”，弹出缺陷登记窗口，见图 3-25。

图 3-25　缺陷登记

缺陷登记窗口，填写设备定位信息（缺陷设备、部件）、设备发现信息（发现日期、发现方式）、缺陷描述信息，点击“确认”生成缺陷，见图 3–26。

注意：缺陷登记时间不能超过发现缺陷时间 72 小时。缺陷描述信息缺陷性质为一般、严重、危急。严重、危急缺陷需尽快处理。

缺陷登记

缺陷定位信息

* 缺陷编号	QX20190520046	* 缺陷设备	塑园乙线胜利分线064	设备双重名称	
* 站线类型	线路	电站/线路	塑园乙馈线	电压等级	交流10kV
* 设备类型	杆塔	设备种类		设备型号	水泥杆15米
部件	绝缘子	部件种类			
生产厂家	[illegible]北票杆塔厂	投运日期	2001-12-30		
典型特征		汇报调度情况		汇报监控情况	

调度发送信息

是否发送调度

缺陷发现信息

* 发现方式	人工巡视	* 发现人	邸[illegible]		
* 发现日期	2019-05-20 11:30:06	* 发现班组	配电运检七班[illegible]农牧场	* 发现人单位	国网[illegible]供电公司
登记时间	2019-05-20 18:30:06	登记人	邸[illegible]		

缺陷描述信息

缺陷部位	绝缘子	* 缺陷描述:	固定不牢固

导出 打印 确认 取消

图 3–26 缺陷内容

“缺陷登记”窗口查询到所有缺陷，此时可对缺陷修改、删除处理。对无异议的缺陷，勾选并点击“启动流程”，进入下一步环节，见图 3–27。

中心 > 电网运维检修管理 > 缺陷管理 > 缺陷登记

缺陷状态	缺陷登记	电压等级	--请选择--	设备类型	--请选择--	家族缺陷
缺陷性质	--请选择--	已消缺	--请选择--	发现班组	--请选择--	发现方式
发现日期	2019-04-20	至	2019-05-20	生产厂家	--请输入--	缺陷设备
站线类型	--请选择--	电站/线路	--请输入--	所属大馈线	--请输入--	查询

新建 修改 删除 查看 启动流程 查看流程图 导出 运检退回 发送至TMS

缺陷编号	发现日期	缺陷状态	当前处理人	电站/线路	缺陷设备	
QX20190520046	2019-05-20 11:30:06	缺陷登记		塑园乙馈线	塑园乙线胜利分线...	塑园乙馈线塑园乙

图 3–27 流程推送下一步

缺陷流程进入班组审核环节，选择班组审核人，点击“确定”，见图 3–28。

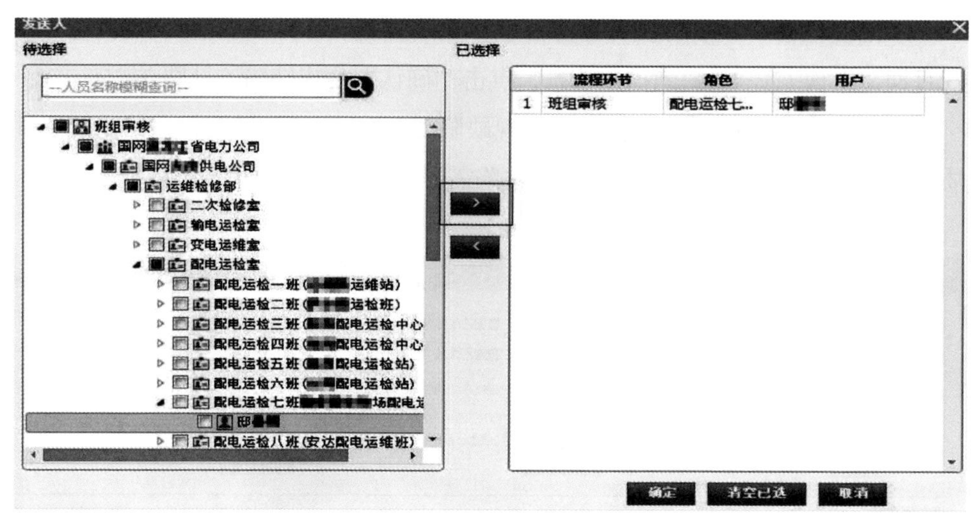

图 3-28　发送班组审核

登录班组审核人员账号，待办流程中查找待办任务，点击进入，见图 3-29。

图 3-29　班组审核人员登录

班组审核人填写“审核意见”，点击“发送”。如点击“退回”可将此缺陷返回到上一环节，见图 3-30。

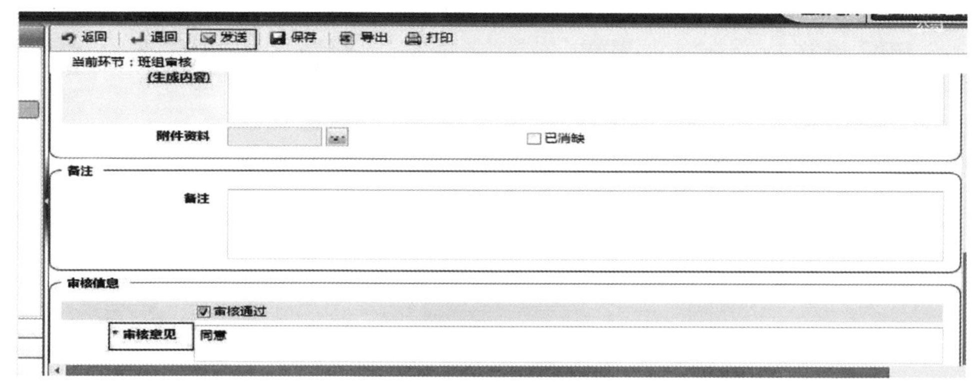

图 3-30　审核意见

选择检修专责，点击“确定”，见图 3–31。

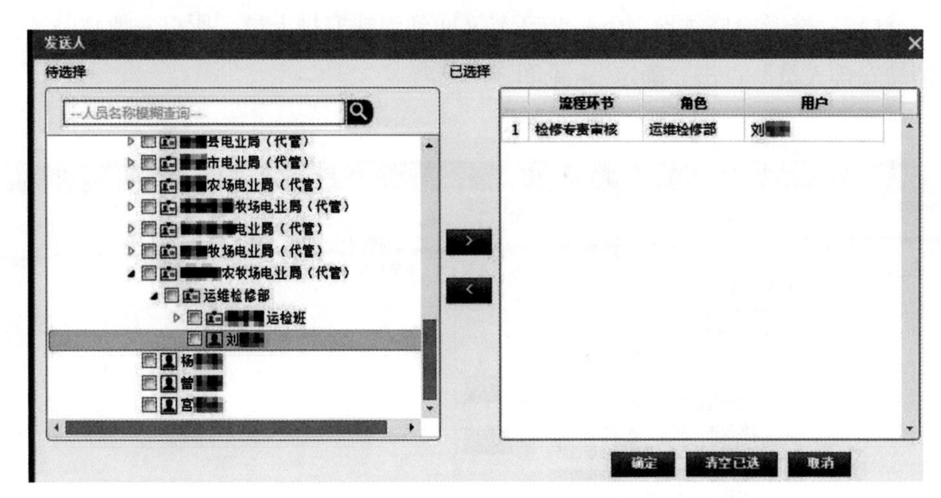

图 3–31　发送检修专责审核

登录检修专责人员账号，待办流程中查找待办任务，点击进入，见图 3–32。

图 3–32　检修专责登录

检修专责填写“审核意见”，点击“发送”。如点击“退回”可将此缺陷返回到上一环节，见图 3–33。

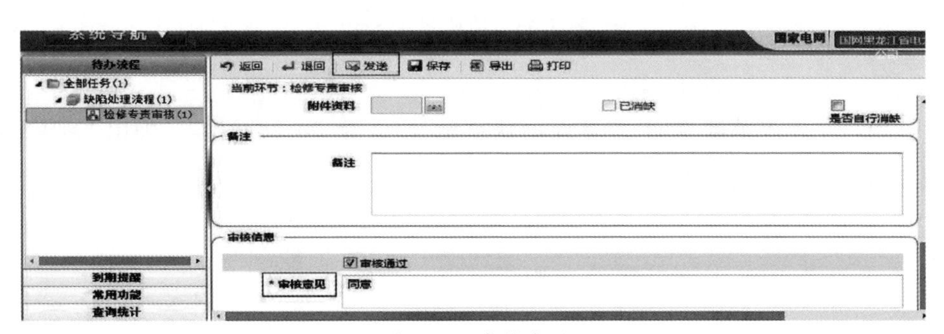

图 3–33　审核意见

弹出发送人窗口，选择检修领导或选择消缺安排人员。

注意：选择检修领导，下一步环节又回到消缺安排人员。所以一般缺陷选择“消缺安排人员”点击“确定”，见图 3–34。

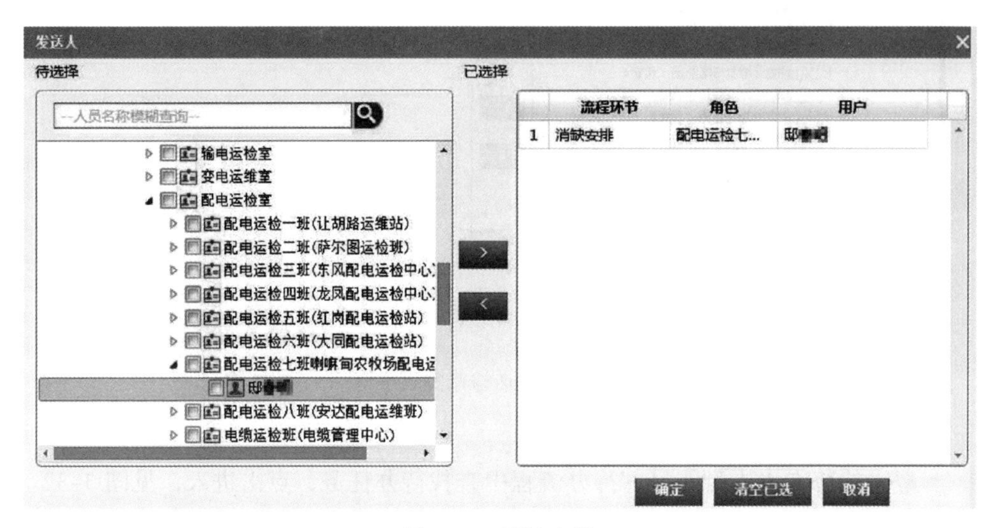

图 3–34 消缺安排

消缺人员登录系统，打开待办流程进入消缺安排审批环节，见图 3–35。

图 3–35 消缺人员登录

填写“建议消缺日期”“建议消缺意见”，点击“消缺安排”，弹出“缺陷入池成功”提示，见图 3–36。

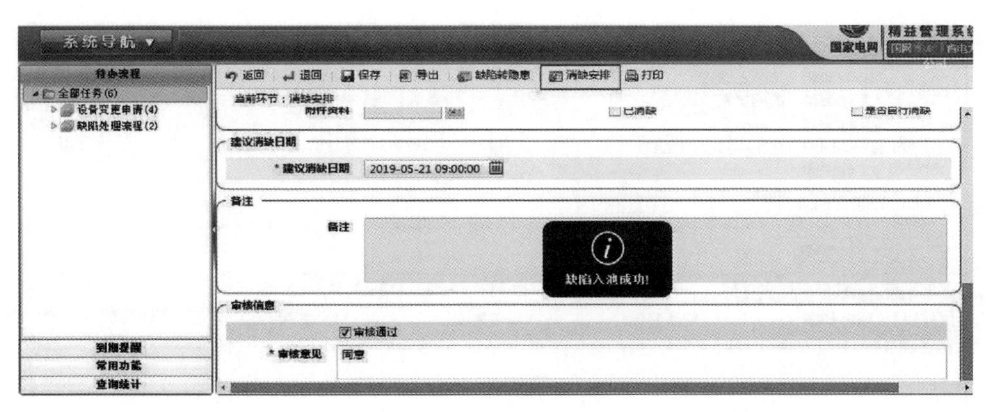

图 3-36 消缺任务入池

11. 任务池如何新建?

答：进入功能菜单：运维检修中心→电网运维检修管理→任务池管理→任务池新建。

通过“任务来源”选项查询任务，也可新建任务。点击“新建”弹出新建任务窗口，见图 3-37。

图 3-37 任务来源

新建任务窗口点击“新建”，选择任务“电站 / 线路”，在新建任务窗口填写“任务等级”“工作类型”“是否停电”“计划开始时间”“计划结束时间”“工作内容”项，选填“工作班组”“检修分类”项。勾选任务依次点击“修改作业类型”“修改设备状态”“设为主设备”。点击“保存”。“是否停电”与“检修分类”对应，见图 3-38。

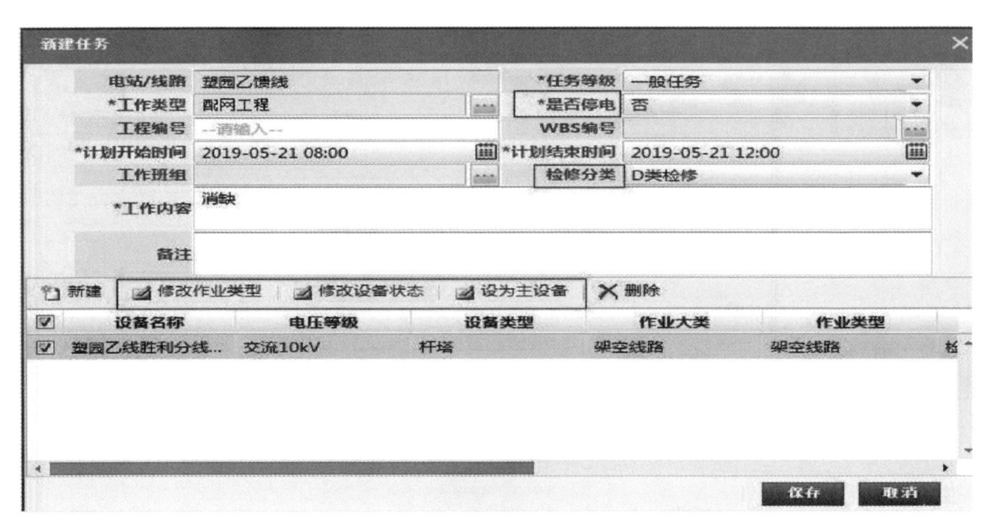

图 3-38　新建临时任务

12. 月度检修计划如何编制?

答：进入功能菜单：运维检修中心→电网运维检修管理→检修管理→月度检修计划编制（新）。

检修计划为年计划、月计划、周计划。这里以月计划、周计划为主。

月度检修计划编制来自任务池或新建。月度计划来源任务，勾选任务点击“新建”，弹出计划新建窗口，见图 3-39。

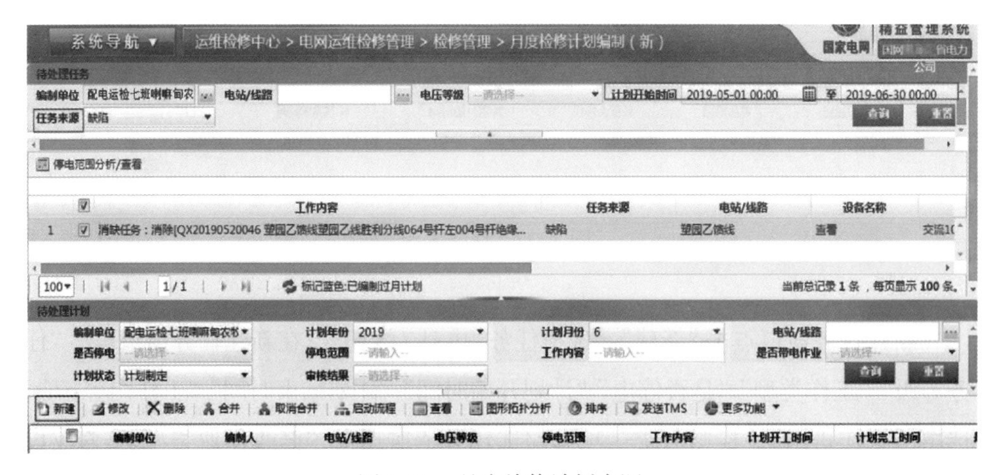

图 3-39　月度检修计划来源

计划新建窗口自动导出任务信息和检修设备，点击“保存”，见图 3-40。

注意：检修设备列表中“更多功能”项，“修改设备状态”和“修改设备上次停电时间”。“任务追加”可添加任务，“添加设备”可添加检修设备。

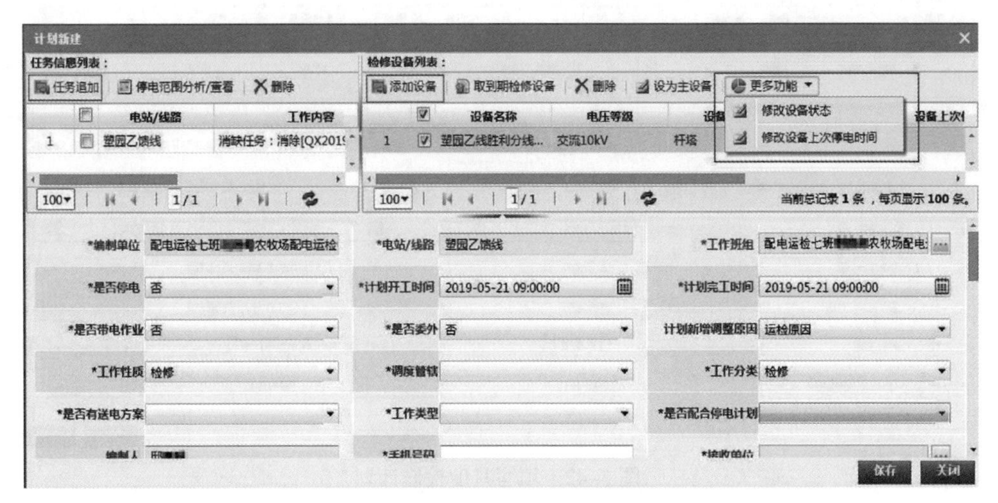

图 3-40　月度检修计划内容

点击“新建”弹出提示框，点击“确定”开始新建月度检修计划，见图 3-41。

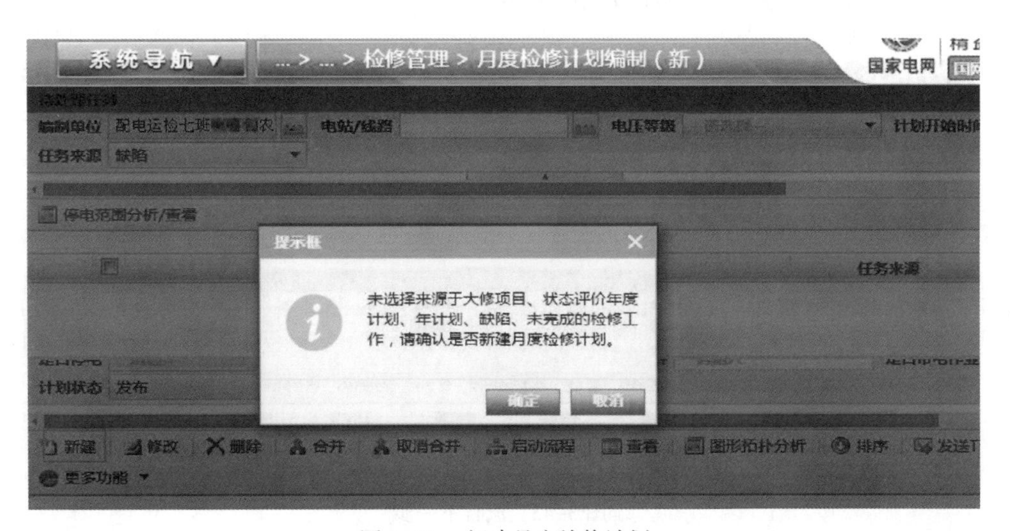

图 3-41　新建月度检修计划

弹出计划新建窗口，点击“添加设备”选择任务线路 / 设备。填写“工作内容”，填选“是否停电”“计划开工时间”“计划完工时间”，点击“保存”，见图 3–42。

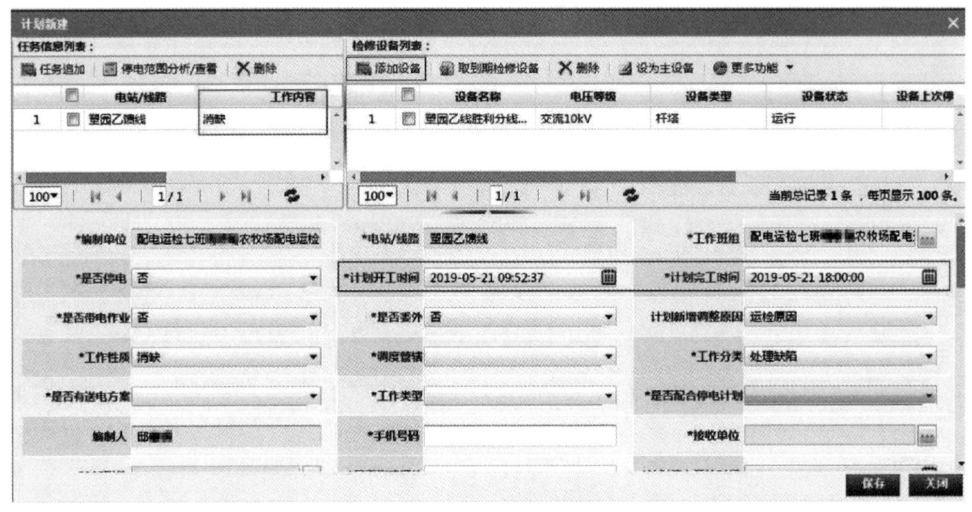

图 3–42　填写月度检修计划

对新生成的月度检修计划可以修改、删除。可以将多个月度检修合并为 1 条计划。

计划新建时，选择是 / 否停电，流程不同。勾选月度检修计划（不停电）点击“启动流程”，进入下一环节，见图 3–43。

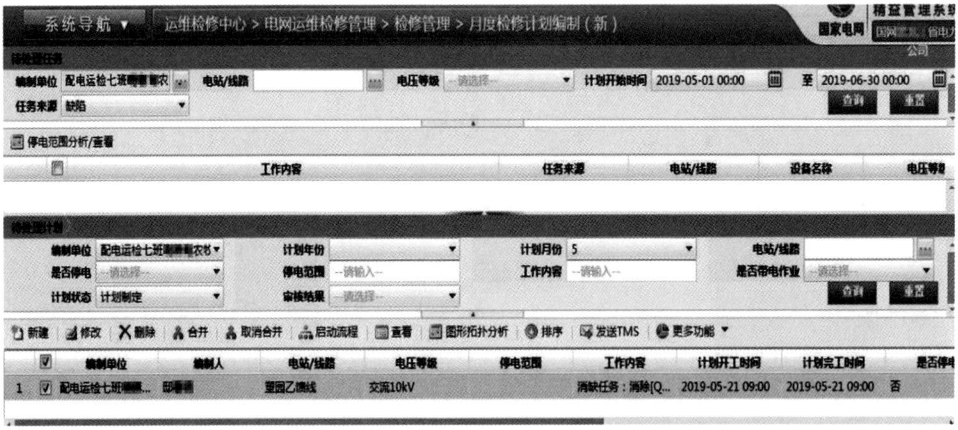

图 3–43　流程下一步

弹出计划选人员窗口，选择运检计划专责点击“确定”，见图 3–44。

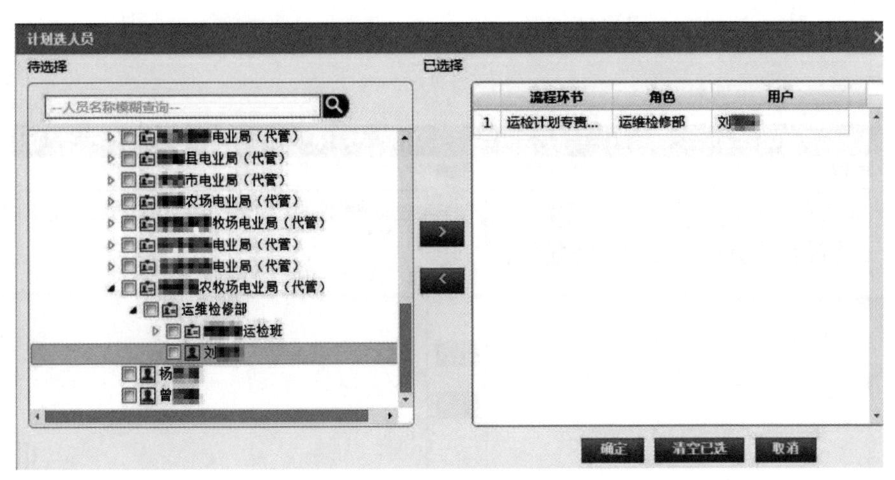

图 3–44　运检计划专责审核

运检计划专责账号登录，待办流程点击进入，见图 3–45。

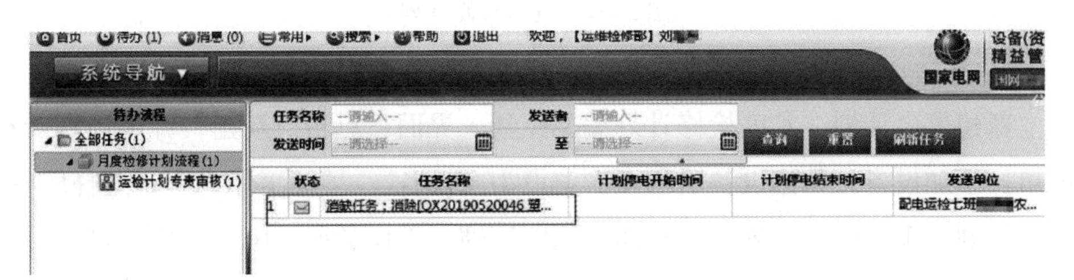

图 3–45　专责进入

弹出审核窗口，填写“审核意见”，点击“发送”，见图 3–46。

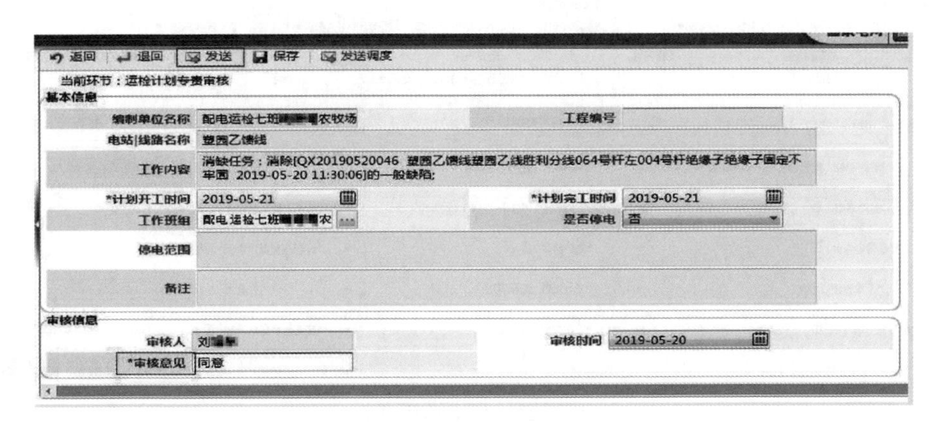

图 3–46　填写意见

弹出窗口点击发布，点击“确定”，见图 3-47。

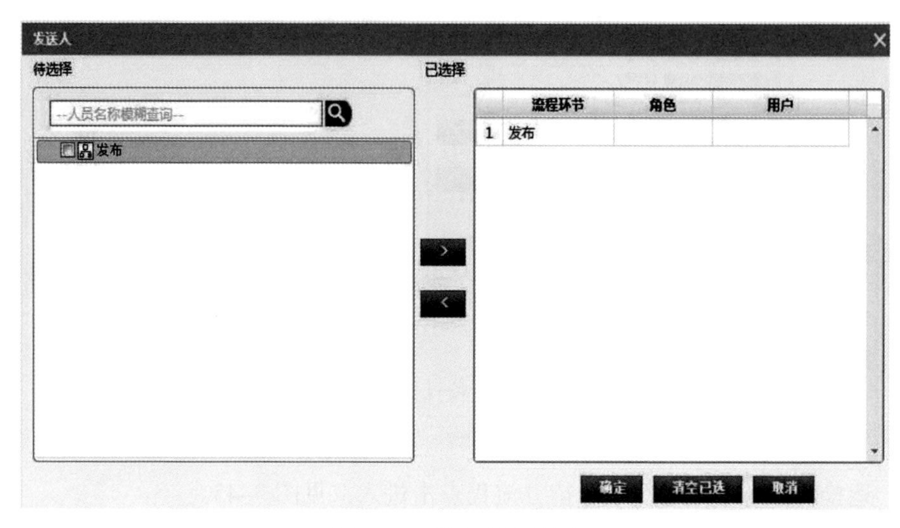

图 3-47　发布检修计划

新建停电计划。月度检修计划编制（新）界面，点击“新建”弹出计划新建窗口。添加设备，勾选设备名称点击“设为主设备”。填写工作内容，选择停电，填写计划开工时间、计划完工时间、调度管辖、工作类型、电话号码，复役要求等项。点击“保存”生成 1 条停电计划，见图 3-48。

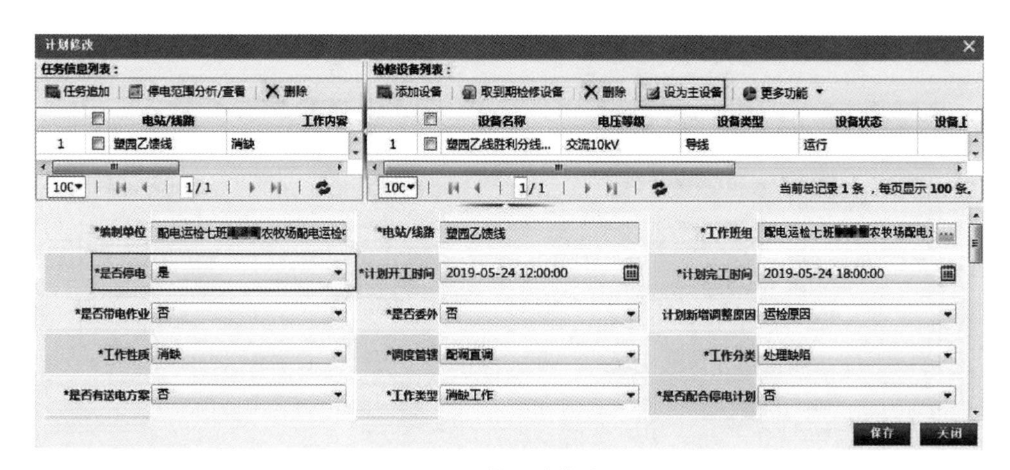

图 3-48　停电检修计划

勾选停电的月度检修计划点击“启动流程”，弹出计划选人员窗口，选择“停电计划专责”点击“确定”，见图 3–49。进入审核流程。

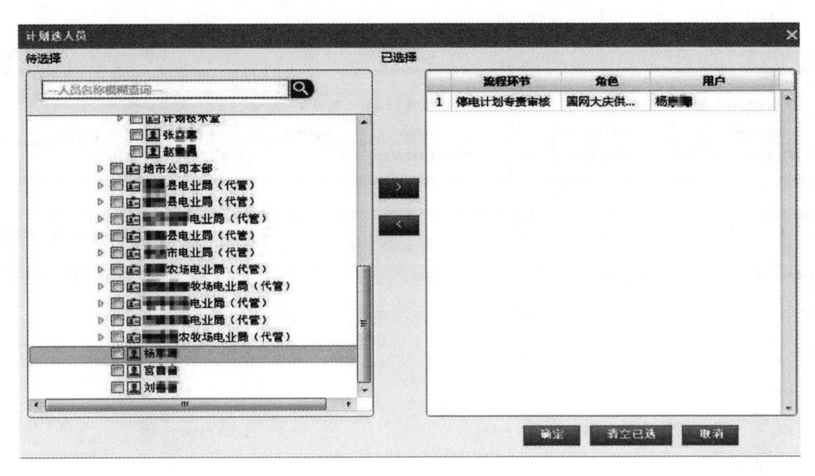

图 3–49　停电专责审核

13. 周检修计划如何编制？

答：进入功能菜单：运维检修中心→电网运维检修管理→检修管理→周检修计划编制（新）。

周检修计划编制来自任务池或新建。任务来源常用缺陷、临时任务、月计划。见图 3–50，周计划来源任务，勾选任务点击“新建”，弹出计划新建窗口。

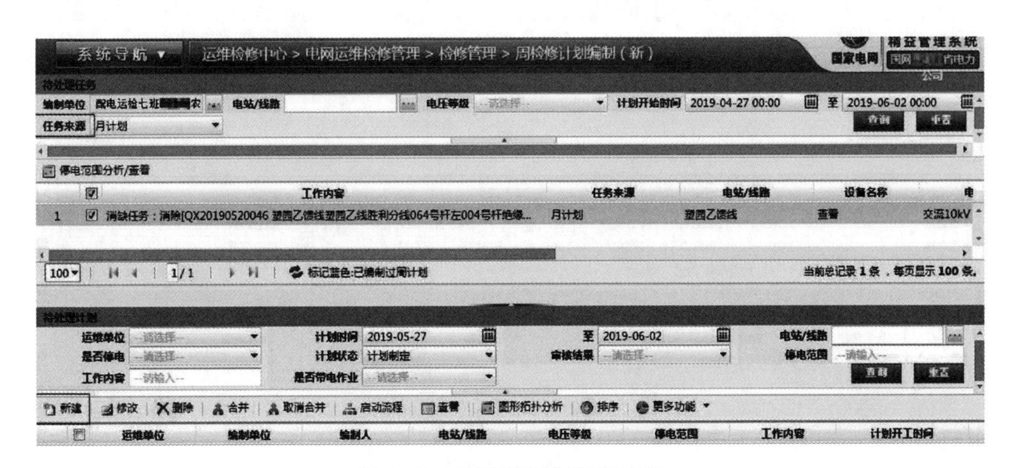

图 3–50　周检修计划任务来源

计划新建窗口，系统自动导出各项。可“添加设备”“任务追加”，点击“保存”生成 1 条周检修计划，见图 3–51。

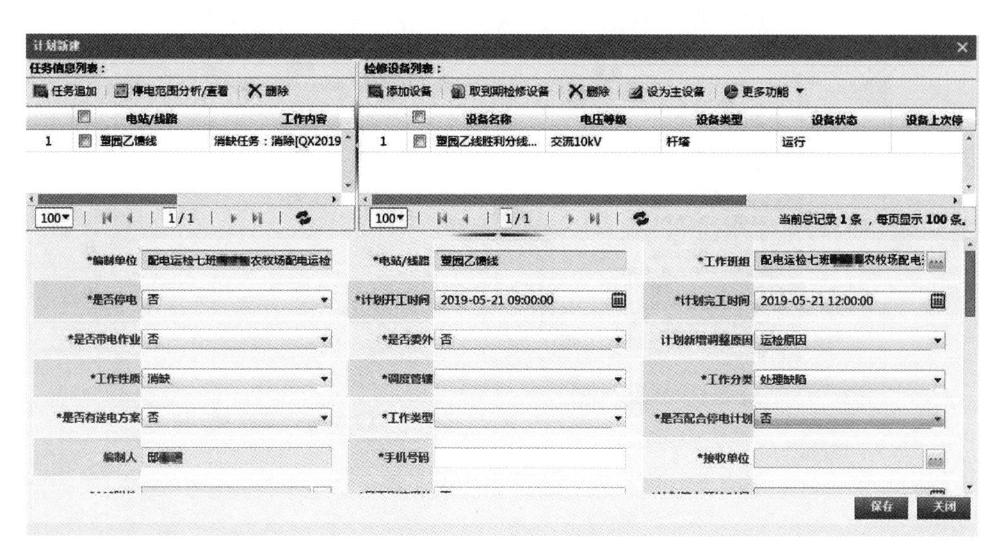

图 3–51　检修计划内容

新生成的周检修计划，可修改、删除。勾选“周检修计划”，点击“启动流程”进入下一环节，见图 3–52。

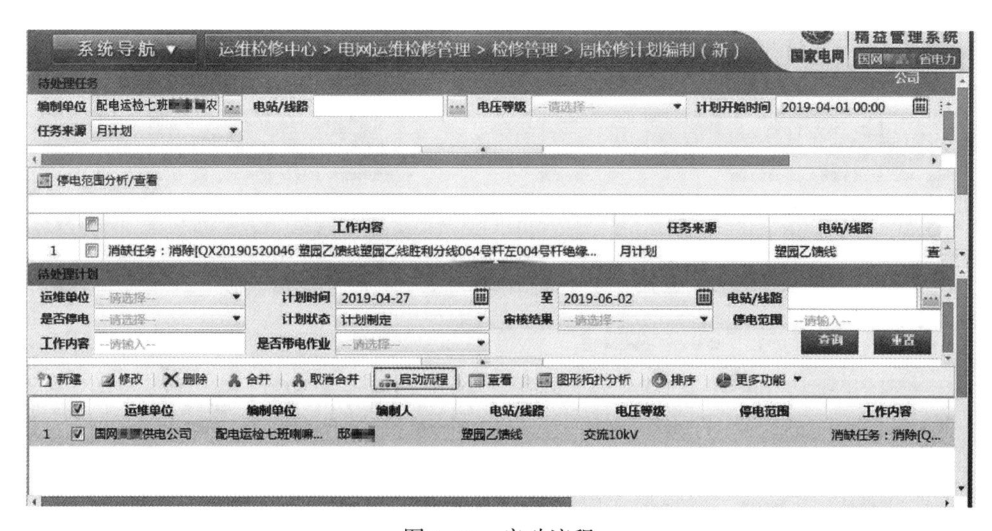

图 3–52　启动流程

弹出计划选人员窗口，点击发布，点击“确定”，见图 3–53。

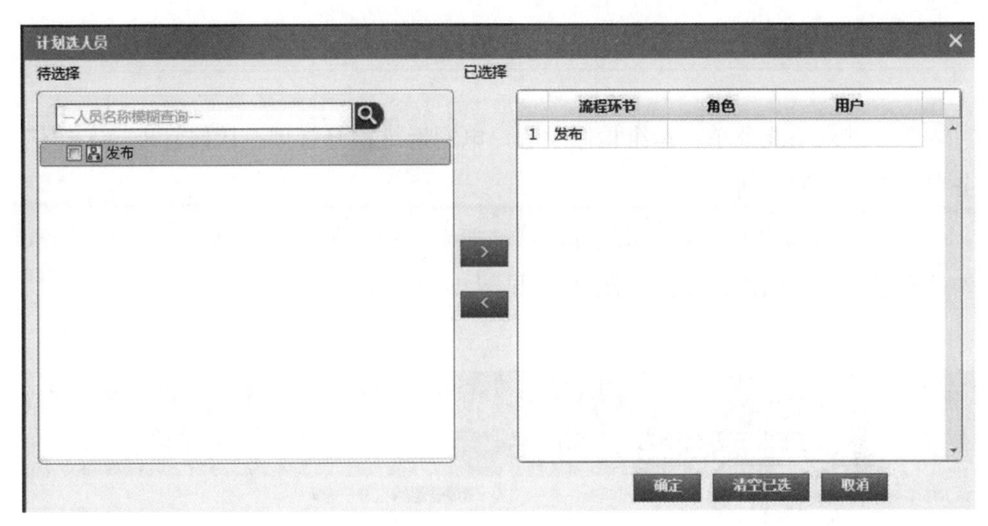

图 3–53　计划发布

弹出计划新建窗口，点击“添加设备”选择任务线路 / 设备。填写“工作内容”，填选“是否停电”“计划开工时间”“计划完工时间”，点击“保存”，见图 3–54。

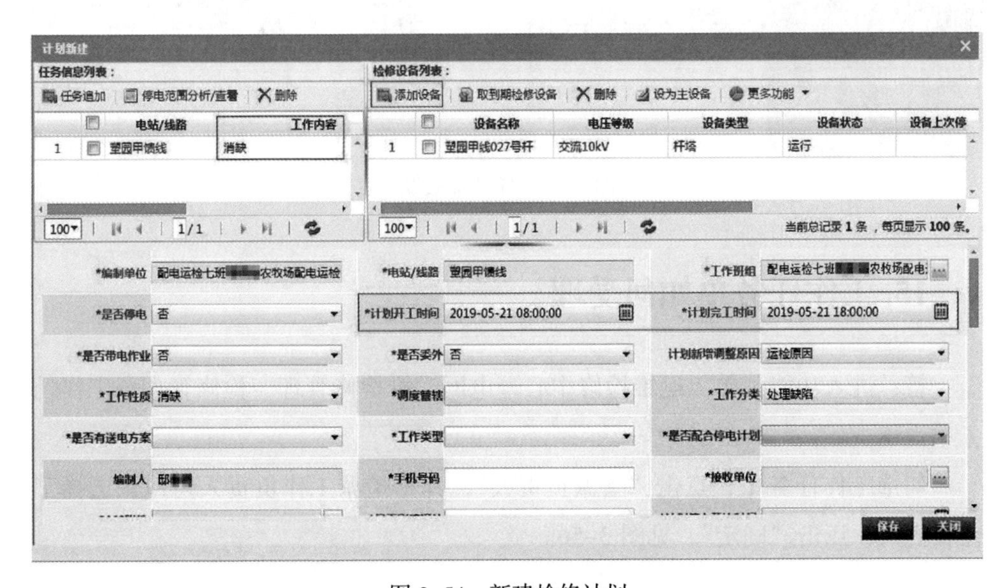

图 3–54　新建检修计划

注意：周检修停电计划与月度检修停电计划流程相同。

14. 工作任务单编制及派发如何进行?

答：进入功能菜单：运维检修中心→电网运维检修管理→检修管理→工作任务单编制及派发（新）。

新建：勾选检修计划点击“新建”，弹出工作任务单编制窗口。勾选任务、勾选班组移至右侧栏，点击“保存”，见图 3–55。

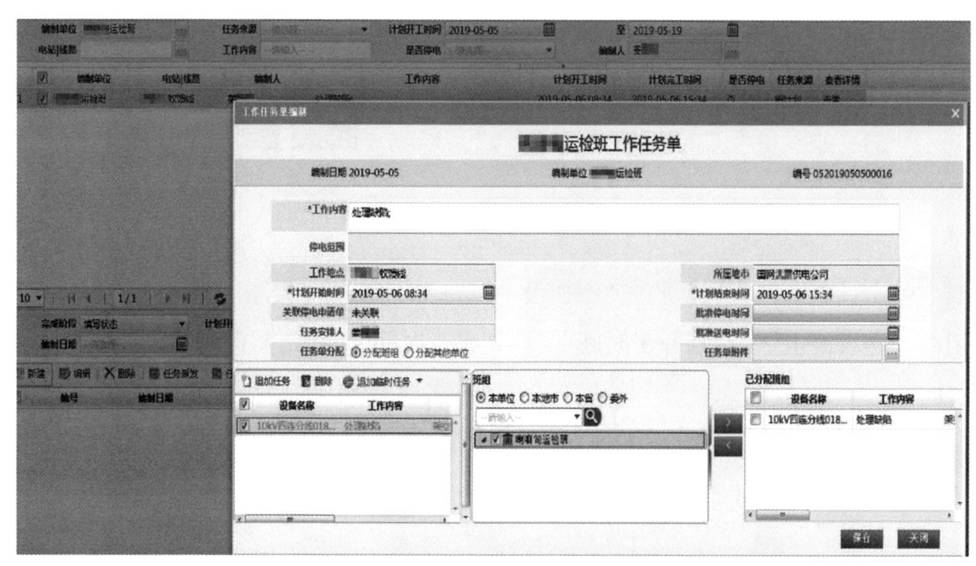

图 3–55　任务单派发

15. 工作任务单如何受理?

答：进入功能菜单：运维检修中心→电网运维检修管理→检修管理→工作任务单受理。

勾选工作任务单，点击“指派负责人”，弹出指派工作负责人窗口，选择工作负责人，点击“确定”，见图 3–56。

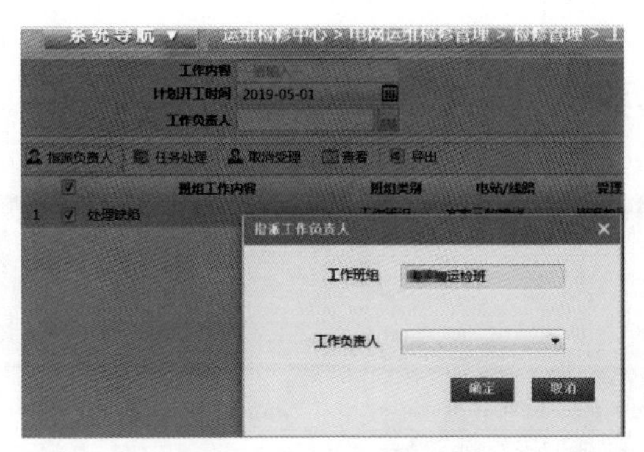

图 3–56　指派工作负责人

弹出提示框点击“确定”将此条任务派发到负责人班组，见图 3–57。

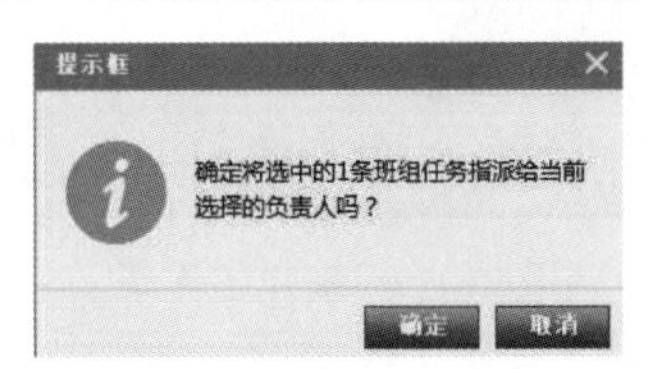

图 3–57　任务派发班组

任务处理：点击“任务处理”弹出任务处理窗口，缺陷处理、计划性检修、临时性检修在此窗口完成，见图 3–58。

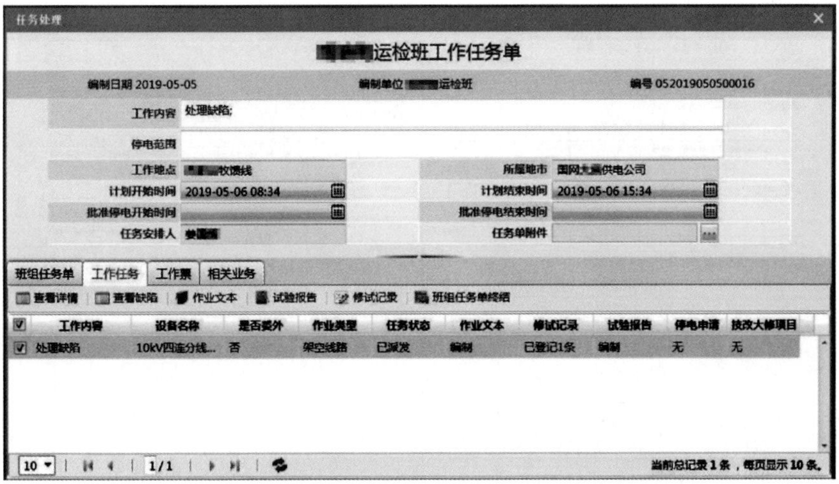

工作内容	设备名称	是否委外	作业类型	任务状态	作业文本	修试记录	试验报告	停电申请	技改大修项目
处理缺陷	10kV四连分线...	否	架空线路	已派发	编制	已登记1条	编制	无	无

图 3–58　任务单受理

工作票：任务处理窗口工作票，点击“新建”，在弹出窗口填选各项，点击“确定”，见图 3-59。

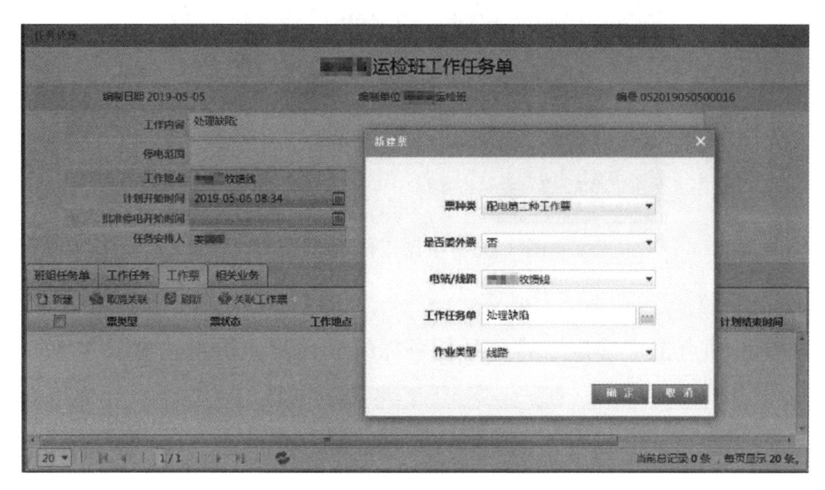

图 3-59 新建工作票

工作票填写流程：工作负责人填写“单位、编号”，填写到第 5 项，“保存”工作票。“启动流程”发送到工作票签发人，工作票签发人登录工作票，填写签发时间后发回工作负责人。工作负责人填见收票时间。工作许可人填写许可时间，工作负责人完工。工作票填写完点击“保存”，点击“启动流程”发布结束，见图 3-60。

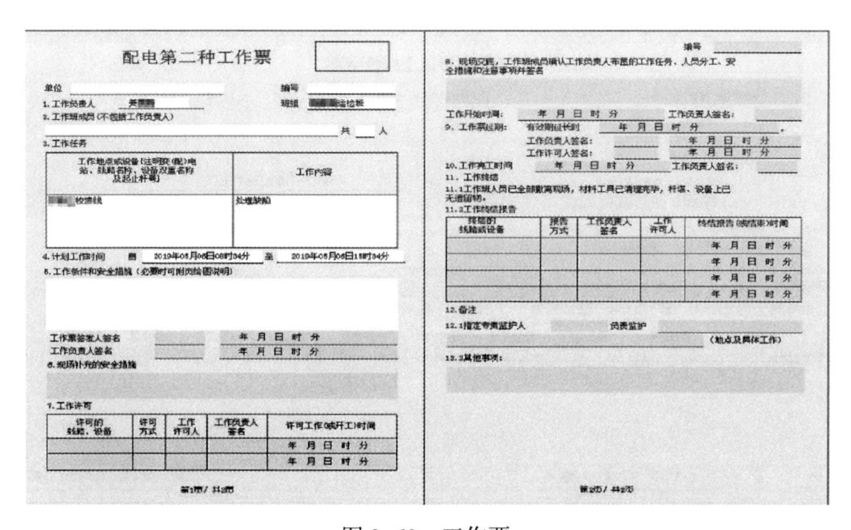

配电第二种工作票

单位　　　　编号

1. 工作负责人　　　　班组　　运检班

2. 工作班成员（不包括工作负责人）

　　共　　人

3. 工作任务

工作地点或设备〔注明变（配）电站、线路名称、设备双重名称及起止杆号〕	工作内容
牧德线	处理缺陷

4. 计划工作时间　自　2019年05月06日08时34分　至　2019年05月06日15时34分

5. 工作条件和安全措施（必要时可附页绘图说明）

工作票签发人签名　　　　年 月 日 时 分

工作负责人签名　　　　年 月 日 时 分

6. 现场补充的安全措施

7. 工作许可

许可的线路、设备	许可方式	工作许可人	工作负责人签名	许可工作（或开工）时间
				年 月 日 时 分
				年 月 日 时 分

第1页/共2页

编号

8. 现场交底，工作班成员确认工作负责人布置的工作任务、人员分工、安全措施和注意事项并签名

工作开始时间：　年 月 日 时 分　　工作负责人签名：

9. 工作票延期：　有效期延长到　年 月 日 时 分。

工作负责人签名：　　　　年 月 日 时 分

工作许可人签名：　　　　年 月 日 时 分

10. 工作完工时间　年 月 日 时 分　　工作负责人签名：

11. 工作终结

11.1 工作班人员已全部撤离现场，材料工具已清理完毕，杆塔、设备上已无遗留物。

11.2 工作终结报告

终结的线路或设备	报告方式	工作负责人签名	工作许可人	终结报告（或结束）时间
				年 月 日 时 分
				年 月 日 时 分
				年 月 日 时 分
				年 月 日 时 分

12. 备注

12.1 指定专责监护人　　　　负责监护

　　（地点及具体工作）

12.2 其他事项：

第2页/共2页

图 3-60 工作票

小组任务单：打开工作票点击“建附票”，选择票种类，填写票名称，点击“确定”，见图 3-61。

系统导航
运维检修中心 > 电网运维检修管理 > 检修管理 > 工作任务单受理
建附票
删除
保存
启动流程
查看工作任务单
现场勘察记录
打印
关闭
查看关联分附票
上传/查看附件
配电第二种工作票
新建分票/附票
票种类 配电工作任务单
票名称
确 定
取 消

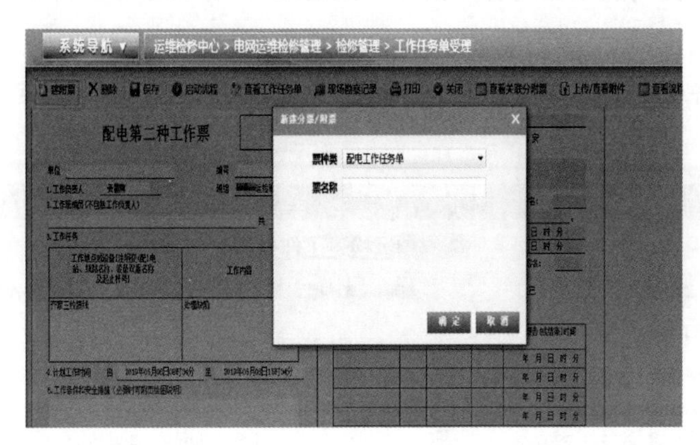

图 3-61 小组任务单

现场勘查单：打开工作票点击“现场勘查记录”，填写信息点击“保存并启动”，见图 3-62。

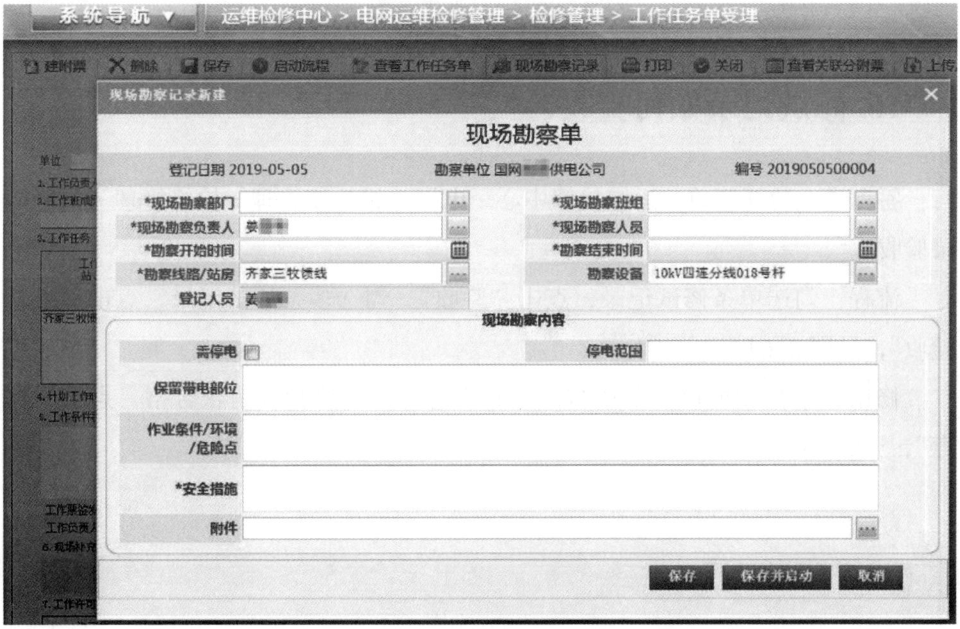

系统导航
运维检修中心 > 电网运维检修管理 > 检修管理 > 工作任务单受理
建附票
删除
保存
启动流程
查看工作任务单
现场勘察记录
打印
关闭
查看关联分附票
上传
现场勘察记录新建
现场勘察单
登记日期 2019-05-05
勘察单位 国网 供电公司
编号 2019050500004
*现场勘察部门
*现场勘察班组
*现场勘察负责人 姜
*现场勘察人员
*勘察开始时间
*勘察结束时间
*勘察线路/站房 齐家三牧镇线
勘察设备 10kV四连分线018号杆
登记人员 姜
现场勘察内容
需停电
停电范围
保留带电部位
作业条件/环境/危险点
*安全措施
附件
保存
保存并启动
取消

图 3-62 现场勘查单

作业文本：勾选工作内容点击“作业文本”，进行编制、审核、执行。

试验报告：勾选工作内容点击“试验报告”，对处理设备进行试验。

修试记录：勾选工作内容点击“修试记录”，对处理信息填写，点击“保存并上报验收”。

班组任务单终结：点击“班组任务单终结”，工作任务处理结束，见图 3-63。

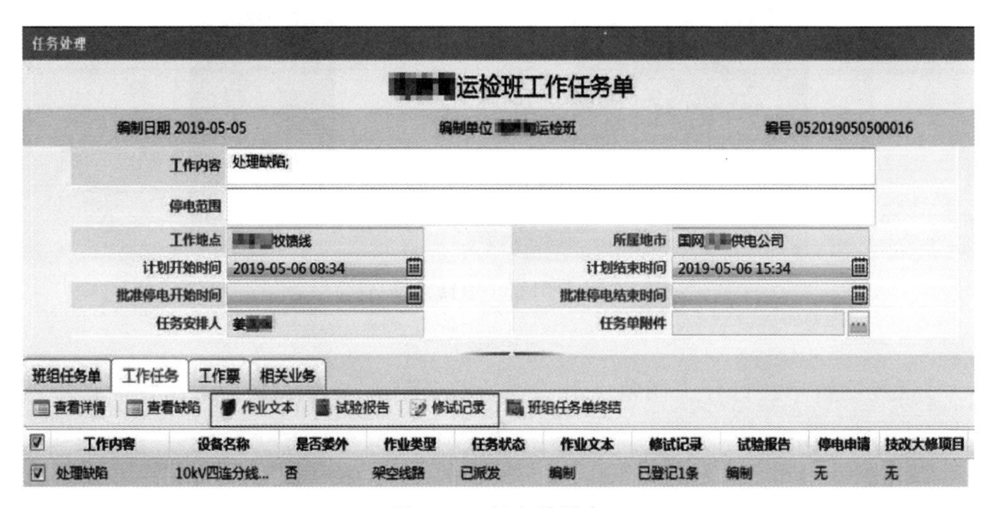

图 3-63　任务单结束

16. 修试记录如何验收?

答：进入功能菜单：运维检修中心→电网运维检修管理→检修管理→修试记录验收。

流程：勾选单条修试记录，点击“验收”。勾选多条修试记录，点击“批量验收”，见图 3-64。

修试记录验收窗口，填写结论、验收意见，勾选验收是否合格，点击“保存”，见图 3-65。

图 3-64　登记修饰记录

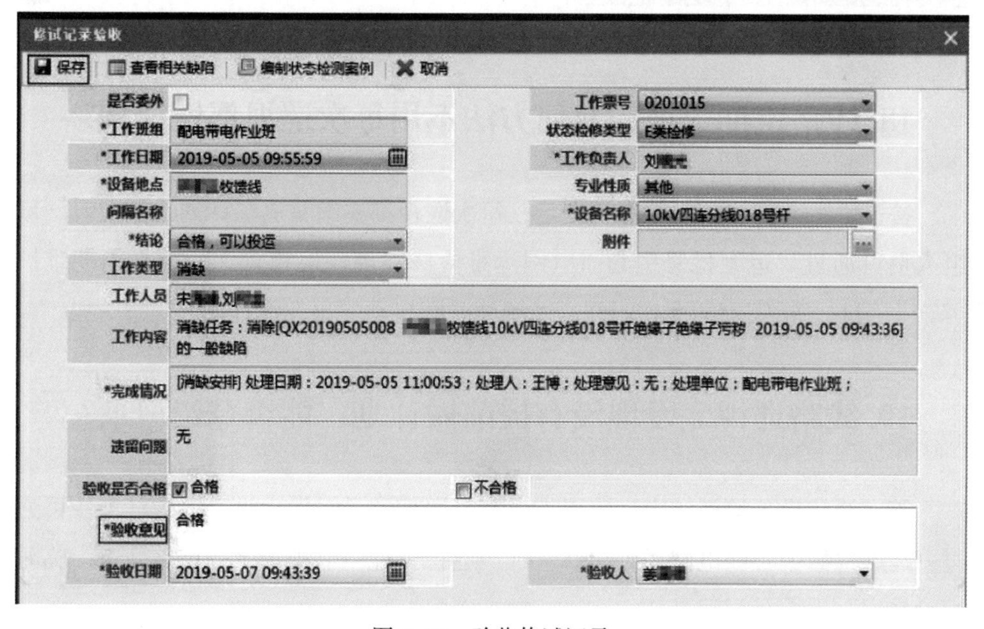

图 3-65　验收修试记录

17. 巡视登记、缺陷登记、添加设备时为何无法选取到线路？

答：无法选取到线路原因为线路台账的专业班组未维护导致。图 3-66 为塑园乙馈线专业班组维护。

班组人员登录设备台账维护，找到需要维护线路界面，点击“专业班组”，弹出线路专业班组配置窗口，填写班组名称。

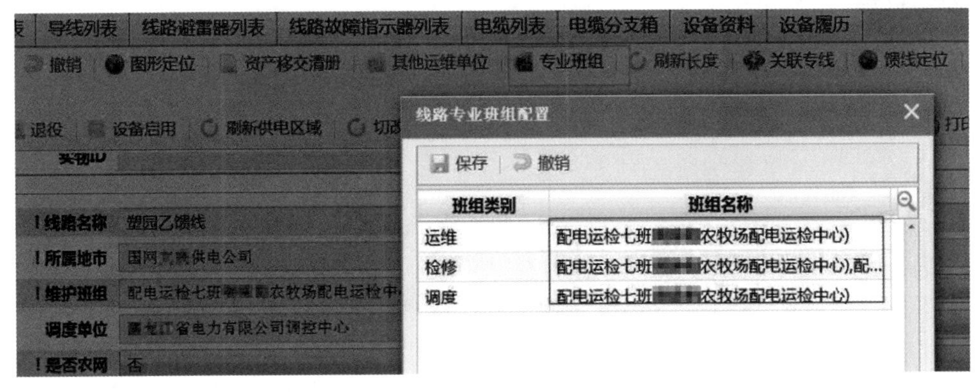

图 3-66　专业班组维护

18. 线路定期巡视，有何方法不用每次巡视都做计划?

答：班组人员线路定期巡视登记，每次巡视都要编写巡视计划比较费时。班组人员可通过“运维检修中心→电网运维检修管理→巡视管理→巡视周期维护（新）”编制，指定定期巡视时间，系统到时间自动导出巡视计划。

19. 线路巡视完发现没有提前做计划，能否登记记录?

答：线路设备巡视结束，班组人员登记巡视记录时发现没有巡视计划。可通过“运维检修中心→电网运维检修管理→巡视管理→巡视记录登记（新）→临时记录登记”进行登记记录。

20. 为何班组人员线路定期巡视后，业务数据查询时不合格?

答：巡视周期编制完成，巡视计划时间固定了。班组人员“巡视记录登记”操作时间超过“巡视计划”设定时间 72 小时，系统数据应用查询提示巡视超期。

登记巡视记录时发现时间超过计划 72 小时，可改为临时巡视登记。

21. 进行缺陷登记后，业务数据录入为何提示不合格？

答：缺陷登记录入数据不合格：①为缺陷发现时间与缺陷录入系统时间超过 72 小时。②缺陷描述填写时，缺陷性质填写与处理缺陷时间超时。缺陷性质：一般、严重、危急。处理危急不过日，严重不过周、一般不过月。

22. 检修计划编制完成，能否添加检修任务或检修设备？

答：打开制定状态的检修计划，在任务信息列表点击“任务追加”，检修设备列表点击“添加设备”。

23. 如何修改设备上次停电时间？

答：进入检修计划，在检修设备列表中点击“更多功能”。弹出修改设备上次停电时间选项，点击进入进行时间修改。

24. 如何修改设备检修状态？

答：进入检修计划，在检修设备列表中点击“更多功能”。弹出修改设备状态选项，点击进行修改。

25. 工作任务受理后，检修计划时间有变化时处理步骤有哪些？

答：第 1 步：任务处理环节：选中任务点击“取消受理”。

第 2 步：工作任务单编制及派发（新）环节：完成阶段（执行状态），勾选任务点击“任务取消”，填写取消原因。

第 3 步：周检修计划编制（新）环节：计划状态（发布），勾选此任务计划点击“更多功能”。

选择变更计划：填写新的计划任务。选择取消计划：任务回到任务池。

26. 什么是带电作业，PMS2.0 中带电作业管理包括哪些内容？

答：带电作业是指对高压电气设备及设施进行不停电作业。带电作业是避免检修停电，保证正常供电的有效措施。主要项目有带电更换线路杆塔绝缘子、清扫绝缘子、水冲洗绝缘子、压接修补导线和架空地线、带电更换线路金具、检测不良绝缘子等。

27. 带电作业管理中，如何进行人员资质维护？

答：功能说明：提供人员资质信息维护的功能，主要包含人员资质信息新建、修改、提交审核、删除和导出等功能。

功能菜单：系统导航→运维检修中心→电网运维检修管理→带电作业管理→人员资质维护。

操作步骤：

（1）新建：在工具栏上点击“新建”按钮，系统弹出新建人员资质记录对话框，填写相关的人员资质信息后，点“确定”，则新建人员资质成功，见图 3–67。

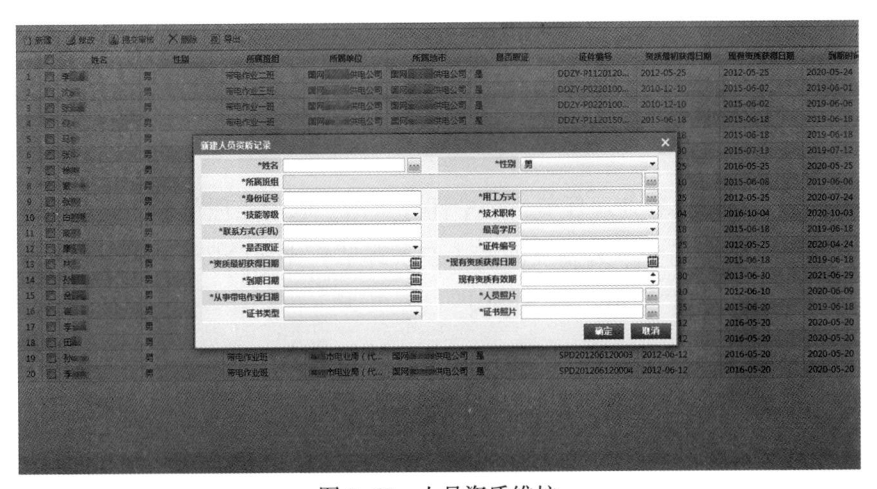

图 3–67 人员资质维护

（2）修改：勾选需要修改的人员，点击“修改”按钮，系统弹出修改人员资质信息，修改相应的信息后，点“确定”，见图 3–68。

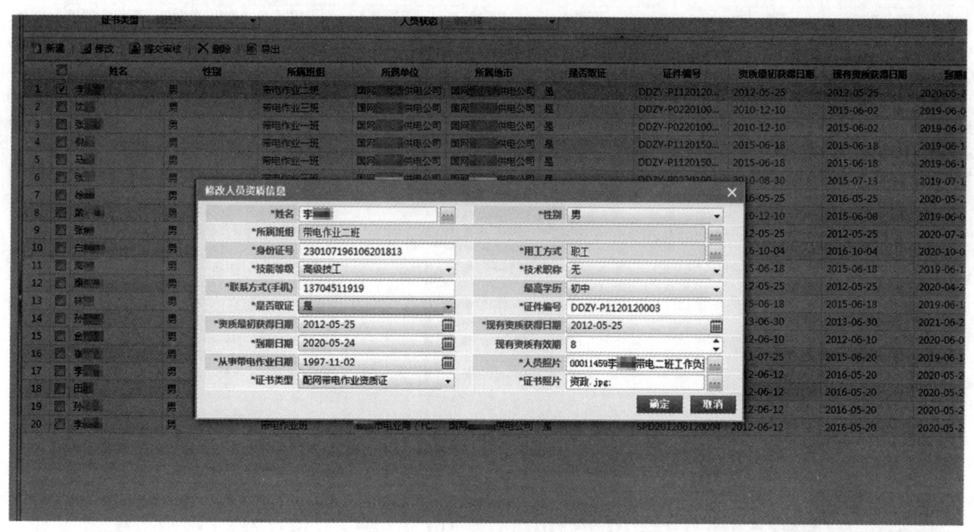

图 3–68　修改人员资质

（3）删除：勾选需要删除的人员，点击“删除”按钮，系统弹出确认对话框，点击“确定”，则成功删除。

（4）提交审核：勾选处于编辑状态的人员信息，点击“提交审核”按钮，提示提交审核成功，可以在人员资质信息审核功能中处理该记录，见图 3–69。

证书类型 --请选择--　　人员状态 --请选择--

新建　修改　提交审核　删除　导出

	姓名	性别	所属班组	所属单位	所属地市	是否取证	证件编号	资质最初获得日期	现有资质获得日期	到期时
1	李	男	带电作业二班	国网供电公司	国网供电公司	是	DDZY-P1120120...	2012-05-25	2012-05-25	2020-05-24
2	沈	男	带电作业三班	国网供电公司	国网供电公司	是	DDZY-P0220100...	2010-12-10	2015-06-02	2019-06-01
3	张	男	带电作业一班	国网供电公司	国网供电公司	是	DDZY-P0220100...	2010-12-10	2015-06-02	2019-06-06
4	倪	男	带电作业一班	国网供电公司	国网供电公司	是	DDZY-P1120150...	2015-06-18	2015-06-18	2019-06-18
5	马	男	带电作业一班	国网供电公司	国网供电公司	是	DDZY-P1120150...	2015-06-18	2015-06-18	2019-06-18
6	张	男	带电作业三班	国网供电公司	国网供电公司	是	DDZY-P0220100...	2010-08-30	2015-07-13	2019-07-12
7	徐	男	带电作业三班 带电作业三班	供电公司	国网供电公司	是	DDZY-P1120120...	2016-05-25	2016-05-25	2020-05-25
8	黄	男	带电作业二班	国网供电公司	国网供电公司	是	DDZY-P0220100...	2010-12-10	2015-06-08	2019-06-06
9	张	男	带电作业三班	国网供电公司	国网供电公司	是	DDZY-P1120120...	2012-05-25	2012-05-25	2020-07-24
10	白	男	带电作业三班	国网供电公司	国网供电公司	是	DDZY-P112016X...	2016-10-04	2016-10-04	2020-10-03
11	高	男	带电作业一班	国网供电公司	国网供电公司	是	DDZY-P1120150...	2015-06-18	2015-06-18	2019-06-18
12	康	男	带电作业三班	国网供电公司	国网供电公司	是	DDZY-P1120120...	2012-05-25	2012-05-25	2020-04-24
13	林	男	带电作业二班	国网供电公司	国网供电公司	是	DDZY-P1120150...	2015-06-18	2015-06-18	2019-06-18
14	孙	男	带电作业二班	国网供电公司	国网供电公司	是	DDZY-P1120130...	2013-06-30	2013-06-30	2021-06-29
15	金	男	带电作业二班	国网供电公司	国网供电公司	是	DDZY-P1120120...	2012-06-10	2012-06-10	2020-06-09
16	崔	男	带电作业二班	国网供电公司	国网供电公司	是	DDZY-P1120110...	2011-07-25	2015-06-20	2019-06-18
17	李	男	带电作业班	市电业局（代...	国网供电公司	是	SPD201206120005	2012-06-12	2016-05-20	2020-05-20
18	田	男	带电作业班	市电业局（代...	国网供电公司	是	SPD201206120001	2012-06-12	2016-05-20	2020-05-20
19	孙	男	带电作业班	市电业局（代...	国网供电公司	是	SPD201206120003	2012-06-12	2016-05-20	2020-05-20
20	李	男	带电作业班	市电业局（代...	国网供电公司	是	SPD201206120004	2012-06-12	2016-05-20	2020-05-20

图 3–69　人员资质提交审核

（5）导出：点击“导出”按钮，可以导出当前页 / 所有页信息，见图 3–70。

证书类型 --请选择--　　人员状态 --请选择--

新建　修改　提交审核　删除　导出

	☑	姓名	性别	导出 所属班组	所属单位	所属地市	是否取证	证件编号	资质最初获得日期	现有资质获得日期	到
1	☑	李	男	带电作业二班	国网 供电公司	国网 供电公司	是	DDZY-P1120120...	2012-05-25	2012-05-25	2020-05
2	☑	沈	男	带电作业三班	国网 供电公司	国网 供电公司	是	DDZY-P0220100...	2010-12-10	2015-06-02	2019-06
3	☑	张	男	带电作业一班	国网 供电公司	国网 供电公司	是	DDZY-P0220100...	2010-12-10	2015-06-02	2019-06
4	☑	倪	男	带电作业一班	国网 供电公司	国网 供电公司	是	DDZY-P1120150...	2015-06-18	2015-06-18	2019-06
5	☑	马	男	带电作业一班	国网 供电公司	国网 供电公司	是	DDZY-P1120150...	2015-06-18	2015-06-18	2019-06
6	☑	张	男	带电作业三班	国网 供电公司	国网 供电公司	是	DDZY-P0220100...	2010-08-30	2015-07-13	2019-07
7	☑	徐	男	带电作业三班	国网 供电公司	国网 供电公司	是	DDZY-P1120120...	2016-05-25	2016-05-25	2020-05
8	☑	黄	男	带电作业二班	国网 供电公司	国网 供电公司	是	DDZY-P0220100...	2010-12-10	2015-06-08	2019-06
9	☑	张	男	带电作业三班	国网 供电公司	国网 供电公司	是	DDZY-P1120120...	2012-05-25	2012-05-25	2020-07
10	☑	白	男	带电作业三班	国网 供电公司	国网 供电公司	是	DDZY-P112016X...	2016-10-04	2016-10-04	2020-10
11	☑	高	男	带电作业一班	国网 供电公司	国网 供电公司	是	DDZY-P1120150...	2015-06-18	2015-06-18	2019-06
12	☑	康	男	带电作业三班	国网 供电公司	国网 供电公司	是	DDZY-P1120120...	2012-05-25	2012-05-25	2020-04
13	☑	林	男	带电作业二班	国网 供电公司	国网 供电公司	是	DDZY-P1120150...	2015-06-18	2015-06-18	2019-06
14	☑	孙	男	带电作业二班	国网 供电公司	国网 供电公司	是	DDZY-P1120130...	2013-06-30	2013-06-30	2021-06
15	☑	金	男	带电作业二班	国网 供电公司	国网 供电公司	是	DDZY-P1120120...	2012-06-10	2012-06-10	2020-06
16	☑	崔	男	带电作业二班	国网 供电公司	国网 供电公司	是	DDZY-P1120110...	2011-07-25	2015-06-20	2019-06
17	☑	李	男	带电作业班	市电业局（代...	国网 供电公司	是	SPD201206120005	2012-06-12	2016-05-20	2020-05
18	☑	田	男	带电作业班	市电业局（代...	国网 供电公司	是	SPD201206120001	2012-06-12	2016-05-20	2020-05
19	☑	孙	男	带电作业班	市电业局（代...	国网 供电公司	是	SPD201206120003	2012-06-12	2016-05-20	2020-05
20	☑	李	男	带电作业班	市电业局（代...	国网 供电公司	是	SPD201206120004	2012-06-12	2016-05-20	2020-05

图 3–70　导出人员资质明细

28. 怎样在带电作业管理中实现人员资质信息审核？

答：功能说明：提供人员资质信息审核功能，主要包含人员资质信息查看、修改、发布、退回、导出等功能。

功能菜单：系统导航→运维检修中心→电网运维检修管理→带电作业管理→人员资质信息审核。

操作步骤：

（1）查看：勾选需要查看的人员信息，点击“查看”按钮，系统弹出“查看人员资质信息”对话框，见图 3–71。

（2）修改：勾选需要修改的人员，点击“修改”按钮，系统弹出“修改人员资质信息”对话框，修改相应的信息后，点击“确定”按钮，见图 3–72。

（3）发布：勾选需要发布的人员，点击“发布”按钮，提示发布成功，见图 3–73。

（4）退回：勾选需退回的人员信息，点击“退回”按钮，则退回至编辑状态，见图 3–74。

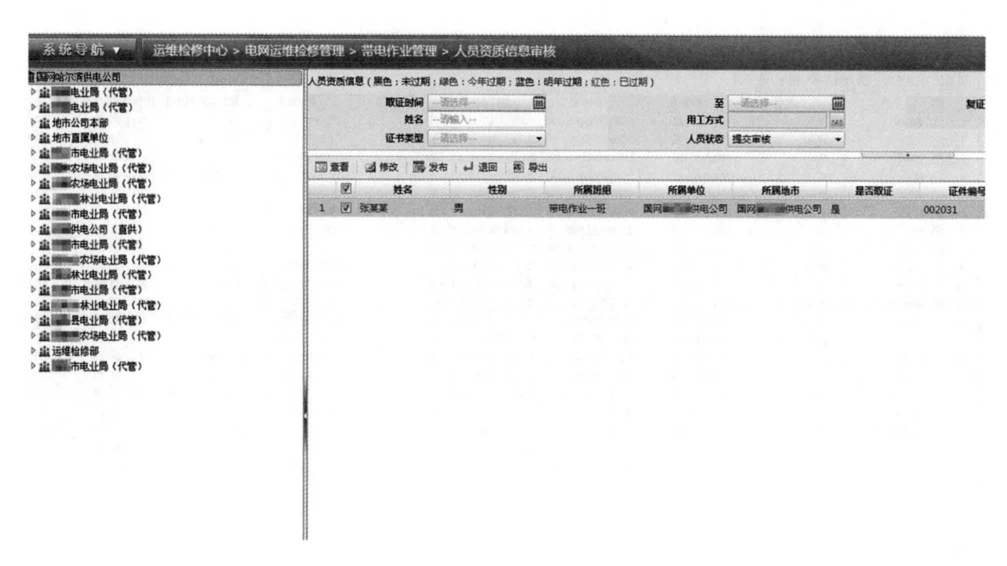

图 3–71　人员资质信息审核

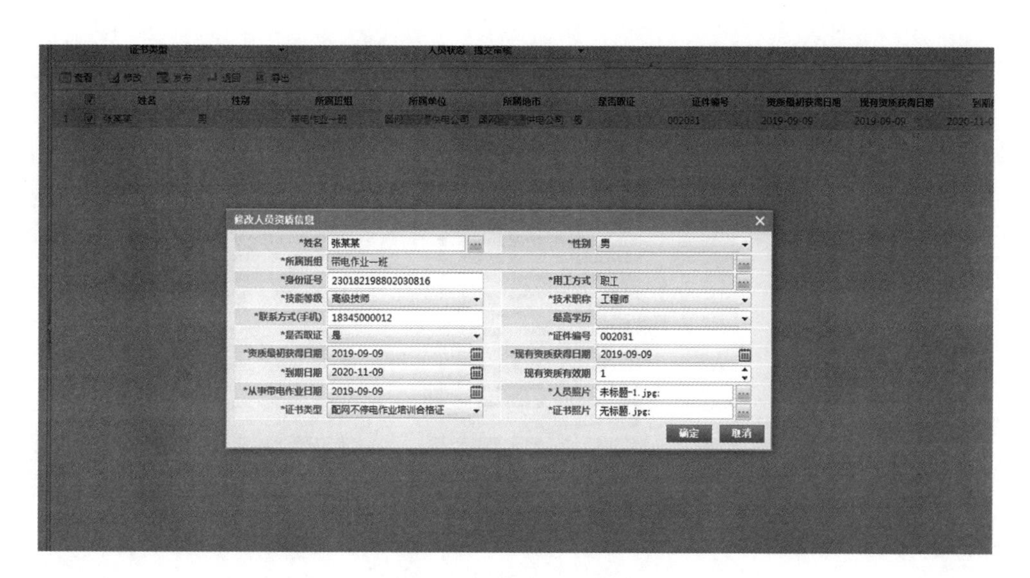

图 3–72　修改人员资质

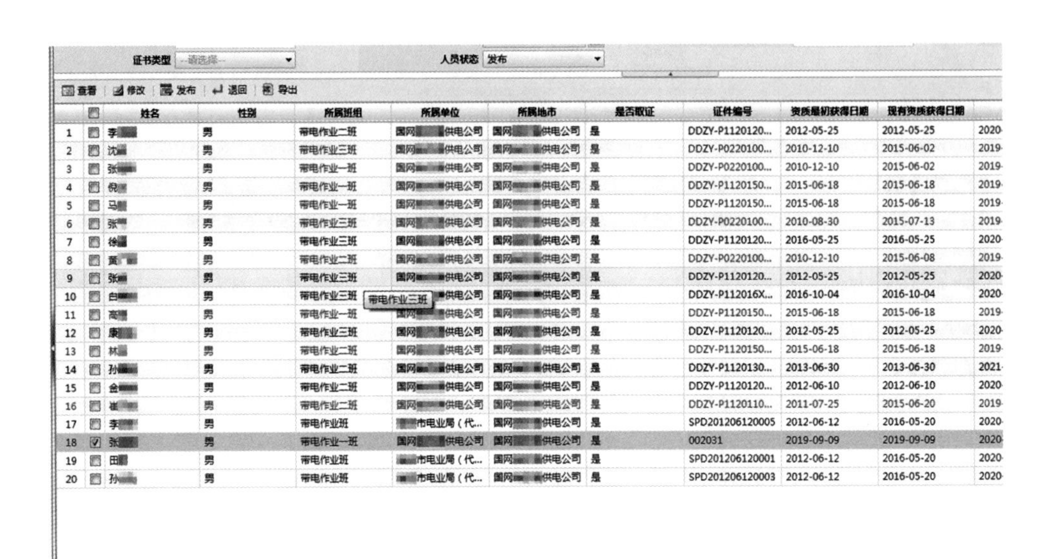

证书类型 --请选择-- 人员状态 发布

查看 | 修改 | 发布 | 退回 | 导出

		姓名	性别	所属班组	所属单位	所属地市	是否取证	证件编号	资质最初获得日期	现有资质获得日期	
1	☐	李[illegible]	男	带电作业二班	国网[illegible]供电公司	国网[illegible]供电公司	是	DDZY-P1120120...	2012-05-25	2012-05-25	2020
2	☐	沈[illegible]	男	带电作业三班	国网[illegible]供电公司	国网[illegible]供电公司	是	DDZY-P0220100...	2010-12-10	2015-06-02	2019
3	☐	张[illegible]	男	带电作业一班	国网[illegible]供电公司	国网[illegible]供电公司	是	DDZY-P0220100...	2010-12-10	2015-06-02	2019
4	☐	倪[illegible]	男	带电作业一班	国网[illegible]供电公司	国网[illegible]供电公司	是	DDZY-P1120150...	2015-06-18	2015-06-18	2019
5	☐	马[illegible]	男	带电作业一班	国网[illegible]供电公司	国网[illegible]供电公司	是	DDZY-P1120150...	2015-06-18	2015-06-18	2019
6	☐	张[illegible]	男	带电作业三班	国网[illegible]供电公司	国网[illegible]供电公司	是	DDZY-P0220100...	2010-08-30	2015-07-13	2019
7	☐	徐[illegible]	男	带电作业三班	国网[illegible]供电公司	国网[illegible]供电公司	是	DDZY-P1120120...	2016-05-25	2016-05-25	2020
8	☐	黄[illegible]	男	带电作业二班	国网[illegible]供电公司	国网[illegible]供电公司	是	DDZY-P0220100...	2010-12-10	2015-06-08	2019
9	☐	张[illegible]	男	带电作业三班	国网[illegible]供电公司	国网[illegible]供电公司	是	DDZY-P1120120...	2012-05-25	2012-05-25	2020
10	☐	白[illegible]	男	带电作业三班	[illegible]供电公司	国网[illegible]供电公司	是	DDZY-P112016X...	2016-10-04	2016-10-04	2020
11	☐	高[illegible]	男	带电作业一班	国网[illegible]供电公司	国网[illegible]供电公司	是	DDZY-P1120150...	2015-06-18	2015-06-18	2019
12	☐	康[illegible]	男	带电作业三班	国网[illegible]供电公司	国网[illegible]供电公司	是	DDZY-P1120120...	2012-05-25	2012-05-25	2020
13	☐	林[illegible]	男	带电作业二班	国网[illegible]供电公司	国网[illegible]供电公司	是	DDZY-P1120150...	2015-06-18	2015-06-18	2019
14	☐	孙[illegible]	男	带电作业二班	国网[illegible]供电公司	国网[illegible]供电公司	是	DDZY-P1120130...	2013-06-30	2013-06-30	2021
15	☐	金[illegible]	男	带电作业二班	国网[illegible]供电公司	国网[illegible]供电公司	是	DDZY-P1120120...	2012-06-10	2012-06-10	2020
16	☐	崔[illegible]	男	带电作业二班	国网[illegible]供电公司	国网[illegible]供电公司	是	DDZY-P1120110...	2011-07-25	2015-06-20	2019
17	☐	李[illegible]	男	带电作业班	[illegible]市电业局（代...	国网[illegible]供电公司	是	SPD201206120005	2012-06-12	2016-05-20	2020
18	☑	张[illegible]	男	带电作业一班	国网[illegible]供电公司	国网[illegible]供电公司	是	002031	2019-09-09	2019-09-09	2020
19	☐	田[illegible]	男	带电作业班	[illegible]市电业局（代...	国网[illegible]供电公司	是	SPD201206120001	2012-06-12	2016-05-20	2020
20	☐	孙[illegible]	男	带电作业班	[illegible]市电业局（代...	国网[illegible]供电公司	是	SPD201206120003	2012-06-12	2016-05-20	2020

图 3–73　发布人员资质

证书类型 --请选择-- 人员状态 发布

查看 | 修改 | 发布 | 退回 | 导出

		姓名	性别	所属班组	所属单位	所属地市	是否取证	证件编号	资质最初获得日期	现有资质获得日期	
1	☐	李[illegible]	男	带电作业二班	国网[illegible]供电公司	国网[illegible]供电公司	是	DDZY-P1120120...	2012-05-25	2012-05-25	2020
2	☐	沈[illegible]	男	带电作业三班	国网[illegible]供电公司	国网[illegible]供电公司	是	DDZY-P0220100...	2010-12-10	2015-06-02	2019
3	☐	张[illegible]	男	带电作业一班	国网[illegible]供电公司	国网[illegible]供电公司	是	DDZY-P0220100...	2010-12-10	2015-06-02	2019
4	☐	倪[illegible]	男	带电作业一班	国网[illegible]供电公司	国网[illegible]供电公司	是	DDZY-P1120150...	2015-06-18	2015-06-18	2019
5	☐	马[illegible]	男	带电作业一班	国网[illegible]供电公司	国网[illegible]供电公司	是	DDZY-P1120150...	2015-06-18	2015-06-18	2019
6	☐	张[illegible]	男	带电作业三班	国网[illegible]供电公司	国网[illegible]供电公司	是	DDZY-P0220100...	2010-08-30	2015-07-13	2019
7	☐	徐[illegible]	男	带电作业三班	国网[illegible]供电公司	国网[illegible]供电公司	是	DDZY-P1120120...	2016-05-25	2016-05-25	2020
8	☐	黄[illegible]	男	带电作业二班	国网[illegible]供电公司	国网[illegible]供电公司	是	DDZY-P0220100...	2010-12-10	2015-06-08	2019
9	☐	张[illegible]	男	带电作业三班	国网[illegible]供电公司	国网[illegible]供电公司	是	DDZY-P1120120...	2012-05-25	2012-05-25	2020
10	☐	白[illegible]	男	带电作业三班	[illegible]供电公司	国网[illegible]供电公司	是	DDZY-P112016X...	2016-10-04	2016-10-04	2020
11	☐	高[illegible]	男	带电作业一班	国网[illegible]供电公司	国网[illegible]供电公司	是	DDZY-P1120150...	2015-06-18	2015-06-18	2019
12	☐	康[illegible]	男	带电作业三班	国网[illegible]供电公司	国网[illegible]供电公司	是	DDZY-P1120120...	2012-05-25	2012-05-25	2020
13	☐	林[illegible]	男	带电作业二班	国网[illegible]供电公司	国网[illegible]供电公司	是	DDZY-P1120150...	2015-06-18	2015-06-18	2019
14	☐	孙[illegible]	男	带电作业二班	国网[illegible]供电公司	国网[illegible]供电公司	是	DDZY-P1120130...	2013-06-30	2013-06-30	2021
15	☐	金[illegible]	男	带电作业二班	国网[illegible]供电公司	国网[illegible]供电公司	是	DDZY-P1120120...	2012-06-10	2012-06-10	2020
16	☐	崔[illegible]	男	带电作业二班	国网[illegible]供电公司	国网[illegible]供电公司	是	DDZY-P1120110...	2011-07-25	2015-06-20	2019
17	☐	李[illegible]	男	带电作业班	[illegible]市电业局（代...	国网[illegible]供电公司	是	SPD201206120005	2012-06-12	2016-05-20	2020
18	☑	张某某	男	带电作业一班	国网[illegible]供电公司	国网[illegible]供电公司	是	002031	2019-09-09	2019-09-09	2020
19	☐	田[illegible]	男	带电作业班	[illegible]市电业局（代...	国网[illegible]供电公司	是	SPD201206120001	2012-06-12	2016-05-20	2020
20	☐	孙[illegible]	男	带电作业班	[illegible]市电业局（代...	国网[illegible]供电公司	是	SPD201206120003	2012-06-12	2016-05-20	2020

带电作业三班

图 3–74　退回人员资质

（5）导出：点击“导出”按钮，可以导出当前页 / 所有页信息，见图 3–75。

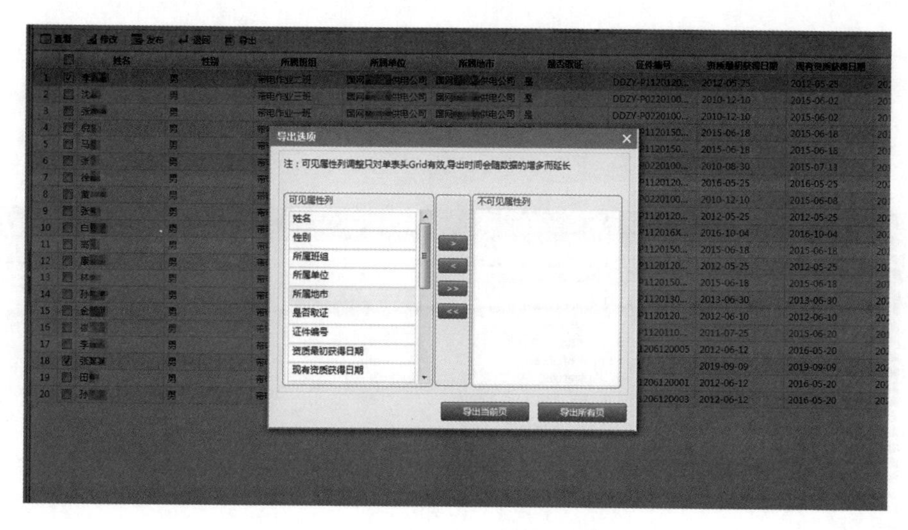

图 3-75　导出新建人员资质信息

29. 如何进行人员资质信息统计？

答：功能说明：提供机构及对应人员的资质信息统计，能够很清晰的统计出各单位中不同类型人员的数量，也能清晰的统计人员作业状况。

功能菜单：系统导航→运维检修中心→电网运维检修管理→带电作业管理→人员资质信息统计。

操作步骤：

（1）机构设置及人员资质信息统计：该统计根据年度进行统计，点击“机构设置及人员信息统计”按钮，即可统计相应信息，同时提供导出功能，见图 3-76。

10.166.2.2/sgpms/portal/default.jsp

首页　待办 (0)　消息 (0)　常用　搜索　帮助　退出　欢迎，【国网[illegible]供电公司】李[illegible]

系统导航　运维检修中心 > 电网运维检修管理 > 带电作业管理 > 人员资质信息统计

机构设置及人员资质信息统计　人员作业状况统计

年度 2019

	地市	单位	机构设置情况	人员概况		职工	劳务派遣用工	非全日制用工	其他从业人	
			带电作业班组数(个)	总人数(人)	新增人员(人)				短期聘用制人员	退休返聘人员
1	国网[illegible]供电公司	国网[illegible]供电公司	3	17	1	17	0	0	0	0
2	国网[illegible]供电公司	[illegible]市电业局（代...	1	4	0	0	0	0	0	0
3		总计	4	21	1	17	0	0	0	0

图 3-76　机构设置及人员资质信息统计

（2）人员作业状况统计：选择人员作业状况统计标签页，在左侧导航树中选择需要查询的部门，在右侧根据时间进行统计。同时提供“导出”功能，见图 3-77。

图 3-77　人员作业状况统计

30. 怎样进行查询统计带电作业?

答： 功能说明：提供灵活的查询统计条件，可以统计出全年带电作业时间和次数，结合少损电量的统计，实现带电作业的分析。可按所属地市、电压等级、年度、季度、月度等分类进行带电作业的统计分析。

功能菜单：系统导航→运维检修中心→电网运维检修管理→带电作业管理→带电作业查询统计。

操作步骤：

（1）查询：选择查询标签页，在左侧导航树中选择需要查询的部门。在右侧可填入查询条件进行精确查询，查询项中如果为输电专业，输电作业记录“作业项目”字段设置为不可编辑；输电作业记录“作业方式”字段仅展示输电的作业方式；输电作业记录展示输电的作业性质，不展示输电作业记录“消缺类别”字段。查询功能也提供“查看”“导出”功能，见图 3-78。

（2）统计：选择统计标签页，在左侧导航树中选择需要查询的部门，在右侧的五种统计类型中选择其中一种点击操作。显示形式提供统计数据及统计图两种显示方式，其中统计数据形式可以将数据导出到本地计算机当中。查询项中如果为输电专业，统计页面“作业项目”字段设置为不可编辑；“作业方式”字段仅展示输电的作业方式；输电作业记录展示输电的作业性质。按统计数据显示，提供“导出”功能，见图 3-79。

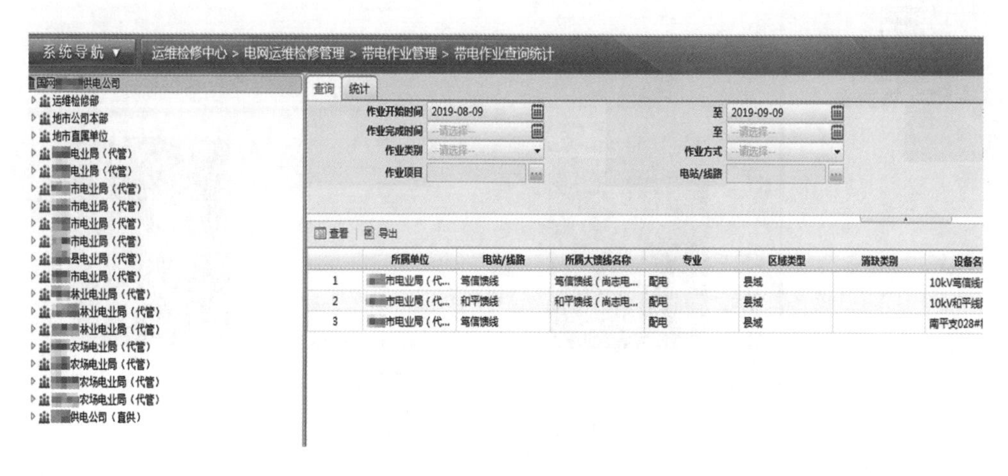

图 3-78　带电作业明细查询

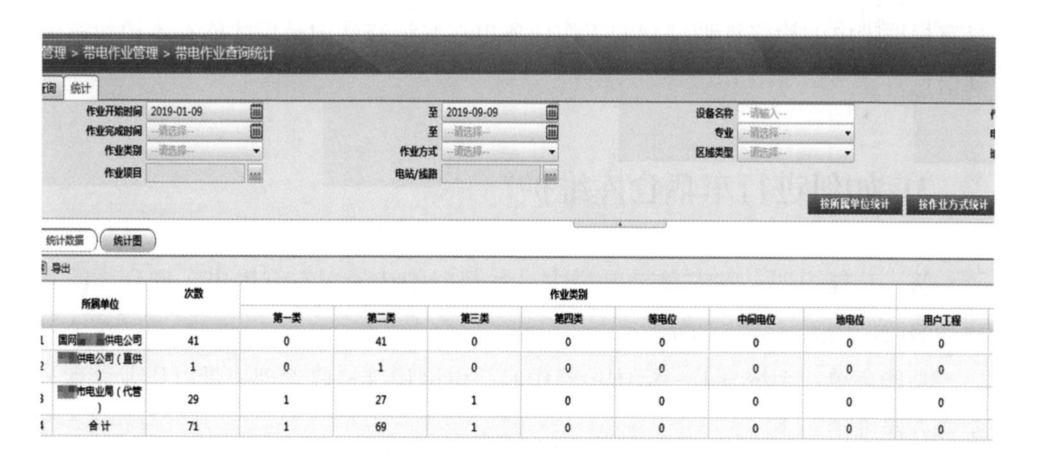

	所属单位	次数	作业类别							
			第一类	第二类	第三类	第四类	等电位	中间电位	地电位	用户工程
1	国网供电公司	41	0	41	0	0	0	0	0	0
2	供电公司（直供）	1	0	1	0	0	0	0	0	0
3	市电业局（代管）	29	1	27	1	0	0	0	0	0
4	合计	71	1	69	1	0	0	0	0	0

图 3-79　带电作业数据统计

按统计图显示，数据列可按带电作业时长（h）、次数、减少停电时户数、多送电量（kWh）显示统计图，统计数据列，见图 3-80。

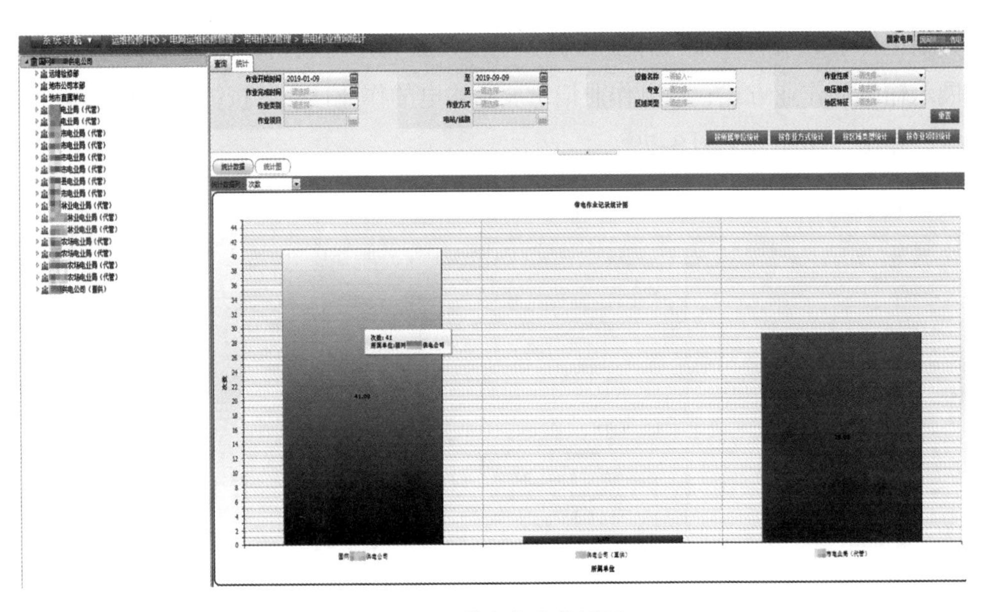

图 3-80　带电作业统计图

注意：PMS2.0 中带电作业融合在检修计划中，没有单独的维护菜单。因此只有根据带电的检修计划编制的工作任务单在登记修试记录后才能在本模块查询到信息。

31. 如何进行车辆仓库维护？

答：功能说明：在左侧导航栏中显示部门的选择，右侧提供车辆仓库的新建、修改、删除、导出功能。

功能菜单：系统导航→运维检修中心→电网运维检修管理→带电作业管理→车辆仓库维护。

操作步骤：

（1）新建：在工具栏中点击“新建”按钮，系统弹出“仓库信息新建”对话框，填写相应的仓库信息后，点“确定”按钮，在列表中显示该新建仓库信息，见图 3-81。

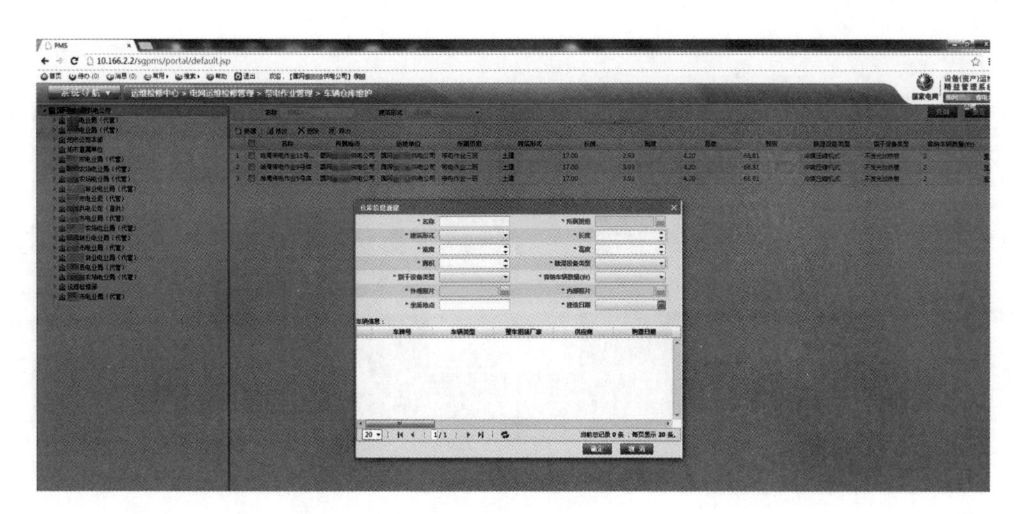

图 3–81　车辆仓库维护

（2）修改：勾选需要修改的仓库信息，点击“修改”按钮，系统弹出“仓库信息修改”对话框，修改相应信息后，点击“确定”按钮，修改成功，见图 3–82。

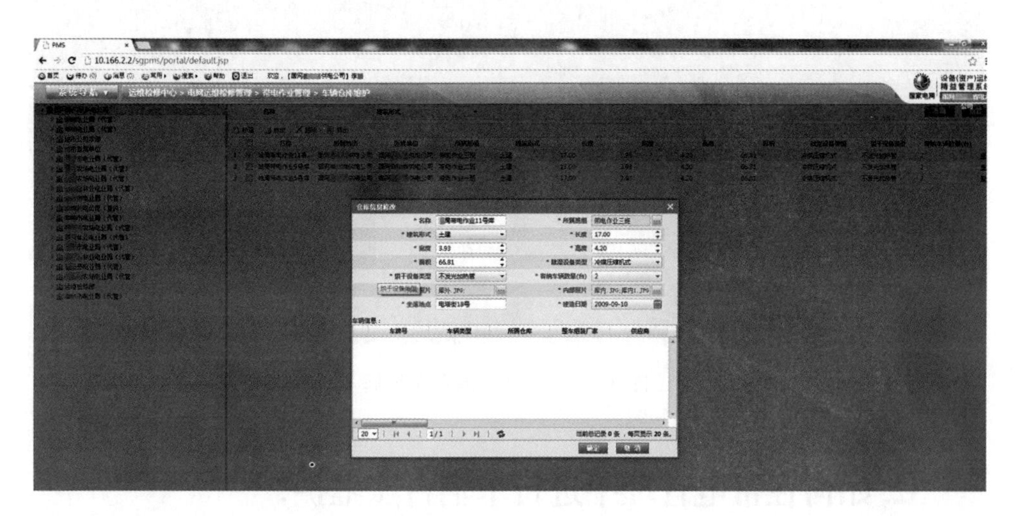

图 3–82　修改仓库信息

（3）删除：勾选需要删除的仓库信息，点击“删除”按钮，系统弹出确认框，点击“确认”，删除成功，见图 3–83。

（4）导出：点击“导出”按钮，可以导出当前页 / 所有页信息，见图 3–84。

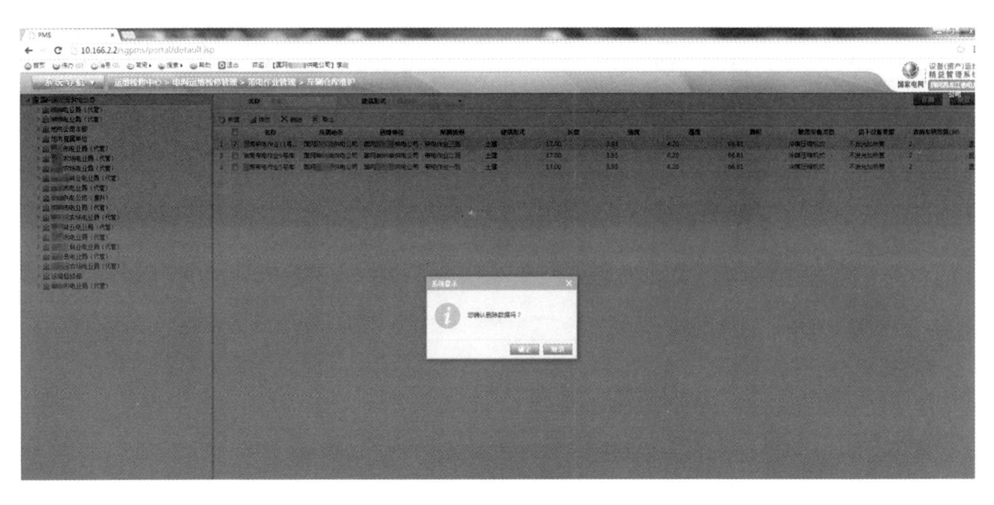

图 3-83　删除仓库信息

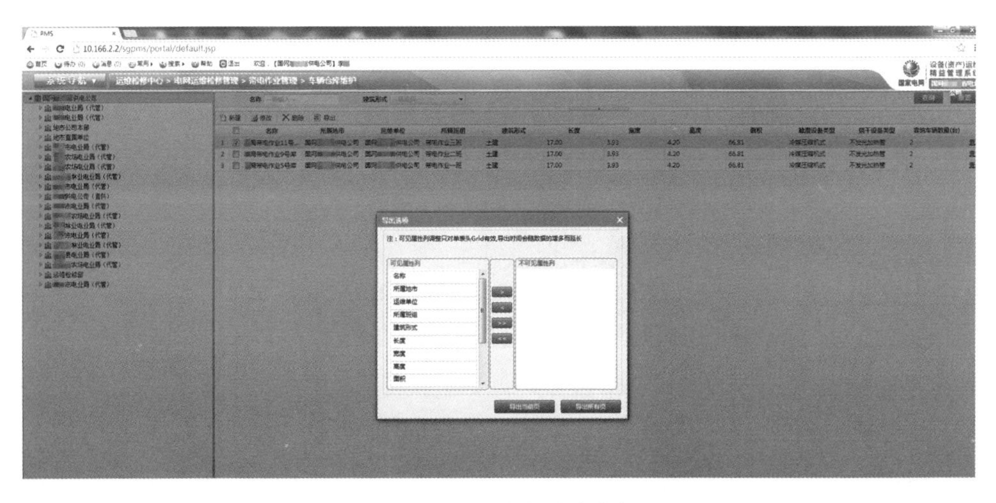

图 3-84　导出车辆仓库数据

32. 如何在带电管理中进行车辆台账维护?

答：功能说明：在左侧导航栏中显示车辆仓库的选择，右侧提供车辆台账的新建、修改、删除、导出功能。

功能菜单：系统导航→运维检修中心→电网运维检修管理→带电作业管理→车辆台账维护。

操作步骤：

（1）新建：在工具栏中点击“新建”按钮，系统弹出车辆台账信息的表单，填写新建对话框，填写相应的车辆信息后，点“确定”按钮，在列表中显示该新建车辆台账信息，见图 3–85。

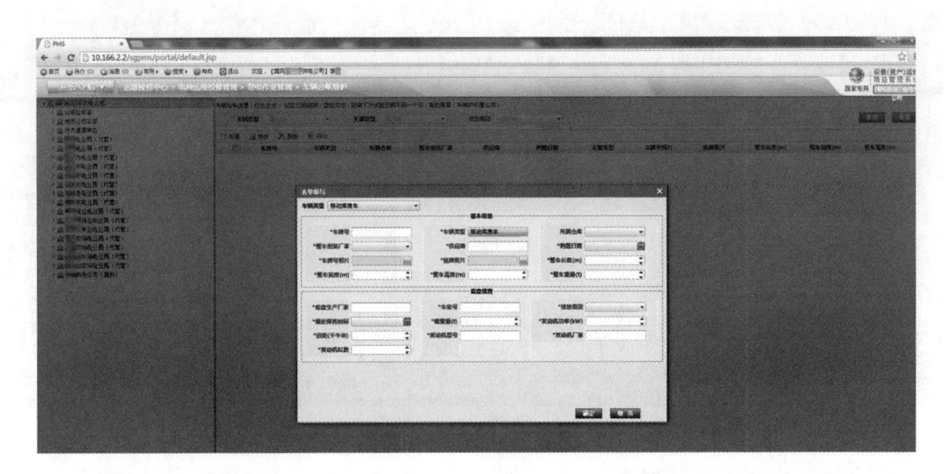

图 3–85　新建车辆仓库台账

（2）修改：勾选需要修改的车辆台账信息，点击“修改”按钮，系统弹出表单编辑对话框，修改相应信息后，点击“确定”按钮，修改成功，见图 3–86。

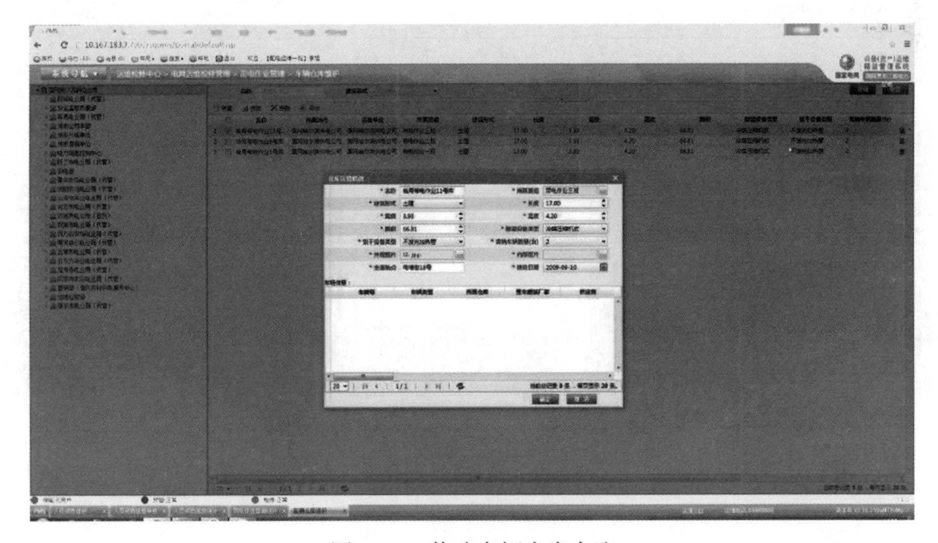

图 3–86　修改车辆仓库台账

（3）删除：勾选需要删除的车辆台账信息，点击“删除”按钮，系统弹出确认框，点击“确认”，删除成功，见图 3–87。

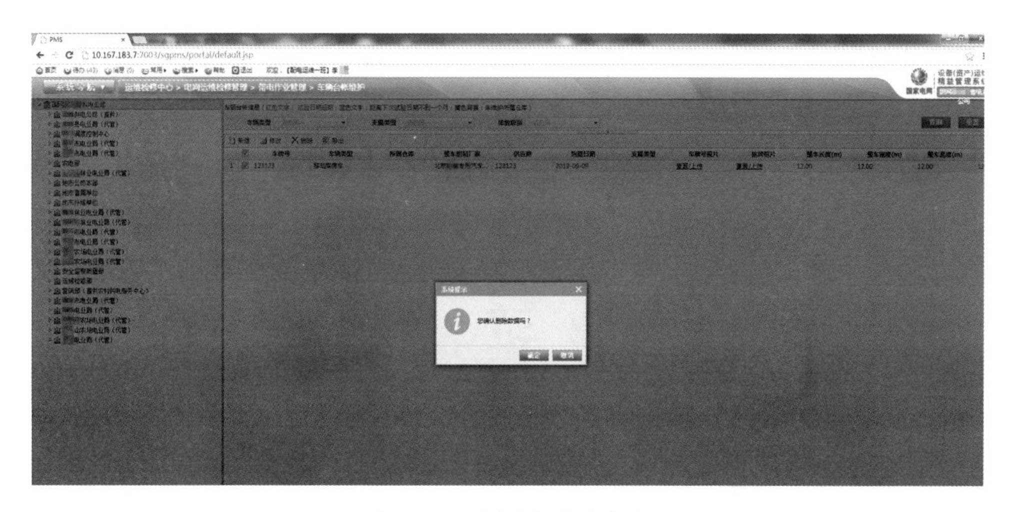

图 3–87　删除车辆仓库台账

（4）导出：点击“导出”按钮，可以导出当前页 / 所有页信息，见图 3–88。

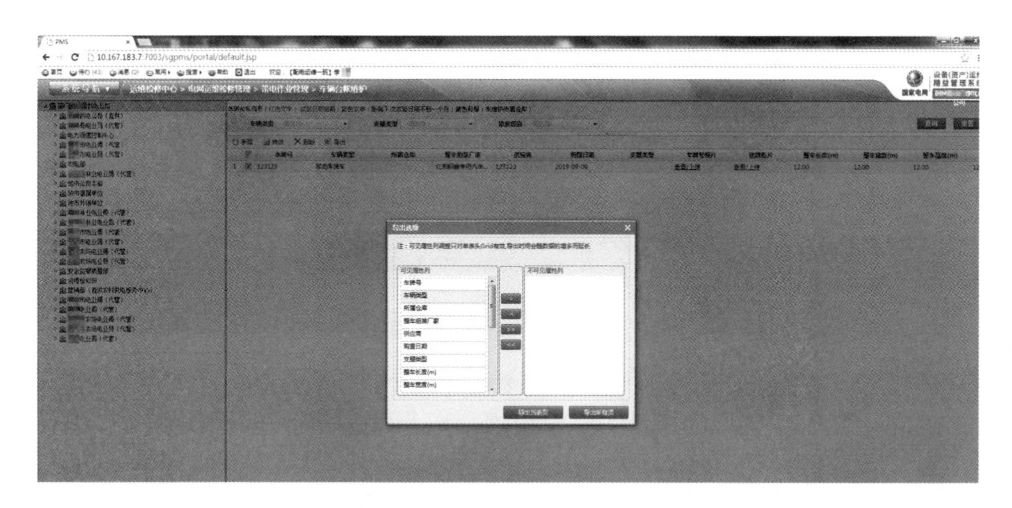

图 3–88　导出车辆仓库信息

33. 怎样查询配电带电作业报表？

答： 功能说明：提供县域、城网、全口径报表查询功能，系统根据查询条件区设定的时间区域内上报总部的月报数据自动计算。省公司用户基于省公司已上报总部报表查询，地市公司用户基于已上报省公司报表数据查询。

功能菜单：系统导航→运维检修中心→电网运维检修管理→带电作业管理→配电带电作业报表查询。

操作步骤：

（1）配电带电作业月报统计表（县域）：进入配电带电作业报表查询页面，左侧导航树点击“配电带电作业月报统计表（县域）”，在右侧查询条件区设置时间，点击“查询”，展示该时间区域内报表数据，见图 3-89。

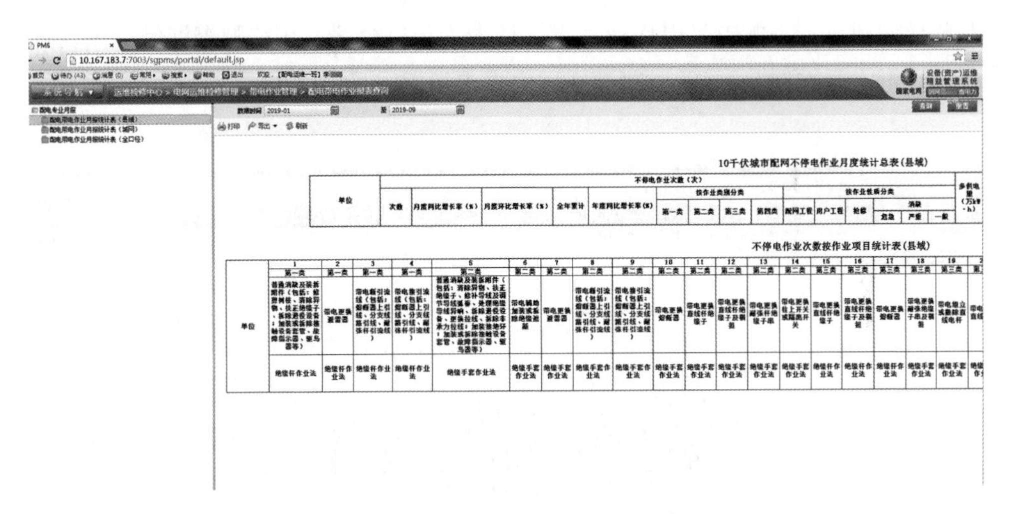

图 3-89　带电作业报表查询（县域）

（2）配电带电作业月报统计表（城网）：进入配电带电作业报表查询页面，左侧导航树点击“配电带电作业月报统计表（城网）”，在右侧查询条件区设置时间，点击“查询”，展示该时间区域内报表数据，见图 3-90。

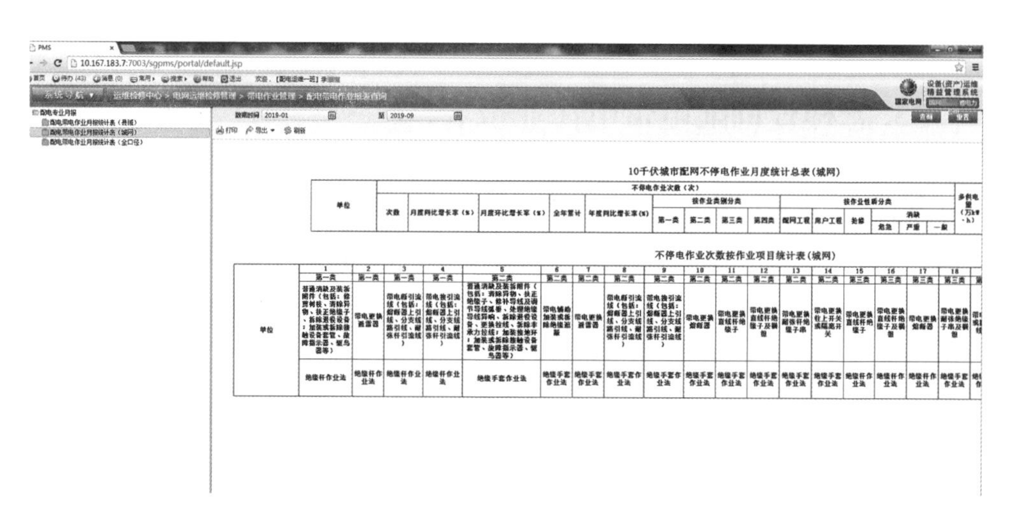

图 3-90　带电作业报表查询（城网）

（3）配电带电作业月报统计表（全口径）：进入配电带电作业报表查询页面，左侧导航树点击“配电带电作业月报统计表（全口径）”，在右侧查询条件区设置时间，点击“查询”，展示该时间区域内报表数据，见图 3-91。

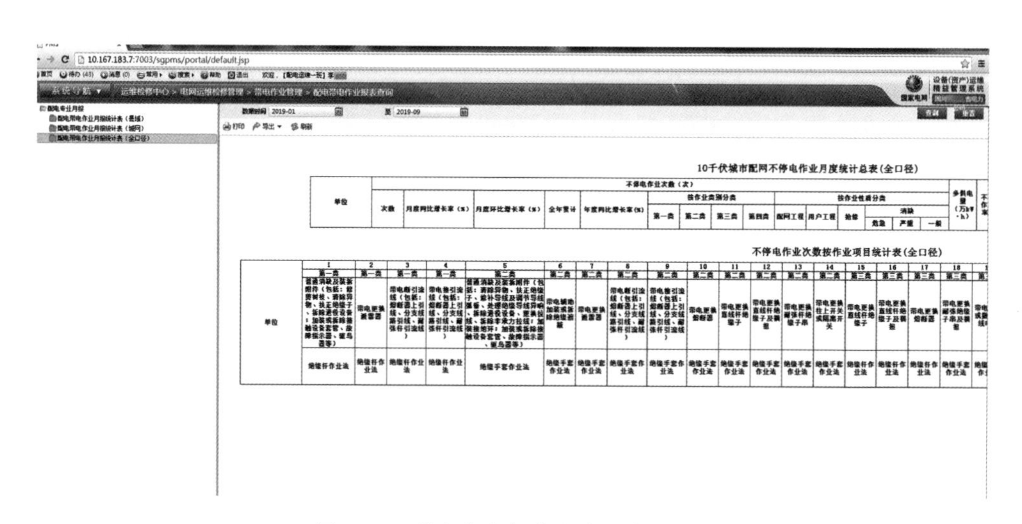

图 3-91　带电作业报表查询（全口径）

34. 故障管理中包含哪些功能？

答：故障登记、故障查询统计、故障报表填报审核、故障分析模板维护。

35. 如何进行故障登记？

答：功能说明：提供故障录入及故障补录功能，系统根据故障发生时间、故障电压等级、故障线路名称、站内故障进行查询。

功能菜单：系统导航→运维检修中心→电网运维检修管理→故障管理→故障登记。

操作步骤：

（1）菜单：在工具栏中点击“新建”按钮，系统弹出仓库信息新建对话框，填写相应的仓库信息后，点“确定”按钮，在列表中显示该新建仓库信息，见图 3–92。

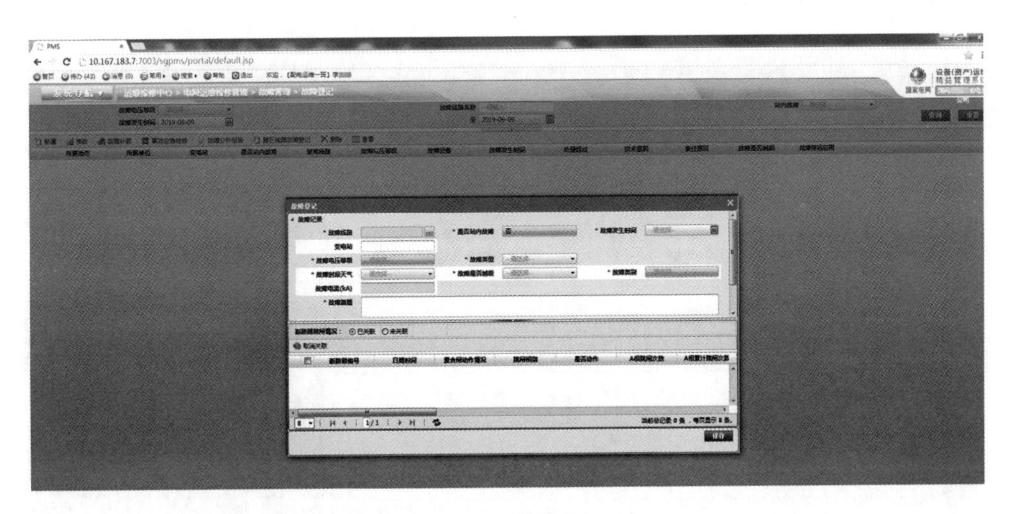

图 3–92　故障登记

（2）修改：在工具栏中点击“修改”按钮，系统弹出仓库信息修改对话框，填写相应的仓库信息后，点“确定”按钮，在列表中显示该修改仓库信息，见图 3–93。

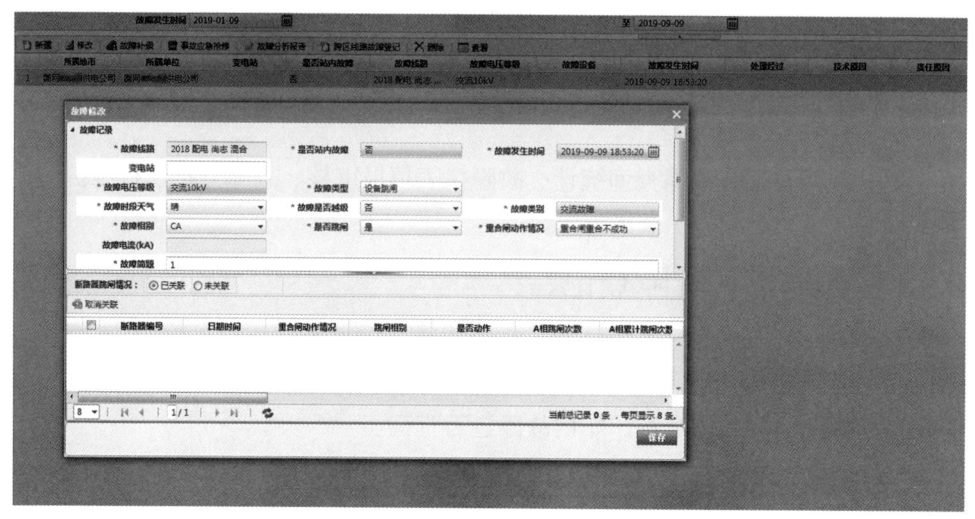

图 3–93　修改故障登记信息

（3）故障补录：在工具栏中点击“故障补录”按钮，系统弹出仓库信息故障补录对话框，填写相应的仓库信息后，点“确定”按钮，在列表中显示该故障补录仓库信息，见图 3–94。

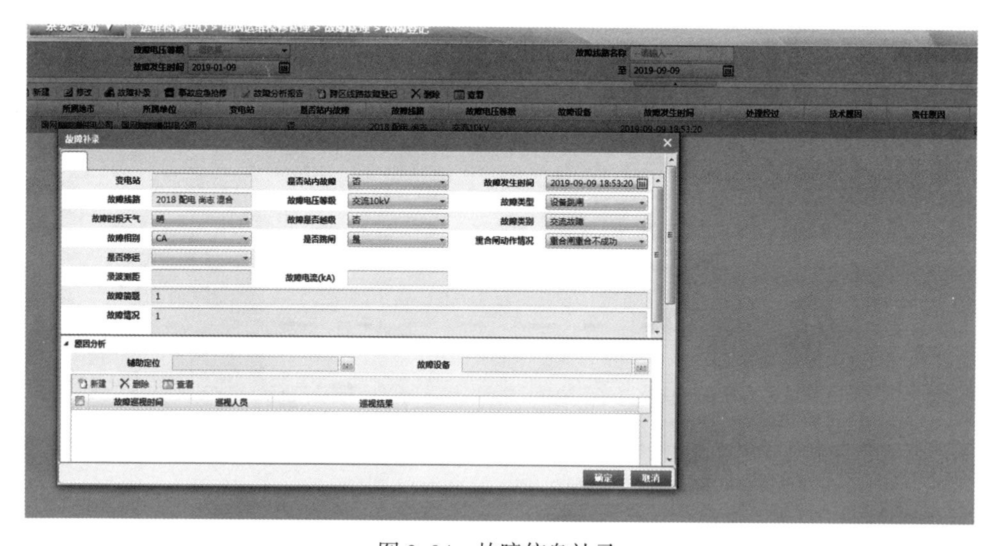

图 3–94　故障信息补录

（4）事故应急抢修：在工具栏中点击“事故应急抢修”按钮，系统弹出仓库信息事故应急抢修对话框，填写相应的仓库信息后，点“确定”按钮，在列表中显示该事故应急抢修仓库信息，见图 3–95。

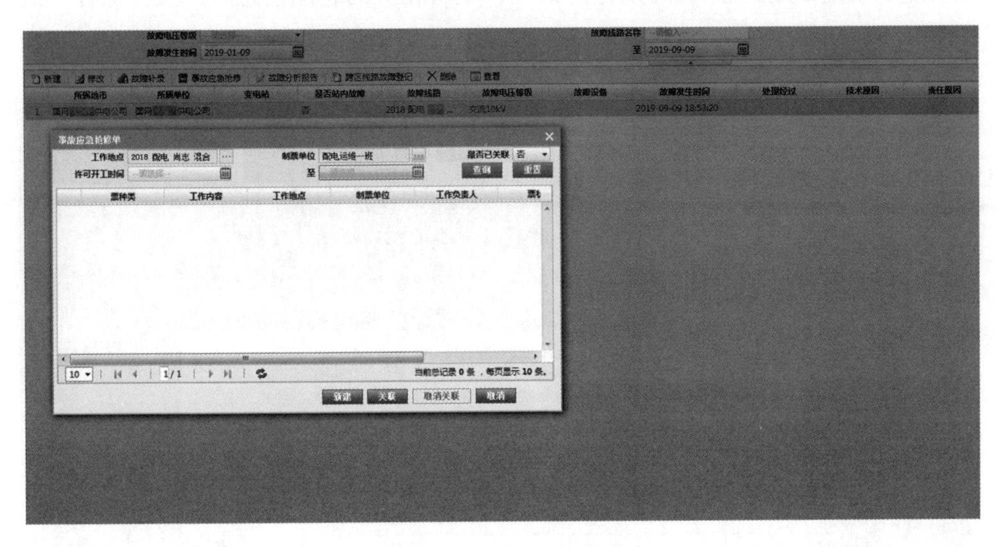

图 3–95　事故应急抢修

（5）故障分析报告：在工具栏中点击“故障分析报告”按钮，系统弹出仓库信息故障分析报告对话框，填写相应的仓库信息后，点“确定”按钮，在列表中显示该故障分析报告仓库信息，并添加附件上传，启动流程，见图 3–96。

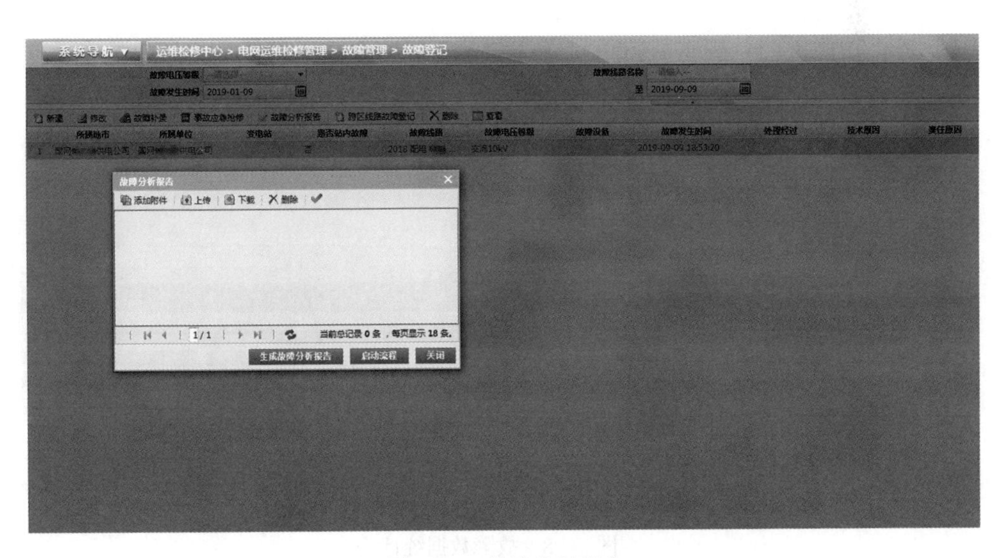

图 3–96　故障分析报告

（6）跨区线路故障登记：在工具栏中点击“跨区线路故障登记”按钮，系统弹出仓库信息跨区线路故障登记对话框，填写相应的仓库信息后，点“保存”按钮，在列表中显示该跨区线路故障登记仓库信息，见图 3–97。

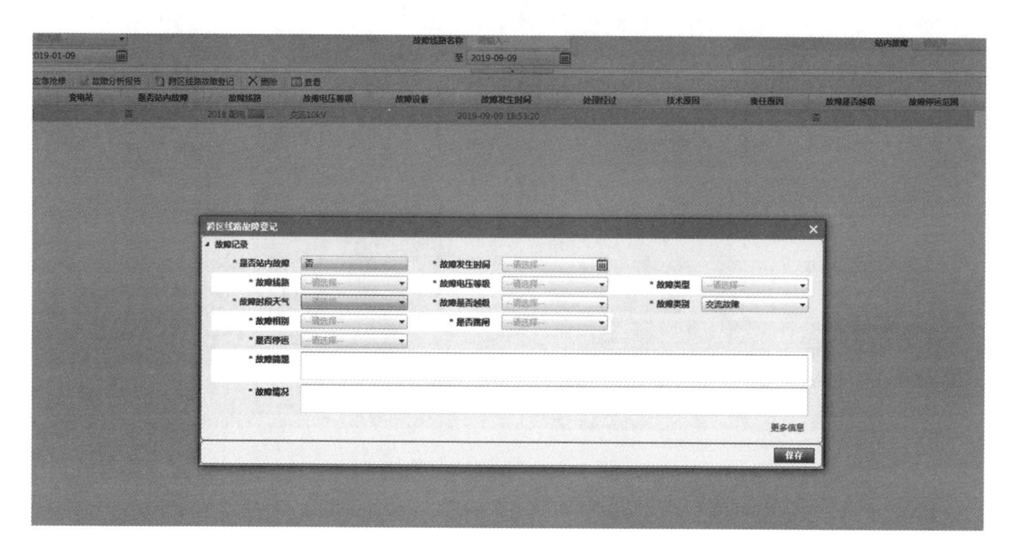

图 3–97　跨区线路故障登记

36. 如何进行故障查询统计？

答：功能说明：提供故障信息查询统计，能够很清晰的统计出各单位中不同类型的数量，也能清晰的统计故障状况。

功能菜单：系统导航→运维检修中心→电网运维检修管理→故障管理→故障查询统计，见图 3–98~ 图 3–100。

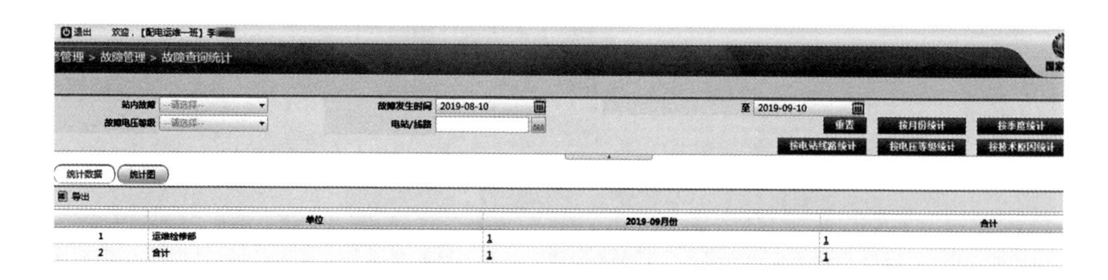

图 3–98　故障数据统计

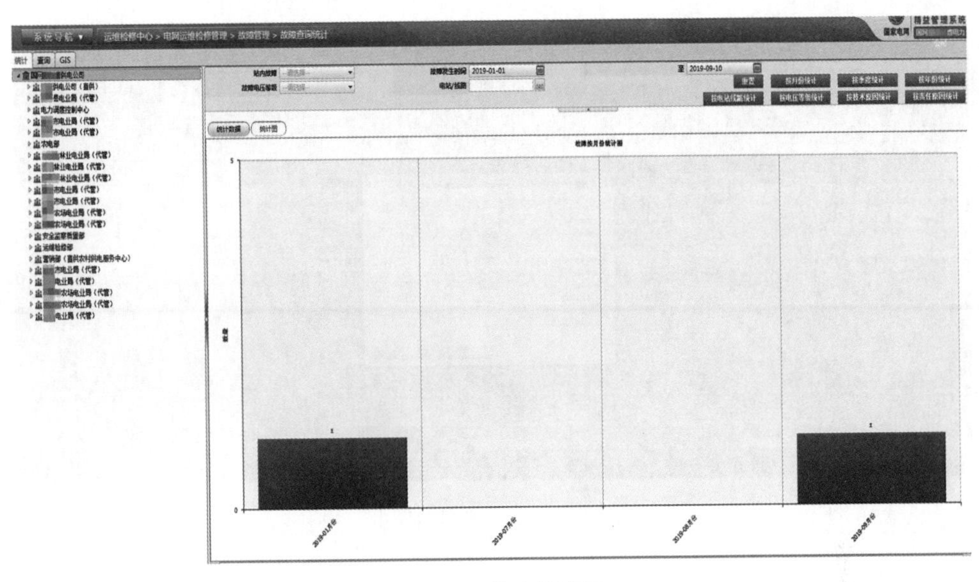

图 3-99　故障统计图

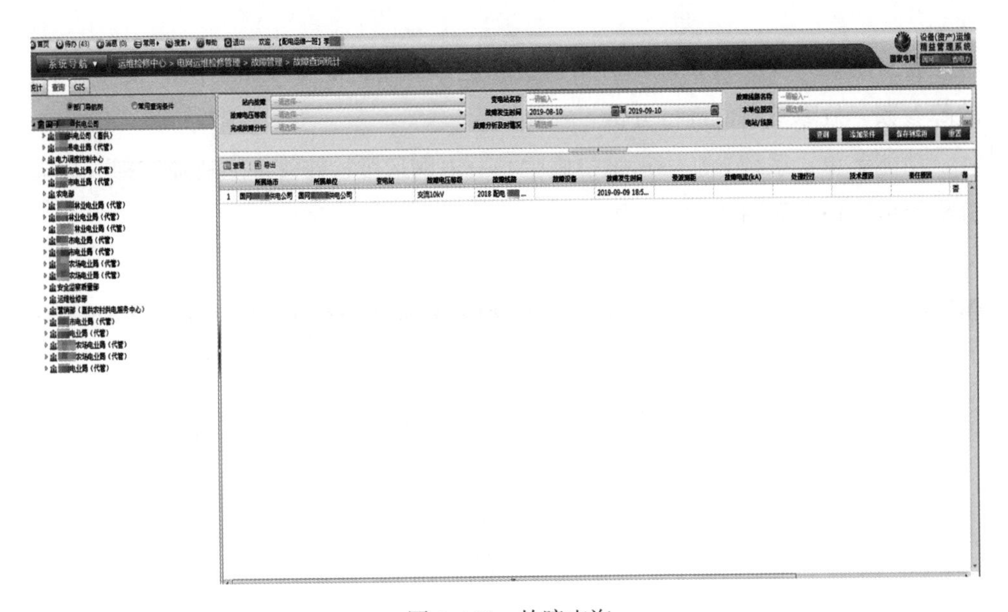

图 3-100　故障查询

导出：点击“导出”按钮，可以导出当前页 / 所有页信息，见图 3-101。

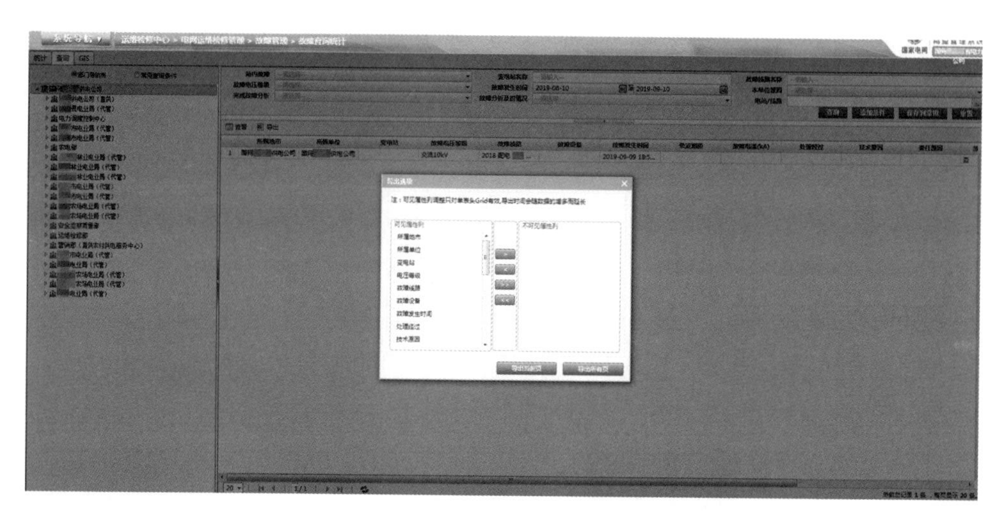

图 3-101　故障明细导出

37. 怎样进行故障分析模板维护?

答： 功能说明：提供故障分析模板新建、修改，能够根据不同的故障类别、故障参数、故障参数值进行分析。

功能菜单：系统导航→运维检修中心→电网运维检修管理→故障管理→故障分析模板维护，见图 3-102 ～图 3-104。

	故障类别	故障参数	故障参数值	维护时间
1	交流故障	责任原因	[illegible]	2018-08-25 18:32:42
2	交流故障	重合闸动作情况	无重合闸	2018-08-25 18:32:42
3	交流故障	责任原因	中低压短路	2017-03-31 10:20:31
4	交流故障	跳闸原因2	异物短路	2016-04-11 15:32:57
5	交流故障	跳闸原因1	雷击	2014-06-12 14:28:49
6	交流故障	责任原因	中低压短路	2014-05-30 14:25:59
7	交流故障	跳闸原因1	冰害	2014-05-05 09:37:11

图 3-102　故障分析模板新建

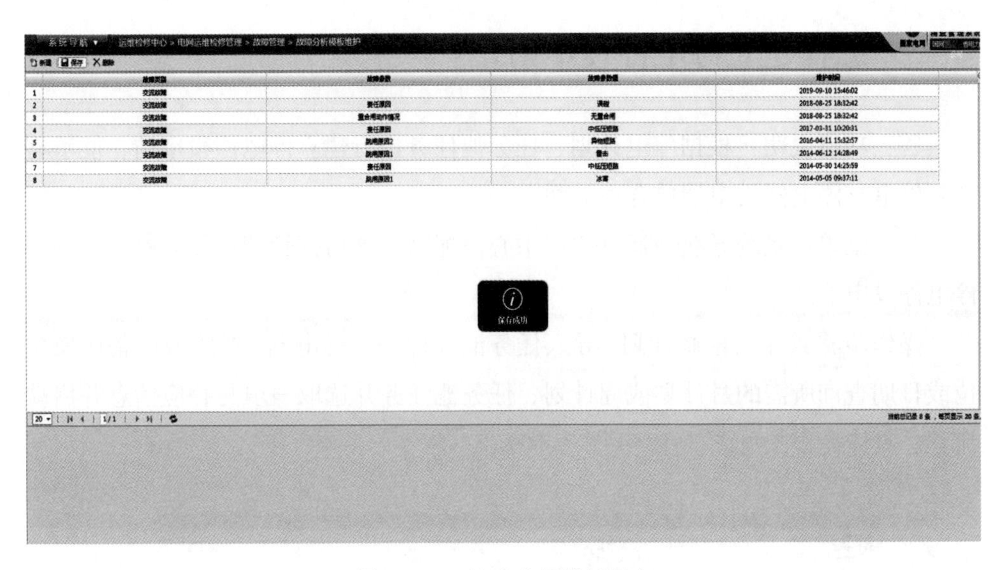

图 3-103　故障分析模板保存

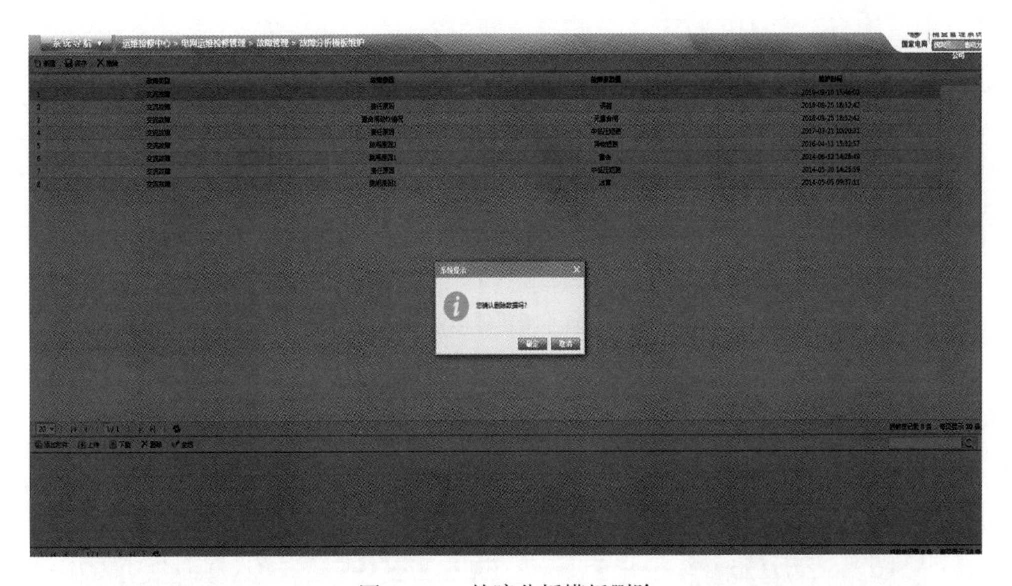

图 3-104　故障分析模板删除

38. 配网停电停役管理包括哪些内容？

答： 停电停役申请、施工联系人维护、申请单统计、申请单查询、重复停电参数配置。

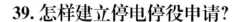

39. 怎样建立停电停役申请？

答：功能说明：根据停电计划、任务池任务进行建立停电停役申请，能够将计划停电与停电停役申请单合理关联。

功能菜单：系统导航→运维检修中心→配网运维指挥管理→停电停役管理→停电停役申请。

操作步骤：导入检修计划 / 导入任务池计划→根据电站 / 线路或设备所属单位或日期查询所需的月计划或周计划、任务池任务并选取→填写相应信息并启动流程。具体流程图见图 3-105~ 图 3-109。

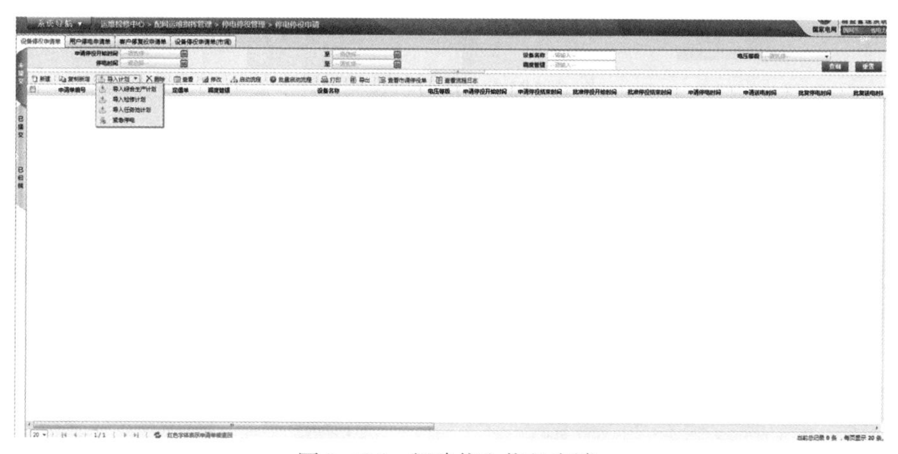

图 3-105　新建停电停役申请

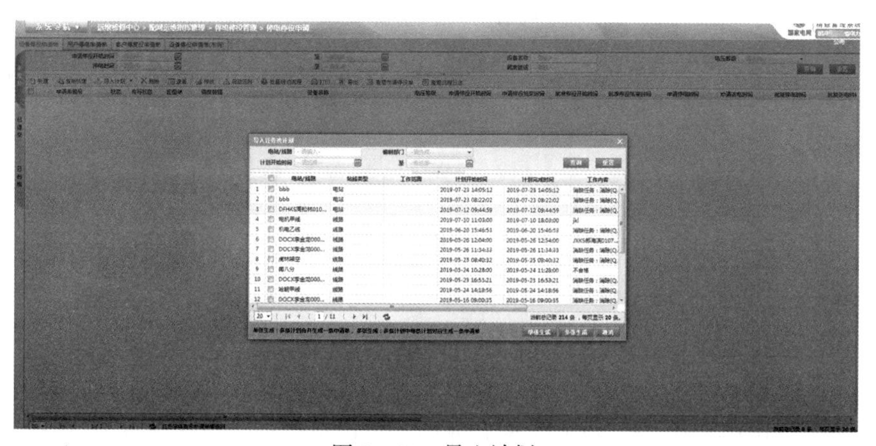

图 3-106　导入计划

图 3-107　选取计划导入

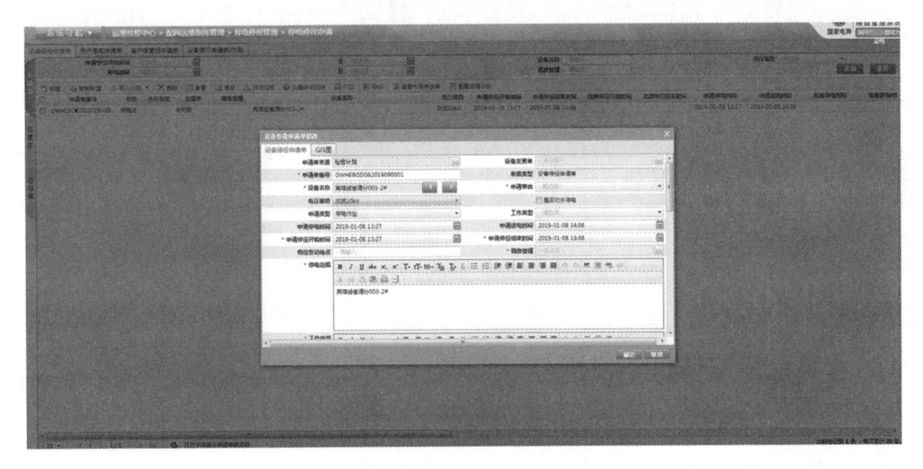

图 3-108　停电停役申请单修改

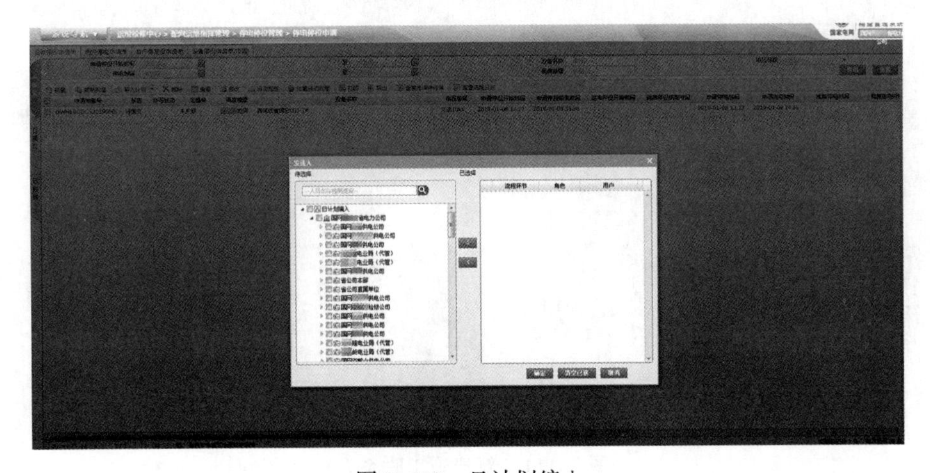

图 3-109　日计划编入

40. 如何进行施工联系人维护?

答：功能说明：提供施工班组、联系人、联系方式等状况。

功能菜单：系统导航→运维检修中心→配网运维指挥管理→停电停役管理→施工联系人维护。

操作步骤：提供新建、删除、修改相应信息功能，见图 3–110~ 图 3–113。

系统导航 ▾　运维检修中心 > 配网运维指挥管理 > 停电停役管理 > 施工联系人维护

施工班组 --请输入--　联系人 --请输入--

新建　删除　修改

施工班组	联系人	联系方式
运维五班	王	17745660
回维运维站	刘	18345002
董岭运维站	于	17745660
运维三班	关	18945677
运维四班	王	17745662
董岭运维站	孙	18345005
国网供电公司	李	1111111
运维五班	1	1
配电运维十七班	冀	18345002
黎明运维站运检八班	刘	18345002
运维十一班	朱	17745665
配电运维十九班	董	18345002
黎明运维站运检九班	李	18345002
关春香	18945677	
王正平	17745662	
配电运维十五班	张	17745662
配电运维一班	郜	18545238
国网供电公司	王	18845051
11	13694550	
配电运维一班	李	18845051

图 3–110　施工联系人维护

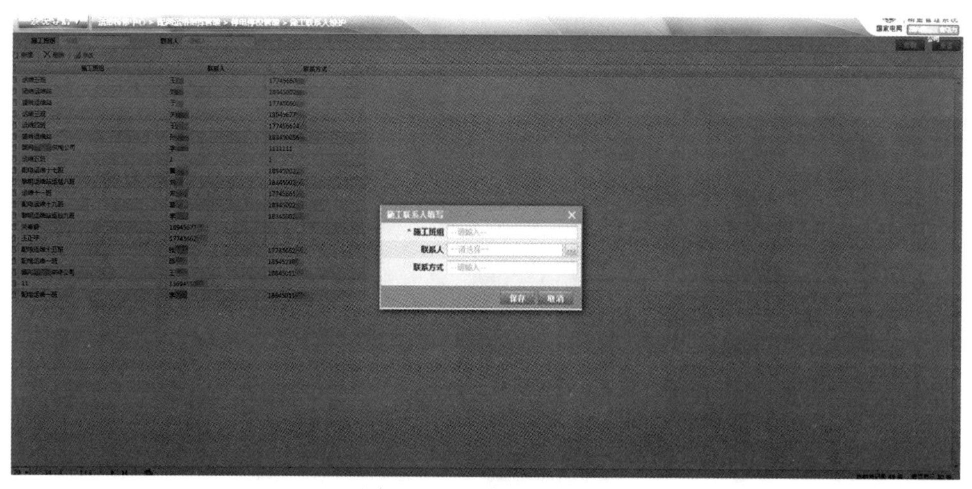

图 3–111　新建施工联系人

图 3–112　删除施工联系人

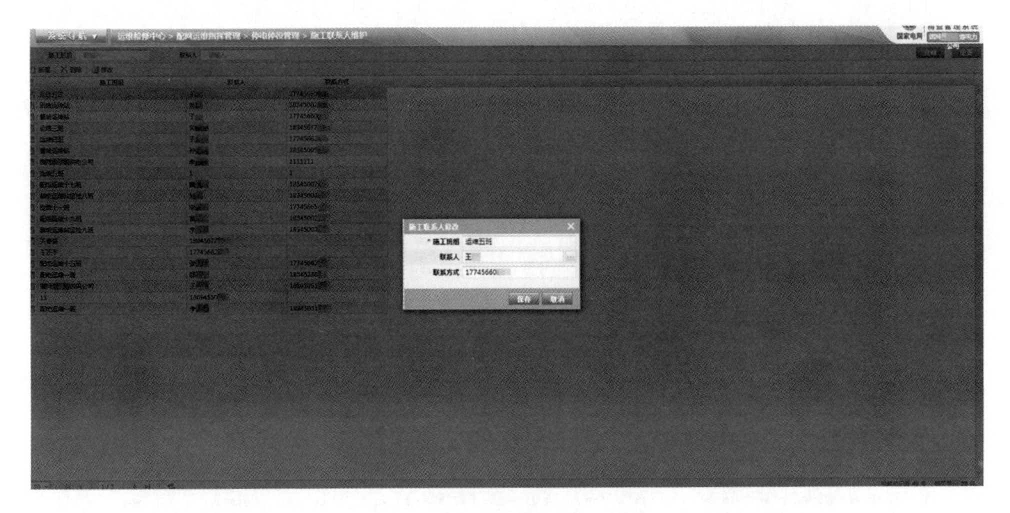

图 3–113　修改施工联系人

41. 怎样进行停电申请单统计?

答：功能说明：提供停电停役申请单统计功能。

功能菜单：系统导航→运维检修中心→配网运维指挥管理→停电停役管理→申请单统计。

操作步骤：申请单统计与导出相应信息功能见图 3–114。

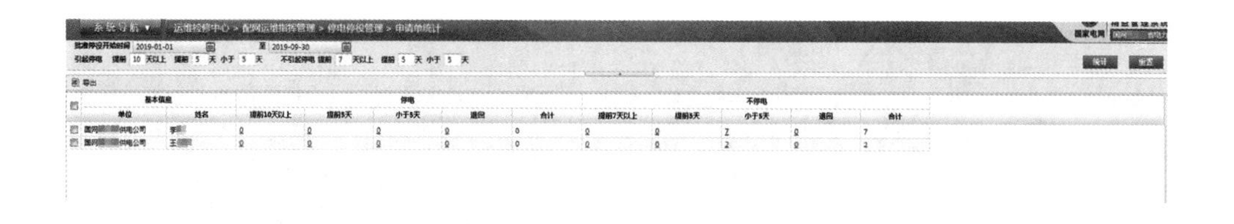

图 3–114　停电申请单统计

42. 如何进行申请单查询?

答：功能说明：提供设备停役申请单、用户停电申请单、客户停复役申请单、设备停役申请单（市调）查询功能。

功能菜单：系统导航→运维检修中心→配网运维指挥管理→停电停役管理→申请单查询。

操作步骤：以上申请单查询与导出相应信息功能见图 3–115~ 图 3–118。

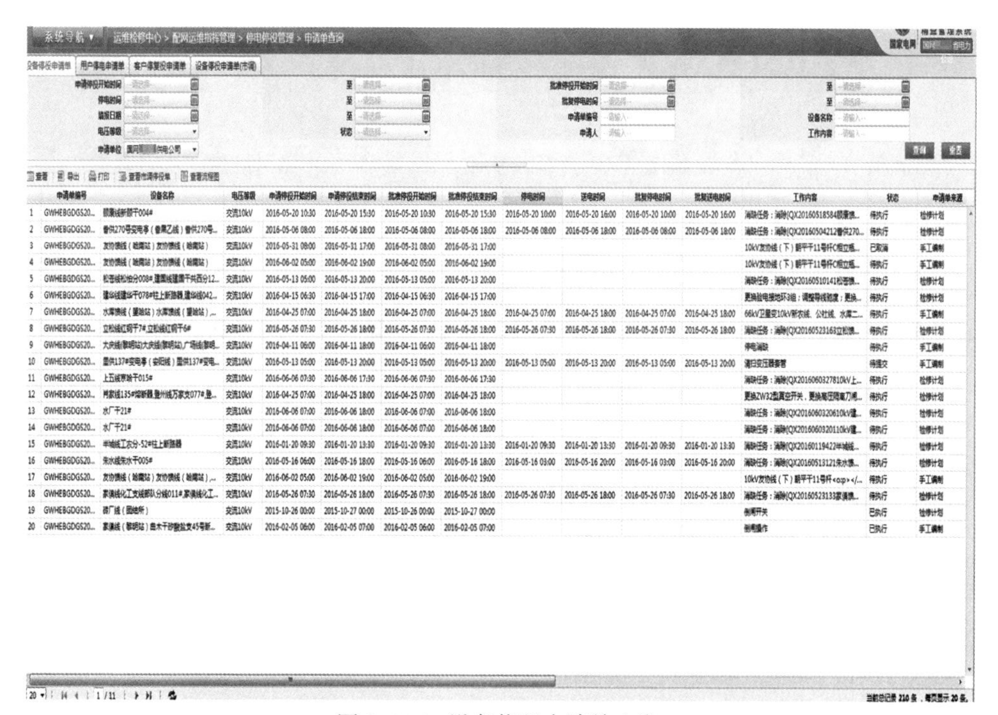

图 3–115　设备停役申请单查询

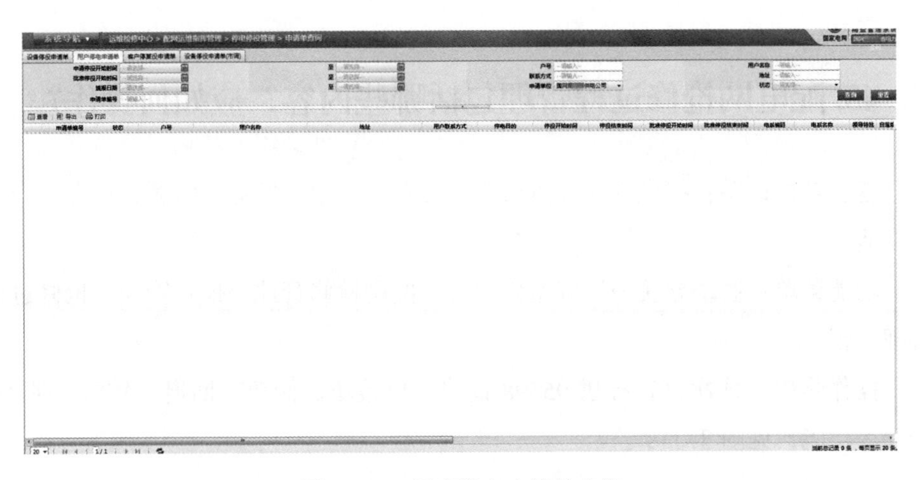

图 3–116　用户停电申请单查询

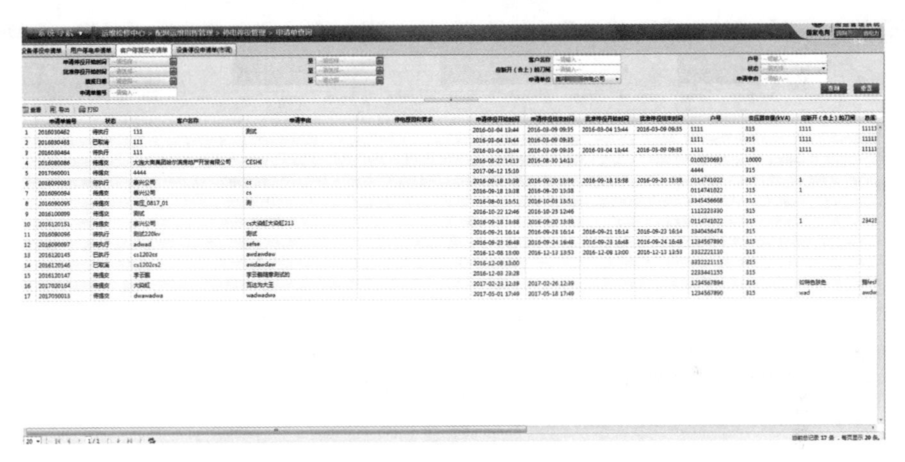

图 3–117　停复役申请单查询

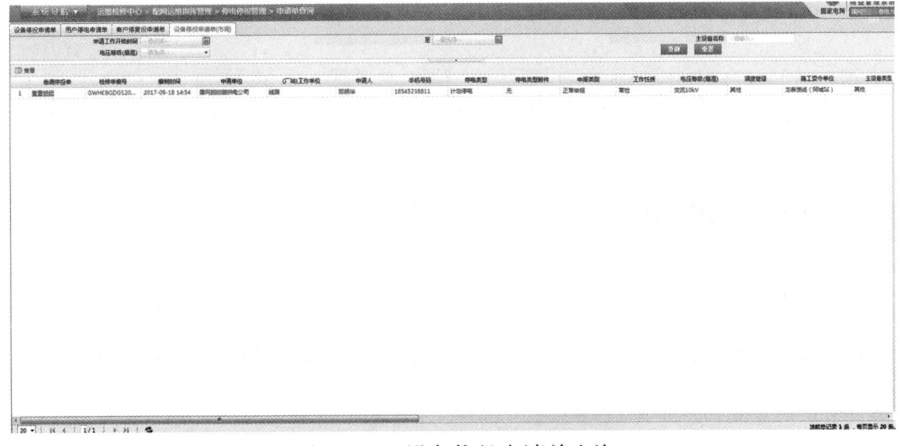

图 3–118　设备停役申请单查询

43. 配电网抢修过程管理包括哪些内容？应如何操作？

答：功能说明：提供95598抢修工单接单、派单、回退、转派、催办、合并等功能。

功能菜单：系统导航→运维检修中心→配网检修管控→抢修管控→抢修过程管理（新）。

操作步骤：依次进行提供95598抢修工单接单、派单、回退、转派、催办、合并等功能，见图3-119。

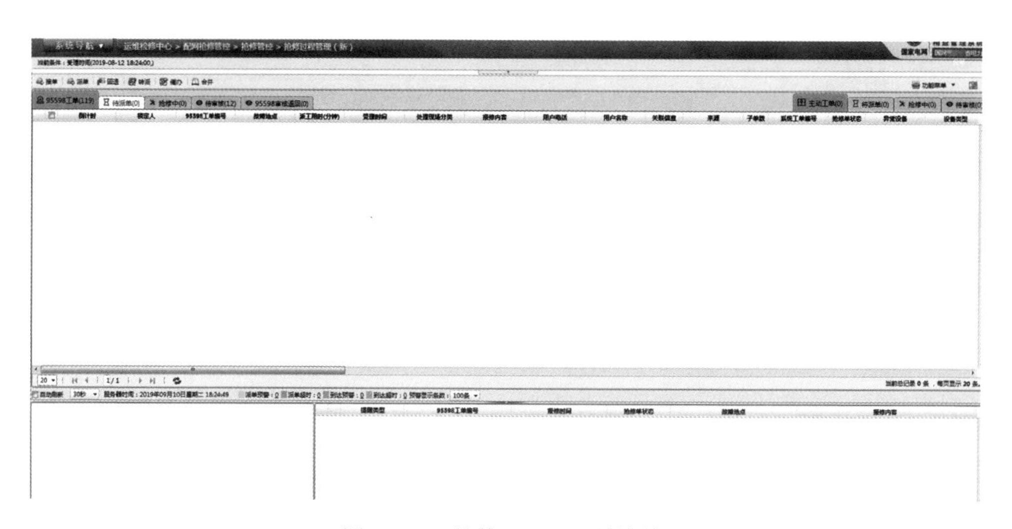

图3-119 抢修95598工单接单

提供各区供电公司、供电所接单、派单、回退、转派、催办、合并等功能。

44. 如何配置抢修APP的IP地址？

答：配置地址：点击“配置地址”按钮，进入平台配置地址界面，IP为前置机IP地址222.171.23.234，端口9091，勾选“使用前置机”选项，点击“确定”按钮，见图3-120。

图 3-120　抢修 APP 配置

登录：输入 PMS 用户的用户名和密码，勾选“记住密码”选项，点击“登录”按钮进行登录，见图 3-121。

图 3-121　抢修 APP 登录

45. 配电网抢修 APP 中如何进行上班、下班操作？都包括哪些内容？

答：注销：点击“注销”按钮，弹出提示，如果“确定”应用将注销跳转到登录界面，但这时用户并没有下班，还是在职状态，见图 3-122 和图 3-123。

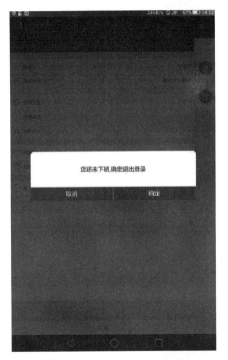

图 3-122　抢修 APP 交接班

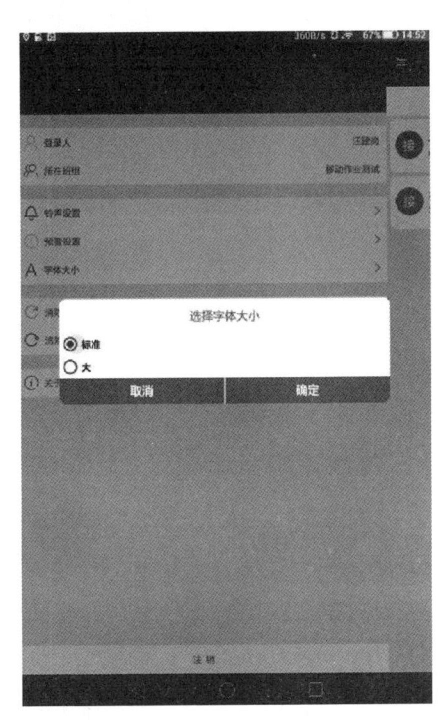

图 3-123　抢修 APP 系统字体调整

上班：进入首页后首先需要上班，如果不点击“上班”按钮，界面上的所有工单都不能进行操作，见图 3-124。

上班后如果有交接班信息且登录账号是接班负责人，将会提醒“你有交接班信息，请查收”，见图 3-125。

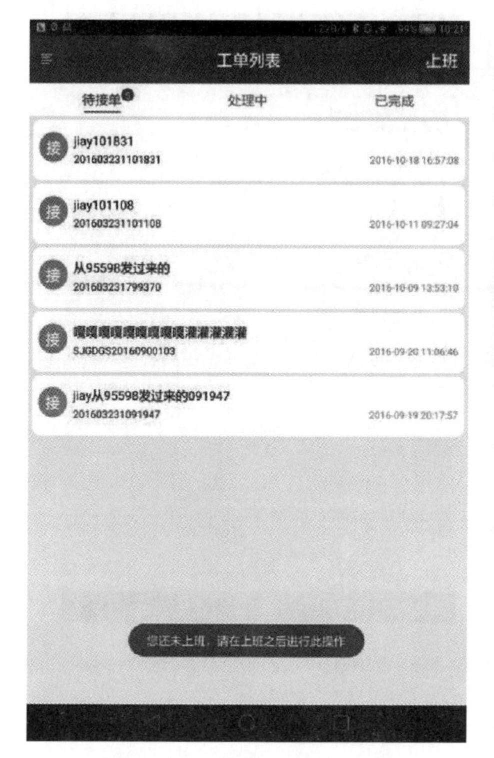

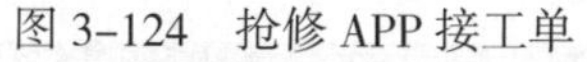
图 3-124　抢修 APP 接工单

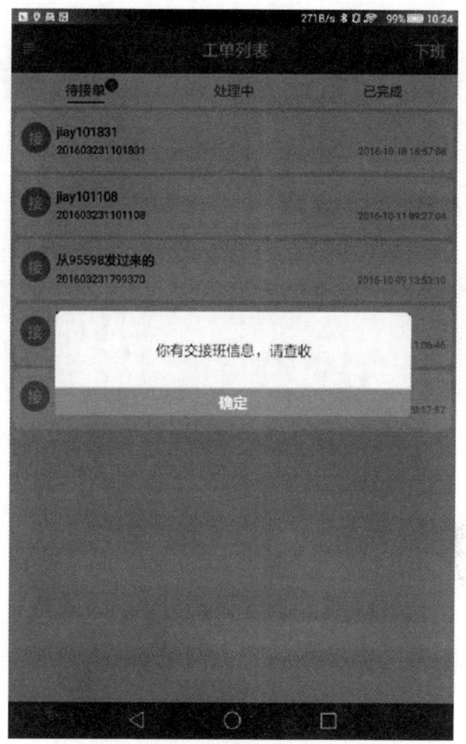

图 3-125　交接班工单提示信息

点击“确定”按钮，交接班成功后将在“处理中”和“待接单”显示交接过来的工单，见图 3-126。

待接单：在待接单中显示主站派过来的抢修工单，如果是派给个人则只有该用户自己可以看到；如果是派给抢修队则该抢修队下的所有队员都能看到该工单，如果工单被其中一人接单，剩下的队员将不再看到此工单。点击“接”按钮进行接单，见图 3-127。

消息推送服务部署成功后，主站推送工单过来在终端通知栏会有消息跟铃声提醒，见图 3-128。

点击该条信息可进入工单分布界面，可进行退单接单操作。

当没有网络时终端页面会有无法连接服务器的提醒，见图 3-129。

图 3-126　抢修 APP 交接班后工单查询

图 3-127　抢修 APP 接单

图 3-128　抢修 APP 工单提示

图 3-129　抢修 APP 网络设置

处理中：接单成功后，点击“处理中”按钮，进入处理中抢修单列表界面，处理中包括已交接、已接单、已到达、已勘察、待审核、审核回退的工单，见图 3–130。

已完成：接单成功后，点击“已完成”按钮，进入已完成抢修单列表界面，可以查看历史工单及工单详情，包括一天内、三天内、一周内和一月内，见图 3–131。

图 3–130 抢修 APP 处理中工单查看

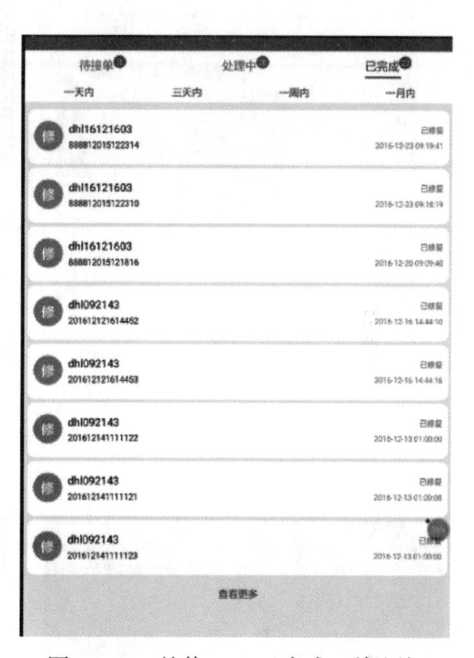

图 3–131 抢修 APP 已完成工单查询

工单分布：点击待接单列表中的一条抢修单或者点击处理中列表中的定位图标都可以进入到工单分布界面，见图 3–132。

进入后在 GPS 网络开启的情况下可以进行路线导航，如果该条抢修单没有故障地址坐标则会定位失败。

退单：在待接单列表中长按一条抢修单，会弹出退单界面，退单原因可以进行选择，也可以自行输入，点击“确定”按钮确定退单，见图 3–133。

合单：点击工单分布界面中的“合单”按钮，进入合单界面，只有已接单、已到达、已勘察的抢修单可以进行合并，并且合并的工单必须属于同一来源，见图 3–134。

合并工单之后，子单成粉红色，见图 3–135。

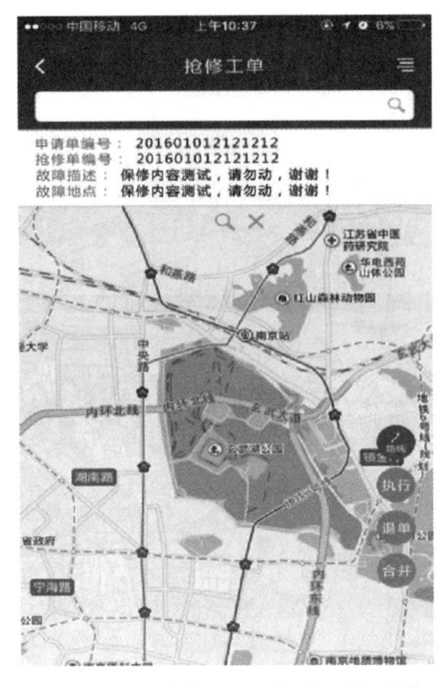

图 3-132　抢修 APP 中地理位置信息图

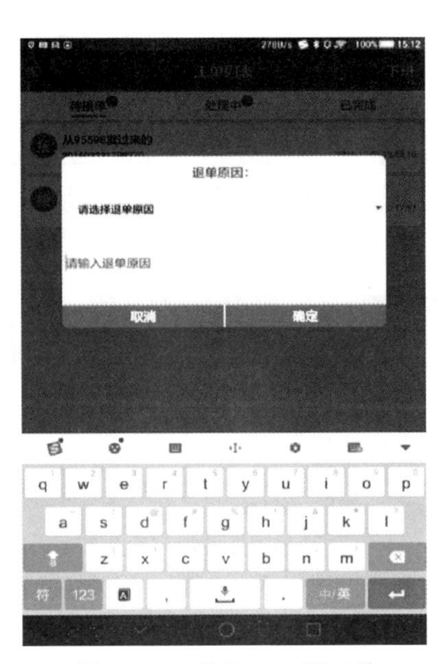

图 3-133　抢修 APP 退工单

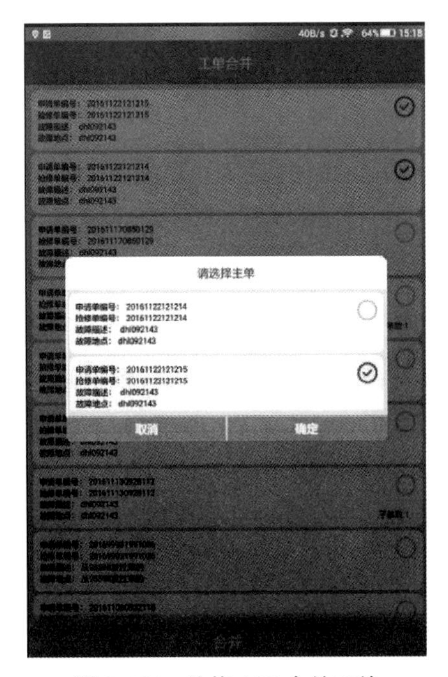

图 3-134　抢修 APP 合并工单

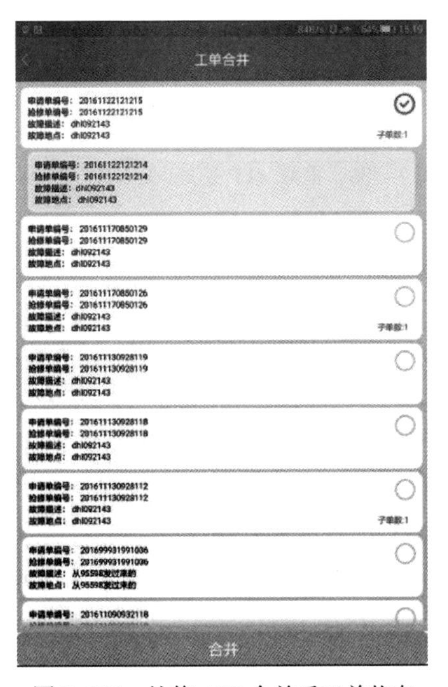

图 3-135　抢修 APP 合并后工单状态

点击子单，可以查看到工单详情，见图 3–136。

下班：用户下班前在首页点击“下班”按钮，如果在处理中有未完成的工单会提示“您还有未完成的工单，请完成后下班”，未完成的工单包括已到达、已勘察、提交审核和审核不通过的工单，见图 3–137。

图 3–136　抢修 APP 子工单应用详情

图 3–137　抢修 APP 下班操作提示

如果没有未完成的工单但还有已派单或者已接单未处理的工单，弹出提示“是否进行交接班”，如果确定进行交接班则进入交接班界面，见图 3–138。

交接班页面，选择负责人和队员，点击“确定”按钮后交接班成功，用户下班，跳转到登录界面。

注意：负责人和队员都必选，负责人和队员不能是同一人，负责人只能选择一个，队员可多选。

催办提醒：当主站进行催办时，终端会收到催办提醒，见图 3–139。

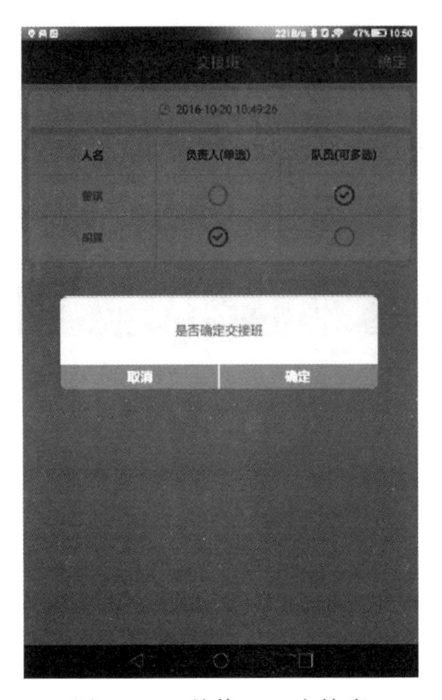

图 3-138　抢修 APP 交接班

图 3-139　抢修 APP 催办工单提醒

46. 抢修过程包含哪些内容?

答：抢修过程包含了到达记录、勘察汇报、修复记录。

抢修过程必须先完成到达记录，“*”为必填项，如果已超时则需填写超时说明。如因网络或其他原因选择通知 PMS2.0 主站人员进行到达，可以选择人工到达记录的原因。编辑数据，点击“暂存”按钮，在到达记录过程下编辑的数据会被保存成功。完成到达记录后，到达记录过程页面下“暂存”按钮不显示，见图 3-140。

点击“已到达”按钮，数据将上传到 PMS2.0 主站，成功后数据不能再进行修改，“已到达”按钮将置灰，到达记录时间会显示为 PMS2.0 主站服务时间，见图 3-141。

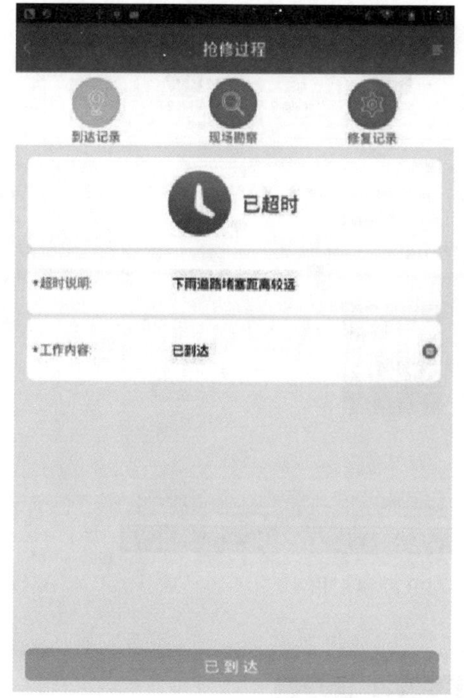

图 3-140　抢修 APP 填写超时工单

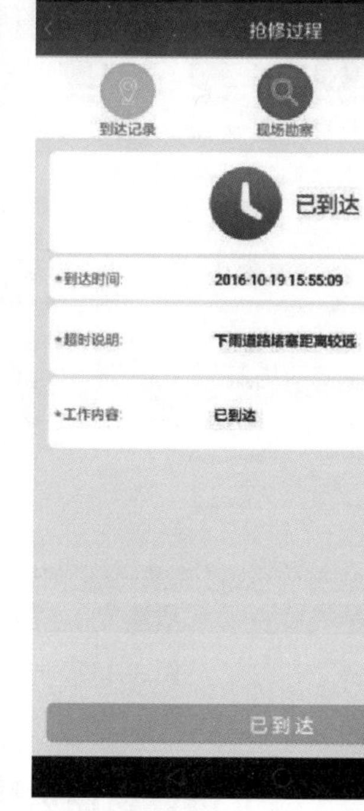

图 3-141　抢修 APP 已到达

47. 如何进行勘察汇报？

答：勘察汇报包括勘察信息、故障登记，可对故障进行拍照上传，“*”为必填项，预计修复时间不能小于等于当前时间。编辑数据，点击“暂存”按钮，在现场勘察过程下编辑的数据会被保存成功。完成现场勘察后，现场勘察过程页面下“暂存”按钮不显示，见图 3-142。

点击“选择工作内容模板”按钮，可进入工作内容模板界面，页面上显示故障登记分页下编辑的一级分类、二级分类和三级分类对应的工作内容模板。点击“收藏”按钮可收藏该模板，再次点击可以取消收藏，见图 3-143。

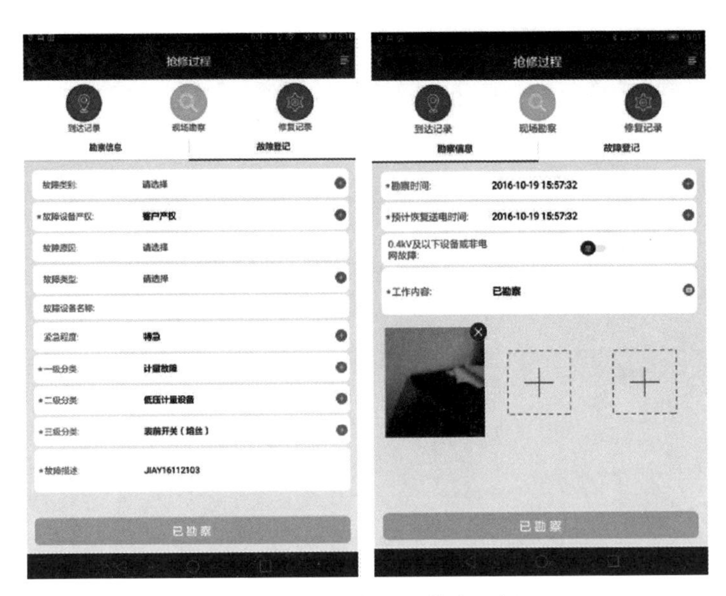

图 3-142　抢修 APP 勘察汇报

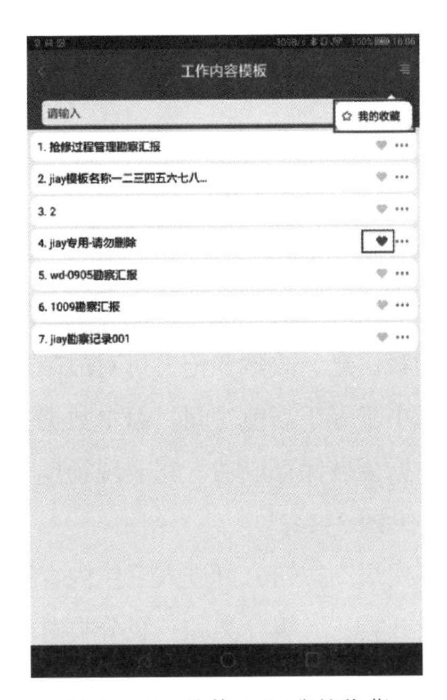

图 3-143　抢修 APP 我的收藏

点击“我的收藏”按钮可进入模板收藏界面，在我的收藏列表中可以看到已经收藏的模板列表，长按一条记录可以取消收藏，见图 3-144。

点击“已勘察”按钮，数据将上传到PMS2.0主站，成功后数据不能再进行修改，“已勘察”按钮将置灰，见图3-145。

图3-144　抢修APP取消收藏

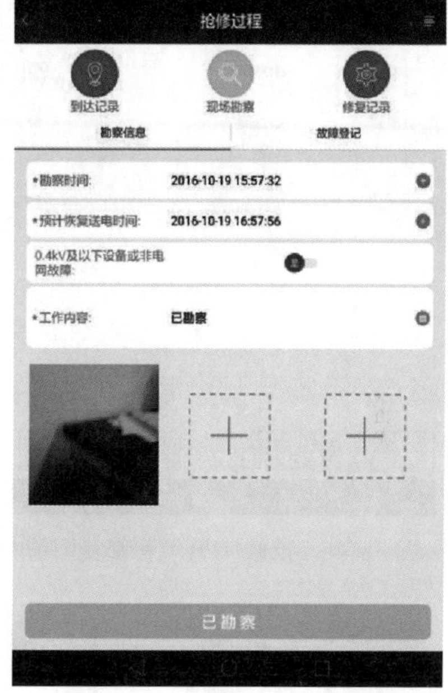

图3-145　抢修APP已勘查

48. 怎样填写修复记录?

答：修复记录中“*”为必填项。编辑数据，点击“暂存”按钮，在修复记录过程下编辑的数据会被保存成功。完成修复记录后，修复记录过程页面下“暂存”按钮不显示。

点击“选择工作内容模板”按钮，可进入工作内容模板界面，与勘察汇报工作模板相同，请参照勘察汇报模板，见图3-146。

点击“已修复”按钮，数据将上传到PMS2.0主站，成功后数据不能再进行修改，“已修复”按钮将置灰，见图3-147。

如果该工单为95598工单则显示在列表中为待审核状态，见图3-148。

如果该工单在主站审核不通过，则该工单显示为审核回退状态，见图3-149。

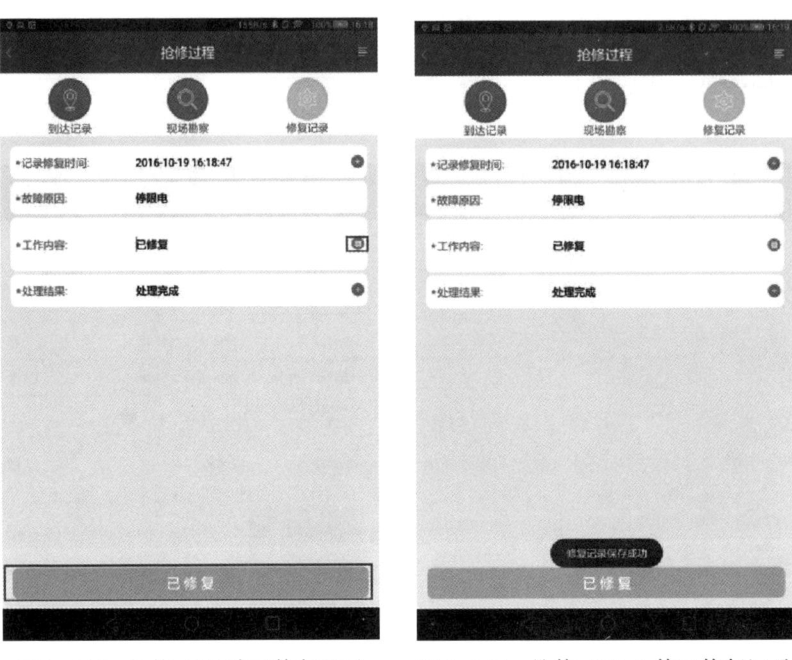

图 3-146　抢修 APP 填写修复记录　　图 3-147　抢修 APP 上传已修复记录

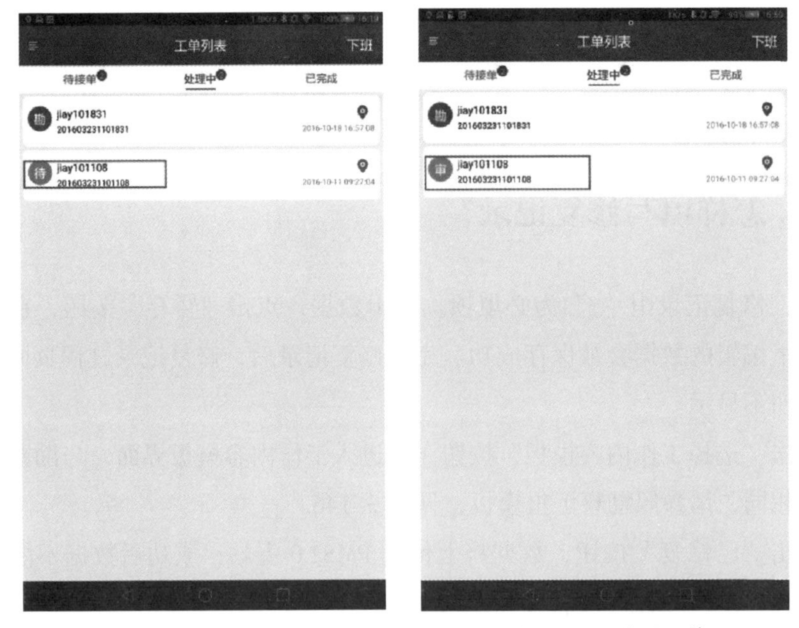

图 3-148　待审工单　　图 3-149　退回工单

消息推送服务部署成功的，主站工单审核不通过时在终端通知栏会有消息跟铃声提醒，见图 3-150。

点击进入后可对修复记录的内容进行重新提交，见图 3–151。

提交后主站审核通过工单会在已完成列表中显示，已完成列表只显示当天完成的工单，见图 3–152。

工单详情可查看该抢修单的报修信息，见图 3–153。

图 3–150 审核不通过提示

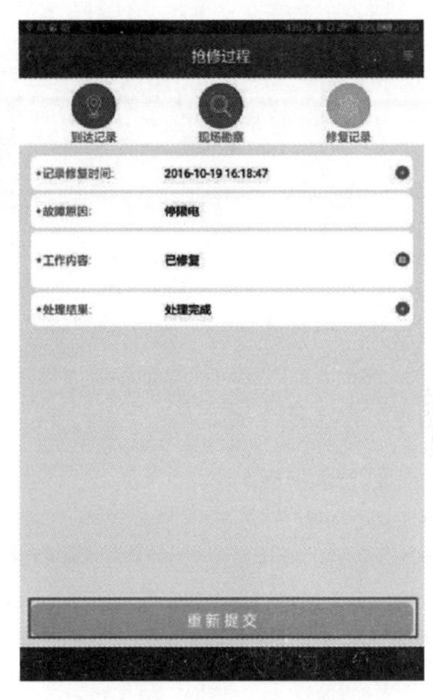

图 3–151 修复记录提交

图 3–152 已审核工单

图 3–153 抢修 APP 工单详情

四　实物资产管理

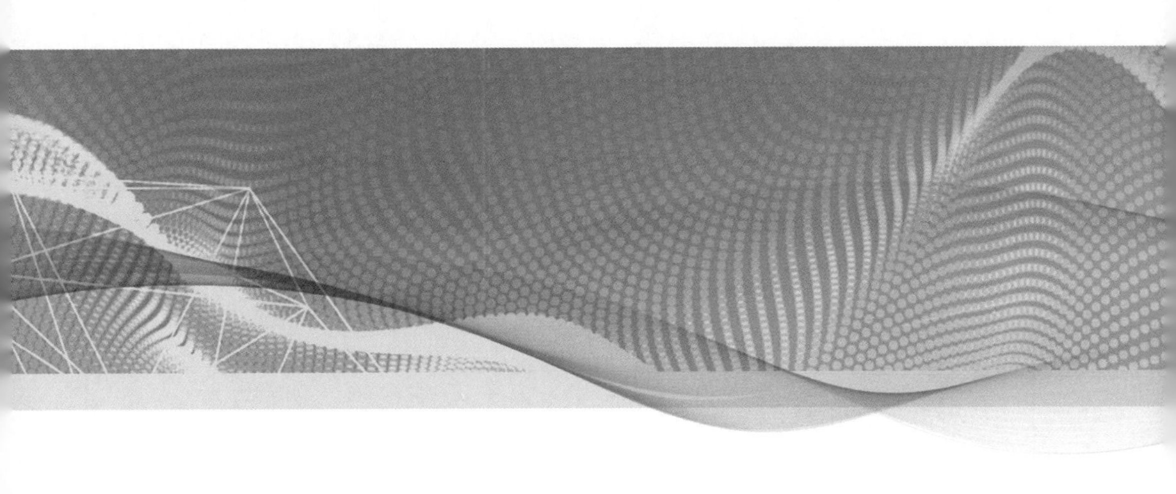

1. 当新增设备台账已完成建立，如何操作进行设备“PM编码”生成？

答：运维人员根据所登录的权限，进入 PMS2.0 系统，在“电网资源中心→实物资产管理→ 实物资产新增管理→设备资产同步”页面下，可使用工程名称、工程编号查询到新增设备的明细（可模糊查找），用“确认同步”功能将设备同步至 ERP，在 PMS2.0 中生成 PM 编码，见图 4-1~ 图 4-3。

图 4-1　设备资产同步页面

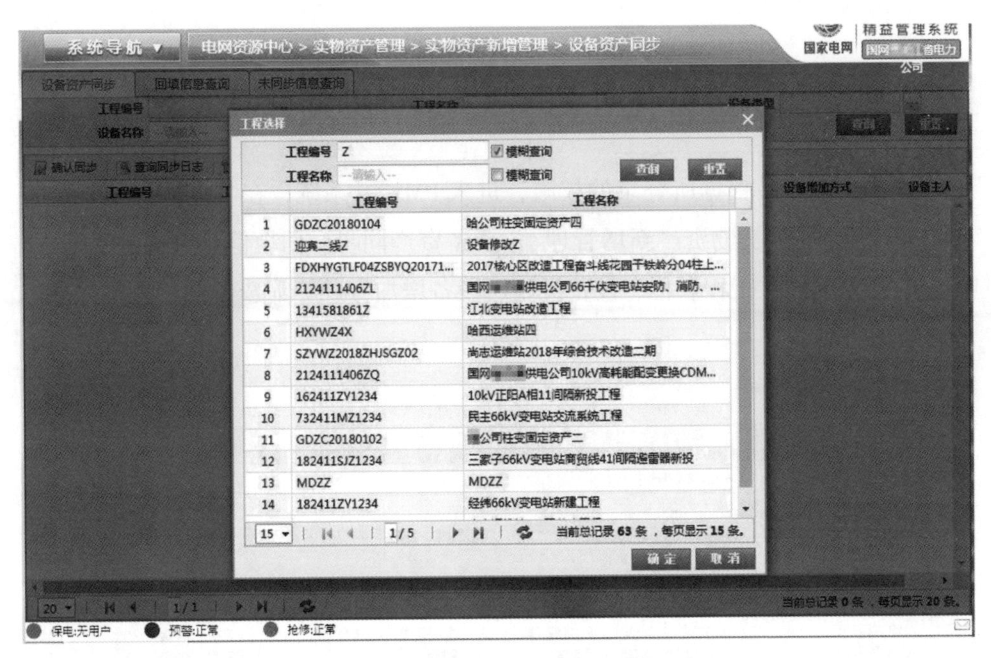

图 4–2　设备资产同步查询页面

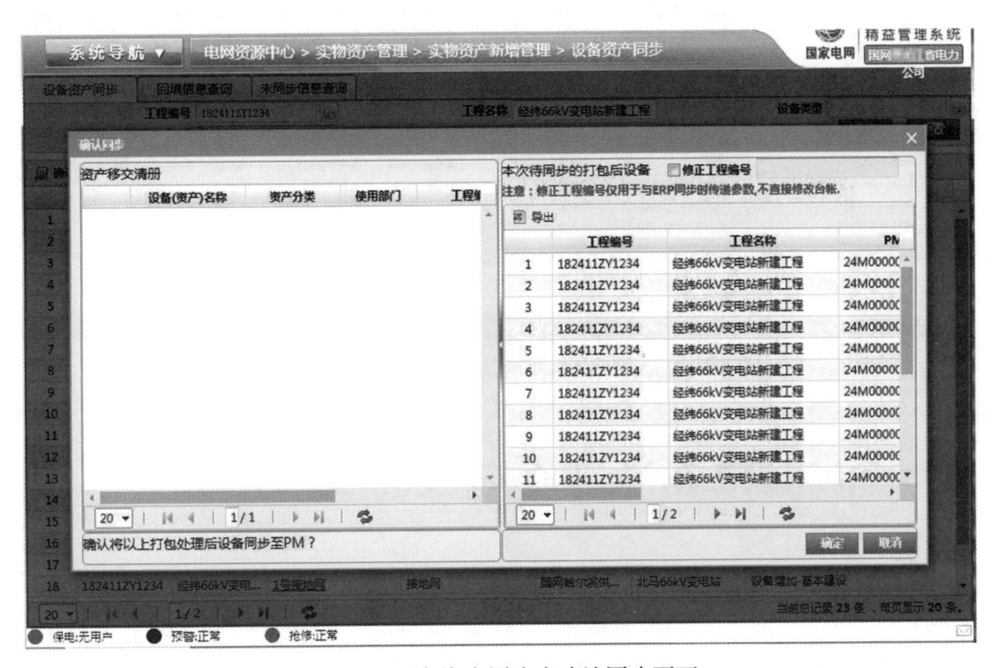

图 4–3　设备资产同步中确认同步页面

2. 如何对设备资产同步的回填情况进行查询？

答：运维人员根据所登录的权限，进入 PMS2.0 系统，在“电网资源管理→实物资产管理 → 实物资产新增管理 → 设备资产同步→回填信息查询”页面下，可根据工程编号、工程名称、设备类型、设备增加方式等筛选条件，查询并导出设备台账，见图 4–4。

图 4–4　回填信息查询页面

3. 如何对设备资产同步的未同步情况进行查询？

答：运维人员根据所登录的权限，进入 PMS2.0 系统，在“电网资源管理→实物资产管理 → 实物资产新增管理 → 设备资产同步→未同步信息查询”页面下，可根据设备类型、设备名称筛选条件，查询并导出设备台账，见图 4–5。

图 4-5　未同步信息查询页面

4. 如何操作可将某一设备退役台账进入退役处置区？

答：运维人员根据所登录的权限，进入 PMS2.0 系统，在“电网资源管理 → 设备台账管理 → 设备变更申请”页面下，新建变更申请单，申请类型选择“设备退役”，填全必填项目（工程名称、工程编号），启动流程，审核通过进入台账维护界面，可使用设备台账页面中“退役”功能，填写“退役时间”“退役原因”后完成台账退役，见图 4-6 和图 4-7。

注意：台账退役前需先进行其关联的图形变更。

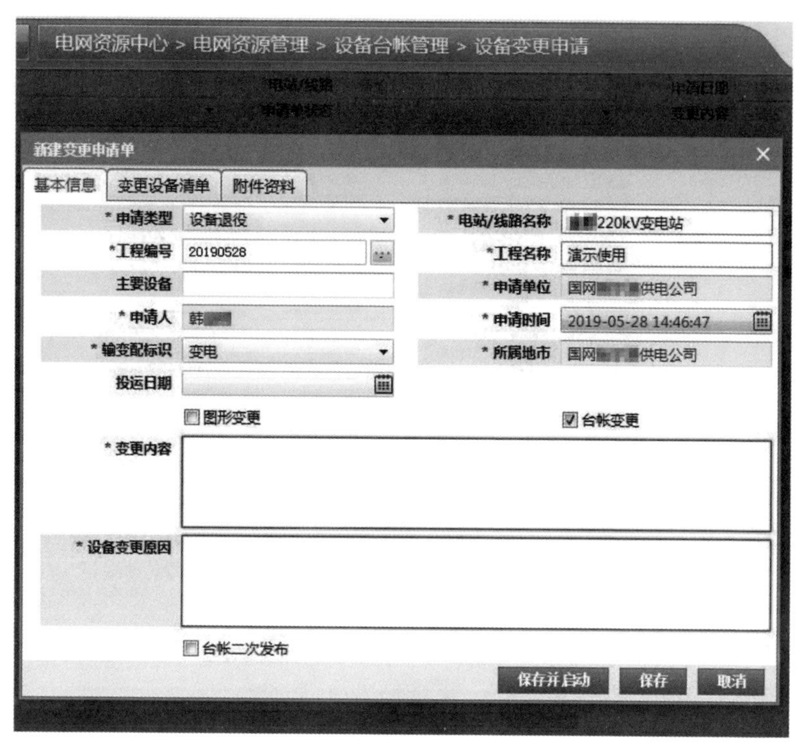

图 4-6　新建变更申请单页面

图 4-7　设备退役填写页面

5. 如何对退役设备进行技术鉴定？技术鉴定结论有哪两类？退役设备处置（技术鉴定）后设备台账转入哪里？

答：运维人员根据所登录的权限，进入 PMS2.0 系统，在“电网资源管理→实物资产管理→实物资产退役报废管理→实物资产退役处置”页面下，可根据所属电站、资产编号等筛选条件，查询后勾选单条或多条设备台账进行“技术鉴定”操作。技术鉴定结论可为再利用或报废。当技术鉴定为再利用时，设备台账转入再利用库，当技术鉴定为报废时，设备台账转入报废库，见图 4-8。

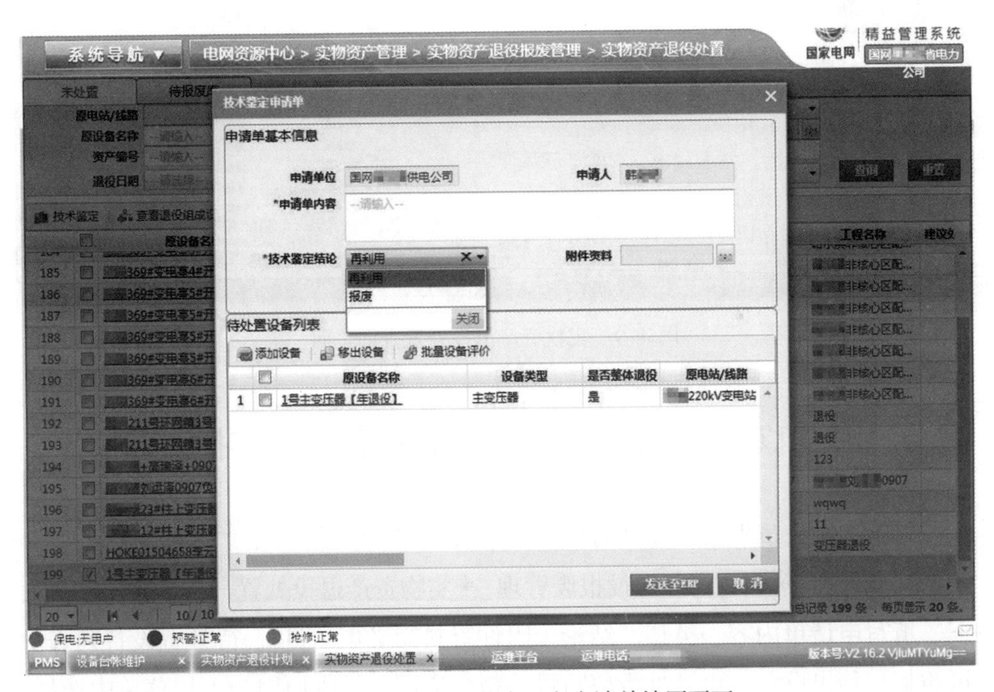

图 4-8 退役处置中技术鉴定申请单填写页面

6. 如何进行退役设备处置情况的查询及导出？

答：运维人员根据所登录的权限，进入 PMS2.0 系统，在“电网资源中心→

实物资产管理 → 实物资产退役报废管理 → 实物资产退役查询”页面下，可根据所属电站、设备类型、生产厂家、资产性质等筛选条件，查询并导出设备的退役处置状态，见图 4–9。

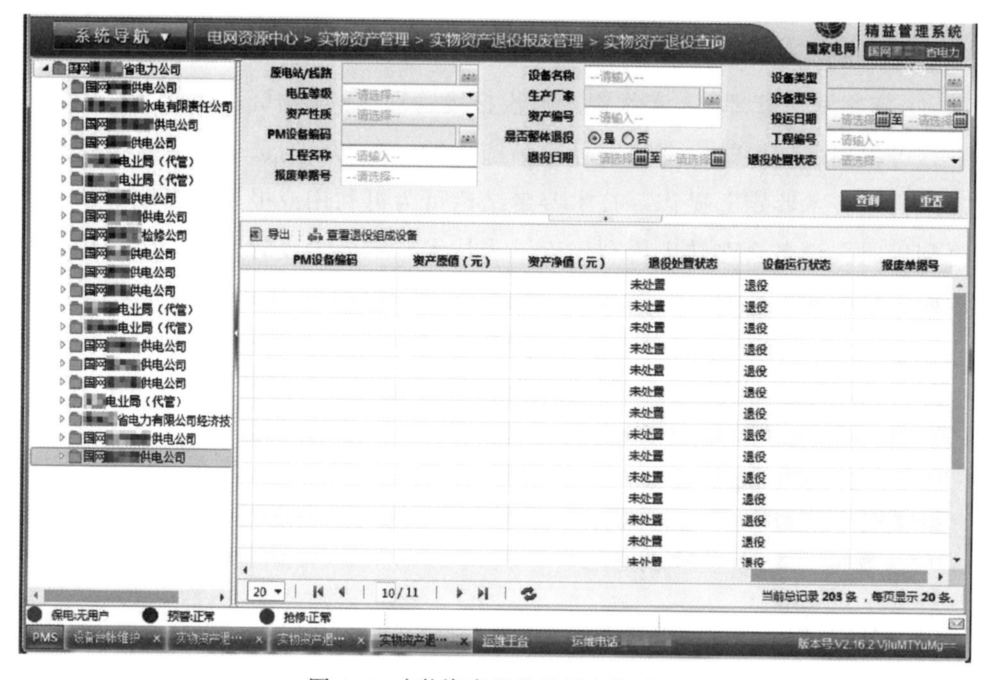

图 4–9　实物资产退役处置查询页面

7. 如何填写技术鉴定申请单，将设备转为待报废状态？

答： 运维人员根据所登录的权限，进入 PMS2.0 系统，在“电网资源管理 → 实物资产管理 → 实物资产退役报废管理 → 实物资产退役处置→技术鉴定”页面下，填写申请单内容、类型、结论（附件资料为必填项目），待处置设备列表中可添加、移出设备，也可批量填写设备报废原因，报废原因为下拉菜单中选择，见图 4–10 和图 4 –11。

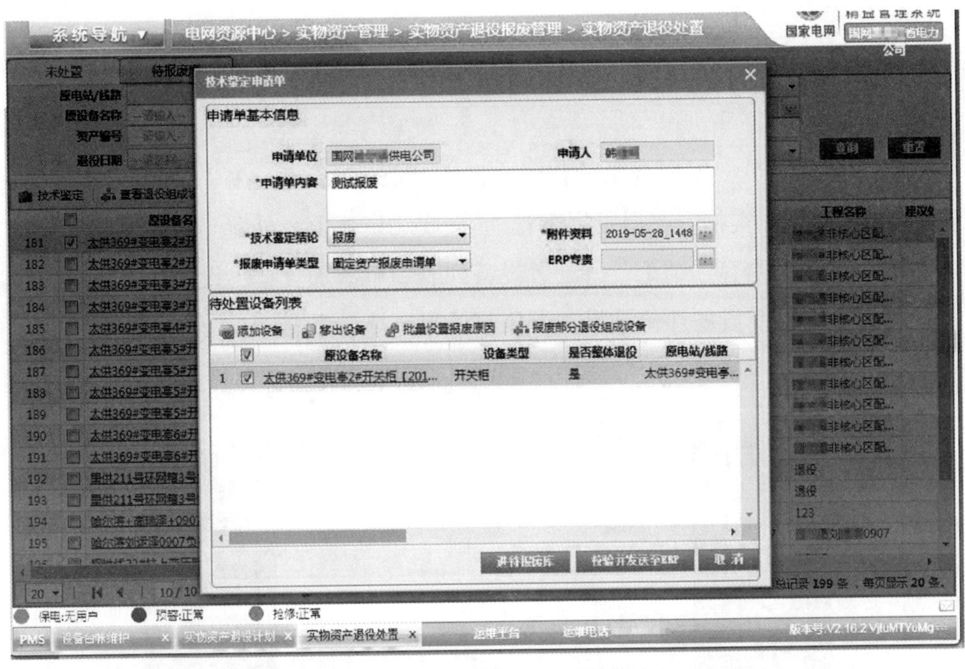

图 4–10 技术鉴定申请单中鉴定为报废的范例

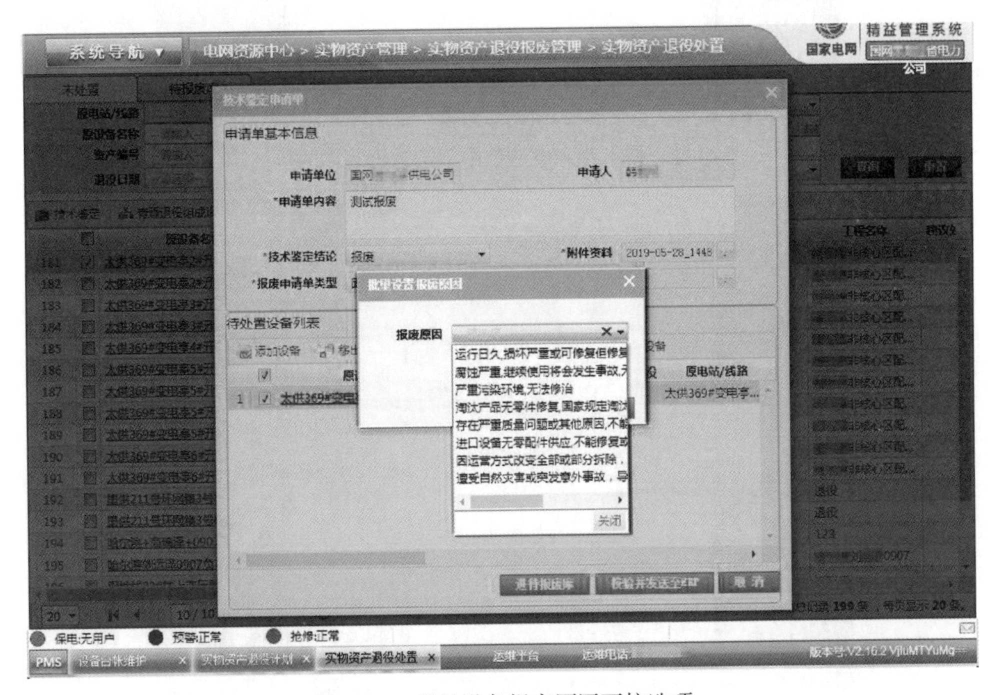

图 4–11 批量设备报废原因下拉选项

8. 如何填写技术鉴定申请单，将设备转为再利用状态？

答：运维人员根据所登录的权限，进入 PMS2.0 系统，在“电网资源管理→实物资产管理 → 实物资产退役报废管理 → 实物资产退役处置→技术鉴定”页面下，填写申请单内容、结论，待处置设备列表中可添加、移出设备，也可批量填写设备评价结果。设备评价结果为下拉菜单中选择，见图 4–12 和图 4–13。

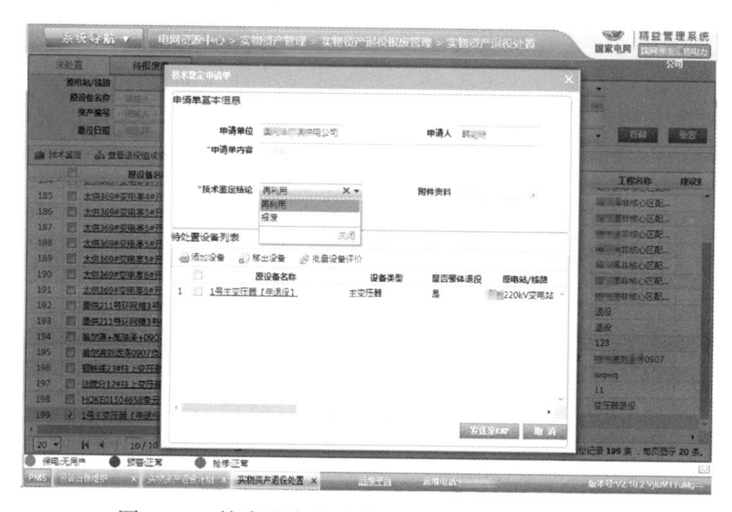

图 4–12　技术鉴定申请单中鉴定为再利用的范例

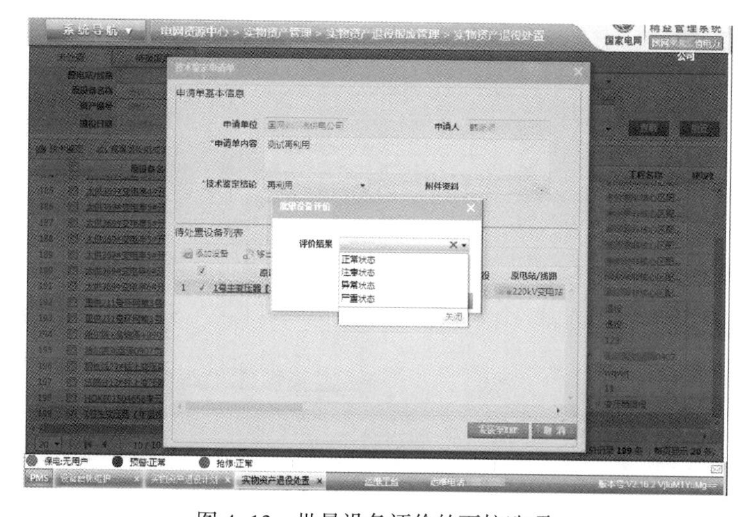

图 4–13　批量设备评价的下拉选项

9. 如何操作可对备品备件进行新增？新增来源有哪些？

答：根据所登录的权限，进入 PMS2.0 系统，在“电网资源管理 → 备品备件管理 →备品备件新增”页面下，可选择备品备件仓库，然后新增备品备件。新增来源包括再利用转、工程移交、流动资金购置、其他，见图 4–14。

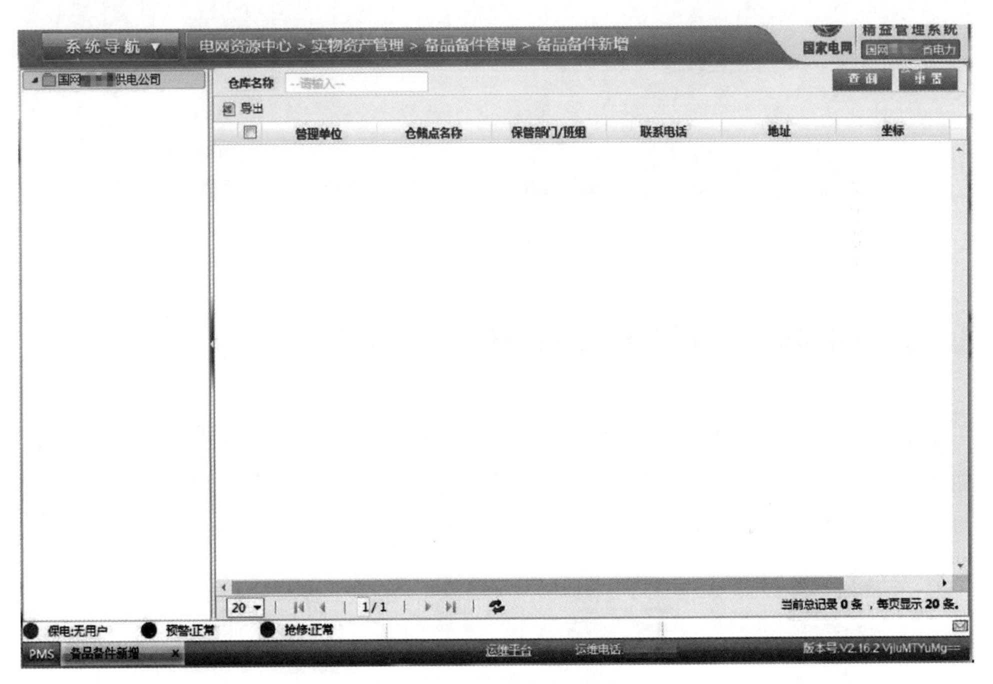

图 4–14 备品备件新增页面

10. 如何对备品备件定额进行修改？

答：根据所登录的权限，进入 PMS2.0 系统，在“电网资源管理 → 备品备件管理 →备品备件定额管理”页面下，可以新建、删除、修改备品备件的定额数量，见图 4–15。

	设备类型	电压等级	定额数量	库存数量	需补货数量	计量单位	备注
1	柱上变压器	交流10kV	200	0	200	台	
2	柱上隔离开关	交流10kV	111	3	108	台	
3	主变压器	交流220kV	200	0	200	台	
4	主变压器	交流66kV	50	1	49	tai	
5	主变压器	交流35kV	50	0	50	tai	
6	所用变	交流220kV	100	2	98	台	
7	断路器	交流10kV	22	3	19	台	
8	隔离开关	交流220kV	100	1	99	台	
9	电流互感器	交流35kV	11	2	9	11	11

图 4-15　备品备件定额管理页面

11. 如何查询并导出备品备件的台账?

答：根据所登录的权限，进入 PMS2.0 系统，在“电网资源管理 → 备品备件管理 →备品备件查询”页面下，可根据设备类型、生产厂家、电压等级、库存地点、备品备件来源等筛选条件，查询并导出设备的备品备件台账，见图 4-16。

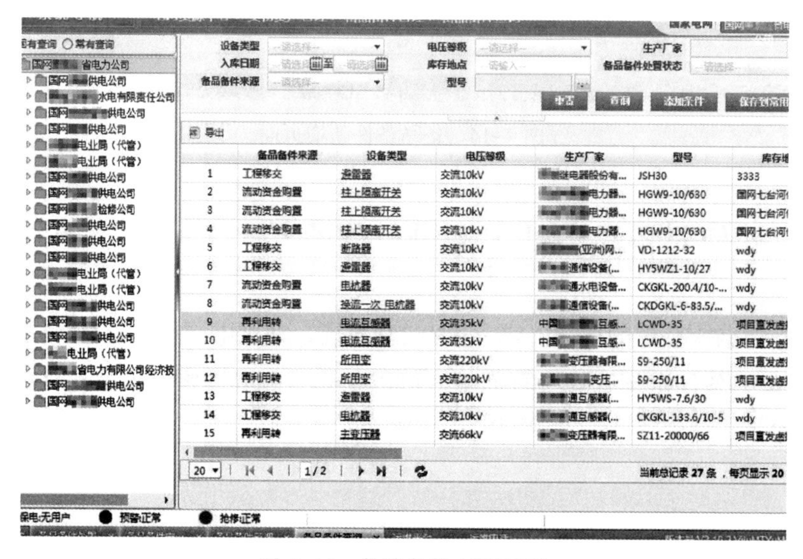

	备品备件来源	设备类型	电压等级	生产厂家	型号	库存地
1	工程移交	避雷器	交流10kV	继电器股份有...	JSH30	3333
2	流动资金购置	柱上隔离开关	交流10kV	电力器...	HGW9-10/630	国网七台河
3	流动资金购置	柱上隔离开关	交流10kV	电力器...	HGW9-10/630	国网七台河
4	流动资金购置	柱上隔离开关	交流10kV	电力器...	HGW9-10/630	国网七台河
5	工程移交	断路器	交流10kV	(亚洲)网...	VD-1212-32	wdy
6	工程移交	避雷器	交流10kV	通信设备(...	HY5WZ1-10/27	wdy
7	流动资金购置	电抗器	交流10kV	通水电设备...	CKGKL-200.4/10-...	wdy
8	流动资金购置	换流一次 电抗器	交流10kV	通信设备(...	CKDGKL-6-83.5/...	wdy
9	再利用转	电流互感器	交流35kV	中国 互感...	LCWD-35	项目直发虚
10	再利用转	电流互感器	交流35kV	中国 互感...	LCWD-35	项目直发虚
11	再利用转	所用变	交流220kV	变压器有限...	S9-250/11	项目直发虚
12	再利用转	所用变	交流220kV	变压...	S9-250/11	项目直发虚
13	工程移交	避雷器	交流10kV	通互感器(...	HY5WS-7.6/30	wdy
14	工程移交	电抗器	交流10kV	通互感器(...	CKGKL-133.6/10-5	wdy
15	再利用转	主变压器	交流66kV	变压器有限...	SZ11-20000/66	项目直发虚

图 4-16　备品备件查询页面

12. 如何操作进行占用其他网省的备品备件？

答： 根据所登录的权限，进入 PMS2.0 系统，在“电网资源管理 → 备品备件管理 →备品备件全网共享平台”页面下，可根据设备类型、生产厂家、电压等级、库存地点、备品备件来源等筛选条件，查询并导出其他网省的备品备件台账，可使用“占用”功能进行占用，见图 4–17。

图 4–17　备品备件全网共享平台页面

13. 如何操作可对再利用库的设备进行处置？可进行哪些处置？

答： 运维人员根据所登录的权限，进入 PMS2.0 系统，在“电网资源管理 → 实物资产管理 → 实物资产再利用管理 → 实物资产再利用处置”页面下，可根据所属电站、设备类型、电压等级、资产性质等筛选条件，查询并导出对应再利用设备，进行再利用处置。该页面下，可修改再利用设备的库存地点和设备保管人，可将设备转为备品备件，可申请报废（再次填写技术鉴定申请单），可将设备设为市内共享，或者进行占用，见图 4–18 和图 4–19。

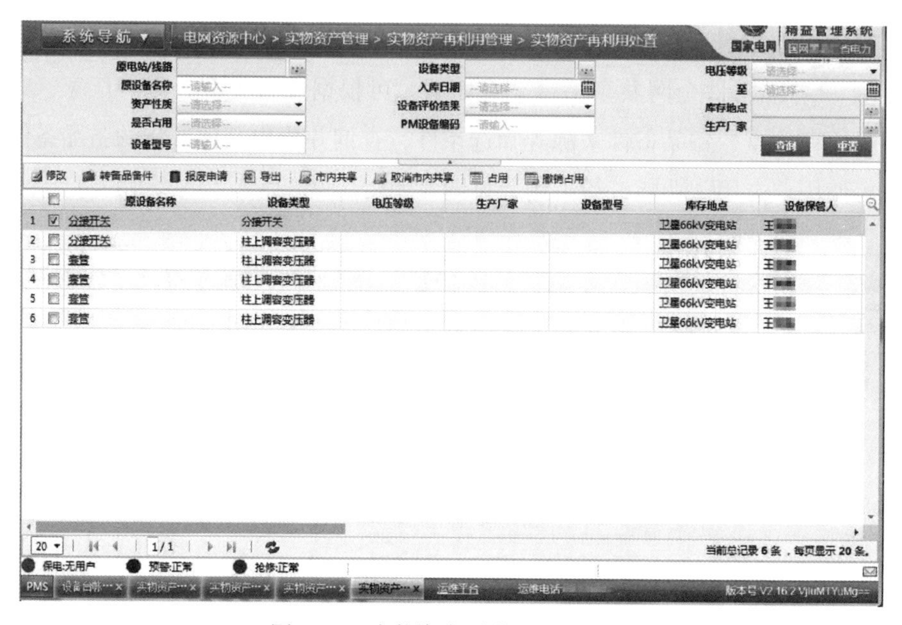

图 4–18　实物资产再利用处置页面

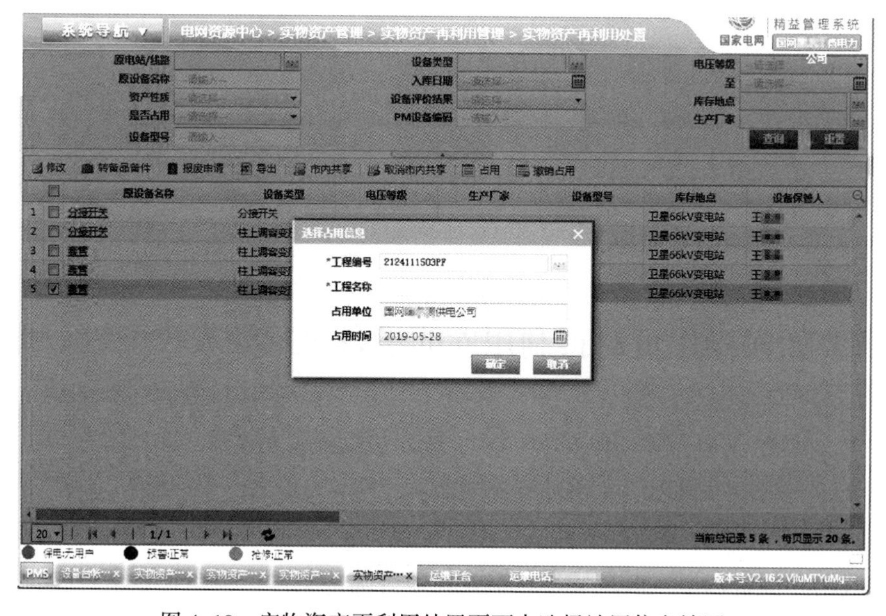

图 4–19　实物资产再利用处置页面中选择站用信息填写

14. 再利用处置情况的查询及导出怎样操作?

答：运维人员根据所登录的权限，进入 PMS2.0 系统，在“电网资源管理 → 实物资产管理 → 实物资产再利用管理 → 实物资产再利用查询”页面下，可根据所属电站、设备类型、电压等级、资产性质等筛选条件，查询并导出设备的再利用处置状态，见图 4–20。

图 4–20　实物资产再利用查询页面

15. 变更再利用设备的共享级别或取消共享怎样操作?

答：运维人员根据所登录的权限，进入 PMS2.0 系统，在“电网资源管理 → 实物资产管理 → 实物资产再利用管理 → 再利用市内共享平台”页面下，可将设备转为省内共享或取消共享，同理省内平台页面下可转为全网共享，见图 4–21。

图 4-21　再利用市内共享平台页面

16. 当需要进行设备实物 ID 生成时，如何操作才能准确找到所需设备？

答：运维人员根据所登录的权限，进入 PMS2.0 系统，在“电网资源管理 → 实物资产管理 → 实物 ID 管理 → 实物 ID 生成”页面下，可根据运维单位、所属电站、设备类型、专业分类、资产性质、是否生成等筛选条件，查询出待生成实物 ID 的设备，见图 4-22（数据来源是大纲表和对应设备的台账表，会过滤掉在组合设备下的设备信息）。

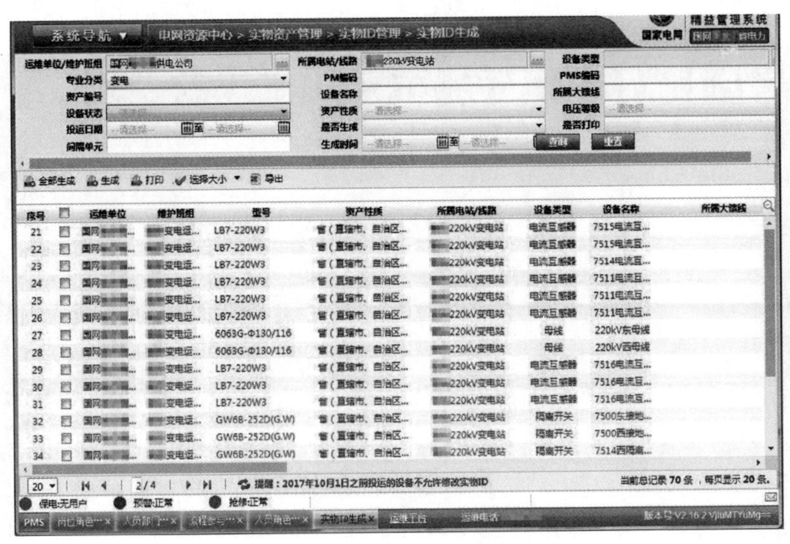

图 4–22 实物 ID 生成页面

17. 准确找到所需设备后，如何进行设备实物 ID 生成并打印?

答：在“实物 ID 生成”页面下，选择单条或多条数据进行实物 ID 生成。勾选多条数据时用“全部生成”功能，勾选单条数据时用“生成”功能。然后，可使用“选择大小”功能选择尺寸大小，进行打印，见图 4–23 和图 4 –24。

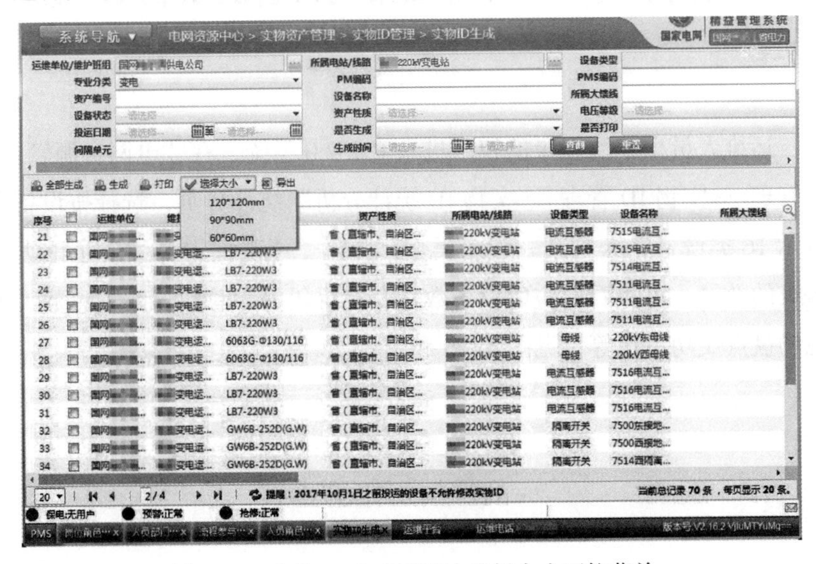

图 4–23 实物 ID 生成页面中选择大小下拉菜单

图 4-24　实物 ID 生成页面中二维码范例

18. 如何查看对应电压等级某类设备的实物 ID 生成及打印情况?

答：运维人员根据所登录的权限进入 PMS2.0 系统，在“电网资源管理 → 实物资产管理 → 实物 ID 管理 → 实物 ID 统计分析”统计分页，选择按设备类型统计，展示 16 类设备，点击某一设备类型，弹出二级页面，详细展示该类设备各电压等级的数量。可查看对应的设备数量、二维码打印总数、匹配总数、生成占比与现场盘点成功占比等，见图 4-25 和图 4-26。

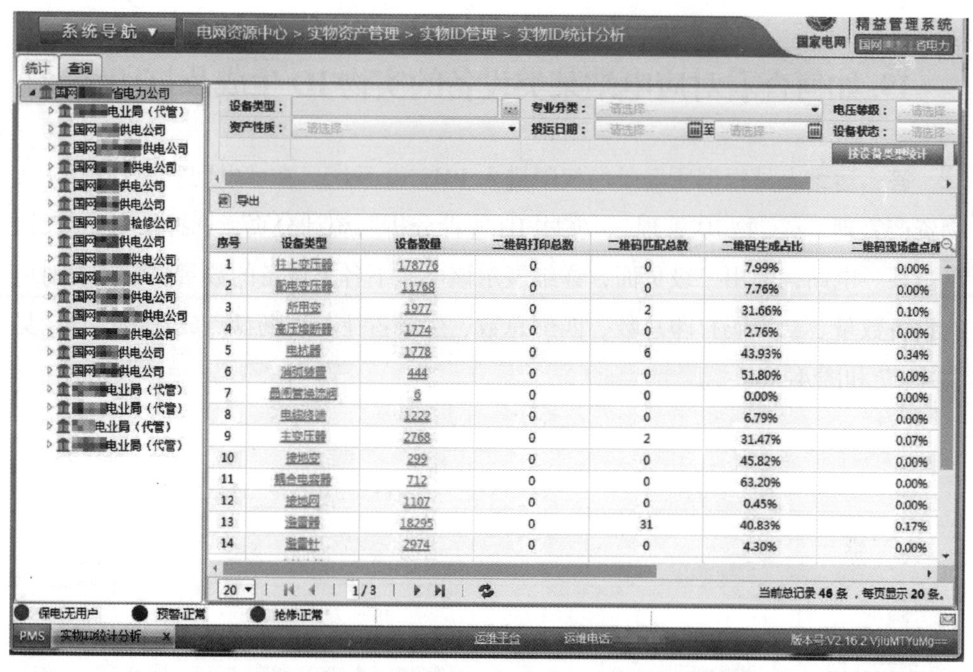

序号	设备类型	设备数量	二维码打印总数	二维码匹配总数	二维码生成占比	二维码现场盘点成
1	柱上变压器	178776	0	0	7.99%	0.00%
2	配电变压器	11768	0	0	7.76%	0.00%
3	所用变	1977	0	2	31.66%	0.10%
4	高压熔断器	1774	0	0	2.76%	0.00%
5	电抗器	1778	0	6	43.93%	0.34%
6	消弧线圈	444	0	0	51.80%	0.00%
7	晶闸管换流阀	6	0	0	0.00%	0.00%
8	电缆终端	1222	0	0	6.79%	0.00%
9	主变压器	2768	0	2	31.47%	0.07%
10	接地变	299	0	0	45.82%	0.00%
11	耦合电容器	712	0	0	63.20%	0.00%
12	接地网	1107	0	0	0.45%	0.00%
13	避雷器	18295	0	31	40.83%	0.17%
14	避雷针	2974	0	0	4.30%	0.00%

图 4–25　实物 ID 统计页面中按设备类型统计

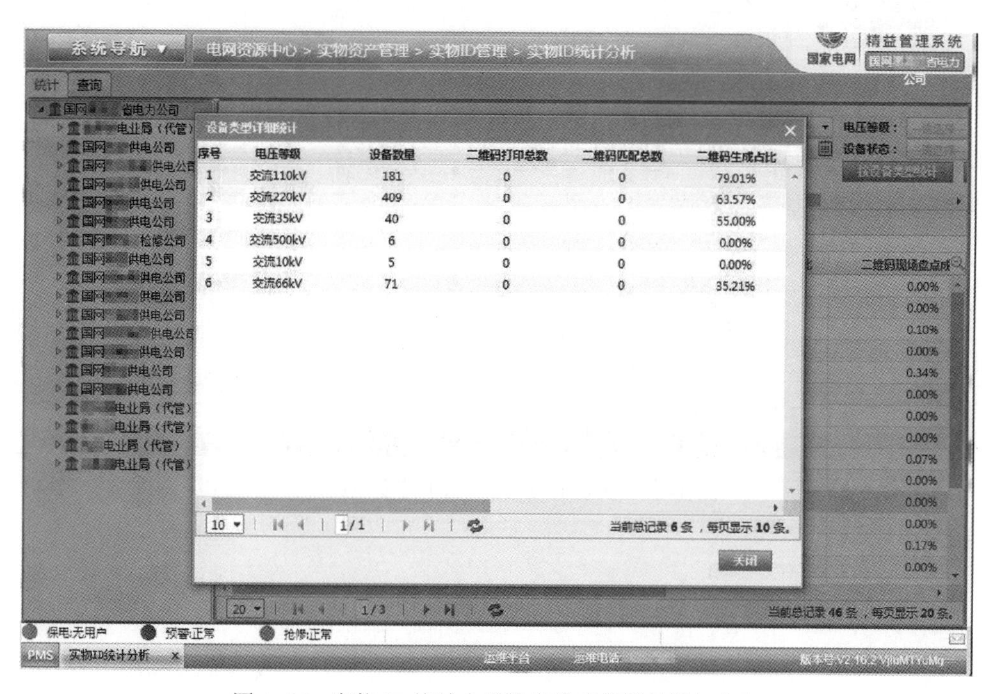

序号	电压等级	设备数量	二维码打印总数	二维码匹配总数	二维码生成占比
1	交流110kV	181	0	0	79.01%
2	交流220kV	409	0	0	63.57%
3	交流35kV	40	0	0	55.00%
4	交流500kV	6	0	0	0.00%
5	交流10kV	5	0	0	0.00%
6	交流66kV	71	0	0	35.21%

图 4–26　实物 ID 统计中按设备类型统计的详细信息

19. 如何查看对应电站某类设备的实物 ID 生成及打印情况?

答：运维人员根据所登录的权限进入 PMS2.0 系统，在“电网资源管理 → 实物资产管理 → 实物 ID 管理 → 实物 ID 统计分析”统计分页，选择按电站统计，点击某一电站，弹出二级页面，详细展示该电站下各类设备的数量。可查看对应的设备数量、二维码打印总数、匹配总数、生成占比与现场盘点成功占比等，见图 4–27 和图 4–28。

序号	所属电站	设备数量	二维码打印总数	二维码匹配总数	二维码生成占比	二维码现场盘点成
1621	太阳岛66kV变电站	43	0	0	41.86%	0.00%
1622	复兴35kV变电站	30	0	0	0.00%	0.00%
1623	前进500kV变电站	163	0	0	78.53%	0.00%
1624	虎林220kV变电站	342	0	0	71.93%	0.00%
1625	乐园变电站	134	0	0	96.27%	0.00%
1626	海伦220kV变电站	236	0	0	94.49%	0.00%
1627	大民35kV变电站	49	0	0	0.00%	0.00%
1628	胡铁岭220kV变电站	69	0	0	66.67%	0.00%
1629	蝶东220kV变电站	101	0	0	0.00%	0.00%
1630	龙祥变开关站	74	0	0	100.00%	0.00%
1631	北郊66kV变电站	81	0	0	75.31%	0.00%
1632	横道220kV开关站	70	0	0	0.00%	0.00%
1633	北湖头35kV开关站	19	0	0	0.00%	0.00%
1634	华山监狱35kV变...	2	0	0	0.00%	0.00%

图 4–27　实物 ID 统计页面中按变电站统计

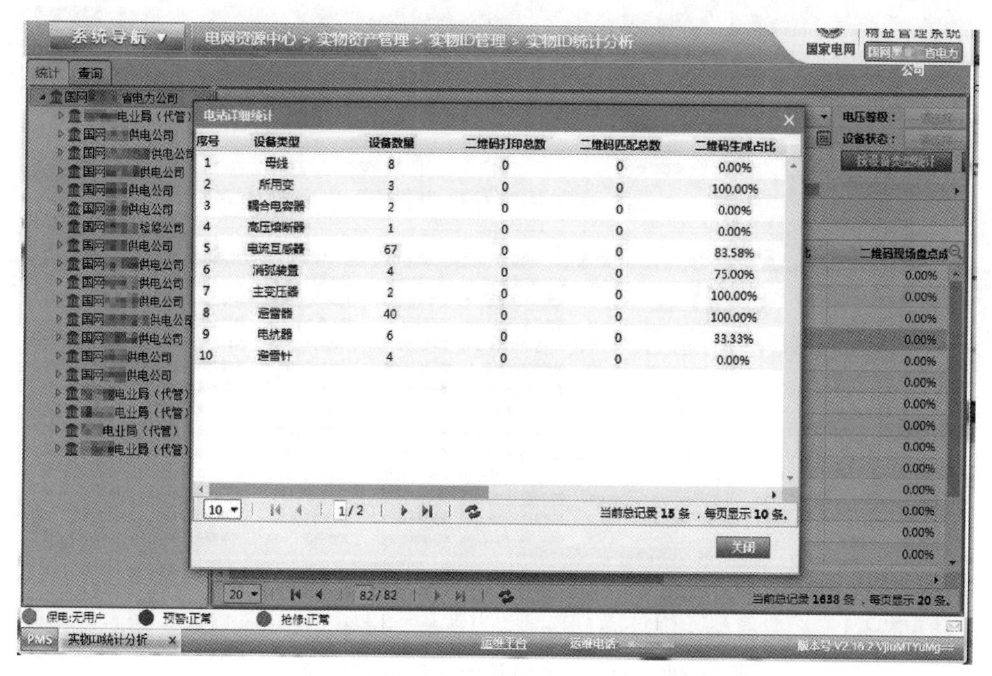

图 4–28　实物 ID 统计页面中按变电站统计的详细信息

20. 如何操作可查询设备的实物 ID 生成及打印情况并进行数据导出?

答: 运维人员进入 PMS2.0 系统“电网资源管理 → 实物资产管理 → 实物 ID 管理 → 实物 ID 统计分析 ”查询分页，提供可查询所有设备的信息，主要按照所属电站、设备类型、电压等级、二维码是否打印、匹配状态五类进行查询。点击设备名称，可查看设备详细信息。点击已有的实物 ID，可查看二维码，并支持打印。两个分页均提供导出 EXCEL 文件，方便用户进行信息保存，以及进一步对数据的查看与分析，见图 4–29~ 图 4–32。

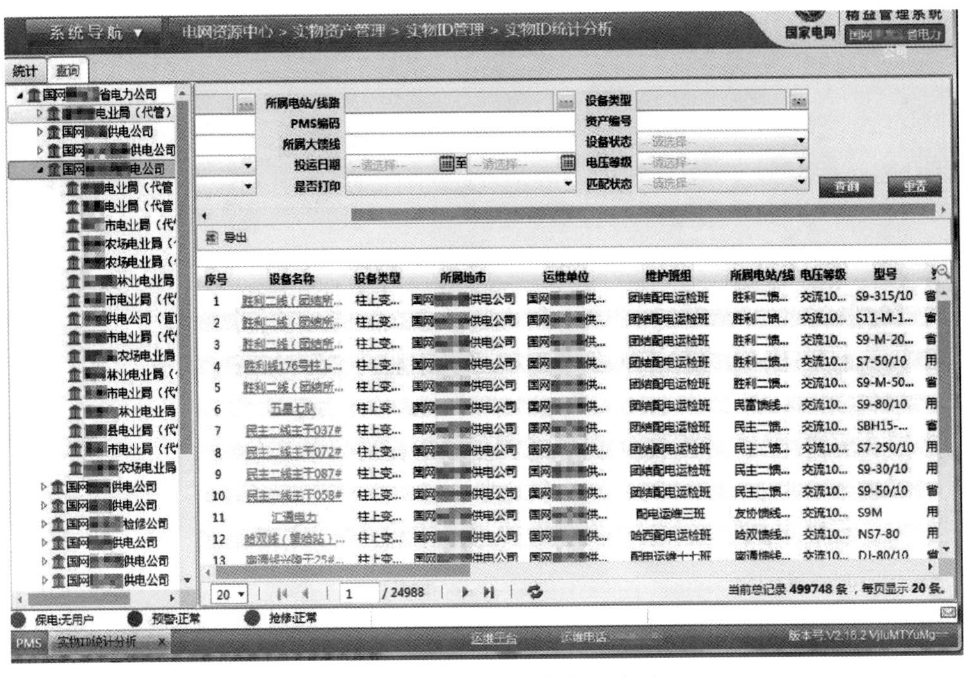

图 4–29　实物 ID 统计分析的查询页面

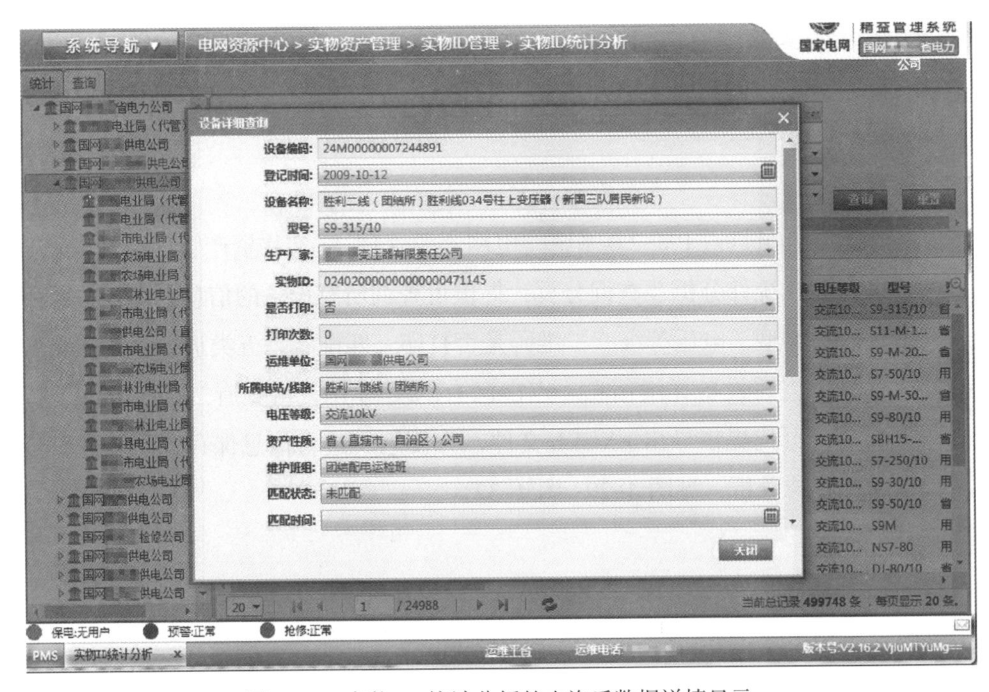

图 4–30　实物 ID 统计分析的查询后数据详情显示

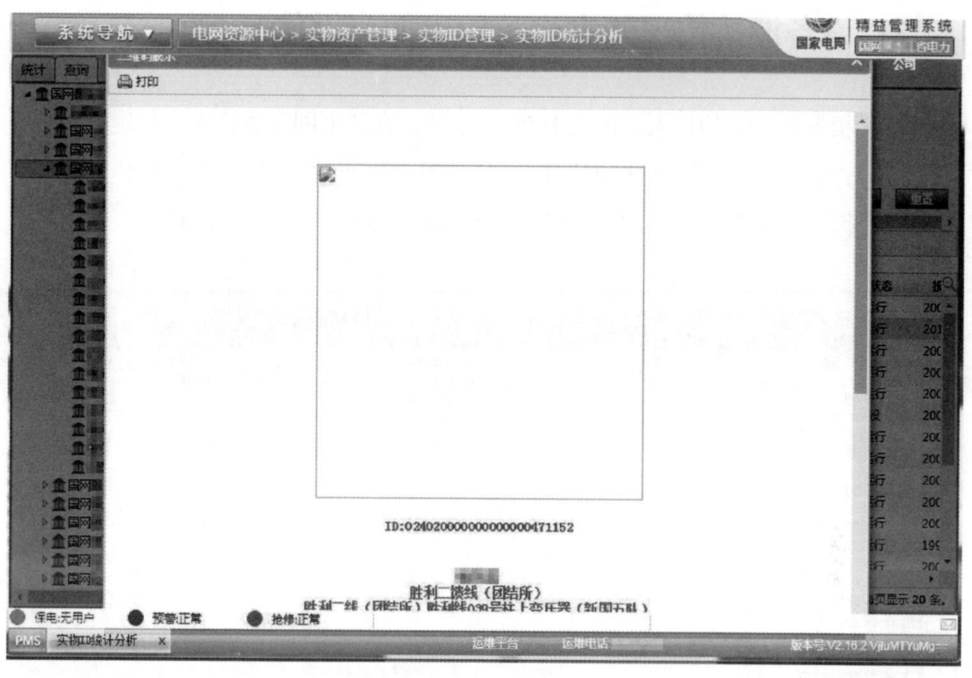

图 4–31　实物 ID 统计分析的查询后二维码显示

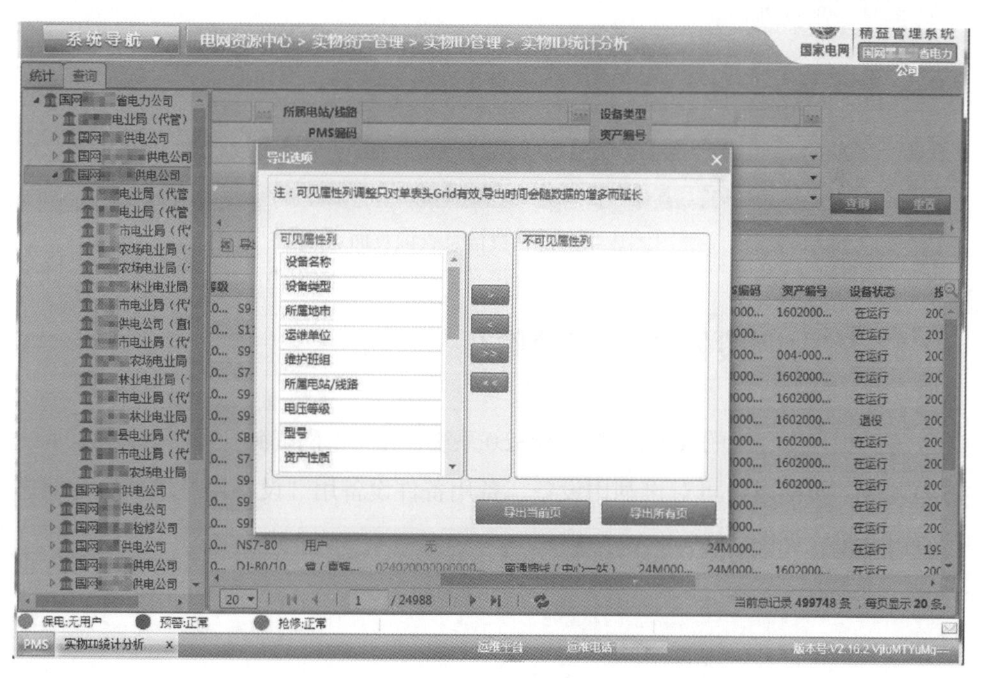

图 4–32　实物 ID 统计分析的查询后的导出页面

21. 设备调拨情况的查询及导出如何操作?

答：根据所登录的权限，进入 PMS2.0 系统，在“电网资源管理 → 调拨管理 → 调拨信息查询”页面下，可根据调拨设备来源、原所属电站、设备类型、电压等级、资产性质等筛选条件，查询并导出设备的调拨信息，见图 4–33。

图 4–33　调拨信息查询页面

22. 省内调拨处置如何操作?

答：根据所登录的权限，进入 PMS2.0 系统，在“电网资源管理 → 调拨管理 → 省内调拨”页面下，可对再利用设备、备用备件设备用“设备调拨申请”功能进行省内调拨，见图 4–34。

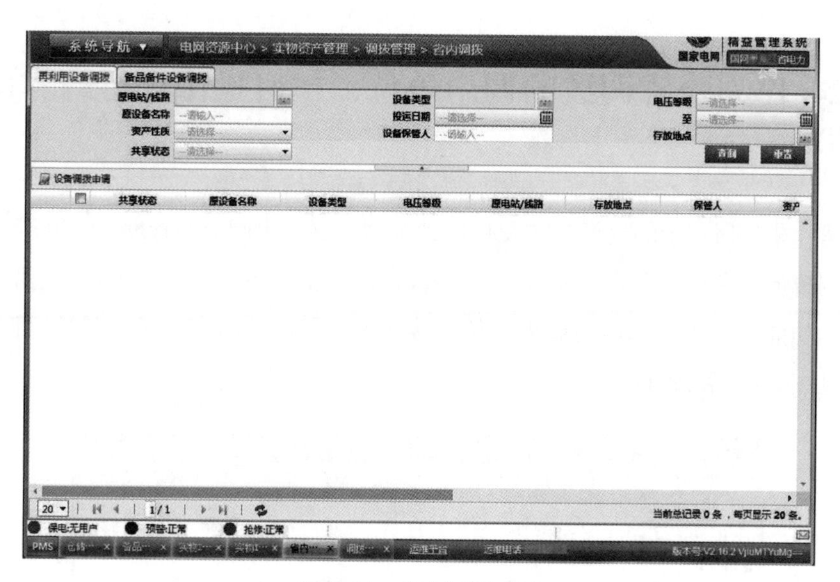

图 4-34　省内调拨页面

23. 设备跨省调拨情况的查询及导出如何操作?

答：根据所登录的权限，进入 PMS2.0 系统，在“电网资源管理 → 调拨管理 → 跨省调拨查询”页面下，可根据调拨设备来源、原所属电站、设备类型、电压等级、资产性质等筛选条件，查询并导出设备的跨省调拨信息，见图 4–35。

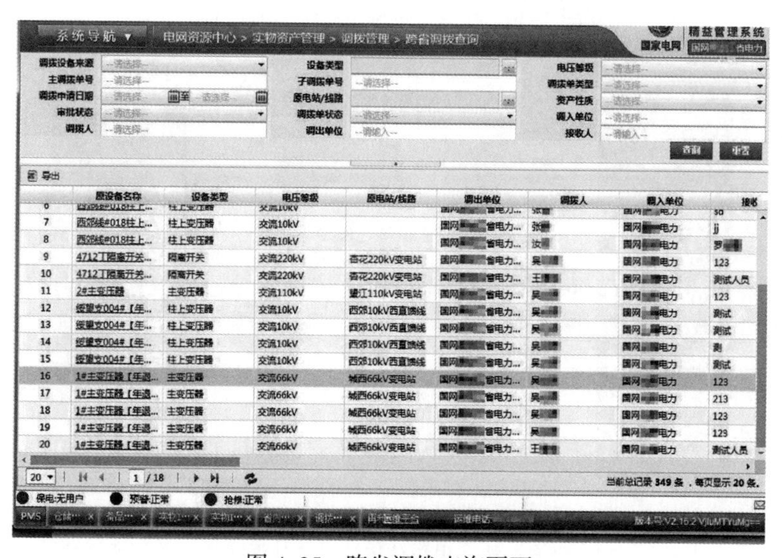

图 4–35　跨省调拨查询页面

24. 作为跨省调拨的调出单位，如何操作进行跨省调拨申请？

答：根据所登录的权限，进入 PMS2.0 系统，在“电网资源管理 → 调拨管理 → 跨省调拨调出单位申请”页面下，可对再利用设备、备用备件设备用“设备调拨申请”功能进行申请，填写调入单位、接收人、调拨单内容，并批量填写调出原因，见图 4–36 和图 4–37。

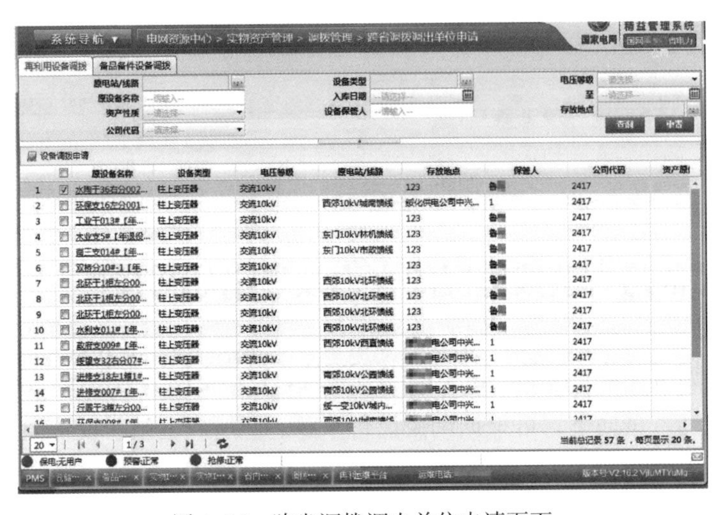

图 4–36　跨省调拨调出单位申请页面

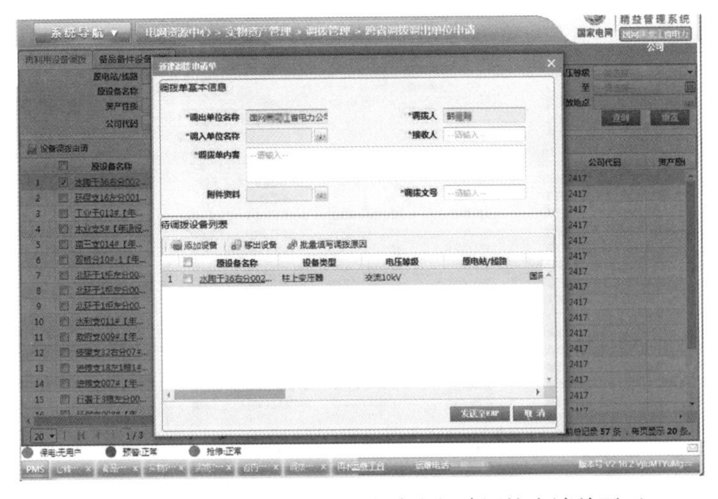

图 4–37　跨省调拨调出单位申请中新建调拨申请单页面

25. 如何操作进行跨省调拨申请的上报或撤回？

答：（1）根据所登录的权限，进入 PMS2.0 系统，在“电网资源管理 → 调拨管理 → 跨省调拨上报申请”页面下，可对调拨申请单进行查看并上报总部。

（2）根据所登录的权限，进入 PMS2.0 系统，在“电网资源管理 → 调拨管理 → 跨省调入流程管理”页面下，可对调拨申请单进行查看并撤回，见图 4–38 和图 4–39。

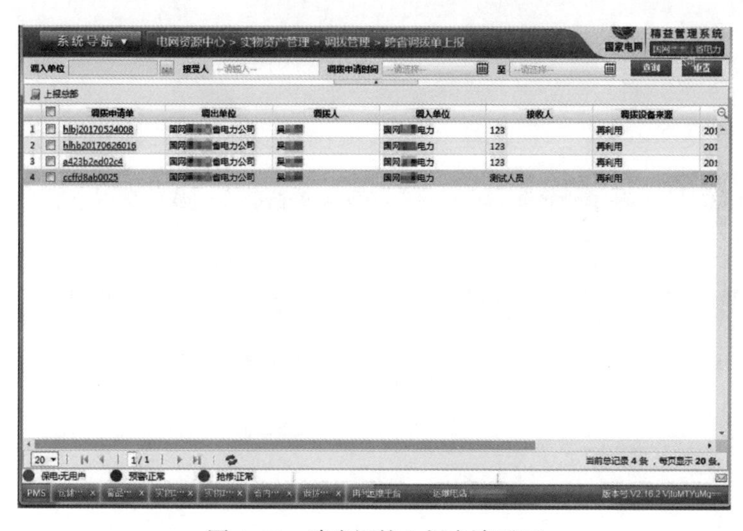

图 4–38　跨省调拨上报申请页面

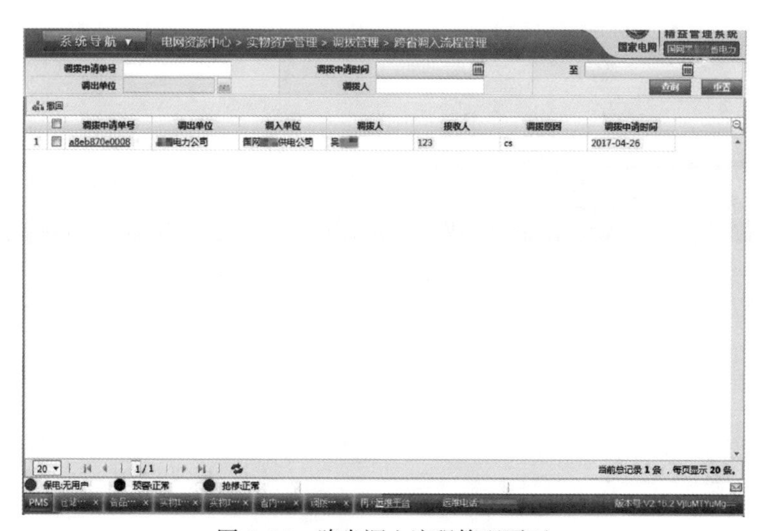

图 4–39　跨省调入流程管理页面

26. 作为跨省调拨的调入单位，如何操作进行跨省调拨调入单位分配？

答：根据所登录的权限，进入 PMS2.0 系统，在“电网资源管理 → 调拨管理 → 跨省调拨调入单位设备分配”页面下，可对调入的设备进行“分配设备”，并批量填写调入设备的运维单位、资产单位、库存地点和保管人，见图 4–40~图 4–42。

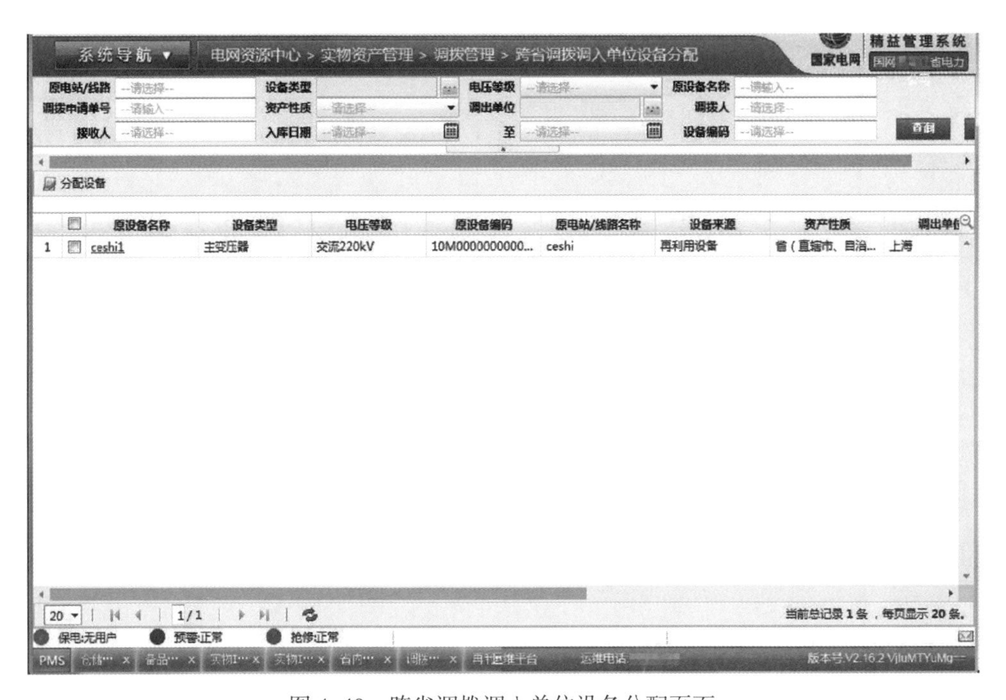

图 4–40　跨省调拨调入单位设备分配页面

图 4-41　跨省调拨调入单位设备分配中分配设备页面

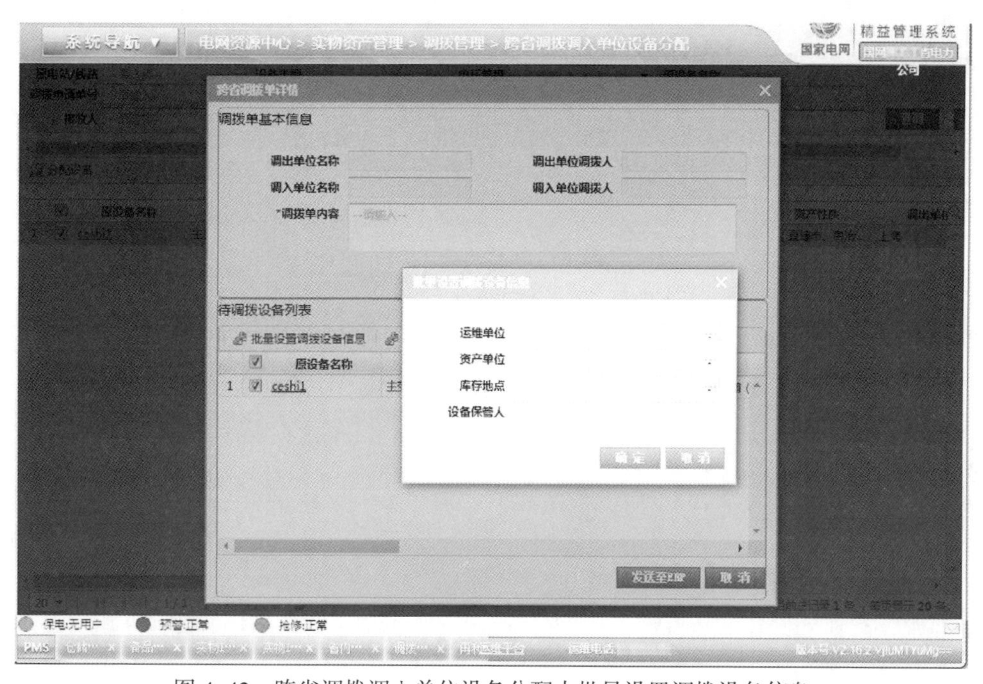

图 4-42　跨省调拨调入单位设备分配中批量设置调拨设备信息

五　指标管理与统计分析

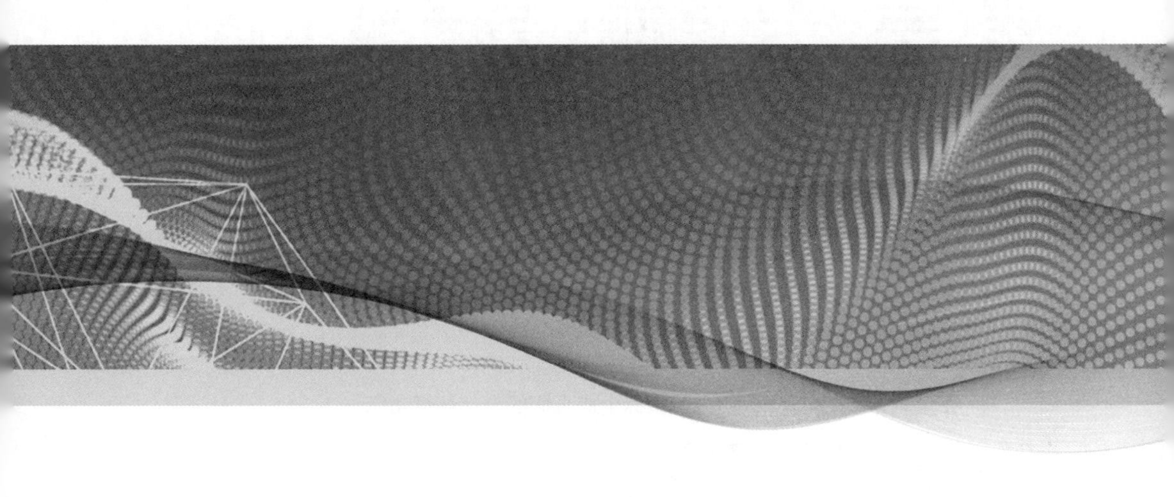

1. 指标评价包括哪些功能?

答：功能说明：提供输变配基础数据及运行数据的查询统计功能，并能逐项导出相应数据，主要包含指标的全部计算、未统计指标统计、清理指标缓存、导出等功能，功能界面图分别见图 5-1~ 图 5-4。

	专业	指标名称	要求指标值	满分	指标值	得分	统计时间	统计成功与否	检查单位	检查期	指标代码
1	输电	输电设备台帐字段完整性	100	5	97.12	4.4	2017-05-09 14:49:57	是	国网 供电公司	2017年1季	01002002
2	输电	输电设备台帐字段完整性	100	5	99.3	5.0	2019-09-10 14:17:44	是	国网 供电公司	2019年季度第3期	01002002
3	输电	输电设备台帐字段完整性	100	5	99.49	5.0	2019-04-29 15:58:00	是	国网 供电公司	2019年季度第1期	01002002
4	输电	输电设备台帐字段完整性	100	5	99.68	5.0	2019-07-29 10:27:29	是	国网 供电公司	2019年季度第2期	01002002
5	输电	输电设备台帐字段完整性	100	5	99.94	5.0	2017-06-23 15:43:12	是	国网 供电公司	2017年2季	01002002
6	输电	输电设备台帐字段完整性	100	5	99.94	-	2017-06-23 08:52:51	是	国网 供电公司	2017年6月	01002002
7	输电	输电设备台帐字段完整性	100	5	97.16	-	2017-06-02 14:26:17	是	国网 供电公司	2017年5月	01002002
8	输电	输电设备台帐字段完整性	100	5	96.22	-	2017-04-25 17:49:39	是	国网 供电公司	2017年4月	01002002
9	变电	变电设备台帐字段完整性	100	5	99.99	5.0	2017-05-09 14:49:55	是	国网 供电公司	2017年1季	01002007
10	变电	变电设备台帐字段完整性	100	5	99.89	5.0	2019-04-29 15:57:53	是	国网 供电公司	2019年季度第1期	01002007
11	变电	变电设备台帐字段完整性	100	5	100	5.0	2019-09-10 14:17:32	是	国网 供电公司	2019年季度第3期	01002007
12	变电	变电设备台帐字段完整性	100	5	100	5.0	2019-07-29 10:27:26	是	国网 供电公司	2019年季度第2期	01002007
13	变电	变电设备台帐字段完整性	100	5	100	5.0	2017-06-23 15:43:10	是	国网 供电公司	2017年2季	01002007
14	变电	变电设备台帐字段完整性	100	5	100	-	2017-06-21 10:04:02	是	国网 供电公司	2017年6月	01002007
15	变电	变电设备台帐字段完整性	100	5	100	-	2017-06-02 14:26:15	是	国网 供电公司	2017年5月	01002007
16	变电	变电设备台帐字段完整性	100	5	99.95	-	2017-04-25 17:49:35	是	国网 供电公司	2017年4月	01002007
17	配电	配电设备台帐字段完整性	100	5	99.19	5.0	2017-05-09 14:50:13	是	国网 供电公司	2017年1季	01002012
18	配电	配电设备台帐字段完整性	100	5	99.19	-	2017-04-25 17:50:05	是	国网 供电公司	2017年4月	01002012
19	配电	配电设备台帐字段完整性	100	5	99.3	-	2017-06-21 10:04:11	是	国网 供电公司	2017年6月	01002012
20	配电	配电设备台帐字段完整性	100	5	99.3	-	2017-06-02 14:26:26	是	国网 供电公司	2017年5月	01002012

图 5-1　指标生成页面的全部计算功能

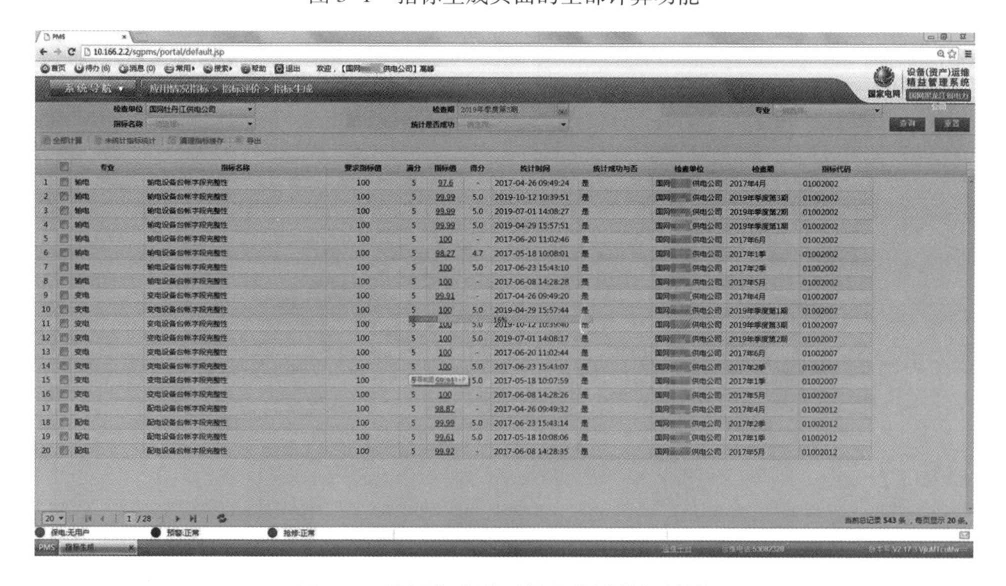

	专业	指标名称	要求指标值	满分	指标值	得分	统计时间	统计成功与否	检查单位	检查期	指标代码
1	输电	输电设备台帐字段完整性	100	5	97.6	-	2017-04-26 09:49:24	是	国网 供电公司	2017年4月	01002002
2	输电	输电设备台帐字段完整性	100	5	99.99	5.0	2019-10-12 10:39:51	是	国网 供电公司	2019年季度第3期	01002002
3	输电	输电设备台帐字段完整性	100	5	99.99	5.0	2019-07-01 14:08:27	是	国网 供电公司	2019年季度第2期	01002002
4	输电	输电设备台帐字段完整性	100	5	99.99	5.0	2019-04-29 15:57:51	是	国网 供电公司	2019年季度第1期	01002002
5	输电	输电设备台帐字段完整性	100	5	100	-	2017-06-20 11:02:46	是	国网 供电公司	2017年6月	01002002
6	输电	输电设备台帐字段完整性	100	5	98.27	4.7	2017-05-18 10:08:01	是	国网 供电公司	2017年1季	01002002
7	输电	输电设备台帐字段完整性	100	5	100	5.0	2017-06-23 15:43:10	是	国网 供电公司	2017年2季	01002002
8	输电	输电设备台帐字段完整性	100	5	100	-	2017-06-08 14:28:28	是	国网 供电公司	2017年5月	01002002
9	变电	变电设备台帐字段完整性	100	5	99.91	-	2017-04-26 09:49:20	是	国网 供电公司	2017年4月	01002007
10	变电	变电设备台帐字段完整性	100	5	100	5.0	2019-04-29 15:57:44	是	国网 供电公司	2019年季度第1期	01002007
11	变电	变电设备台帐字段完整性	100	5	100	5.0	2019-10-12 10:39:40	是	国网 供电公司	2019年季度第3期	01002007
12	变电	变电设备台帐字段完整性	100	5	100	5.0	2019-07-01 14:08:17	是	国网 供电公司	2019年季度第2期	01002007
13	变电	变电设备台帐字段完整性	100	5	100	-	2017-06-20 11:02:44	是	国网 供电公司	2017年6月	01002007
14	变电	变电设备台帐字段完整性	100	5	100	5.0	2017-06-23 15:43:07	是	国网 供电公司	2017年2季	01002007
15	变电	变电设备台帐字段完整性	100	[illegible]	[illegible]	5.0	2017-05-18 10:07:59	是	国网 供电公司	2017年1季	01002007
16	变电	变电设备台帐字段完整性	100	5	100	-	2017-06-08 14:28:26	是	国网 供电公司	2017年5月	01002007
17	配电	配电设备台帐字段完整性	100	5	98.87	-	2017-04-26 09:49:32	是	国网 供电公司	2017年4月	01002012
18	配电	配电设备台帐字段完整性	100	5	99.99	5.0	2017-06-23 15:43:14	是	国网 供电公司	2017年2季	01002012
19	配电	配电设备台帐字段完整性	100	5	99.61	5.0	2017-05-18 10:08:06	是	国网 供电公司	2017年1季	01002012
20	配电	配电设备台帐字段完整性	100	5	99.92	-	2017-06-08 14:28:35	是	国网 供电公司	2017年5月	01002012

图 5-2　指标生成页面的未统计指标统计

专业	指标名称	要求指标值	满分	指标值	得分	统计时间	统计成功与否	检查单位	检查期	指标代码
电	输电设备台帐字段完整性	100	5	99.99	5.0	2019-10-12 10:39:51	是	国网　供电公司	2019年季度第3期	01002002
电	变电设备台帐字段完整性	100	5	100	5.0	2019-10-12 10:39:40	是	国网　供电公司	2019年季度第3期	01002007
电	配电设备台帐字段完整性	100	5	99.46	5.0	2019-10-12 10:40:02	是	国网　供电公司	2019年季度第3期	01002012
他	高压图数一致率(%)	100	15	99.54	15	2019-10-12 10:39:37	是	国网　供电公司	2019年季度第3期	01005001
电	中压图数一致率(%)	100	15	98.18	15	2019-10-12 10:39:36	是	国网　供电公司	2019年季度第3期	01005004
他	单线图成图率	100	10	99.37	10	2019-10-12 10:39:39	是	国网　供电公司	2019年季度第3期	01006000

图 5–3　指标生成页面的清理指标缓存

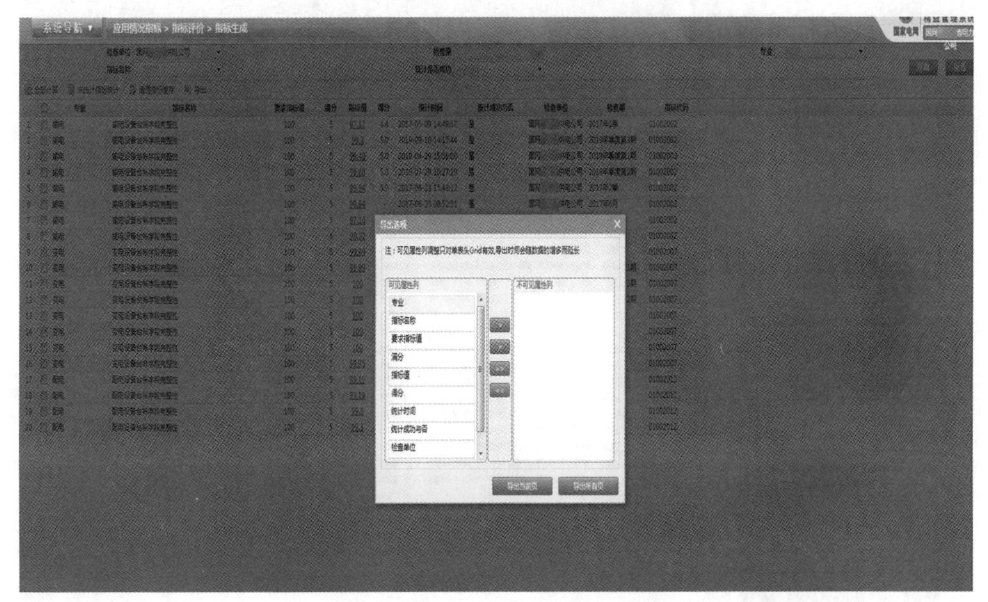

图 5–4　指标生成页面的导出页面

功能菜单：系统导航→应用情况指标→指标评价→指标生成。

操作步骤：在工具栏上点击“检查期”后点击“全部计算、未统计指标统计、

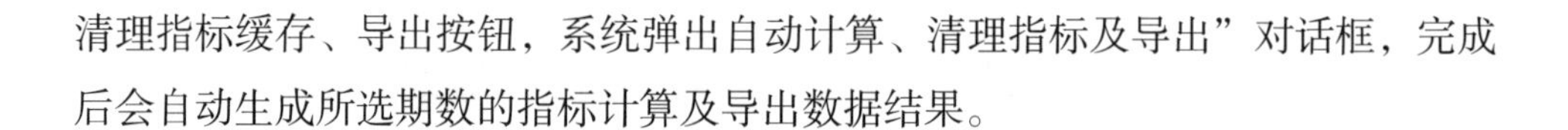

清理指标缓存、导出按钮，系统弹出自动计算、清理指标及导出”对话框，完成后会自动生成所选期数的指标计算及导出数据结果。

2. 如何进行设备台账查询统计?

答：功能说明：提供输变配基础数据及运行数据的查询统计功能，并能逐项导出相应数据，主要包含站内一次设备、站内二次设备、线路设备、低压设备、生产辅助设备、阀冷却及调相机辅助、大馈线、设备全树等功能。

功能菜单：系统导航→电网资源中心→电网资源管理→设备台账管理→设备台账查询统计。

操作步骤：在工具栏上点击对应设备类型、专业分类、电压等级、投运日期、设备状态、变电站名称、维护班组、架设方式、资产性质、线路性质等数据进行查询统计，见图 5-5~ 图 5-10。

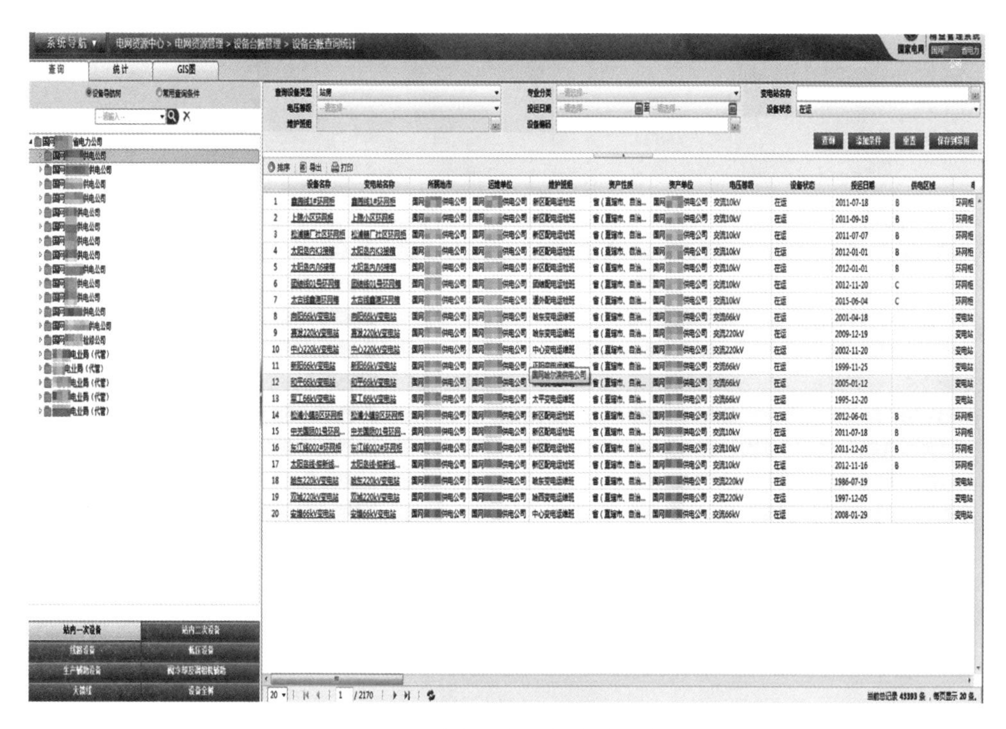

图 5-5　设备台账查询统计页面

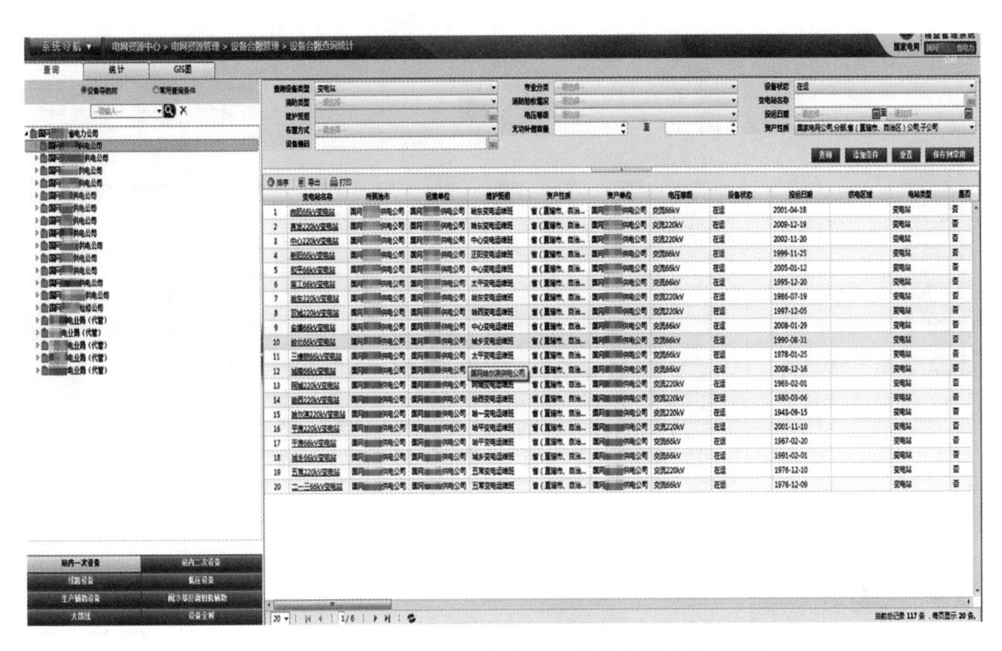

图 5–6　设备台账查询统计页面中变电站查询范例

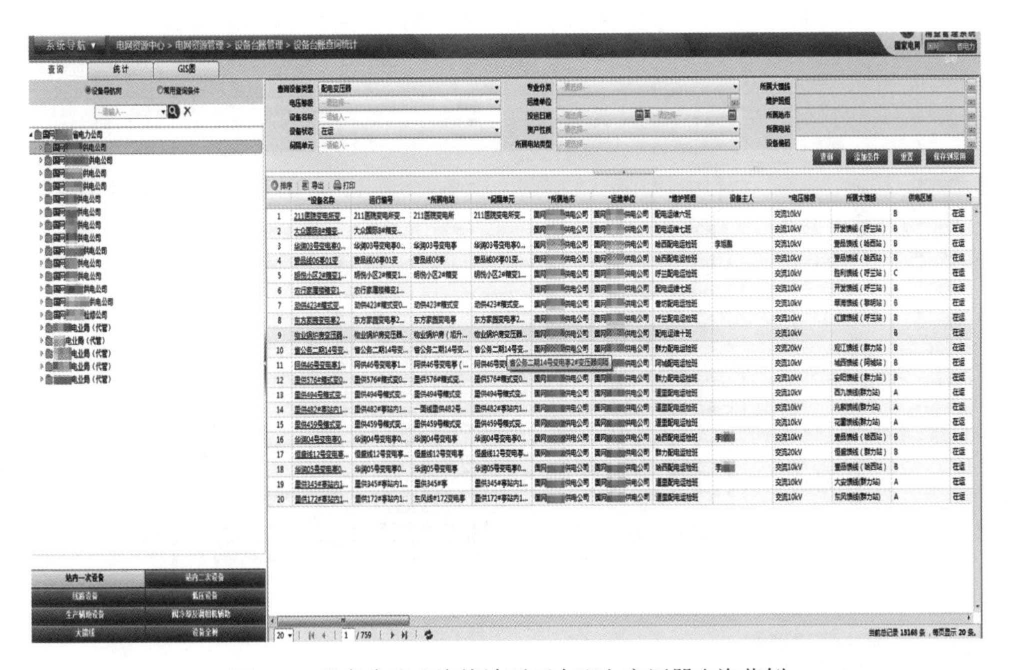

图 5–7　设备台账查询统计页面中配电变压器查询范例

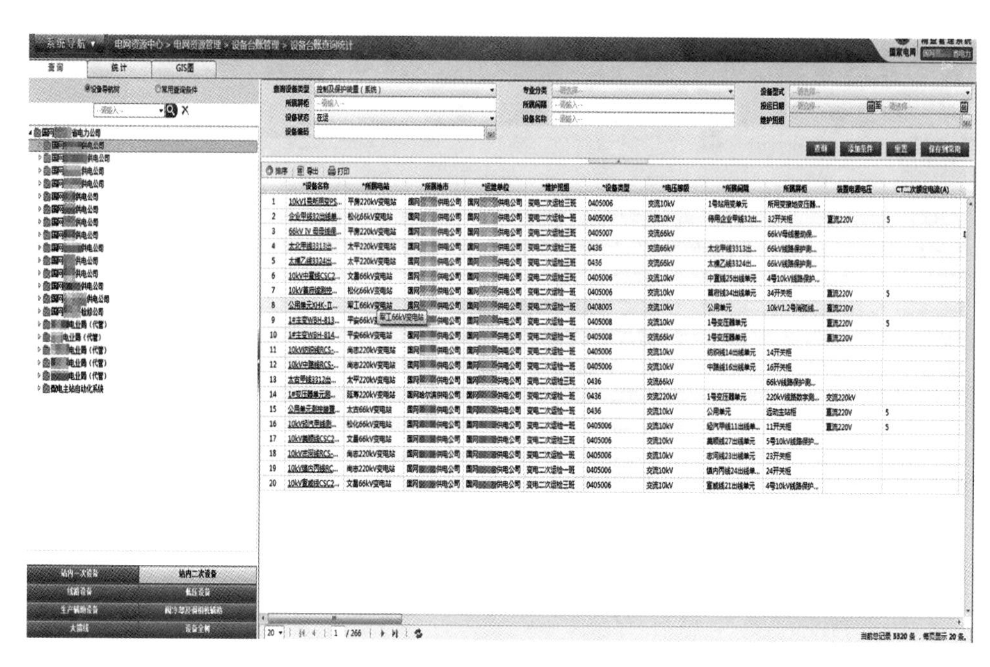

图 5-8　设备台账查询统计页面中控制及保护装置查询范例

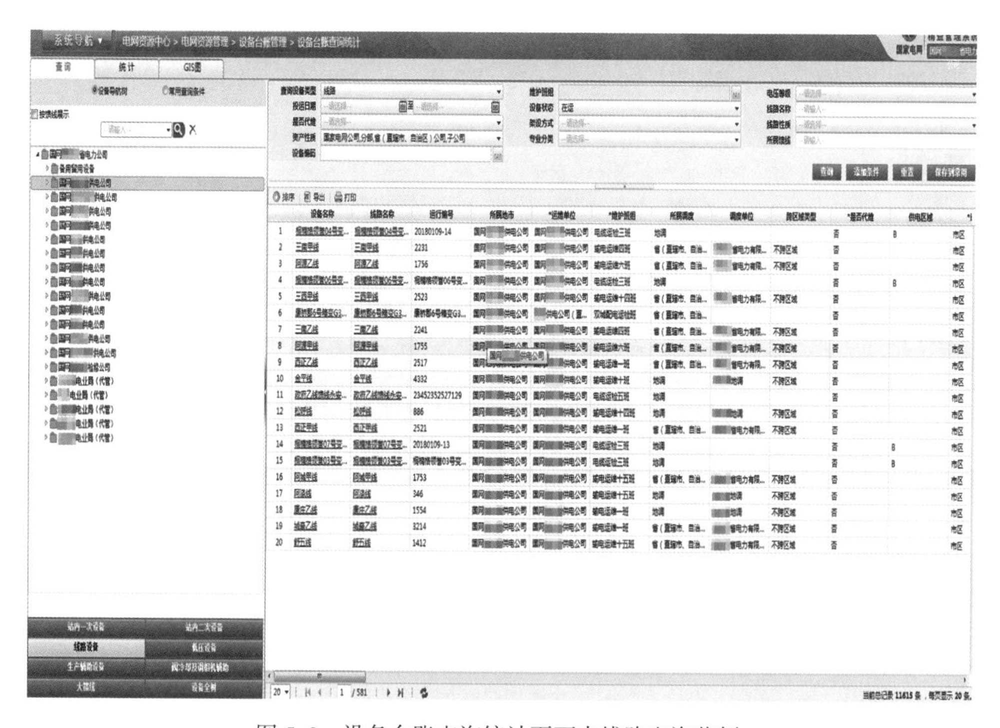

图 5-9　设备台账查询统计页面中线路查询范例

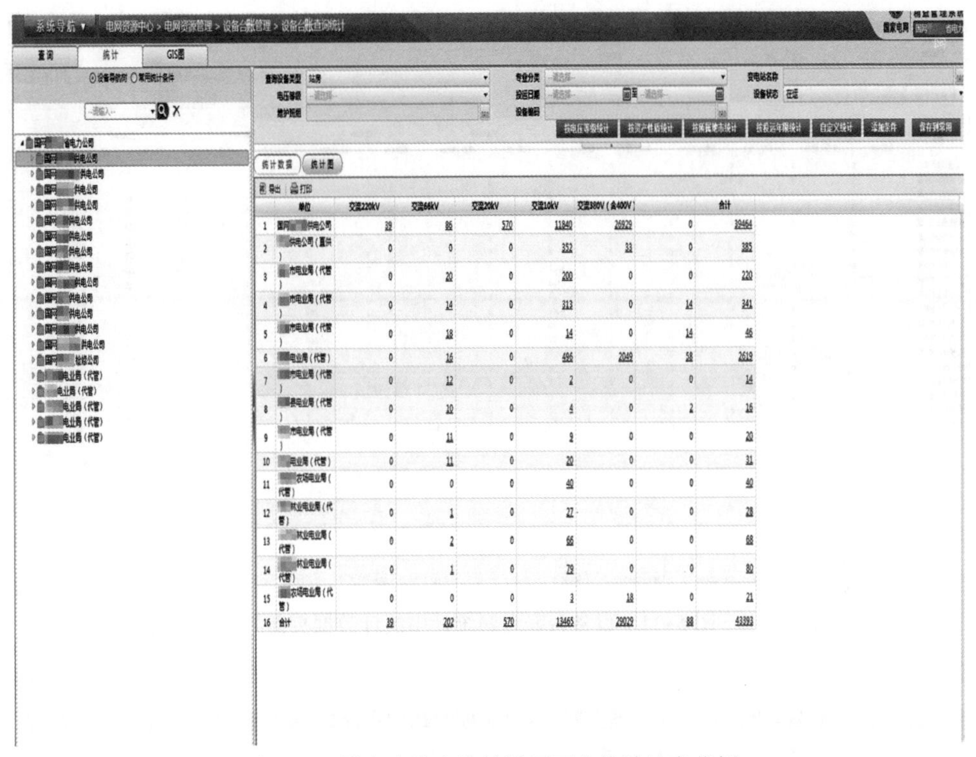

图 5-10　设备台账查询统计页面中统计站房范例

3. 如何进行设备台账专题统计？设备台账专题统计包含哪些内容？

答：功能说明：提供箱式变电站、配电室、变电站、线路、电力电容器、电抗器、配电变压器、主变压器、柱上变压器等通过资产性质、设备状态、投运日期、电压等级等进行统计的功能。

功能菜单：系统导航→电网资源中心→电网资源管理→设备台账管理→设备台账专题统计。

操作步骤：在工具栏上点击对应设备类型、电压等级、投运日期、设备状态等数据进行查询统计，见图 5-11 和图 5-12。

系统导航 ▾ 电网资源中心 > 电网资源管理 > 设备台账管理 > 设备台账专题统计

统计数据 | 统计图

单位	交流500kV		交流220kV		交流110kV		交流66kV		交流35kV		交流20kV		交流10kV		
	数量（座）	容量（MVA）	数量（座）	容量（MVA）	数量（座）	容量（MVA）	数量（座）	容量（MVA）	数量（座）	容量（MVA）	数量（座）	容量（MVA）	数量（座）	容量（MVA）	数量（座）
林业局电力...	0	0	0	0	0	0	0	0	0	0	0	0	29	12180	
供电公司（直...	0	0	0	0	0	0	0	0	0	0	0	0	64	21120	
供电公司（直...	0	0	0	0	0	0	0	0	0	0	0	0	107	32460	
供电公司（直...	0	0	0	0	0	0	0	0	0	0	0	0	23	4925	
供电公司（直...	0	0	0	0	0	0	0	0	0	0	0	0	194	82025	
供电公司（直...	0	0	0	0	0	0	0	0	0	0	0	0	228	136201	
供电公司（直...	0	0	0	0	0	0	0	0	0	0	0	0	170	103120	
供电公司（直...	0	0	0	0	0	0	0	0	0	0	0	0	126	89485	
县电业局（代...	0	0	0	0	1	81.5	0	0	11	109.6	0	0	16	8360	
县电业局（代...	0	0	0	0	0	0	0	0	11	115.3	0	0	12	0	
电业局（...	0	0	0	0	2	103	0	0	11	76.8	0	0	65	2920	
县电业局（代...	0	0	0	0	1	80	0	0	9	72.7	0	0	0	0	
市电业局（代...	0	0	0	0	1	20	0	0	8	64.6	0	0	6	2070	
供电公司（直...	0	0	0	0	0	0	0	0	0	0	0	0	107	48835	
供电公司（直...	0	0	0	0	0	0	0	0	0	0	0	0	310	111845	
县电业局（代...	0	0	0	0	0	0	8	167.15	0	0	0	0	16	4445	
市电业局（代...	0	0	0	0	0	0	13	164.15	0	0	0	0	270	142373	
县电业局（代...	0	0	0	0	0	0	8	64.95	0	0	0	0	9	6475	
县电业局（代...	0	0	0	0	0	0	13	218.95	0	0	0	0	24	18660	
县电业局（代...	0	0	0	0	0	0	8	78.55	0	0	0	0	135	65915	

20 ▾ | 1/9 | 当前总记录 163 条，每页显示 20 条。

图 5-11　设备台账专题统计中统计数据页面

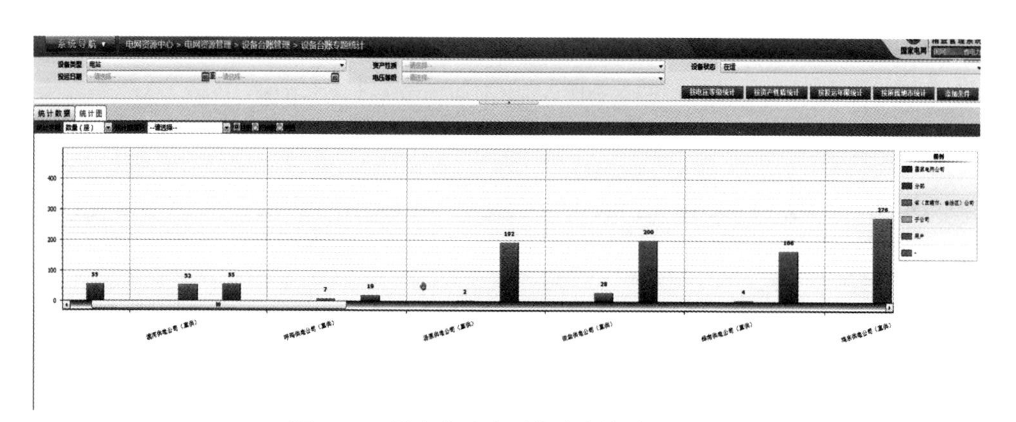

图 5-12　设备台账专题统计中统计图页面

4. 设备变更查询统计能实现哪些需求？

答： 功能说明：提供工程名称、工程编号、电站、线路名称、申请类型、申请单状态、变更内容、申请日期、维护班组等进行查询设备变更申请单的功能。

功能菜单：系统导航→电网资源中心→电网资源管理→设备台账管理→设备

变更查询统计。

操作步骤：在工具栏上点击对应工程名称、工程编号、电站、线路名称、申请类型、申请单状态、变更内容、申请日期、维护班组等数据进行查询，见图 5–13~ 图 5–15。

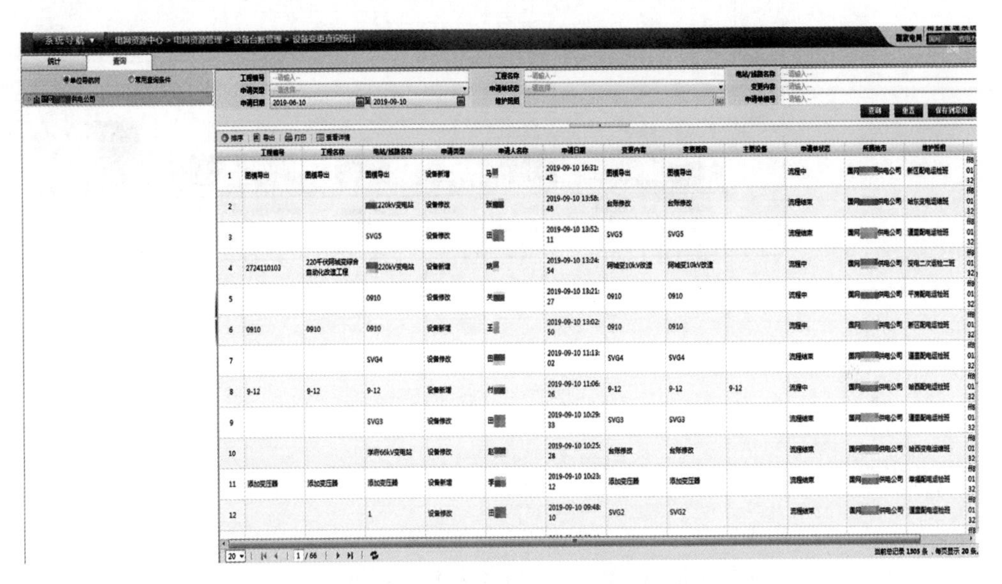

图 5–13　设备变更查询统计中查询页面

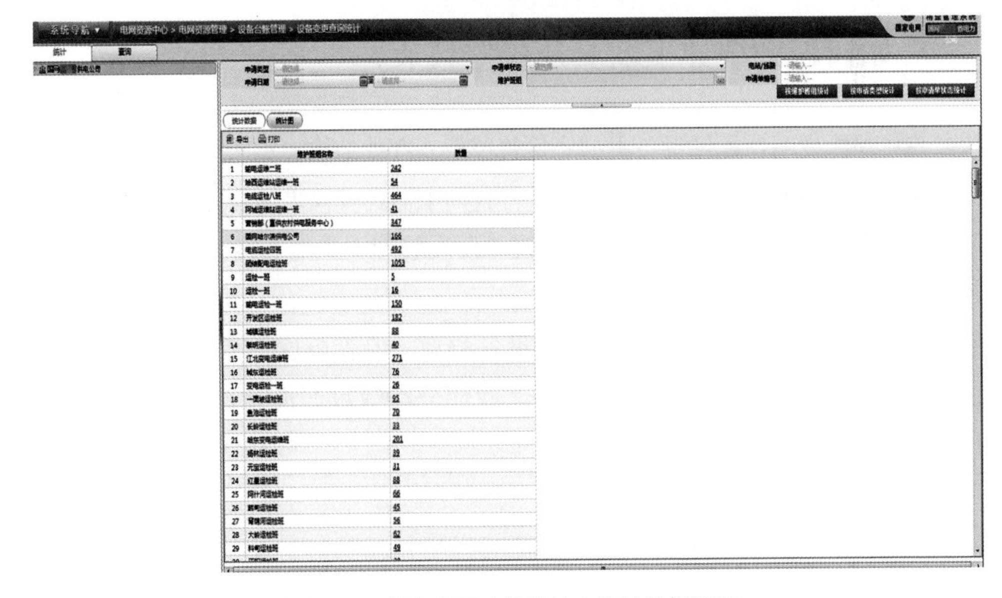

图 5–14　设备变更查询统计中统计数据页面

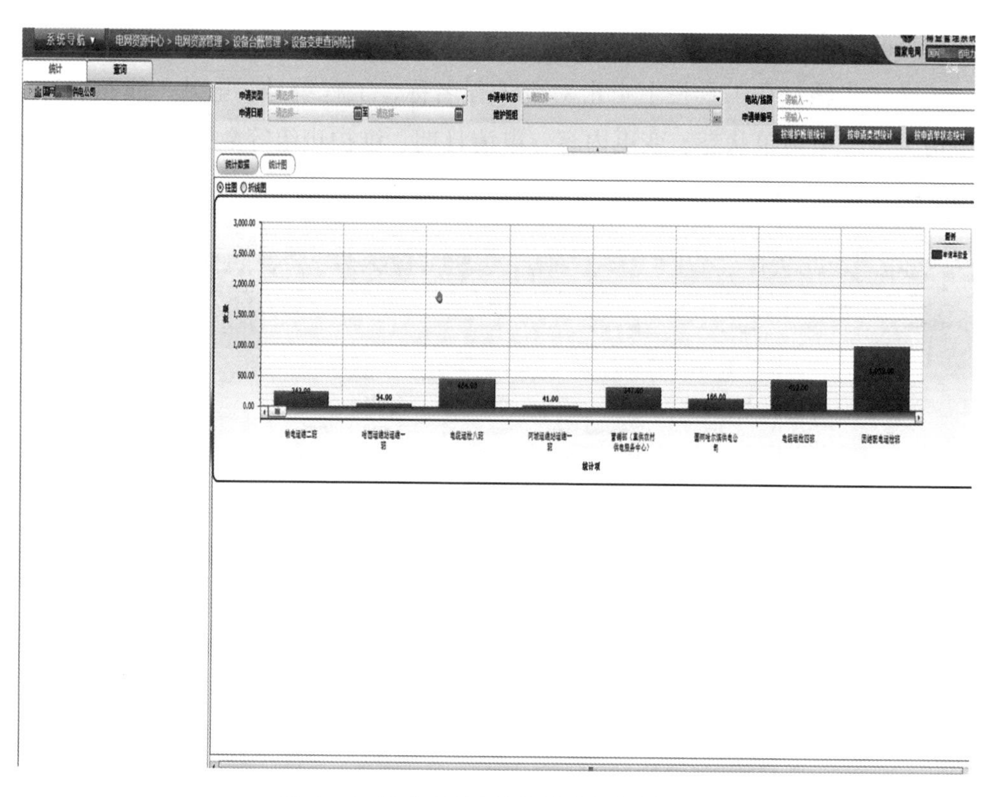

图 5-15　设备变更查询统计中统计图页面

5. 如何查询统计工器具及仪器仪表?

答：功能说明：提供设备类型、保管单位、存放地点、型号、生产厂家、出厂日期、存放地点类型、专业分类等进行查询工器具及仪表的功能。

功能菜单：系统导航→工器具及仪器仪表管理→工器具及仪器仪表台账管理→工器具及仪器仪表管理查询统计。

操作步骤：在工具栏上点击对应设备类型、保管单位、存放地点、型号、生产厂家、出厂日期、存放地点类型、专业分类等数据进行查询，见图 5-16 和图 5-17。

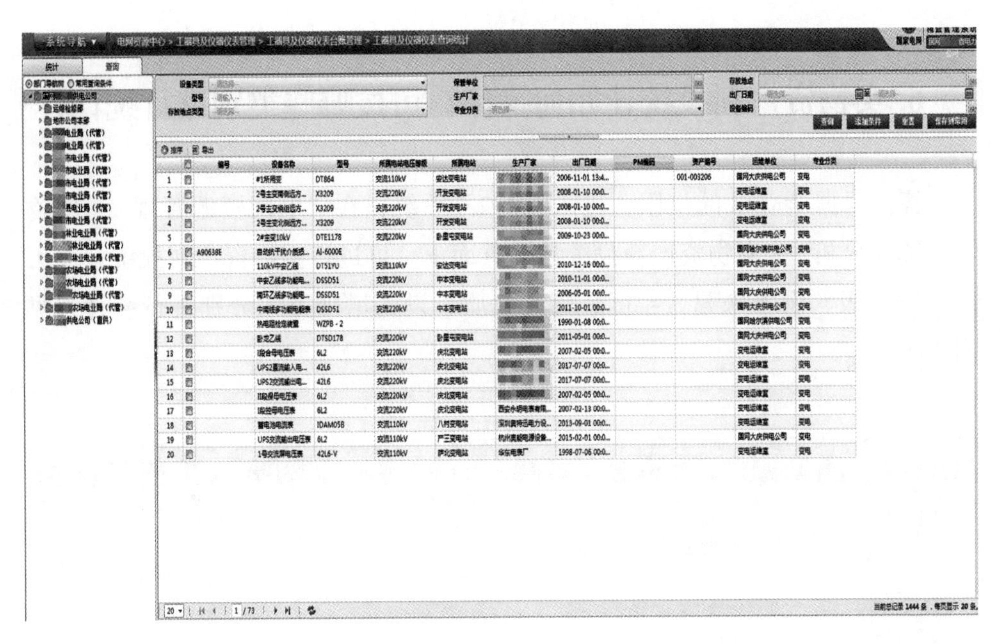

图 5-16　工器具及仪器仪表管理查询统计中查询页面

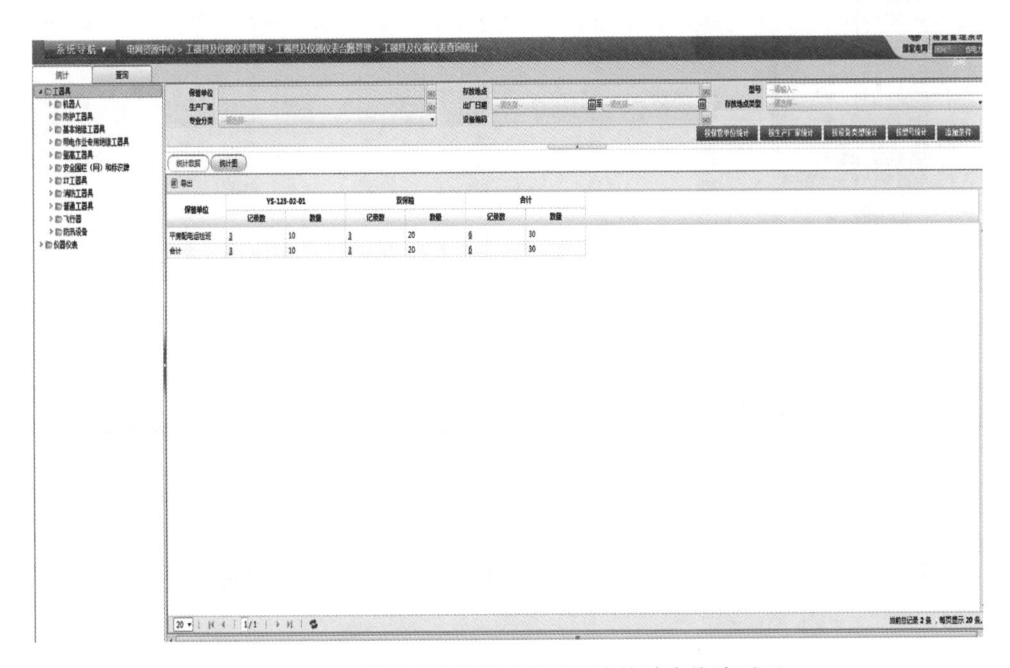

图 5-17　工器具及仪器仪表管理查询统计中统计页面

6. 实物资产新投统计如何操作？可按哪些类别进行统计？

答：根据所登录的权限，进入 PMS2.0 系统，在“电网资源管理 → 实物资产统计分析 → 实物资产新投统计”页面下，可进行实物资产新投统计。可按电压等级、设备来源、年度、资产性质、设备增加方式分别进行统计，见图 5-18。

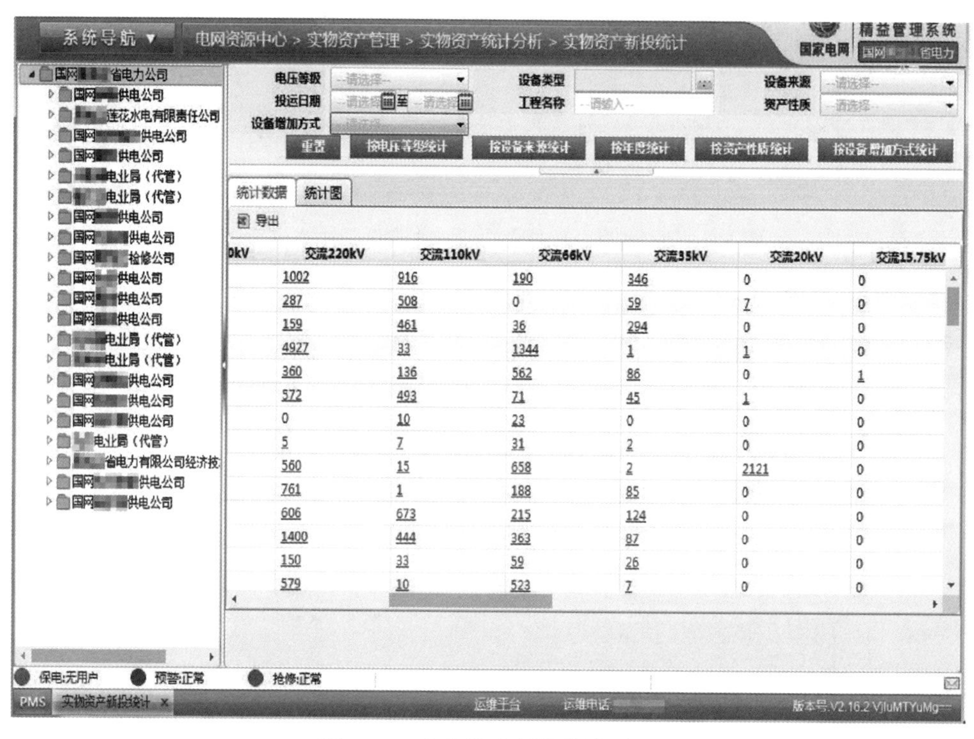

图 5-18 实物资产新投统计页面

7. 实物资产再利用统计如何操作？可按哪些类别进行统计？

答：根据所登录的权限，进入 PMS2.0 系统，在“电网资源管理 → 实物资产统计分析 → 实物资产再利用统计”页面下，可进行实物资产再利用统计。可按电压等级、资产性质、处置状态分别进行统计，见图 5-19。

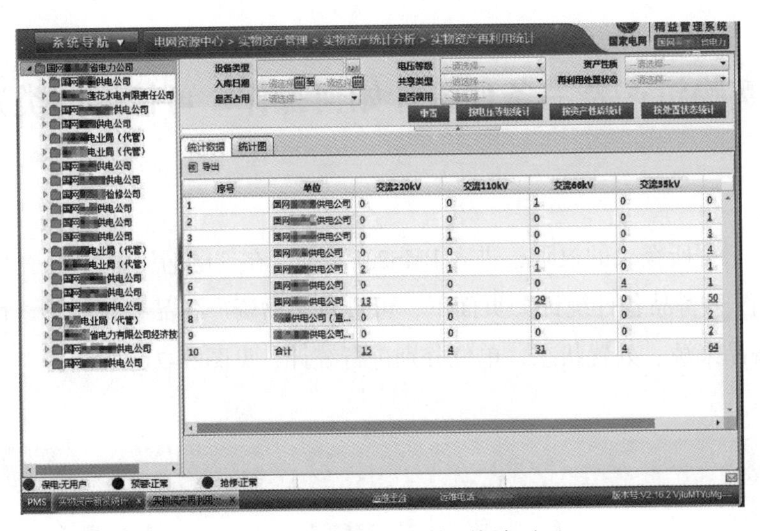

图 5-19　实物资产再利用统计页面

8. 实物资产退役统计如何操作？可按哪些类别进行统计？

答：根据所登录的权限，进入 PMS2.0 系统，在“电网资源管理 → 实物资产统计分析 → 实物资产退役统计”页面下，可进行实物资产退役统计。可按电压等级、资产性质、退役处置状态分别进行统计，见图 5-20。

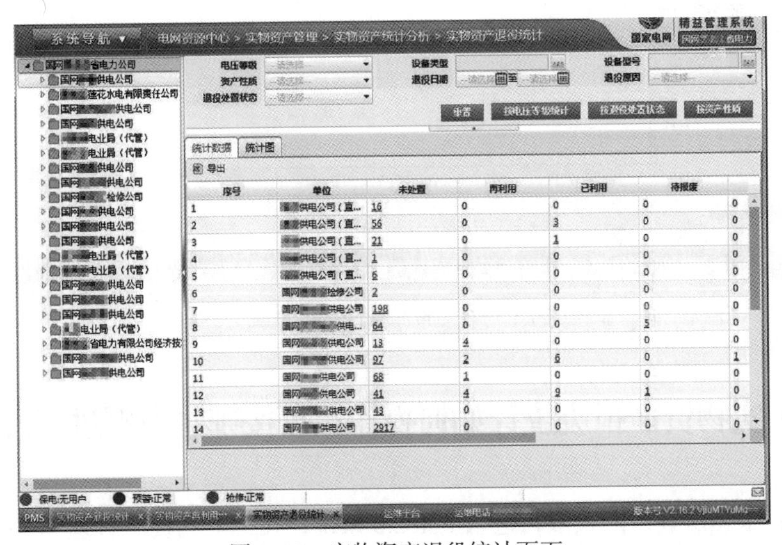

图 5-20　实物资产退役统计页面

9. 实物资产备品备件统计如何操作？可按哪些类别进行统计？

答：根据所登录的权限，进入 PMS2.0 系统，在“电网资源管理 → 实物资产统计分析 → 备品备件统计”页面下，可进行实物资产备品备件统计。可按电压等级、备品来源、处置状态、单位分别进行统计，见图 5-21。

图 5-21　备品备件统计页面

10. 实物资产报废统计如何操作？可按哪些类别进行统计？

答：根据所登录的权限，进入 PMS2.0 系统，在“电网资源管理 → 实物资产统计分析 → 实物资产报废统计”页面下，可进行实物资产报废统计。可按电压等级、资产性质、报废状态分别进行统计，见图 5–22。

图 5–22　实物资产报废统计页面

11. 实物资产账卡物一致性统计如何操作？可按哪些类别进行统计？

答： 根据所登录的权限，进入 PMS2.0 系统，在“电网资源管理 → 实物资产统计分析 → 账卡物一致性统计”页面下，可进行实物资产账卡物一致性统计。可按公司、城市分别进行统计，也可按 PMS 设备匹配率和已匹配设备一致率分别统计，见图 5–23。

图 5-23　账卡物一致性统计页面

12. 实物资产跨省调拨统计如何操作？可按哪些类别进行统计？

答：根据所登录的权限，进入 PMS2.0 系统，在“电网资源管理 → 实物资产统计分析 →跨省调拨统计”页面下，可进行实物资产跨省调拨统计。可按运维单位、省公司分别进行统计，见图 5-24。

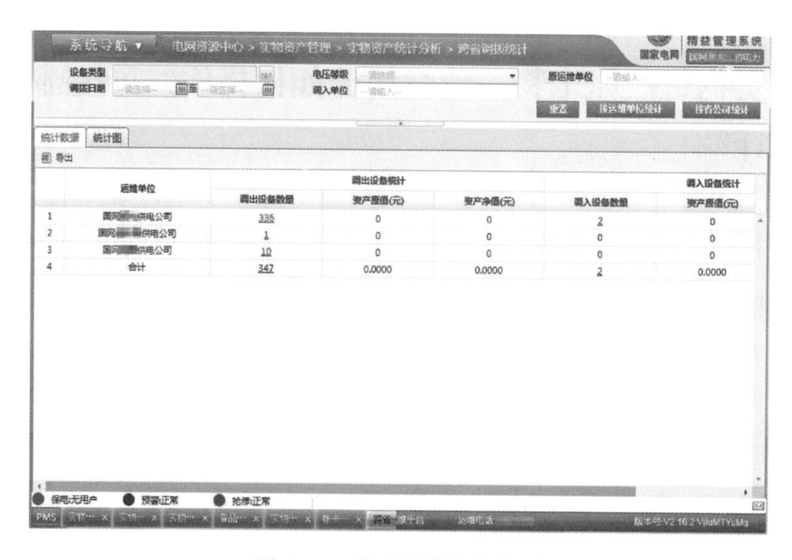

图 5-24　跨省调拨统计页面

13. 巡视记录查询统计如何进行?

答：功能说明：提供电压等级、线路名称、巡视类型、巡视班组、是否关联计划、是否完成、巡视时间、专业分类、是否移动作业等进行查询巡视记录的功能。

功能菜单：系统导航→运维检修中心→电网运维检修管理→巡视管理→巡视记录查询统计。

操作步骤：在工具栏上点击对应电压等级、线路名称、巡视类型、巡视班组、是否关联计划、是否完成、巡视时间、专业分类、是否移动作业等数据进行查询，见图 5-25 和图 5-26。

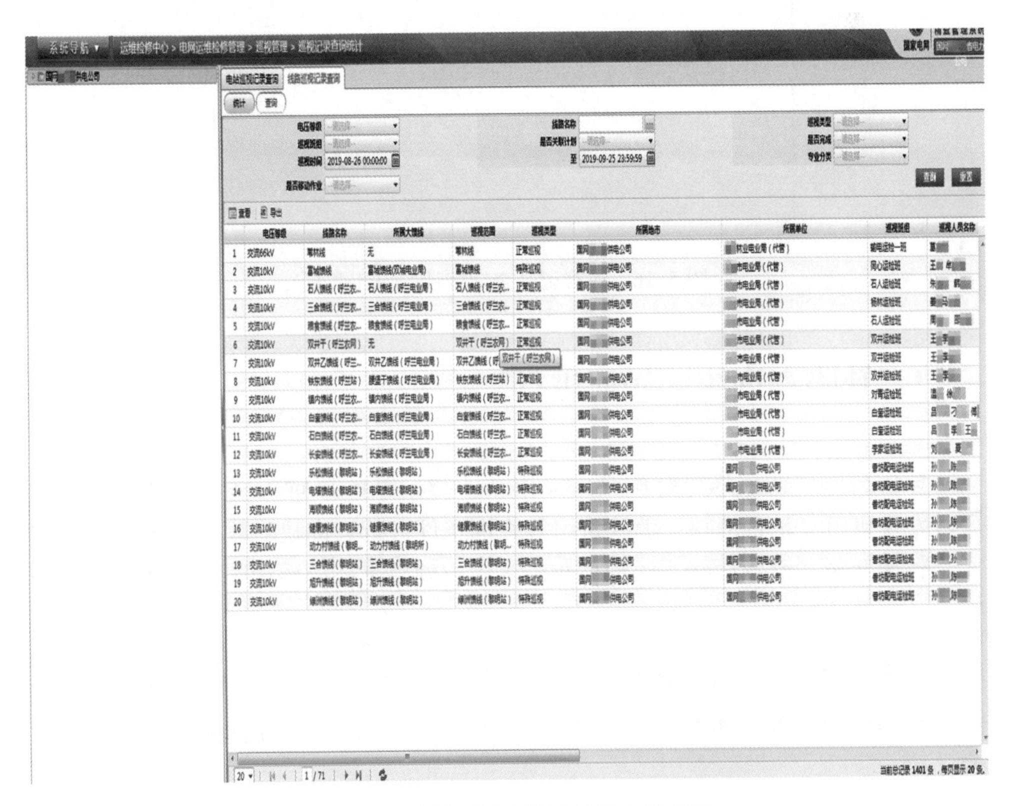

图 5-25　巡视记录查询统计的查询页面

图 5-26　巡视记录查询统计的统计页面

14. 缺陷查询统计如何进行?

答：功能说明：提供缺陷状态、电压等级、缺陷设备、设备类型、缺陷性质、发现班组、是否消缺、消缺班组等查询条件进行查询缺陷数据的功能。

功能菜单：系统导航→运维检修中心→电网运维检修管理→缺陷管理→缺陷查询统计。

操作步骤：在工具栏上点击对应缺陷状态、电压等级、缺陷设备、设备类型、缺陷性质、发现班组、是否消缺、消缺班组等数据进行查询，见图 5-27~图 5-29。

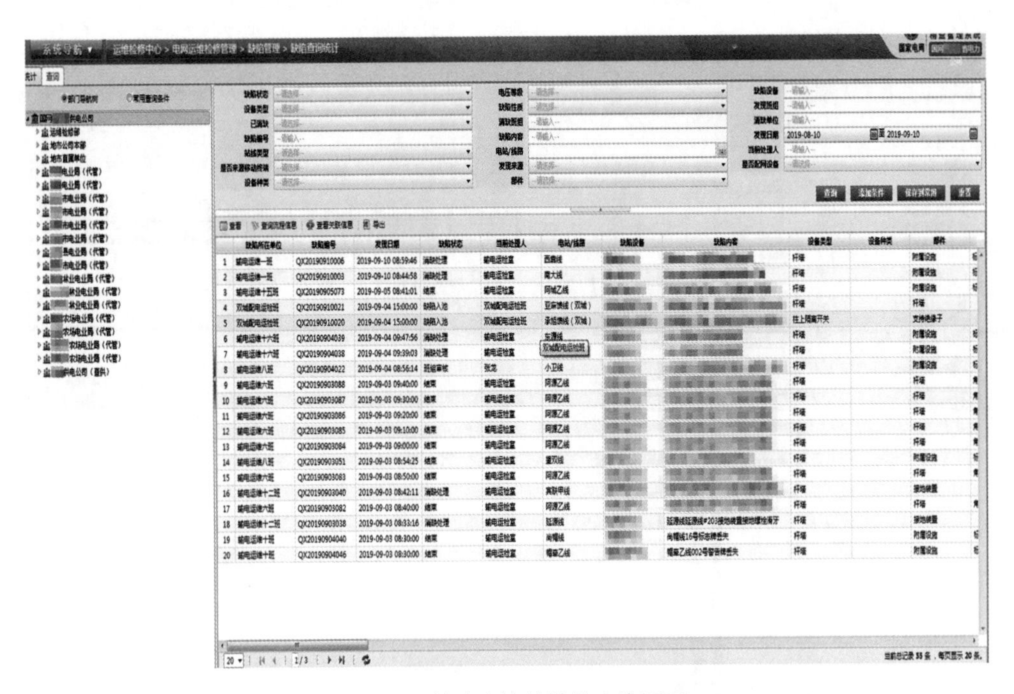

图 5-27　缺陷查询统计的查询页面

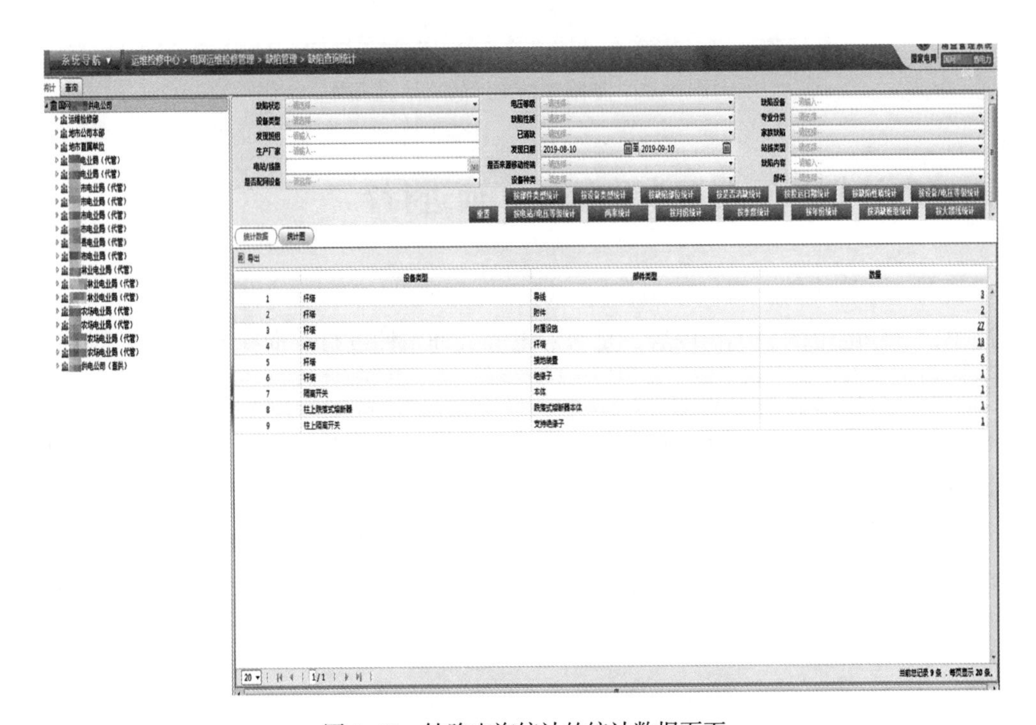

图 5-28　缺陷查询统计的统计数据页面

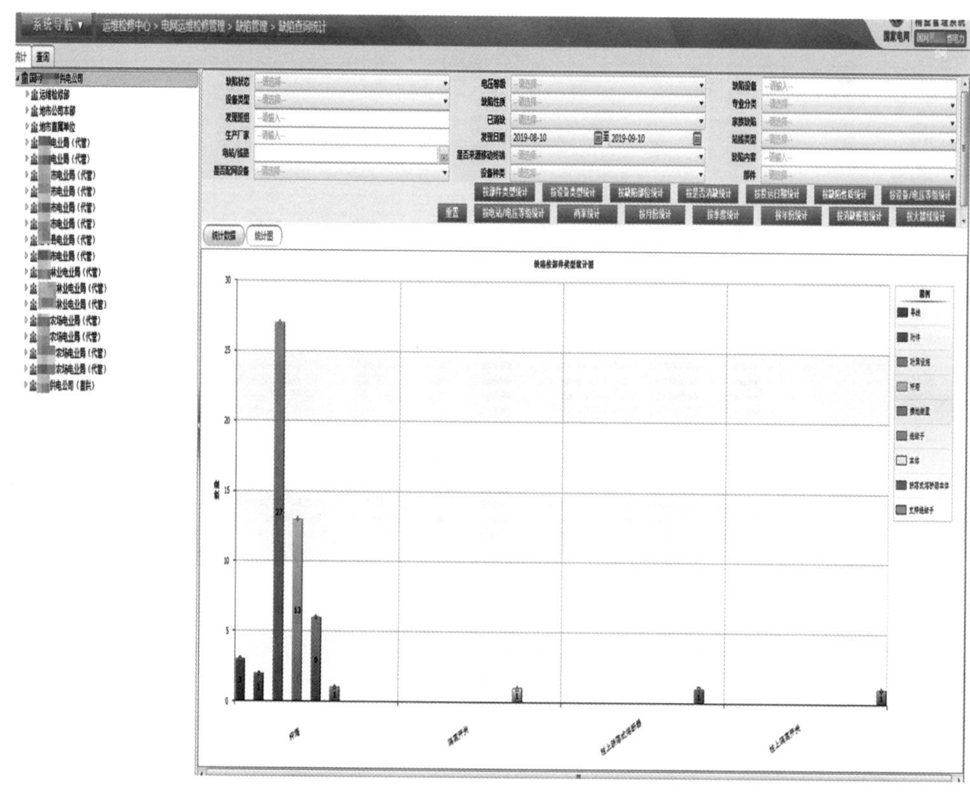

图 5-29　缺陷查询统计的统计图页面

15. 计划执行情况查询统计如何进行?

答：功能说明：提供计划类型、计划开工时间、电站 / 线路、所属地市、编制单位、停电范围、工作内容、是否停电等查询条件进行查询计划执行情况数据的功能。

功能菜单：系统导航→运维检修中心→电网运维检修管理→检修管理→计划执行情况查询。

操作步骤：在工具栏上点击对应计划类型、计划开工时间、电站 / 线路、所属地市、编制单位、停电范围、工作内容、是否停电等数据进行查询，见图 5-30~ 图 5-35。

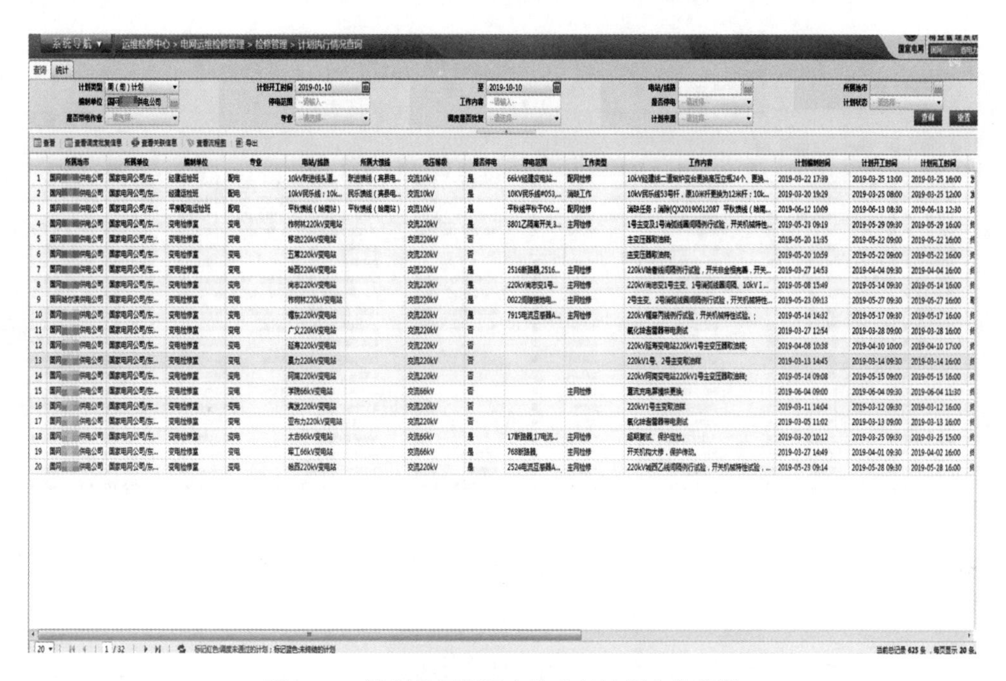

查询 统计

计划类型 年（度）计划　计划开工时间 2019-01-10　至 2019-10-10　电站/线路　所属地市
编制单位 国网[illegible]供电公司　停电范围 --请输入--　工作内容 --请输入--　是否停电 --请选择--　计划状态 --请选择--
是否带电作业 --请选择--　专业 --请选择--　调度是否批复 --请选择--　计划来源 --请选择--　查询　重置

查看　查看调度批复信息　查看关联信息　查看流程图　导出

	所属地市	所属单位	编制单位	专业	电站/线路	所属大馈线	电压等级	是否停电	停电范围	工作类型	工作内容	计划编制时间	计划开工时间	计划完工时间
1	国网[illegible]供电公司	国家电网公司/东...	运建运检班	配电	10kV和进线头…	和进线线（离县电…	交流10kV	是	66kV运建变电站…	配网检修	10kV运建线二道架护变台更换高压立瓶24个、更换…	2019-03-22 17:39	2019-03-25 13:00	2019-03-25 16:00
2	国网[illegible]供电公司	国家电网公司/东...	运建运检班	配电	10kV民乐线：10k…	民乐线线（离县电…	交流10kV	是	10KV民乐线#053…	消缺工作	10kV民乐线53号杆，原10米杆更换为12米杆；10k…	2019-03-20 19:29	2019-03-25 08:00	2019-03-25 12:00
3	国网[illegible]供电公司	国家电网公司/东...	平房配电运检班	配电	平秋线线（哈南站）	平秋线线（哈南站）	交流10kV	是	平秋线平秋干062…	配网检修	消缺任务：消缺(QX20190612087 平秋线线（哈南…	2019-06-12 10:09	2019-06-13 08:30	2019-06-13 12:30
4	国网[illegible]供电公司	国家电网公司/东...	变电检修室	变电	柞树林220kV变电站		交流220kV	是	3801乙隔离开关3…	主网检修	1号主变及1号消弧线圈间隔例行试验，开关机械特性…	2019-05-23 09:19	2019-05-29 09:30	2019-05-29 16:00
5	国网[illegible]供电公司	国家电网公司/东...	变电检修室	变电	移动220kV变电站		交流220kV	否			主变压器取油样;	2019-05-20 11:35	2019-05-22 09:00	2019-05-22 16:00
6	国网[illegible]供电公司	国家电网公司/东...	变电检修室	变电	五常220kV变电站		交流220kV	否			主变压器取油样;	2019-05-20 10:59	2019-05-22 09:00	2019-05-22 16:00
7	国网[illegible]供电公司	国家电网公司/东...	变电检修室	变电	哈西220kV变电站		交流220kV	是	2516断路器,2516…	主网检修	220kV哈鲁线间隔例行试验，开关非全相光耦，开关…	2019-03-27 14:53	2019-04-04 09:30	2019-04-04 16:00
8	国网[illegible]供电公司	国家电网公司/东...	变电检修室	变电	尚志220kV变电站		交流220kV	是	220kV尚志变1号…	主网检修	220kV尚志变1号主变、1号消弧线圈间隔、10kV I…	2019-05-08 15:49	2019-05-14 09:30	2019-05-14 16:00
9	国网哈尔滨供电公司	国家电网公司/东...	变电检修室	变电	柞树林220kV变电站		交流220kV	是	0022间隙接地电…	主网检修	2号主变、2号消弧线圈间隔例行试验，开关机械特性…	2019-05-23 09:13	2019-05-27 09:30	2019-05-27 16:00
10	国网[illegible]供电公司	国家电网公司/东...	变电检修室	变电	耀东220kV变电站		交流220kV	是	7915电流互感器A…	主网检修	220kV耀庭丙线例行试验，开关机械特性试验。;	2019-05-14 14:32	2019-05-17 09:30	2019-05-17 16:00
11	国网[illegible]供电公司	国家电网公司/东...	变电检修室	变电	广义220kV变电站		交流220kV	否			氧化锌避雷器带电测试	2019-03-27 12:54	2019-03-28 09:00	2019-03-28 16:00
12	国网[illegible]供电公司	国家电网公司/东...	变电检修室	变电	延寿220kV变电站		交流220kV	否			220kV延寿变电站220kV1号主变压器取油样;	2019-04-08 10:38	2019-04-10 10:00	2019-04-10 17:00
13	国网[illegible]供电公司	国家电网公司/东...	变电检修室	变电	晨力220kV变电站		交流220kV	否			220kV1号、2号主变取油样	2019-03-13 14:45	2019-03-14 09:30	2019-03-14 16:00
14	国网[illegible]供电公司	国家电网公司/东...	变电检修室	变电	同寓220kV变电站		交流220kV	否			220kV同寓变电站220kV1号主变压器取油样;	2019-05-14 09:08	2019-05-15 09:00	2019-05-15 16:00
15	国网[illegible]供电公司	国家电网公司/东...	变电检修室	变电	学院66kV变电站		交流66kV	否		主网检修	直流充电屏模块更换;	2019-06-04 09:00	2019-06-04 09:30	2019-06-04 11:30
16	国网[illegible]供电公司	国家电网公司/东...	变电检修室	变电	宾发220kV变电站		交流220kV	否			220kV1号主变取油样	2019-03-11 14:04	2019-03-12 09:30	2019-03-12 16:00
17	国网[illegible]供电公司	国家电网公司/东...	变电检修室	变电	亚布力220kV变电站		交流220kV	否			氧化锌避雷器带电测试	2019-03-05 11:02	2019-03-13 09:00	2019-03-13 16:00
18	国网[illegible]供电公司	国家电网公司/东...	变电检修室	变电	太古66kV变电站		交流66kV	是	17断路器,17电流…	主网检修	遥测复试、保护定检。	2019-03-20 10:12	2019-03-25 09:30	2019-03-25 15:00
19	国网[illegible]供电公司	国家电网公司/东...	变电检修室	变电	军工66kV变电站		交流66kV	是	768断路器,	主网检修	开关机构大修，保护传动。	2019-03-27 14:49	2019-04-01 09:30	2019-04-02 16:00
20	国网[illegible]供电公司	国家电网公司/东...	变电检修室	变电	哈西220kV变电站		交流220kV	是	2524电流互感器A…	主网检修	220kV哈西乙线间隔例行试验，开关机械特性试验，…	2019-05-23 09:14	2019-05-28 09:30	2019-05-28 16:00

20 ▾　1 / 32　标记红色:调度未通过的计划；标记蓝色:未接续的计划　当前总记录 625 条，每页显示 20 条。

图 5-30　计划执行情况查询中年计划查询范例

系统导航 ▾　运维检修中心 > 电网运维检修管理 > 检修管理 > 计划执行情况查询

查询 统计

计划类型 月计划　计划开工时间 2019-01-10　至 2019-10-10　电站/线路　所属地市
编制单位 国网[illegible]供电公司　停电范围 --请输入--　工作内容 --请输入--　是否停电 --请选择--　计划状态 --请选择--
是否带电作业 --请选择--　专业 --请选择--　调度是否批复 --请选择--　计划来源 --请选择--　查询　重置

查看　查看调度批复信息　查看关联信息　查看流程图　导出

	所属地市	所属单位	编制单位	专业	电站/线路	所属大馈线	电压等级	是否停电	停电范围	工作类型	工作内容	计划编制时间	计划开工时间	计划完工时间
1	国网[illegible]供电公司	国家电网公司/东...	变电检修室	变电	[illegible]220kV变电站		交流220kV	是	2号主变压器,2262…	主网检修	2号主变、2号消弧线圈间隔例行试验，开关机械特性…	2019-03-27 12:29	2019-04-04 09:30	2019-04-04 17:00
2	国网[illegible]供电公司	国家电网公司/东...	变电检修室	变电	[illegible]66kV变电站		交流66kV	是	768断路器,	主网检修	开关机构大修，保护传动。	2019-03-27 10:26	2019-04-01 09:30	2019-04-02 16:00
3	国网[illegible]供电公司	国家电网公司/东...	变电检修室	变电	[illegible]220kV变电站		交流220kV	是	7915电流互感器A…	主网检修	220kV耀庭丙线例行试验，开关机械特性试验。;	2019-05-14 14:10	2019-05-17 09:30	2019-05-17 16:00
4	国网[illegible]供电公司	国家电网公司/东...	变电检修室	变电	[illegible]220kV变电站		交流220kV	是	7916断路器,7916…	主网检修	220kV耀庭丁线例行试验，开关机械特性试验，保护…	2019-05-14 09:21	2019-05-16 09:30	2019-05-16 16:00
5	国网[illegible]供电公司	国家电网公司/东...	变电检修室	变电	[illegible]220kV变电站		交流10kV	是	2号站用变,	消缺工作	消缺任务：消缺(QX20190429046 耀东220kV变电…	2019-04-30 14:51	2019-05-10 10:00	2019-05-10 15:30
6	国网[illegible]供电公司	国家电网公司/东...	变电检修室	变电	[illegible]66kV变电站		交流10kV	是	82电压互感器,	消缺工作	消缺任务：消缺(QX20190530066 哈北66kV变电…	2019-05-30 12:33	2019-06-04 09:30	2019-06-04 16:00
7	国网[illegible]供电公司	国家电网公司/东...	变电检修室		[illegible]220kV变电站		交流220kV	是	1号主变压器,	消缺工作	消缺任务：消缺(QX20190508097 新区220kV变电…	2019-05-09 09:42	2019-05-17 09:30	2019-05-17 12:00
8	国网[illegible]供电公司	国家电网公司/东...	变电检修室	变电	[illegible]220kV变电站		交流220kV	是	8024断路器,8024…	主网检修	220kV新建丁线开关例行试验，机械特性试验。;	2019-06-05 10:12	2019-06-11 10:00	2019-06-11 16:00
9	国网[illegible]供电公司	国家电网公司/东...	变电检修室	变电	[illegible]220kV变电站		交流220kV	是	3912隔离开关3…	主网检修	220kV三群乙线间隔例行试验，开关机械特性试验，…	2019-06-05 10:06	2019-06-11 09:30	2019-06-11 16:00
10	国网[illegible]供电公司	国家电网公司/东...	变电检修室	变电	[illegible]220kV变电站		交流66kV	是	2638户外-8避雷…	主网检修	消缺任务：消缺(QX20190429044 平房220kV变电…	2019-04-29 15:54	2019-05-05 09:30	2019-05-05 15:00
11	国网[illegible]供电公司	国家电网公司/东...	变电检修室	变电	[illegible]220kV变电站		交流220kV	是	2236西隔离开关2…	主网检修	66kV康庄甲线2236间隔例行试验，开关操作机构大…	2019-05-30 11:07	2019-06-03 09:00	2019-06-03 18:00
12	国网[illegible]供电公司	国家电网公司/东...	变电检修室	变电	[illegible]220kV变电站		交流220kV	是	2912断路器,2912…	主网检修	[illegible]线间隔例行试验，开关机械特性试验，开关非全…	2019-04-02 11:09	2019-04-12 09:30	2019-04-12 16:00
13	国网[illegible]供电公司	国家电网公司/东...	变电检修室	变电	[illegible]220kV变电站		交流220kV	是	2516断路器,2516…	主网检修	220kV哈鲁线间隔例行试验，开关非全相光耦，开关…	2019-03-27 11:37	2019-04-04 09:30	2019-04-04 16:00
14	国网[illegible]供电公司	国家电网公司/东...	变电检修室	变电	[illegible]220kV变电站		交流220kV	是	3601断路器,3612…	主网检修	停电设备例行试验，开关非全相光耦，开关机械特性…	2019-03-27 10:12	2019-04-01 09:30	2019-04-01 16:00
15	国网[illegible]供电公司	国家电网公司/东...	变电检修室	变电	[illegible]220kV变电站		交流220kV	是	2714断路器,2714…	主网检修	220kV东翼丁线间隔例行试验，开关非全相光耦，开…	2019-04-09 10:16	2019-04-19 09:30	2019-04-19 16:00
16	国网[illegible]供电公司	国家电网公司/东...	变电检修室	变电	[illegible]220kV变电站		交流220kV	是	7114断路器,7114…	主网检修	220kV东翼丁线间隔例行试验，开关机械特性试验，…	2019-04-09 10:24	2019-04-19 09:30	2019-04-19 16:00
17	国网[illegible]供电公司	国家电网公司/东...	变电检修室	变电	[illegible]220kV变电站		交流220kV	是	2141断路器,2141…	主网检修	66kV[illegible]线间隔检修例行试验、保护定检。;	2019-05-22 09:43	2019-05-29 10:00	2019-05-29 16:00
18	国网[illegible]供电公司	国家电网公司/东...	变电检修室	变电	[illegible]220kV变电站		交流220kV	是	2号主变压器,2222…	主网检修	2号主变66kV侧开关大修；2号主变喷漆、10kV侧电…	2019-03-27 11:11	2019-04-03 09:30	2019-04-03 18:00
19	国网[illegible]供电公司	国家电网公司/东...	变电检修室	变电	[illegible]220kV变电站		交流66kV	是	2241西隔离开关,	主网检修	消缺任务：消缺(QX20190425028 66kV电机甲线2…	2019-04-26 15:55	2019-04-30 09:30	2019-04-30 16:00
20	国网[illegible]供电公司	国家电网公司/东...	变电检修室	变电	[illegible]220kV变电站		交流220kV	是	4211断路器,4211…	主网检修	220kV松利线例行试验，开关机械特性试验，开关非…	2019-03-27 11:27	2019-04-03 09:30	2019-04-03 16:00

20 ▾　1 / 6　标记红色:调度未通过的计划；标记蓝色:未接续的计划　当前总记录 107 条，每页显示 20 条。

图 5-31　计划执行情况查询中月计划查询范例

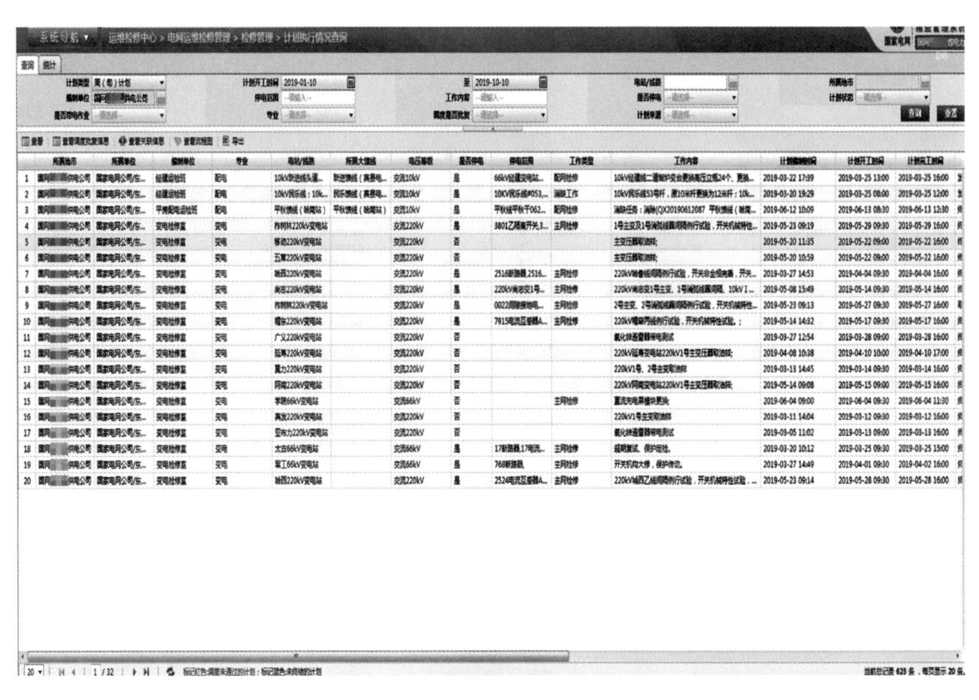

图 5-32　计划执行情况查询中周计划查询范例

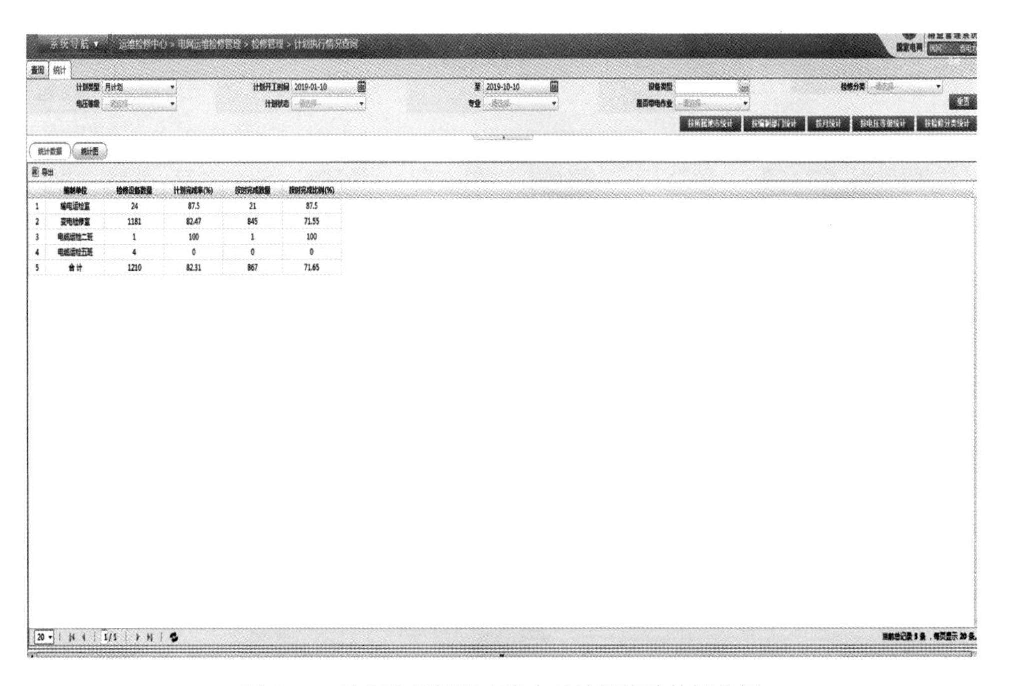

	编制单位	检修设备数量	计划完成率(%)	按时完成数量	按时完成比例(%)
1	输电运检室	24	87.5	21	87.5
2	变电检修室	1181	82.47	845	71.55
3	电缆运检二班	1	100	1	100
4	电缆运检五班	4	0	0	0
5	合计	1210	82.31	867	71.65

图 5-33　计划执行情况查询中月计划统计数据范例

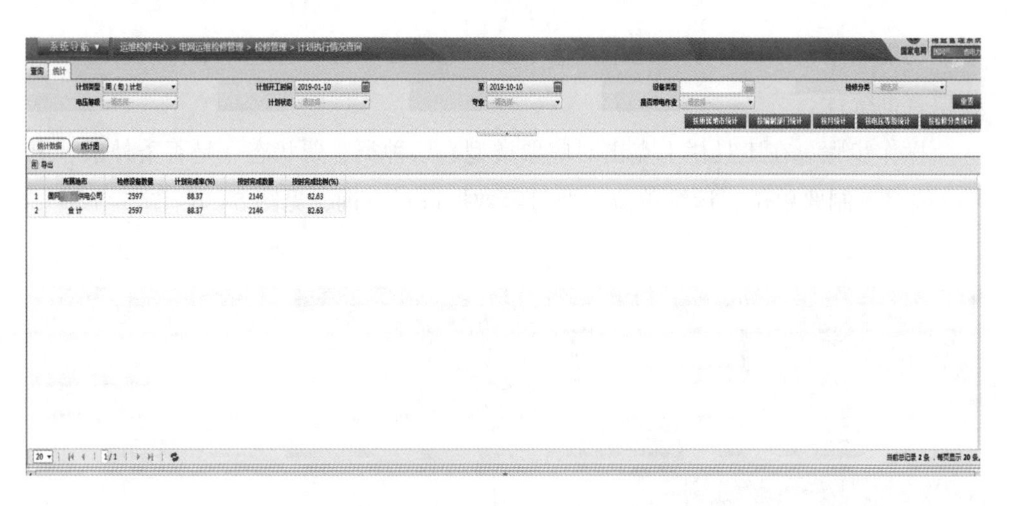

图 5-34　计划执行情况查询中周计划统计数据范例

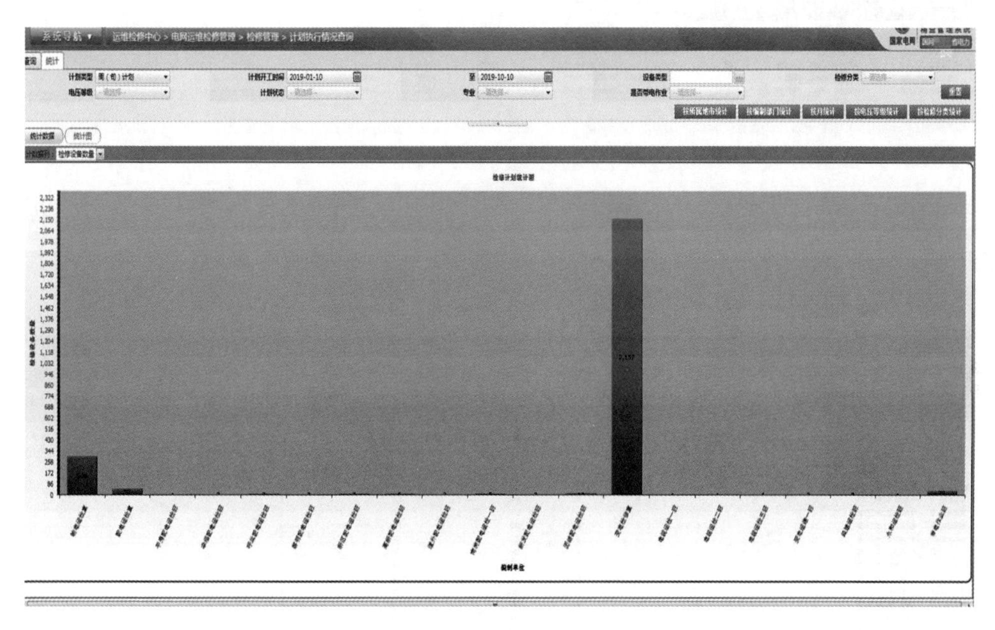

图 5-35　计划执行情况查询中月计划统计图范例

16. 两票查询统计如何进行?

答: 功能说明:提供票类型、票种类、票状态、是否委外票、电站 / 线路、制票单位、运维单位、票号等查询条件进行查询工作票的功能。

功能菜单：系统导航→运维检修中心→电网运维检修管理→工作票管理→工作票查询统计。

操作步骤：在工具栏上点击对应票类型、票种类、票状态、是否委外票、电站 / 线路、制票单位、运维单位、票号等数据进行查询，见图 5-36~ 图 5-39。

系统导航 ▼ 运维检修中心 > 电网运维检修管理 > 工作票管理 > 工作票查询统计

查询 统计

票类型 票种类 票状态 是否委外票 电站/线路 制票单位 运维单位 票号 制票时间 2018-09-10 至 工作内容 工作班成员 终结时间 至 是否关联任务单 专业类型 是否延期 主(总)/分票 主(总)票 接票人 维护班组

查询 重置 自定义查询

排序 导出

	票种类	工作内容	工作地点	工作地点描述	制票部门	运维单位	工作工时	工作负责人	工作票签发人	票号	票状态	计划开工时间	计划结束时间	许可工作时间
1	电力线路第二种工作票	消缺任务：消除(Q...	同城乙线	同城乙线	运维检修部输电运...	国网[illegible]供电公司		刘[illegible]	韩[illegible]	0115046	存档	2019-09-05 13:34:00	2019-09-30 09:38:00	
2	电力线路第二种工作票	消缺任务：消除(Q...	延源线	延源线	运维检修部输电运...	国网[illegible]供电公司		高[illegible]	刘[illegible]	0112018	工作待终结	2019-09-05 13:42:00	2019-09-30 11:02:00	
3	电力线路第二种工作票	消缺任务：消除(Q...	离联甲线	离联甲线	运维检修部输电运...	国网[illegible]供电公司		高[illegible]	刘[illegible]	0112017	工作待终结	2019-09-05 13:43:00	2019-09-30 11:01:00	
4	变电站第一种工作票	(1)电流互感器、...	平房220kV变电站	220kV设备场地：...	运维检修部变电检...	国网[illegible]供电公司		郭[illegible]		0504027	新建	2019-09-10 10:00:00	2019-09-11 18:00:00	
					运维检修部输电运...	国网[illegible]供电公司		郑[illegible]	刘[illegible]	0109007	待接票	2019-09-09 09:00:00	2019-09-30 17:00:00	
					运维检修部输电运...	国网[illegible]供电公司		郑[illegible]	刘[illegible]	0109006	待接票	2019-09-05 14:58:00	2019-09-30 10:58:00	
					运维检修部变电检...	国网[illegible]供电公司		周[illegible]	金[illegible]	0510049	待许可	2019-09-11 09:00:00	2019-09-11 16:00:00	
					运维检修部变电检...	国网[illegible]供电公司		李[illegible]	金[illegible]	0510048	待许可	2019-09-11 09:00:00	2019-09-11 16:00:00	
					运维检修部输电运...	国网[illegible]供电公司		李[illegible]	张[illegible]	0107045	存档	2019-09-02 10:59:00	2019-09-30 10:59:00	
					运维检修部变电检...	国网[illegible]供电公司	2	王[illegible]	范[illegible]	0509024	存档	2019-09-09 13:00:00	2019-09-09 15:00:00	2019-09-09 13:30:23
					运维检修部输电运...	国网[illegible]供电公司		李[illegible]	张[illegible]	0107044	存档	2019-09-02 10:58:00	2019-09-30 10:58:00	
					运维检修部输电运...	国网[illegible]供电公司		李[illegible]	张[illegible]	0107043	存档	2019-09-02 10:43:00	2019-09-30 10:43:00	
					运维检修部输电运...	国网[illegible]供电公司		李[illegible]	张[illegible]	0107042	存档	2019-09-02 10:41:00	2019-09-30 10:41:00	
					运维检修部输电运...	国网[illegible]供电公司		李[illegible]	张[illegible]	0107041	存档	2019-09-02 11:03:00	2019-09-30 10:55:00	
15	电力线路第二种工作票	消缺任务：消除(Q...	英民线	英民线	运维检修部输电运...	国网[illegible]供电公司		李[illegible]	张[illegible]	0107040	存档	2019-09-02 10:38:00	2019-09-30 10:38:00	
16	变电站第二种工作票	温度表调试	军工66kV变电站	军工66kV变电站	运维检修部变电检...	国网[illegible]供电公司	2	王[illegible]	范[illegible]	0509023	存档	2019-09-09 09:00:00	2019-09-09 11:00:00	2019-09-09 09:30:58
17	电力线路第二种工作票	消缺任务：消除(Q...	热阁甲线	热阁甲线	运维检修部输电运...	国网[illegible]供电公司		李[illegible]	赵[illegible]	0104080	存档	2019-09-05 11:10:00	2019-09-30 11:10:00	
18	电力线路第二种工作票	热阁甲线热阁甲线...	热阁甲线	热阁甲线015号	运维检修部输电运...	国网[illegible]供电公司		李[illegible]	赵[illegible]	0104079	存档	2019-09-05 11:08:00	2019-09-30 11:08:00	
19	电力线路第二种工作票	消缺任务：消除(Q...	同源乙线	同源乙线	运维检修部输电运...	国网[illegible]供电公司		王[illegible]	刘[illegible]	0110049	存档	2019-09-05 10:37:00	2019-09-30 10:09:00	
20	电力线路第二种工作票	消缺任务：消除(Q...	同源乙线	同源乙线	运维检修部输电运...	国网[illegible]供电公司		王[illegible]	刘[illegible]	0110048	存档	2019-09-05 10:38:00	2019-09-30 10:07:00	

20 ▼ 1 / 67 当前总记录 1325 条，每页显示 20 条。

图 5-36　工作票查询统计中查询页面

系统导航 ▼ 运维检修中心 > 电网运维检修管理 > 工作票管理 > 工作票查询统计

查询 统计

票类型 票种类 票状态 是否委外票 主(总)/分票 主(总)票 电站/线路 制票单位 运行单位 制票时间 2018-09-10 至 终结时间 至 专业类型

按工作班组 按变电站 按工作负责人 按工作票签发人 按工作开工许可人 按工作终结许可人 按维护班组

导出

工作班组	票种类	总票（份）	执行票（份）	作废票（份）	合格票（份）	不合格票（份）	归档率（%）	合格率（%）	任务单关联率（%）	班组评价率（%）	工区评价率（%）	运检/安监评价率（%）
输电运维十六班	电力线路第二种工作票	6	6	0	0	0	100	0	100	0	0	0
输电运维一班	电力线路第二种工作票	21	21	0	0	0	100	0	100	0	0	0
输电运维二班	电力线路第二种工作票	30	30	0	0	0	100	0	100	0	0	0
输电运维三班	电力线路第二种工作票	15	15	0	0	0	100	0	100	0	0	0
输电运维四班	电力线路第二种工作票	25	25	0	0	0	100	0	100	0	0	0
输电运维五班	电力线路第二种工作票	4	4	0	0	0	100	0	100	0	0	0
输电运维六班	电力线路第二种工作票	22	22	0	0	0	100	0	100	0	0	0
输电运维八班	电力线路第二种工作票	25	25	0	0	0	100	0	100	0	0	0
输电运维九班	电力线路第二种工作票	7	5	0	0	0	71.43	0	100	0	0	0
输电运维十班	电力线路第二种工作票	13	13	0	0	0	100	0	100	0	0	0
输电运维十一班	电力线路第二种工作票	1	1	0	0	0	100	0	100	0	0	0
输电运维十二班	电力线路第二种工作票	23	21	0	0	0	91.3	0	100	0	0	0
输电运维十三班	电力线路第二种工作票	13	13	0	0	0	100	0	100	0	0	0
输电运维十四班	电力线路第二种工作票	17	17	0	0	0	100	0	100	0	0	0
输电运维十五班	电力线路第二种工作票	23	23	0	0	0	100	0	100	0	0	0
输电检修一班	电力线路第二种工作票	60	60	0	0	0	100	0	100	0	0	0
输电检修一班	电力线路第一种工作票	2	2	0	0	0	100	0	100	0	0	0
输电检修二班	电力线路第二种工作票	66	66	0	0	0	100	0	100	0	0	0
输电检修二班	电力线路第一种工作票	2	2	0	0	0	100	0	100	0	0	0
输电带电作业班	电力线路第二种工作票	70	70	0	0	0	100	0	100	0	0	0

20 ▼ 1/4

图 5-37　工作票查询统计中统计页面

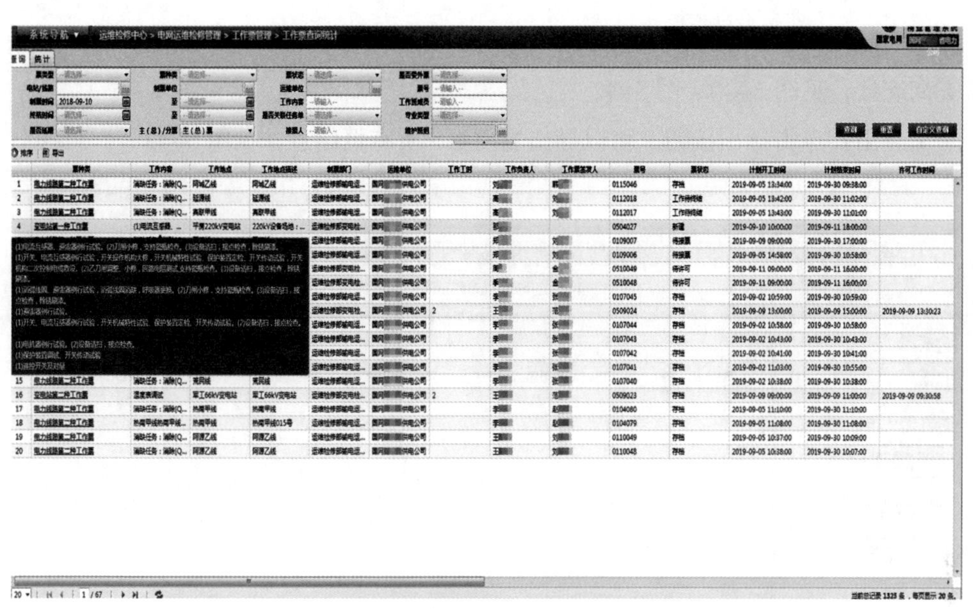

图 5–38　工作票查询统计中查询范例

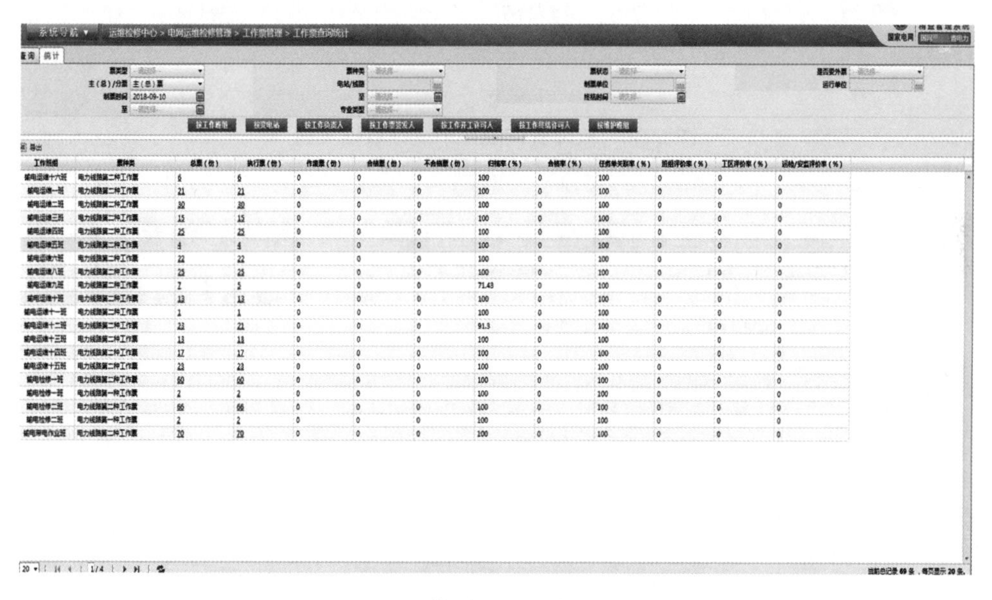

图 5–39　工作票查询统计中统计范例

功能说明：提供故障信息查询统计，能够很清晰地统计出各单位中不同类型的数量，也能清晰地统计故障状况。

功能菜单：系统导航→运维检修中心→电网运维检修管理→故障管理→故障查询统计，见图 5-40 ~ 图 5-42。

导出：点击导出按钮，可以导出当前页 / 所有页信息，见图 5-43。

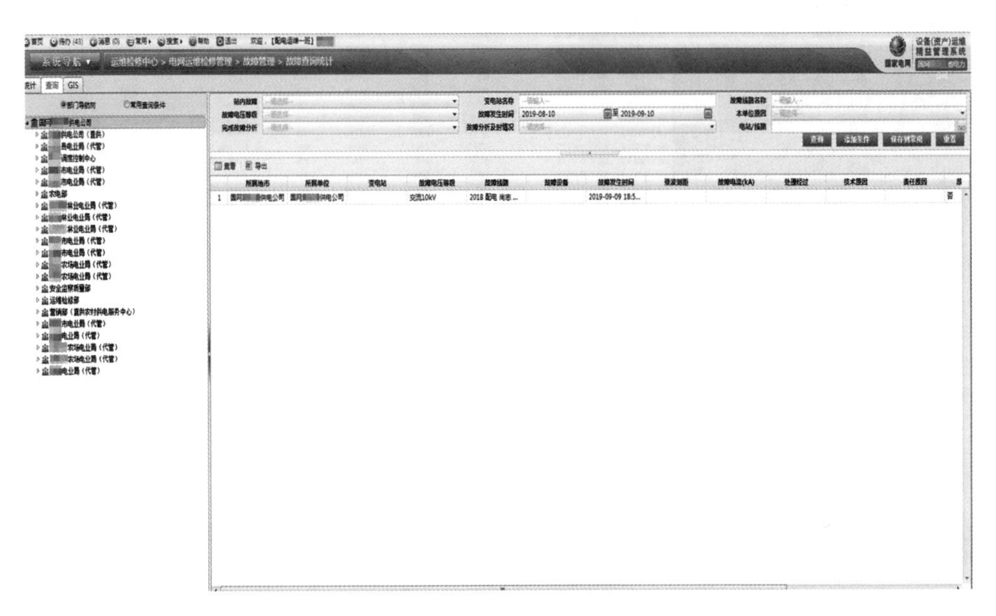

图 5-40　故障查询统计中统计数据页面

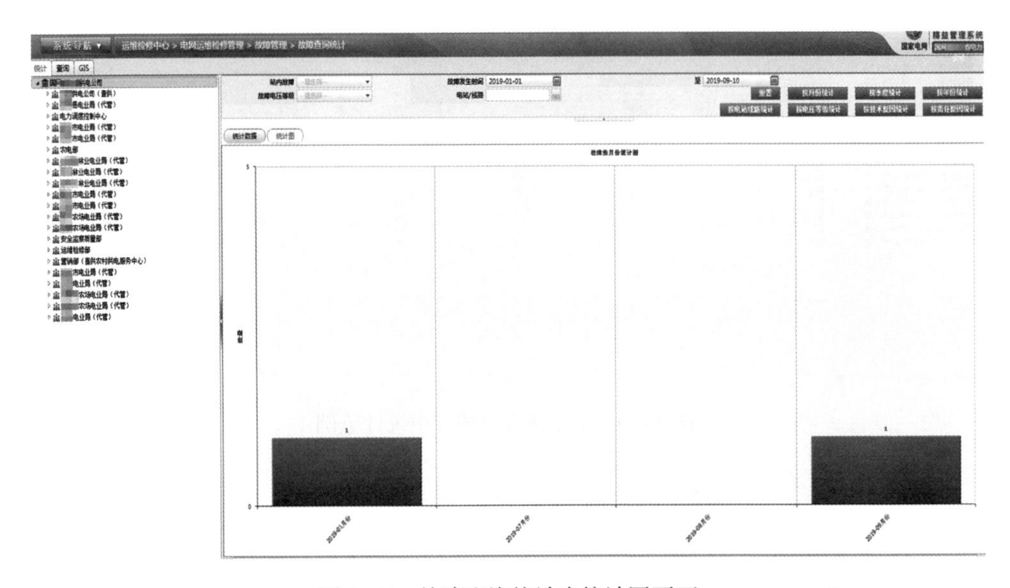

图 5-41　故障查询统计中统计图页面

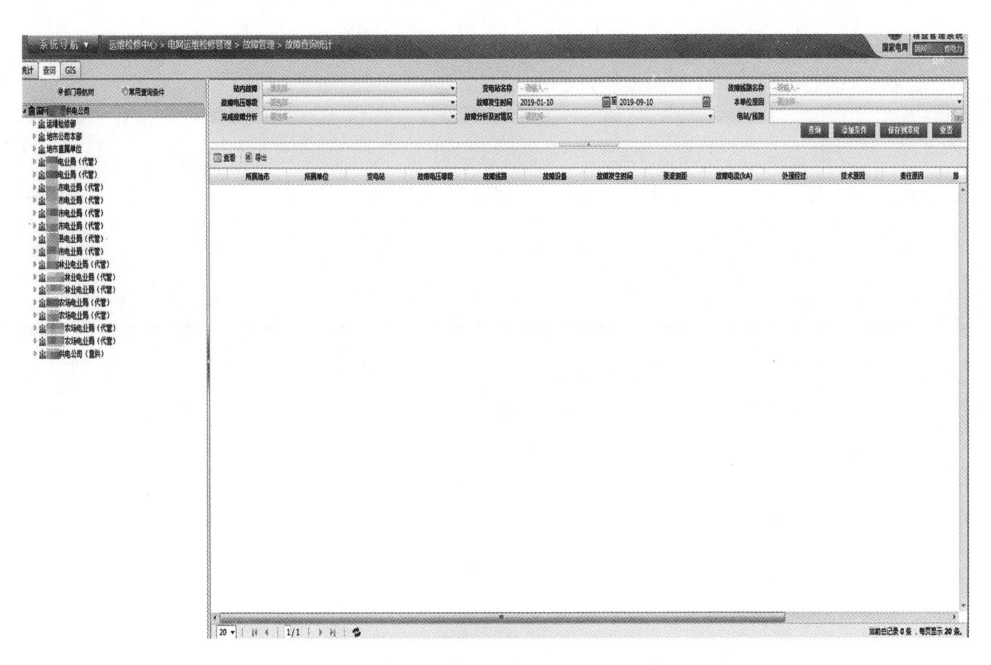

图 5-42　故障查询统计中查询页面

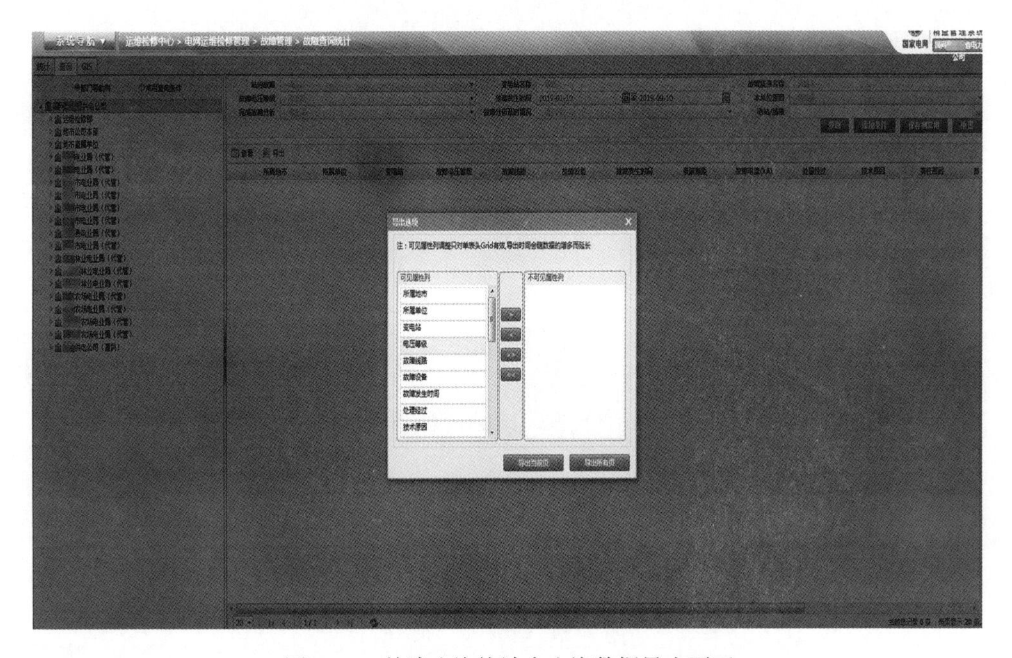

图 5-43　故障查询统计中查询数据导出页面

六　电网资源管理——技改一体化管理

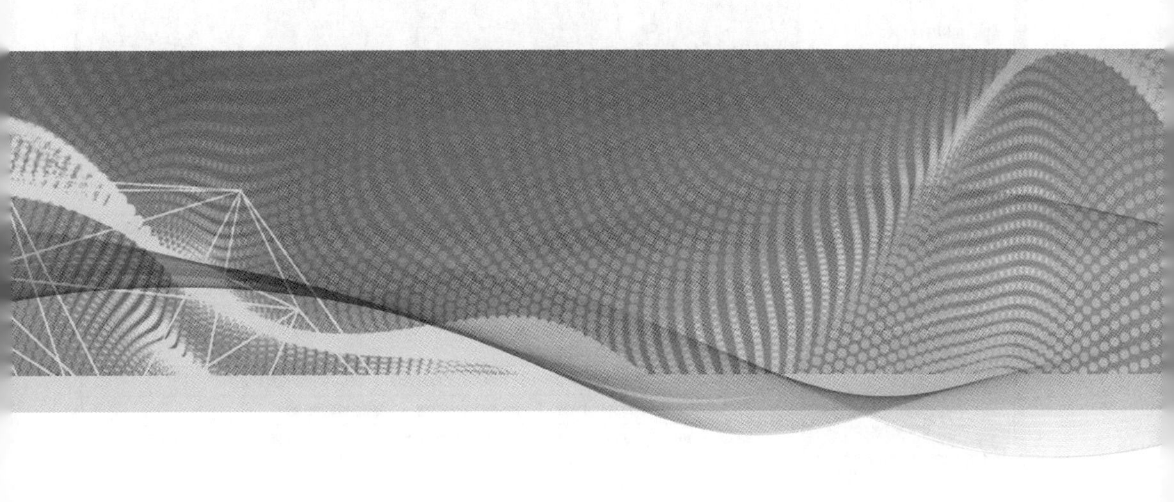

1. 系统中技改一体化管理包含哪些?

答：点击“系统导航”下拉菜单中选择“技改一体化管理”，右侧子菜单的所有条目即为技改一体化，见图 6-1。

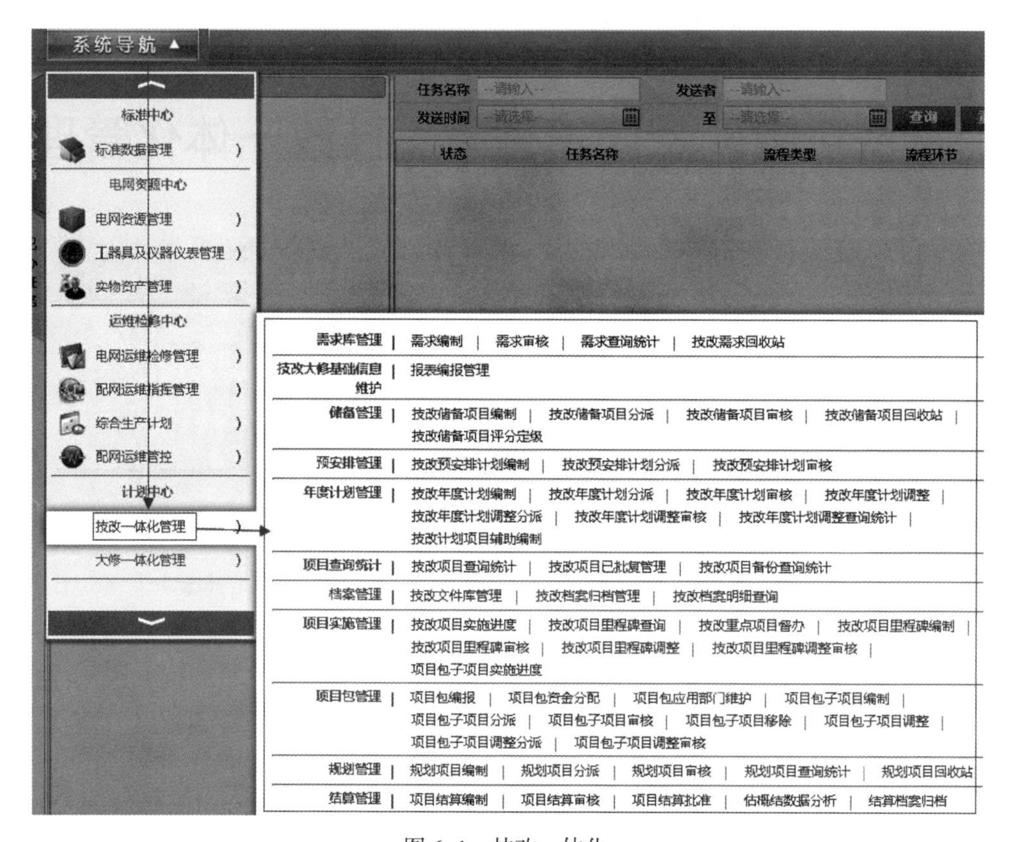

图 6-1　技改一体化

2. 技改需求管理如何编制?

答：点击“系统导航”下拉菜单中选择“技改一体化管理”，右侧子菜单中选择“需求库管理”中的“需求编制”，见图 6-2。

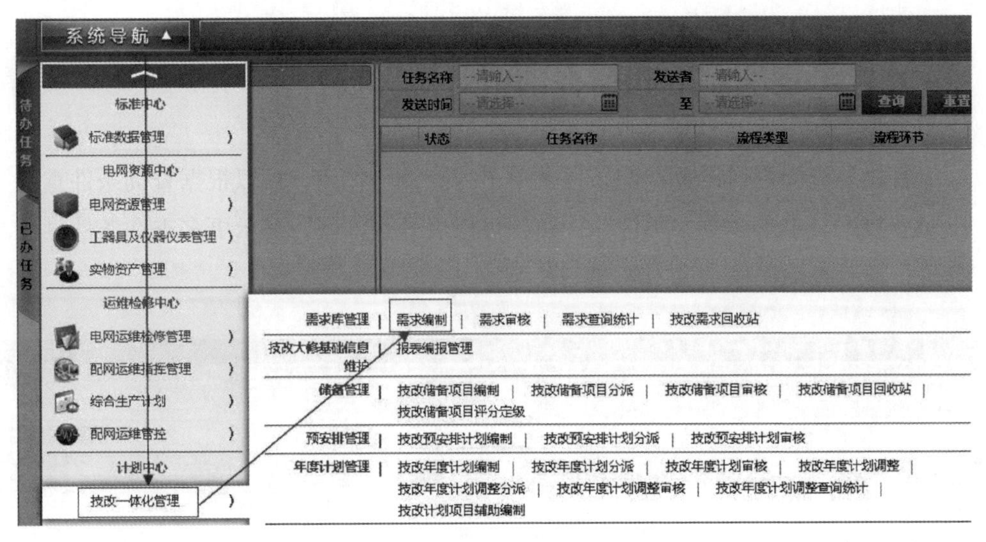

图 6–2　需求编制

弹出“需求编制”界面，点击“新建”见图 6–3。

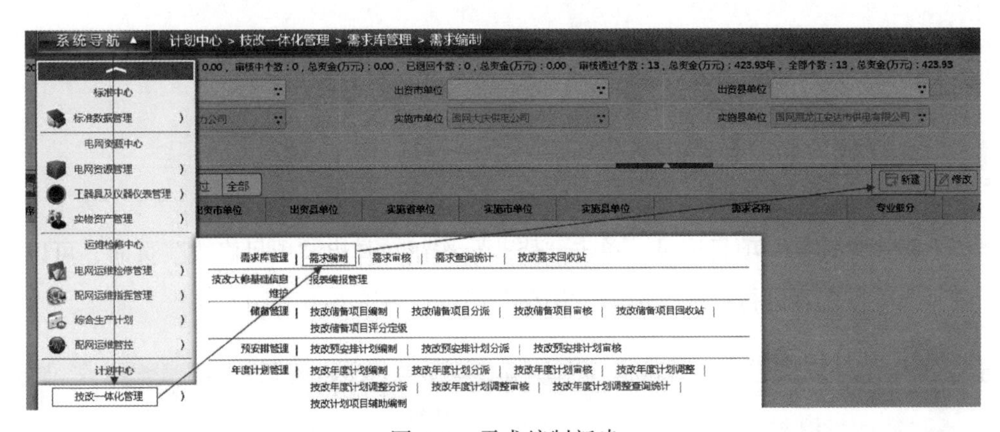

图 6–3　需求编制新建

按照要求填写必填项，然后保存，即技改需求项目已经建完，见图 6–4。

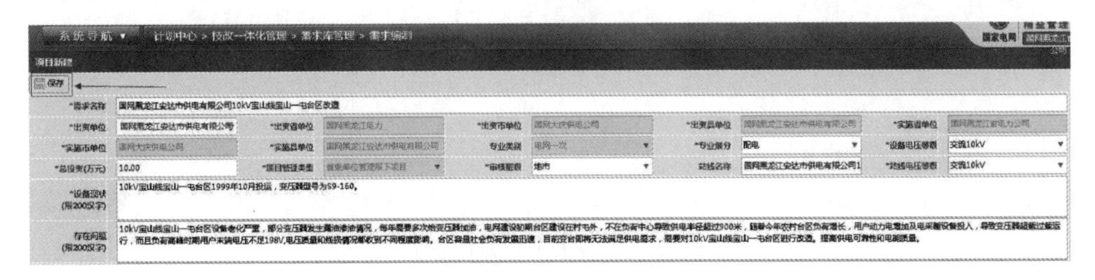

图 6–4　需求项目编制

3. 在需求编制下如何查询出对应数据？

答： 在查询栏，设置查询条件，单击“查询”按钮，可以根据查询条件查询出对应数据。单击“更多条件”按钮，可以展开查询区，显示更多查询条件供选择进行精确查询操作，见图 6-5。

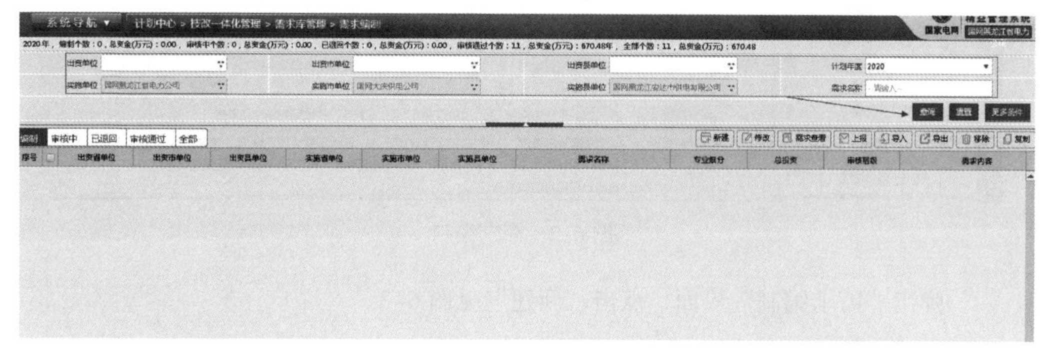

图 6-5　查询对应数据

4. 需求项目如何修改？

答： 勾选某一项目记录，单击“修改”按钮，弹出“项目修改”页面，可以对所选项目内容进行修改，单击“保存”即可，见图 6-6 和图 6-7。

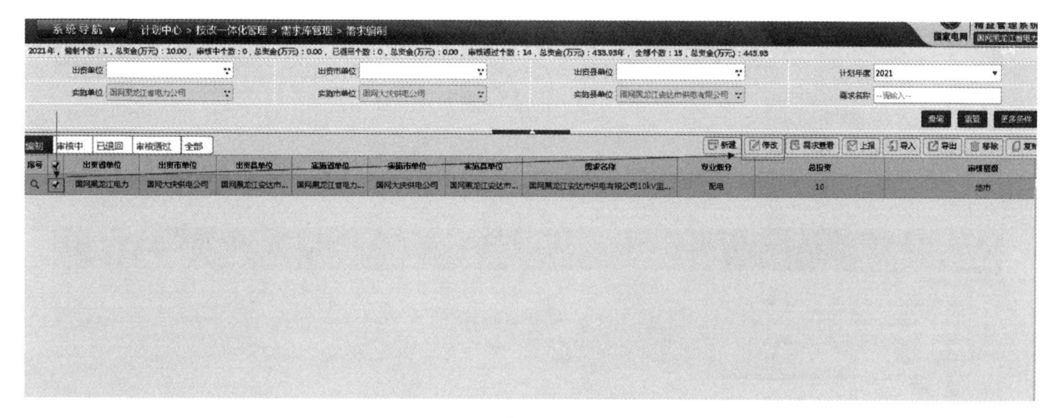

图 6-6　需求项目修改位置

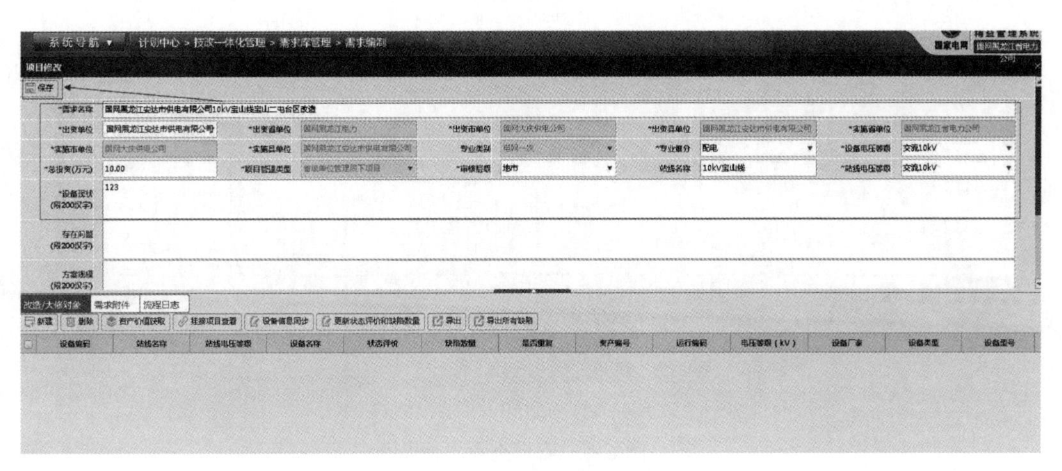

图 6–7 需求项目修改页面

5. 需求项目如何查看详细?

答：需求查看：双击某条项目，或勾选某一项目记录后单击“需求查看”按钮，弹出“项目查看”窗口，可以查看所选项目的具体详细信息，见图 6–8 和图 6–9。

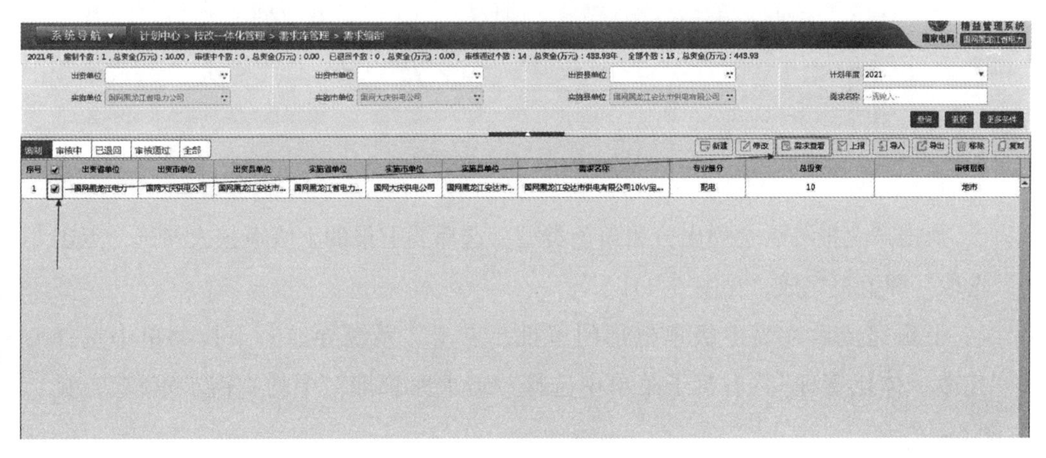

图 6–8 需求查看位置

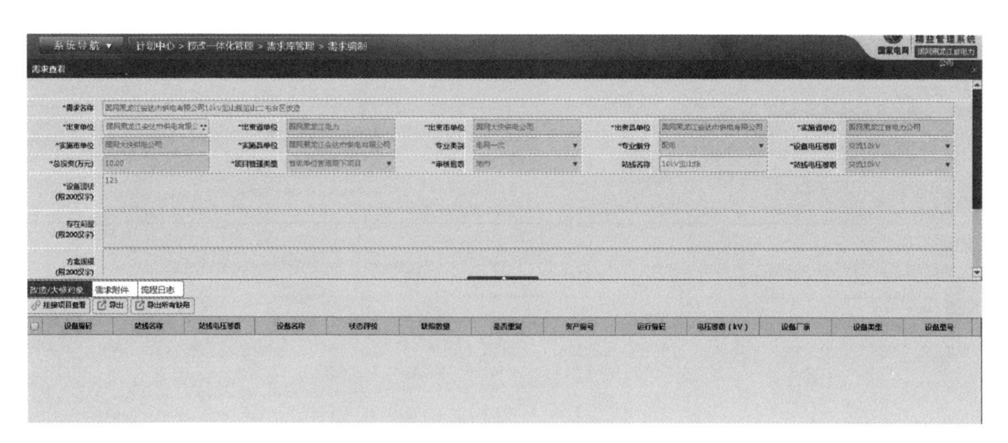

图 6-9　需求查看页面

6. 技改需求项目如何上报及审核？

答：技改需求项目创建完保存后，勾选需要上报审核的项目，点击“上报”见图 6-10。

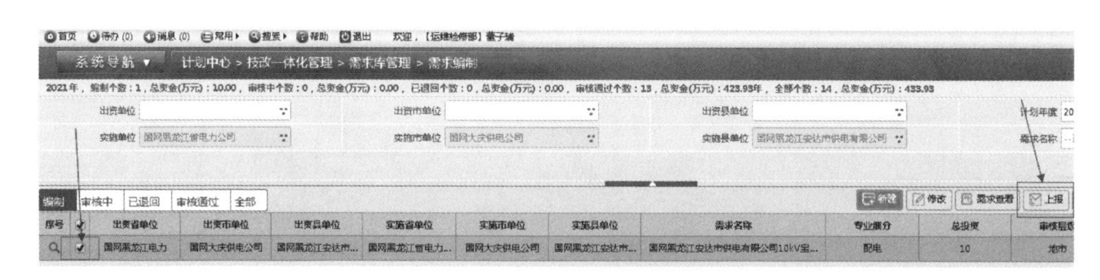

图 6-10　上报需求项目

点击“上报”后会弹出分派角色类型，选择要上报的上级审核人勾选，点击“选取”即上报完成，见图 6-11。

上报完成后，需上级审核部门审批，点击“系统导航”下拉菜单中选择“技改一体化管理”，右侧子菜单中选择“需求库管理”中的“需求审核”，见图 6-12。

进入“需求审核”中，找到要审核的项目，进行审阅，审阅后勾选项目，审核结论选择“通过”，审核意见填写“同意”，然后点击“保存”，见图 6-13。

保存后，点击“已审核”，勾选待审项目，点击“上报”，即审核完成，见图 6-14。

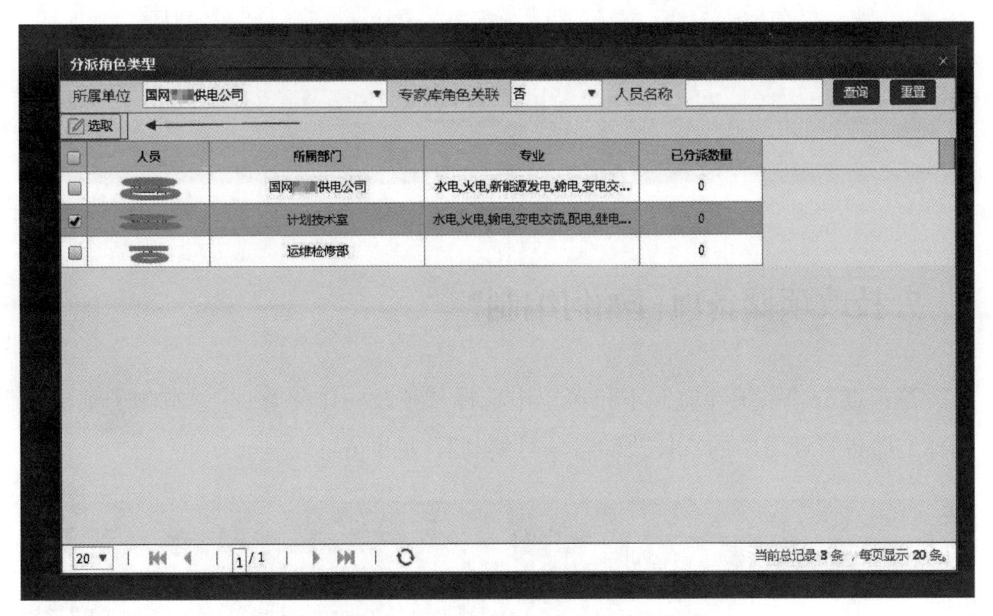

图 6-11 上报上级审核部门审核

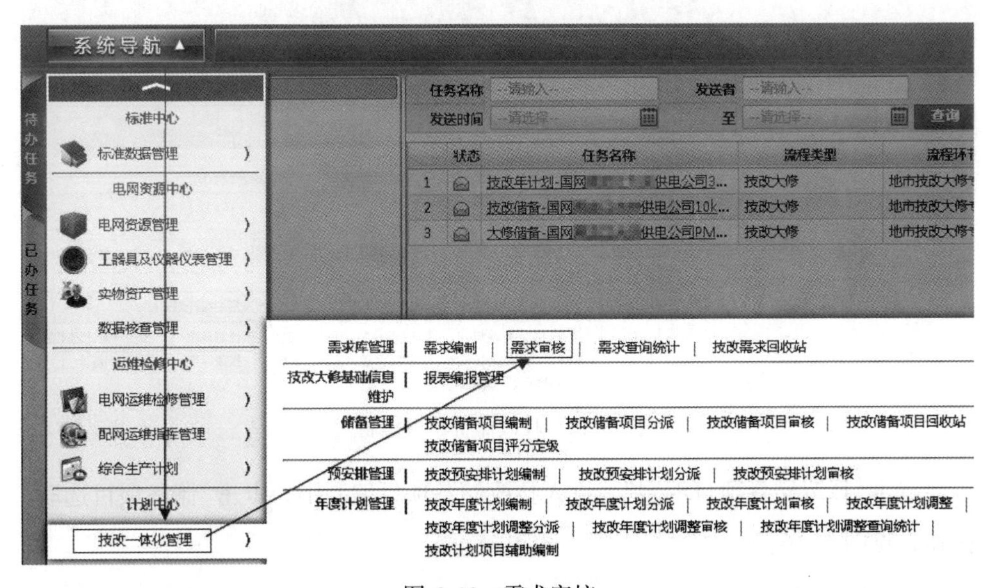

图 6-12 需求审核

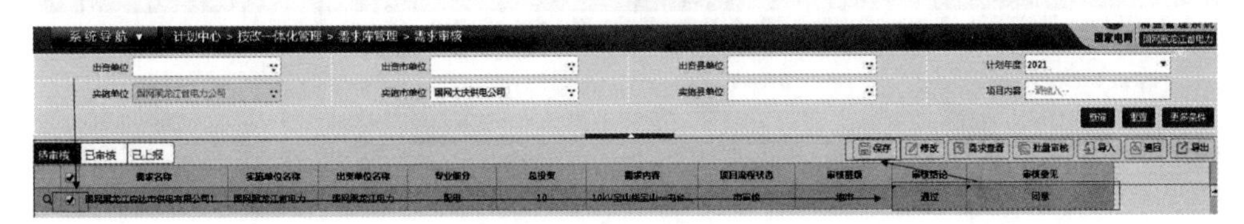

图 6-13 待审核

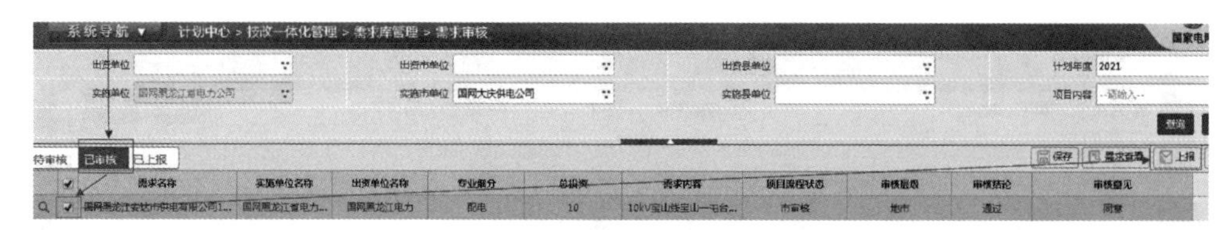

图 6–14　审核上报完成

7. 技改项储备项目如何编制?

答：点击“系统导航”下拉菜单中选择“技改一体化管理”，右侧子菜单中选择“储备管理”中的“技改储备项目编制”，见图 6–15。

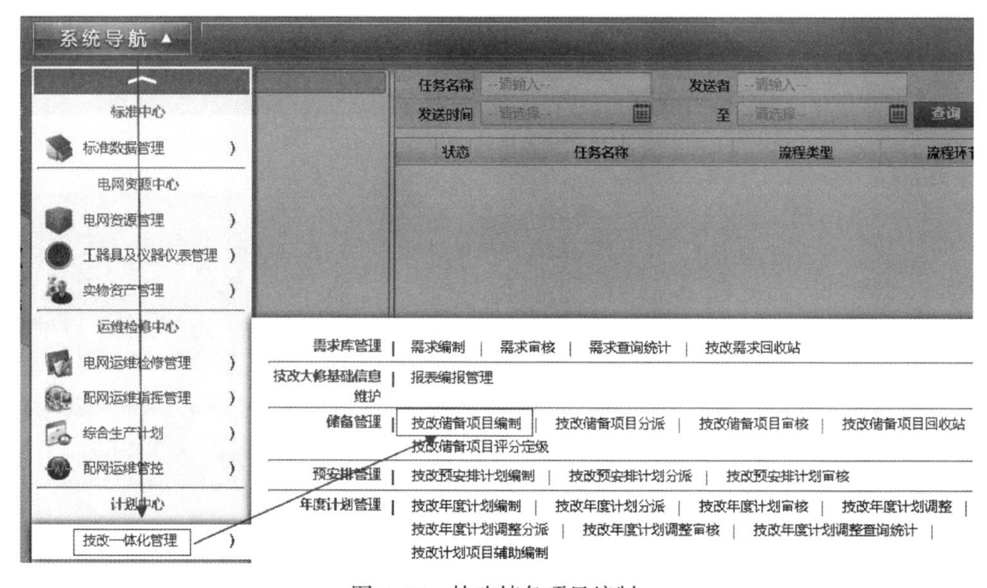

图 6–15　技改储备项目编制

点击“技改储备项目编制”，进入技改储备项目编制中，点击“储备项目选取”按钮，见图 6–16。

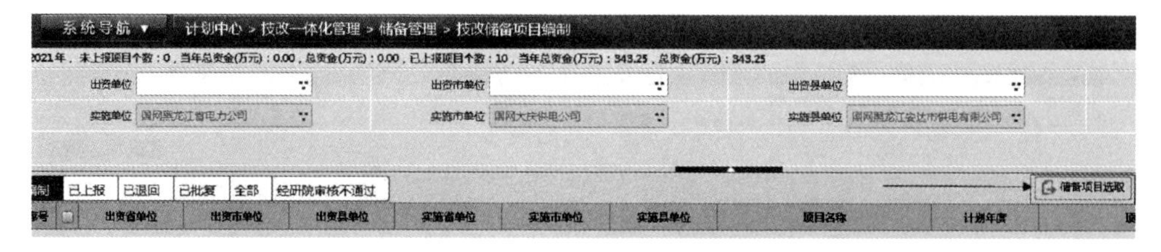

图 6–16　储备项目选取

点击后会弹出审批完的需求项目，找到需要储备编辑的项目，然后勾选点击“选取”按钮，见图 6–17。

储备项目选取

出资单位　出资市单位　出资县单位名称 --请输入--　计划年度

实施单位 国网黑龙江省电力公司　实施县单位 国网黑龙江安达市供电有限公司　实施市单位 国网大庆供电公司　项目名称

选取　合并

序号		出资省单位	出资市单位	出资县单位	实施省单位	实施市单位	实施县单位	需求名称
	✓	国网黑龙江电力	国网大庆供电公司	国网黑龙江安达市...	国网黑龙江省电力...	国网大庆供电公司	国网黑龙江安达市...	国网黑龙江安达市供电有限公司10kV宝...

图 6–17　选取项目

选取后会在“技改储备编制”页面出现选取的项目，然后勾选项目，点击“修改”按钮进行编辑项目，见图 6–18。

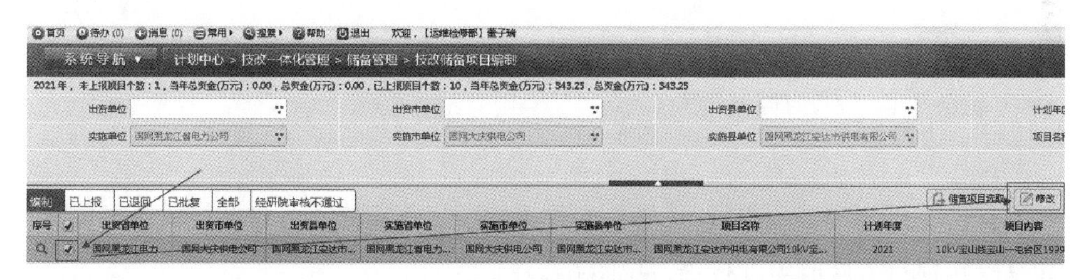

图 6–18　选取项目修改

进入修改页面，完善必填项，见图 6–19。

系统导航　计划中心 > 技改一体化管理 > 储备管理 > 技改储备项目编制

项目修改

保存

*项目名称 国网黑龙江安达市供电有限公司10kV宝山线宝山一屯台区改造

*出资单位 国网黑龙江安达市供电有限公司　出资省单位 国网黑龙江电力　出资市单位 国网大庆供电公司　出资县单位 国网黑龙江安达市供电有限公司　*资产性质

*是否储备代储 否　实施省单位 国网黑龙江省电力公司　实施市单位 国网大庆供电公司　实施县单位 国网黑龙江安达市供电有限公司　编制部门

*计划年度 2021　*项目开始时间 2021-01-01　*项目结束时间 2021-12-31　编制人　编制时间 2020-08-04

*项目性质 其他　项目管理类型 省级单位管理限下项目　*专业类别 电网一次　*专业细分 配电　*设备电压等级 交流10kV

*是否跨年项目 否　总投资(万元)　当年投资(万元) 0.00　*改造目的 提升电网安全稳定水平　改造原因 设备老化

线路类型 架空　*项目评分 91　储备项目级别　专项类别 --请选择--　储备重点 --请选择--

项目编码　*是否需求储备项目 否　一体化类型　*是否农网 是　*是否首供首签 否

*预测版本 2016版本　*是否新增项目 否　可研批复文号　*站线名称 国网黑龙江安达市供电有限公司1　*站线电压等级 交流10kV

图 6–19　完善必填项

点击“项目估算书”页签，需上传估算书封面及签字页扫描件，上传估算书，总投资在上传估算书后自动填写，见图 6–20。

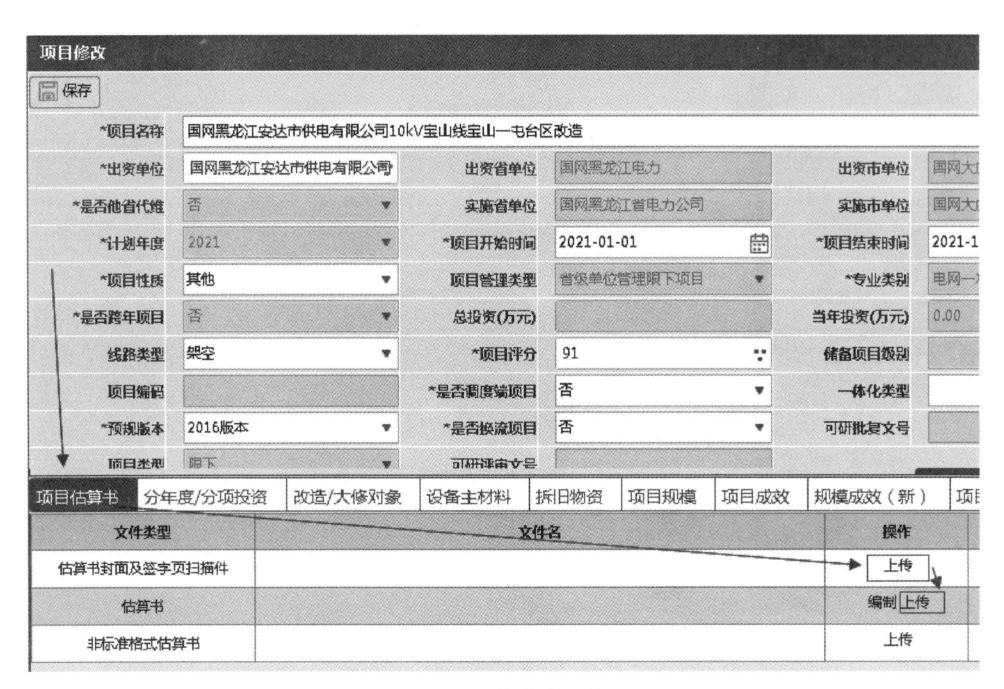

图 6-20　估算书上传

点击“分年度/分项投资”页签，如是当年项目不用修改，自动按估算书填写，如是跨年项目需修改年度投资，见图6-21。

项目修改

保存

*项目名称	国网黑龙江安达市供电有限公司10kV宝山线宝山一屯台区改造				
*出资单位	国网黑龙江安达市供电有限公司	出资省单位	国网黑龙江电力	出资市单位	国网大庆供电公司
*是否他省代维	否	实施省单位	国网黑龙江省电力公司	实施市单位	国网大庆供电公司
*计划年度	2021	*项目开始时间	2021-01-01	*项目结束时间	2021-12-31
*项目性质	其他	项目管理类型	省级单位管理限下项目	*专业类别	电网一次
*是否跨年项目	否	总投资(万元)		当年投资(万元)	0.00
线路类型	架空	*项目评分	91	储备项目级别	
项目编码		*是否调度端项目	否	一体化类型	
*预规版本	2016版本	*是否换流项目	否	可研批复文号	

项目估算书　分年度/分项投资　改造/大修对象　设备主材料　拆旧物资　项目规模　项目成效　规模成效（新）　项目附件

年度	合计	建筑工程费	安装工程费	拆除工程费	设备购置费	其他费用
2021	[illegible]	[illegible]	[illegible]	[illegible]	[illegible]	[illegible]

图 6-21　分年度/分项投资

点击“改造 / 大修对象”页签，点击“新建”按钮，在此处需关联 PMS 设备，且关联数量应与改造数量一致，见图 6–22。

图 6–22　技改 / 大修对象

点击“设备主材料”页签，无需填写，由估算书自动导入，“拆旧物资”页签，默认为在“改造/大修对象”页签关联的PMS设备，“项目规模”页签，左侧勾选“电压等级”和“项目规模”后点击“添加”按钮，在右侧填写数量，点击“保存”，见图 6–23。

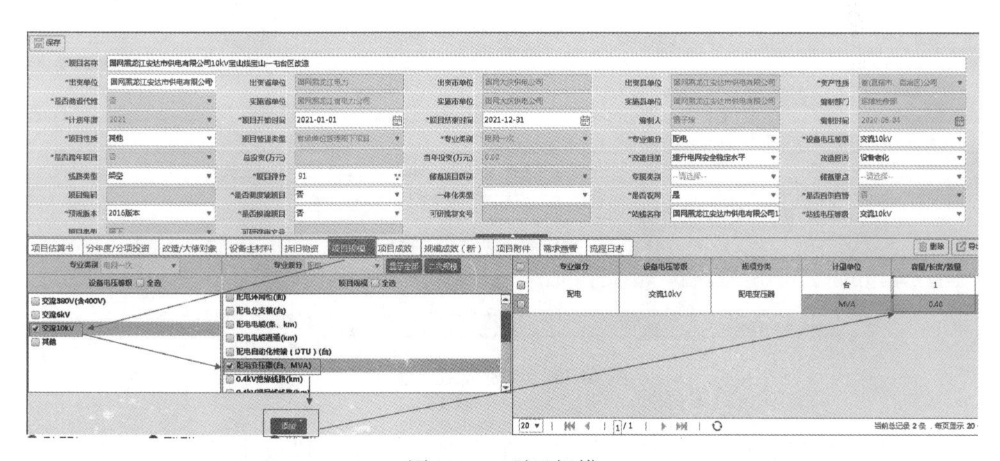

图 6–23　项目规模

点击“项目成效”页签，非必填项，有合适的选，没有则不填，勾选选择项后点击“添加”按钮，在右侧填写数量，点击“保存”，见图 6–24。

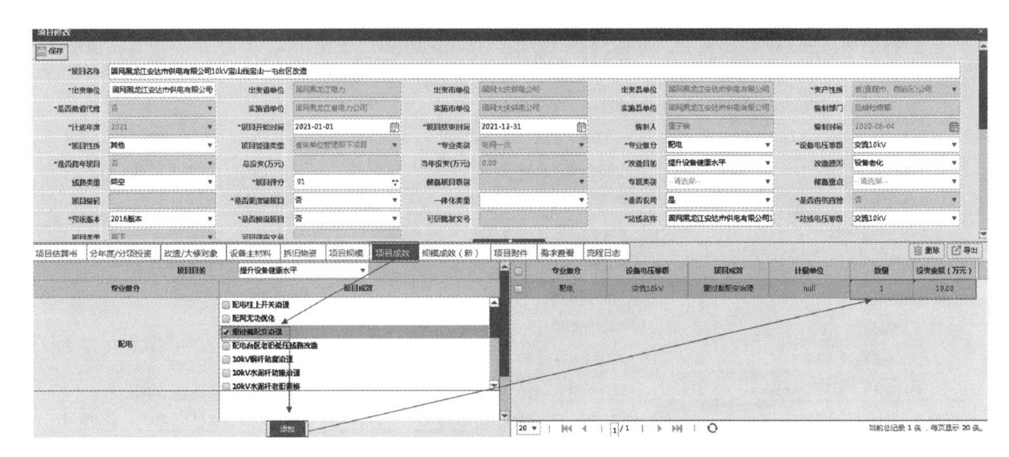

图 6–24　项目成效

点击“规模成效（新）”页签，左侧选择“电压等级”和“配电台区（0.4kV 线路）”后，填写数量，点击“保存”，见图 6–25。

图 6–25　规模成效（新）

点击“项目附件”页签，点击“在线编制”项目建议书，见图 6–26，补充完善系统未自动填写的信息，点击“附件上传”项目建议书，然后保存，见图 6–27。

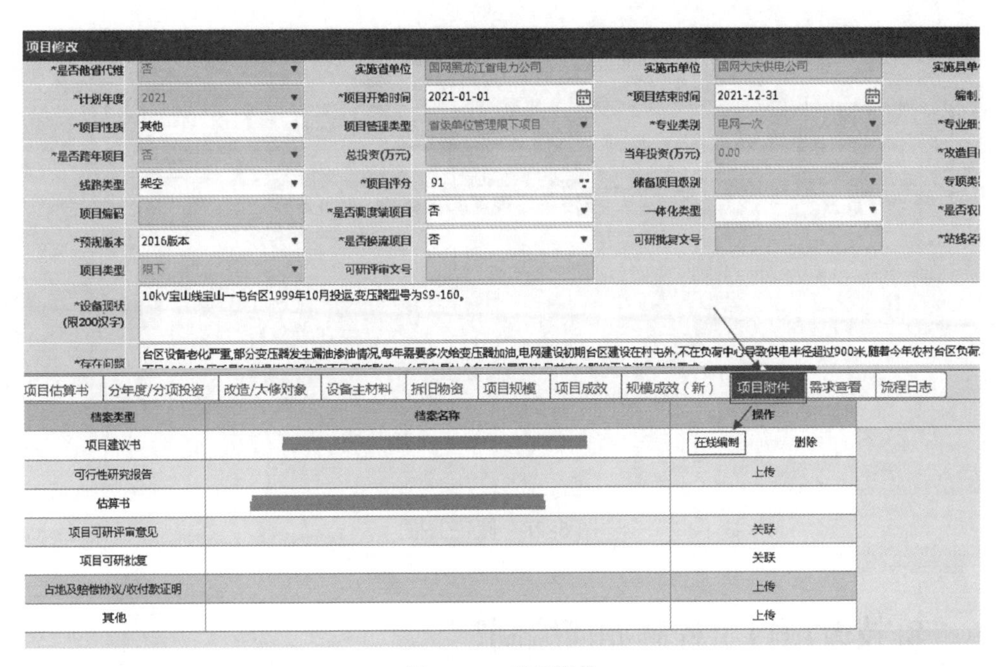

图 6–26　项目附件

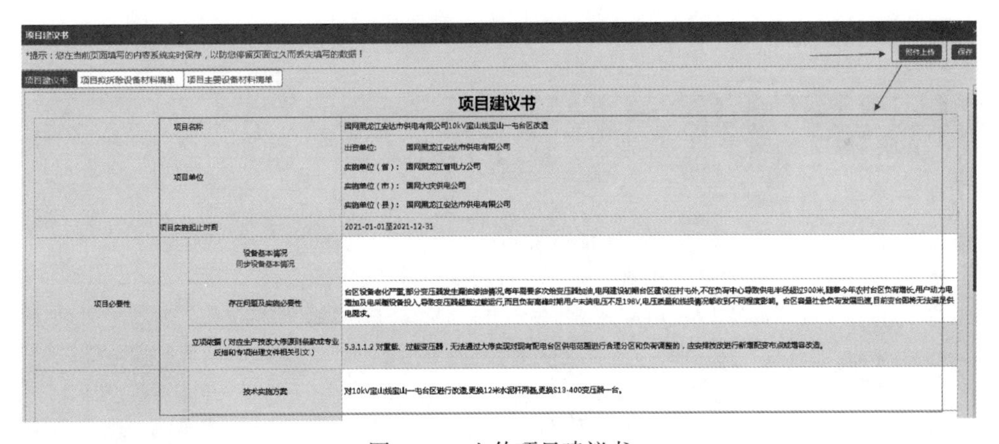

图 6–27　上传项目建议书

然后进入项目主页签，左侧勾选项目，右侧点击“上报”按钮，上报上级审核则完成技改项目储备流程，见图 6–28。

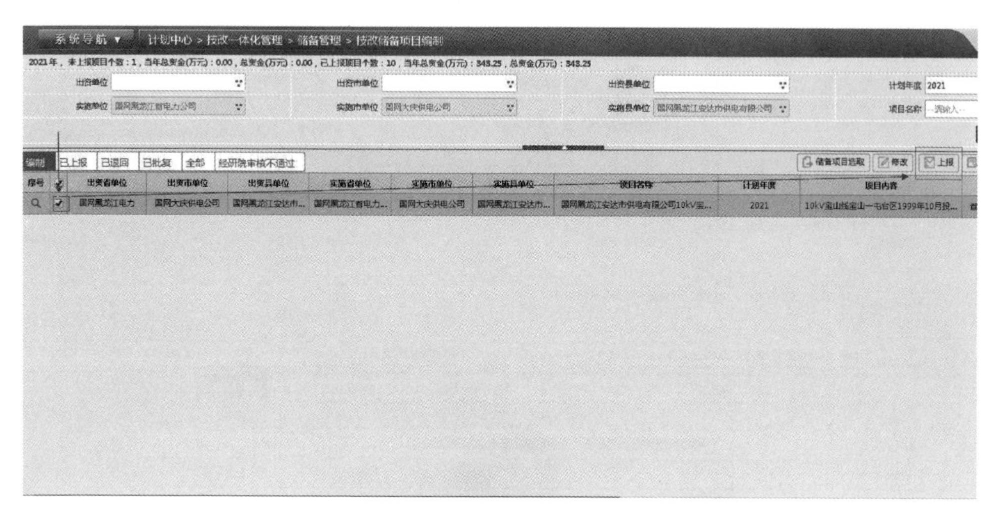

图 6–28　储备上报

8. 技改项目里程碑如何编制?

答：点击“系统导航”下拉菜单中选择“技改一体化管理”，右侧子菜单中选择“项目实施管理”中的“技改项目里程碑编制”按钮，见图 6–29。

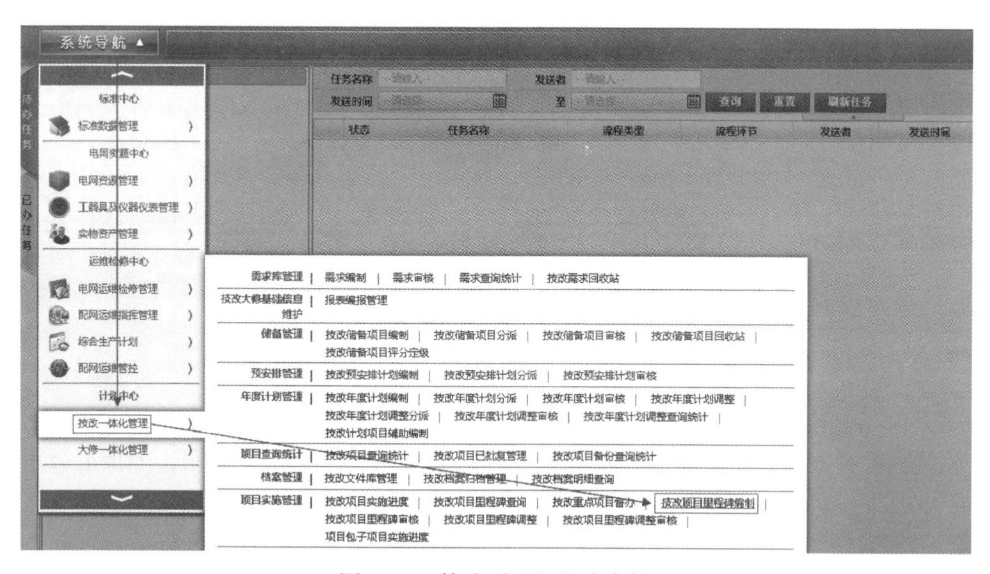

图 6–29　技改项目里程碑编制

点击进入“技改项目里程碑编制”中，计划年度选择当年时间，点击“查询”按钮会出现当年已经审批下达项目，见图 6–30。

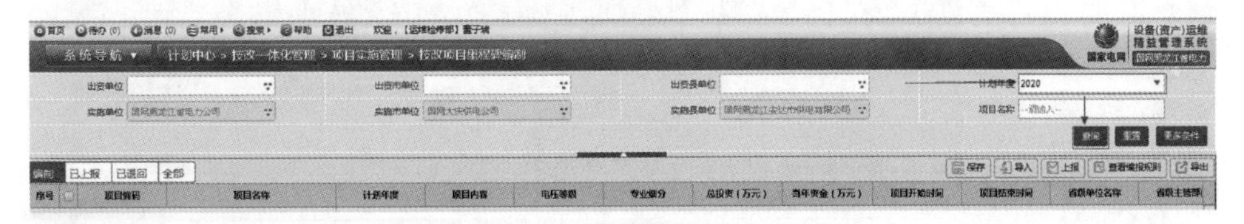

图 6–30　查询当年审批下达项目

“查询”后会出现当年下达项目，然后需要完善预计当年项目各项工作时间和填写相关责任人，见图 6–31。

序号		项目编码	项目名称	县/专业室责任人	计划下达	项目创建	物资/服务需求提报	物资到货	设计采购方式	设计合同签订	施工/服务合同签订
	✔	21241619014C	国网黑龙江安达市供电有限公司0.4kV...	藿子琦	2020-02-17	2020-02-24	2020-03-24	2020-08-20			
2		2124161900NF	国网黑龙江安达市供电有限公司10kV...	藿子琦	2020-02-17	2020-02-24	2020-03-24	2020-08-20			2020-06-20
3		2124161900NN	国网黑龙江安达市供电有限公司10kV...	藿子琦	2020-02-17	2020-02-24	2020-03-24	2020-08-20			2020-06-20

图 6–31　完善当年项目预计各项工作完成时间

填写完善后，点击“保存”按钮，然后点击“上报”即可，见图 6–32。

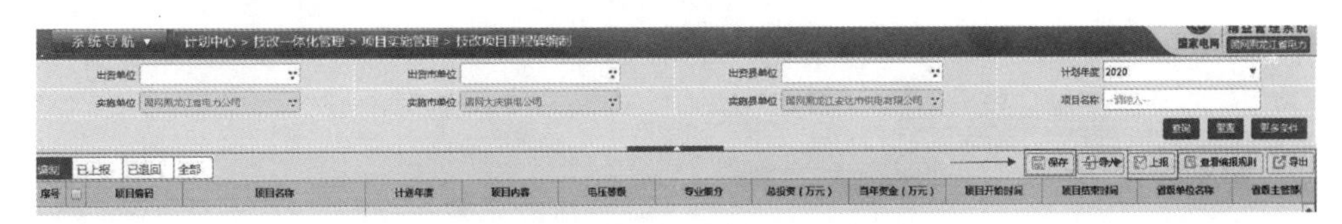

图 6–32　上报当年项目工作预计划时间

9. 技改项目如何完善实施进度？

答：点击“系统导航”下拉菜单中选择“技改一体化管理”，右侧子菜单中选择“项目实施管理”中的“技改项目实施进度”按钮，见图 6–33。

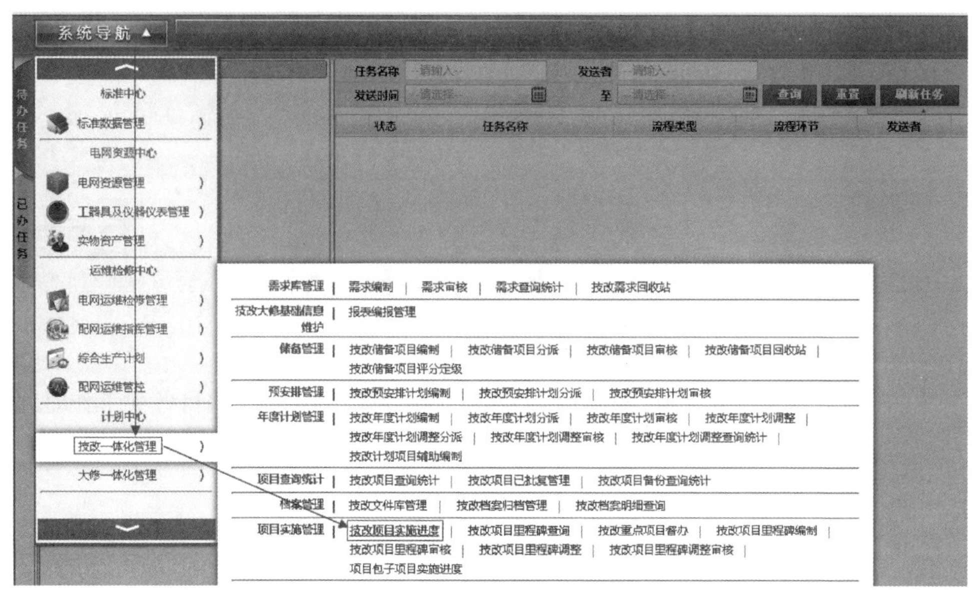

图 6-33　技改项目实施进度

点击“技改项目实施进度”按钮进入后会自动出现当年项目，项目会显示当月需要完善时间节点，见图 6-34。勾选需要完善的项目，点击“档案归档”按钮，见图 6-35。

系统导航　计划中心 > 技改一体化管理 > 项目实施管理 > 技改项目实施进度

精益管理系统　国家电网

技改项目进度维护　技改形象进度汇总

实施单位　国网黑龙江安达市供电有限公司　出资单位　计划年度　2020　形象月份　8

查询　重置　更多条件

保存　批量生成形象进度　提取上月项目进度信息　档案归档　批量关联　查看详情　导出

序号		项目编码	项目名称	计划下达		项目创建		物资/服务招标提报		[illegible]		设计合同签订	
				计划	进度	计划	进度	计划	进度	计划	进度	计划	进度
1		21241619014C	国网黑龙江安达市供电有限公司0.4kV...	)-02-17	2020-03-10	2020-02-24	2020-03-10	2020-03-24	2020-03-19	2020-08-20			
2		2124161900NF	国网黑龙江安达市供电有限公司10kV...	)-02-17	2020-03-10	2020-02-24	2020-03-10	2020-03-24	2020-03-19	2020-08-20			
3		2124161900NN	国网黑龙江安达市供电有限公司10kV...	)-02-17	2020-03-10	2020-02-24	2020-03-10	2020-03-24	2020-03-19	2020-08-20			

图 6-34　需要完善时间节点

进入“档案归档”中，需要上传相应文件，见图 6-36。

上传完成后，关闭档案资料，在“技改项目实施进度”中点击“保存”按钮即可，见图 6-37。

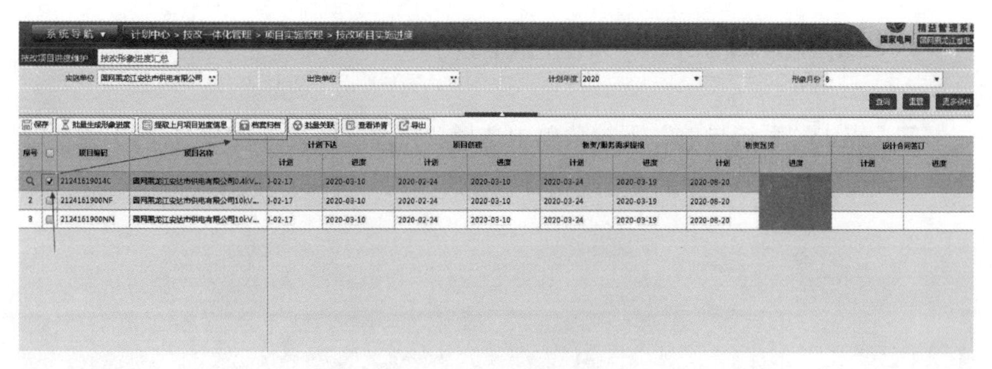

图 6-35　档案归档

档案资料

项目名称：国网黑龙江安达市供电有限公司0.4kV中本所电业所台区等39个电压监测点改造

项目阶段	档案类型	档案名称	操作	归档时间
实施阶段	设计合同及中标通知书		上传	
	监理合同及中标通知书		上传	
	施工合同及中标通知书	国网黑龙江安达市供电有限公司0.4kV中本所电业所	上传	2020-06-1
	其他非物资类合同及中标通知书		上传	
	初步设计文件及概算书		上传	
	初步设计评审文件	庆电处室经研〔2020〕11号国网大庆供电公司经济	关联	2020-03-1
	初步设计批复	庆电运维发〔2020〕21号国网大庆供电公司关于国	关联	2020-03-1
	物资招标中标信息汇总表		上传	
	三措一案		上传	
	全套施工图设计资料		上传	
	施工图/方案审查纪要		上传	
	开工报告	开工报告1.jpg;	上传	2020-06-1
	监理报告		上传	
	施工过程安全质量管理		上传	
	监理资料		上传	

附件批量下载　关闭

图 6-36　上传相应文件

系统导航　计划中心 > 技改一体化管理 > 项目实施管理 > 技改项目实施进度

技改项目进度维护　技改形象进度汇总

实施单位 国网黑龙江安达市供电有限公司　出资单位　计划年度 2020　形象月份 8

保存　批量生成形象进度　提取上月项目进度信息　档案归档　批量关联　查看详情　导出

序号		项目编码	项目名称	计划下达		项目创建		物资/服务需求提报		物资到货	
				计划	进度	计划	进度	计划	进度	计划	进度
1		21241619014C	国网黑龙江安达市供电有限公司0.4kV...	)-02-17	2020-03-10	2020-02-24	2020-03-10	2020-03-24	2020-03-19	2020-08-20	
2		2124161900NF	国网黑龙江安达市供电有限公司10kV...	)-02-17	2020-03-10	2020-02-24	2020-03-10	2020-03-24	2020-03-19	2020-08-20	
3		2124161900NN	国网黑龙江安达市供电有限公司10kV...	)-02-17	2020-03-10	2020-02-24	2020-03-10	2020-03-24	2020-03-19	2020-08-20	

图 6-37　完善保存

10. 技改项目里程碑如何查询?

答： 点击“系统导航”下拉菜单中选择“技改一体化管理”，右侧子菜单中选择“项目实施管理”中的“技改项目里程碑查询”按钮，见图 6–38。

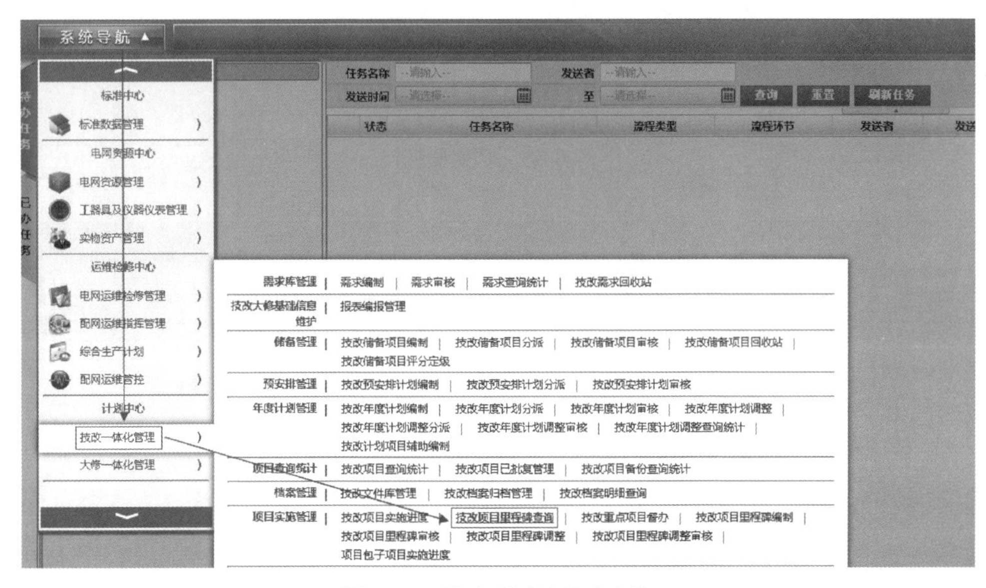

图 6–38 技改项目里程碑查询

点击进入“技改项目里程碑查询”后，选择“计划年度”点击“查询”按钮，会显示当年技改项目预计完成的时间节点，进行查看，按照时间节点可以完善“技改项目实施进度”，见图 6–39。

系统导航 计划中心 > 技改一体化管理 > 项目实施管理 > 技改项目里程碑查询

计划年度 2020

实施县单位 国网黑龙江安达市供电有限公司

序号	项目编码	项目名称	计划下达	项目创建	物资/服务需求提报	物资到货	设计采购方式	设计合同签订	施工/服务合同签订	监理采购方式	监理合同签订	初设审批
1	21241619014C	国网黑龙江安达市供电有限公司0.4kV...	2020-02-17	2020-02-24	2020-03-24	2020-08-20						2020-03-20
2	2124161900NF	国网黑龙江安达市供电有限公司10kV...	2020-02-17	2020-02-24	2020-03-24	2020-08-20			2020-06-20			2020-03-20
3	2124161900NN	国网黑龙江安达市供电有限公司10kV...	2020-02-17	2020-02-24	2020-03-24	2020-08-20			2020-06-20			2020-03-20

图 6–39 时间节点查看

11. 技改规划项目如何编制?

答: 点击“系统导航”下拉菜单中选择“技改一体化管理”，右侧子菜单中选择“规划管理”中的“规划项目编制”按钮，见图 6-40。

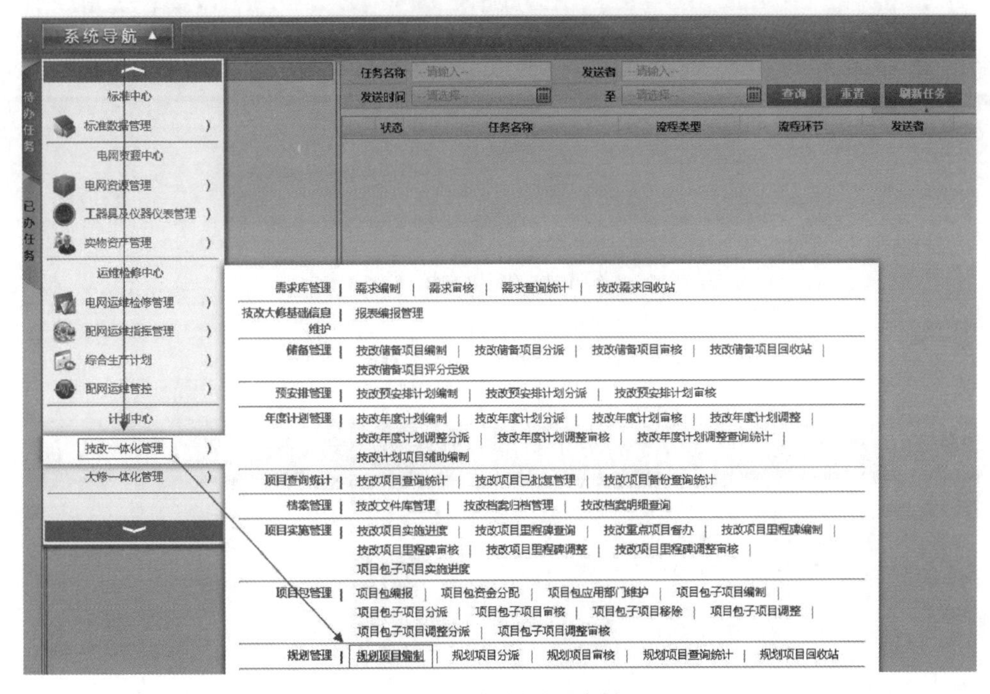

图 6-40 规划项目编制

点击进入“规划项目编制”中，选择“规划年度”时间，点击“新建”按钮，见图 6-41。

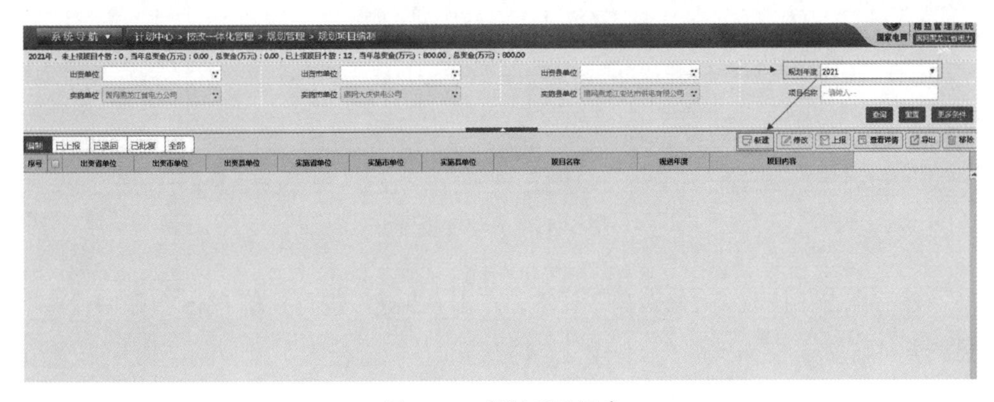

图 6-41 规划项目新建

进入“新建”规划项目编制中，完善必填项，见图 6-42。

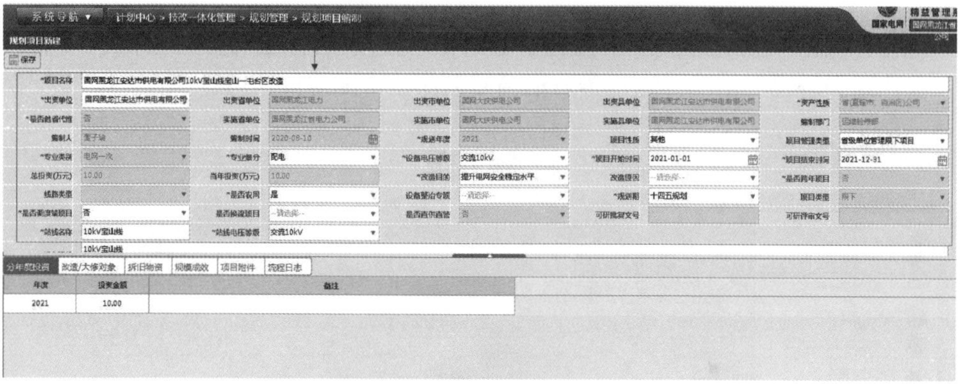

系统导航 ▼　计划中心 > 技改一体化管理 > 规划管理 > 规划项目编制
国家电网　精益管理
规划项目新建
保存
*项目名称　国网黑龙江安达市供电有限公司10kV宝山线宝山一屯台区改造
*出资单位　国网黑龙江安达市供电有限公司　出资省单位　国网黑龙江电力　出资市单位　国网大庆供电公司　出资县单位　国网黑龙江安达市供电有限公司　*资产性质
*是否跨省代维　否　实施省单位　国网黑龙江省电力公司　实施市单位　国网大庆供电公司　实施县单位　国网黑龙江安达市供电有限公司　编制部门
编制人　董子瑞　编制时间　2020-08-10　*规划年度　2021　项目性质　其他　项目管理类型　省级单位管理限下项目
*专业类别　电网一次　*专业细分　配电　*设备电压等级　交流10kV　*项目开始时间　2021-01-01　*项目结束时间　2021-12-31
总投资(万元)　10.00　当年投资(万元)　10.00　*改造目的　提升电网安全稳定水平　改造原因　--请选择--　*是否跨年项目　否
线路类型　*是否农网　是　设备整治专项　--请选择--　*规划期　十四五规划　项目类型　限下
*是否调度端项目　否　是否换流项目　--请选择--　是否直供直管　否　可研批复文号　可研评审文号
*站线名称　10kV宝山线　*站线电压等级　交流10kV
10kV宝山线
分年度投资　改造/大修对象　拆旧物资　规模成效　项目附件　流程日志

年度	投资金额	备注
2021	10.00	

图 6-42　完善必填项

点击“分年度投资”页签，填写投资金额，见图 6-43。

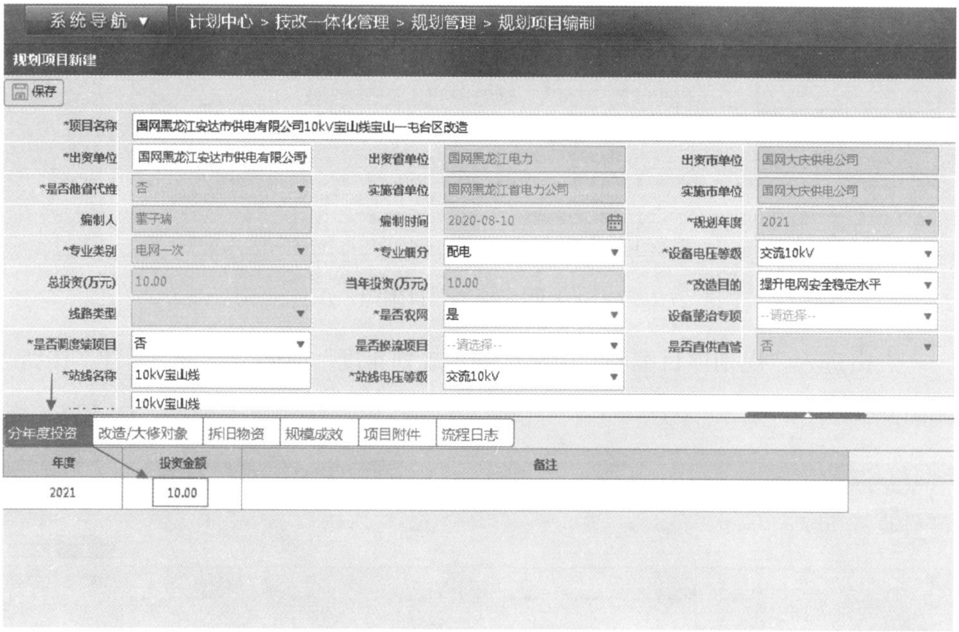

系统导航 ▼　计划中心 > 技改一体化管理 > 规划管理 > 规划项目编制
规划项目新建
保存
*项目名称　国网黑龙江安达市供电有限公司10kV宝山线宝山一屯台区改造
*出资单位　国网黑龙江安达市供电有限公司　出资省单位　国网黑龙江电力　出资市单位　国网大庆供电公司
*是否跨省代维　否　实施省单位　国网黑龙江省电力公司　实施市单位　国网大庆供电公司
编制人　董子瑞　编制时间　2020-08-10　*规划年度　2021
*专业类别　电网一次　*专业细分　配电　*设备电压等级　交流10kV
总投资(万元)　10.00　当年投资(万元)　10.00　*改造目的　提升电网安全稳定水平
线路类型　*是否农网　是　设备整治专项　--请选择--
*是否调度端项目　否　是否换流项目　--请选择--　是否直供直管　否
*站线名称　10kV宝山线　*站线电压等级　交流10kV
10kV宝山线
分年度投资　改造/大修对象　拆旧物资　规模成效　项目附件　流程日志

年度	投资金额	备注
2021	10.00	

图 6-43　分年度投资

然后点击“技改 / 大修对象”页签，点击“新建”进行挂接 PMS 台账中设备，见图 6-44。

图 6–44　技改 / 大修对象

挂接设备后，“拆旧物资”页签会自动带出拆旧物资，不需要填写，点击“项目成效”页签，左侧选择“电压等级”和“配电台区（0.4kV 线路）”后，填写数量，点击“保存”即可，见图 6–45。

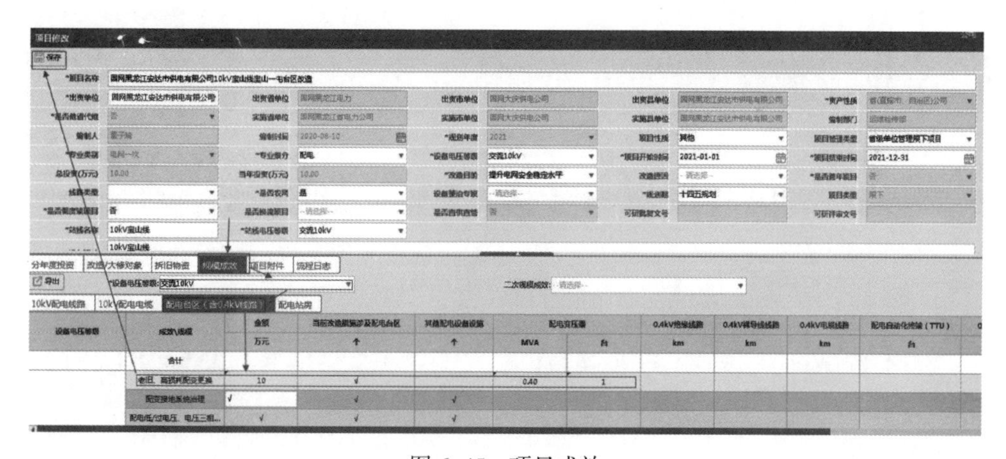

图 6–45　项目成效

12. 规划项目如何修改？

答：点击“规划项目编制”勾选所需要修改的项目，在右侧点击“修改”按钮，见图 6–46。

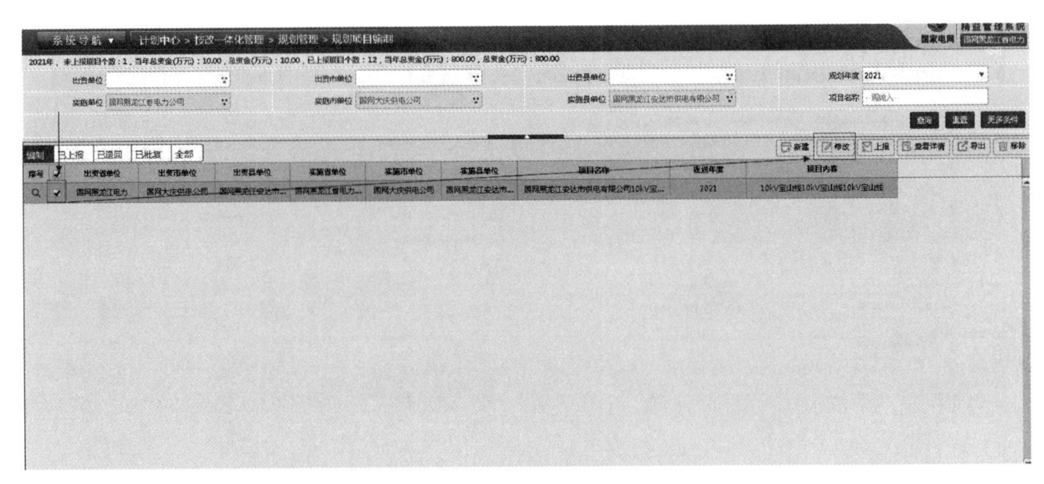

图 6-46　规划项目修改

13. 规划项目如何上报?

答: 点击“规划项目编制”勾选所需要修改的项目，在右侧点击“上报”按钮，见图 6-47。

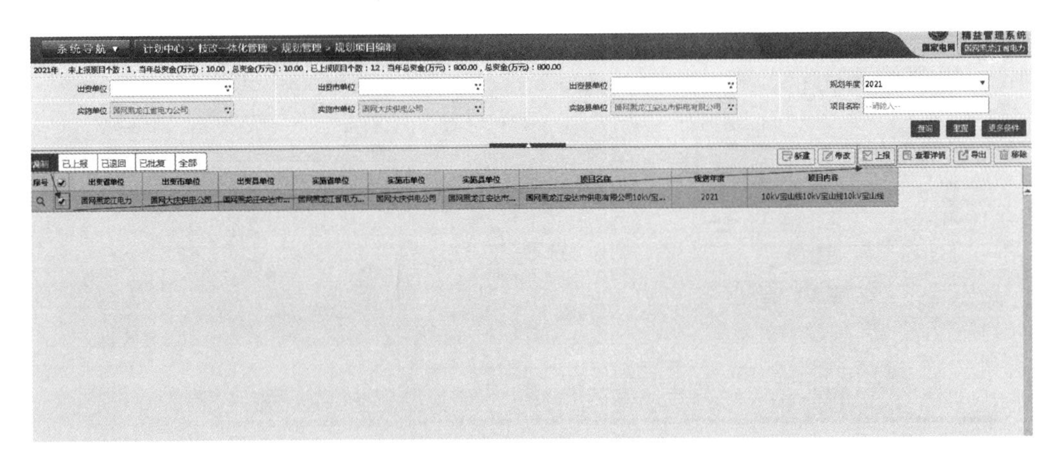

图 6-47　规划项目上报

七　电网资源管理——大修一体化管理

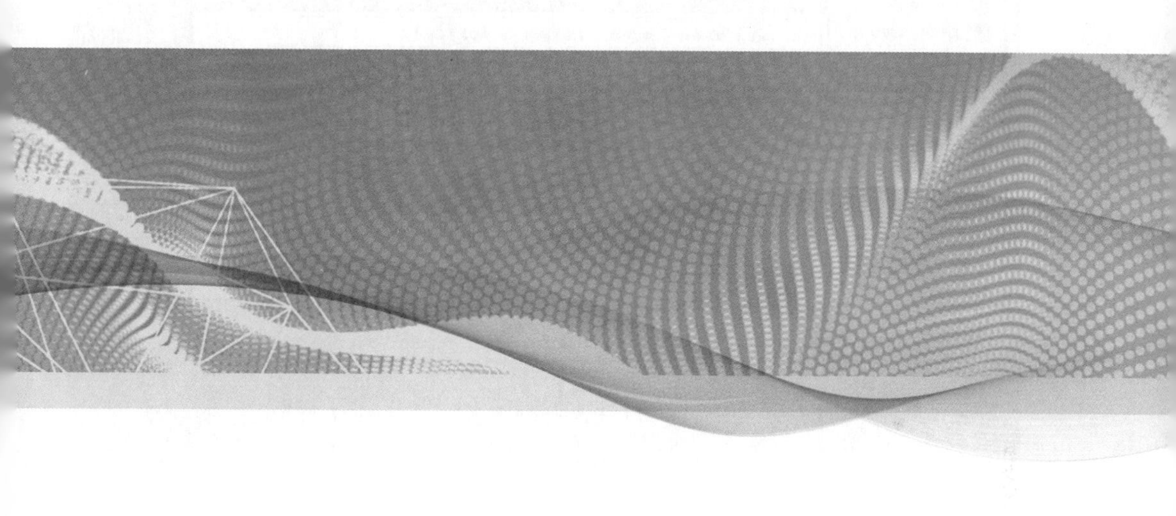

1. 系统中大修一体化管理包含哪些?

答: 点击“系统导航”下拉菜单中选择“大修一体化管理”，右侧子菜单的所有条目即为大修一体化，见图 7–1。

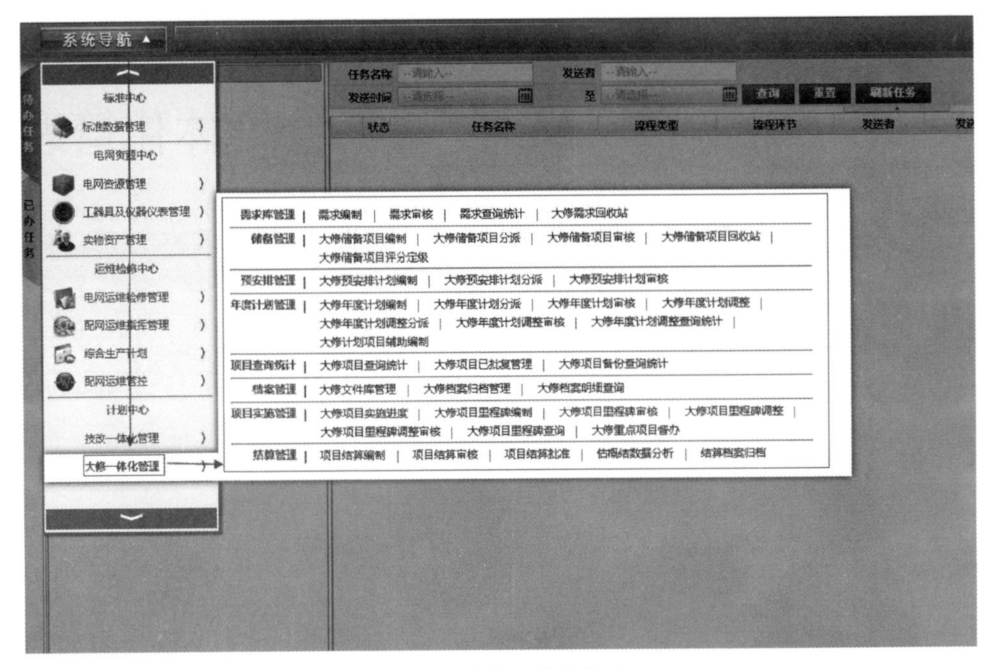

图 7–1　大修一体化管理

2. 大修需求管理如何编制?

答: 点击“系统导航”下拉菜单中选择“大修一体化管理”，右侧子菜单中选择“需求库管理”中的“需求编制”，见图 7–2。

弹出“需求编制”界面，点击“新建”，见图 7–3。

按照要求填写必填项，然后保存，即技改需求项目已经建完，见图 7–4。

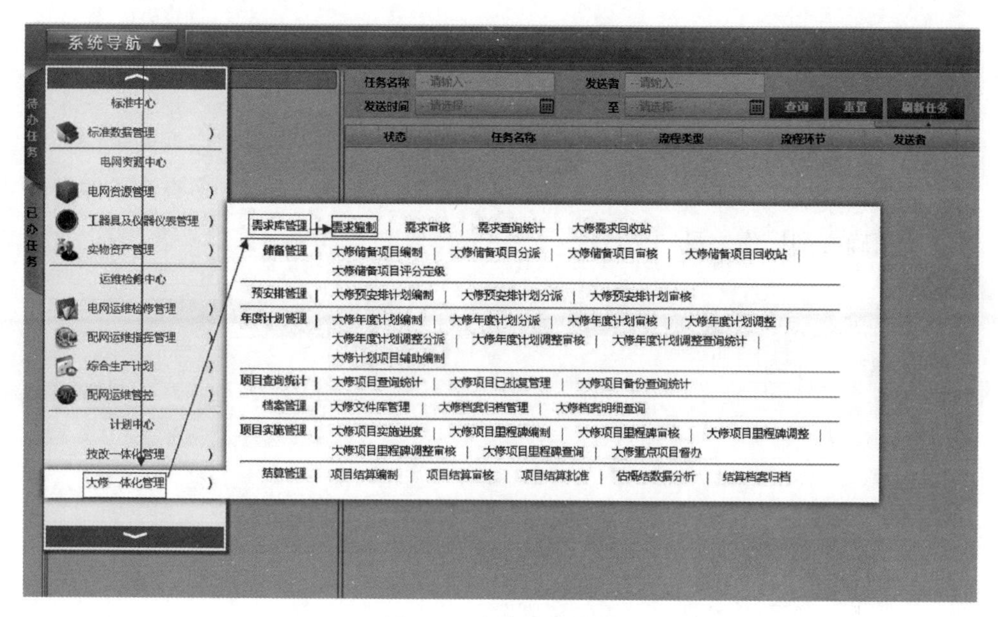

图 7-2 大修需求编制

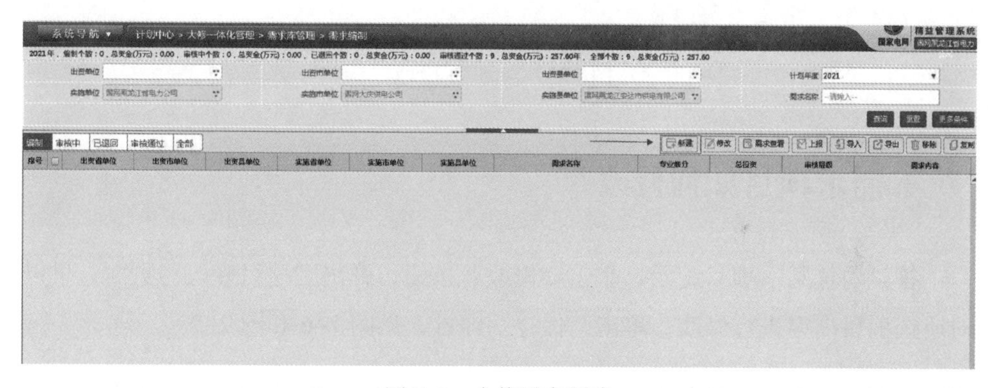

图 7-3 大修需求新建

图 7-4 需求项目编制

3. 在需求编制下如何查询出对应数据？

答： 在查询栏，设置查询条件，单击“查询”按钮，可以根据查询条件查询出对应数据。单击“更多条件”按钮，可以展开查询区，显示更多查询条件供选择进行精确查询操作，见图 7–5。

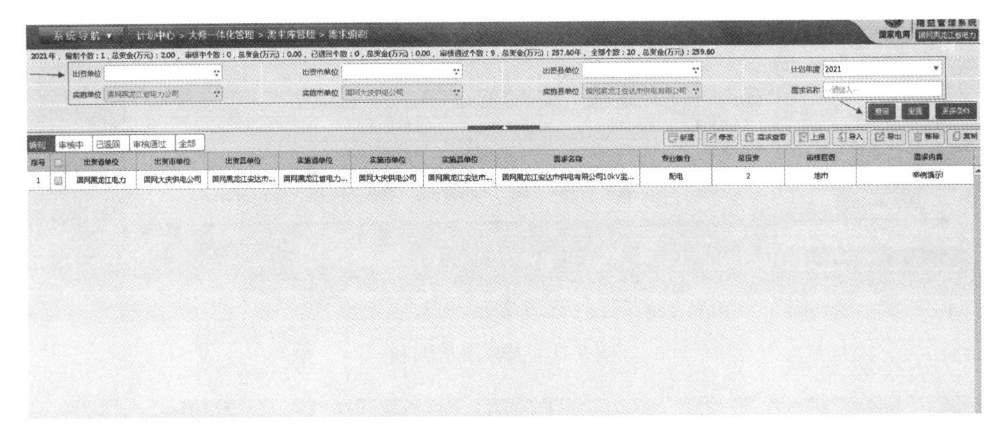

图 7–5　查询对应数据

4. 需求项目如何修改？

答： 勾选某一项目记录，单击“修改”按钮，弹出“项目修改”页面，可以对所选项目内容进行修改，单击“保存”即可，见图 7–6 和图 7–7。

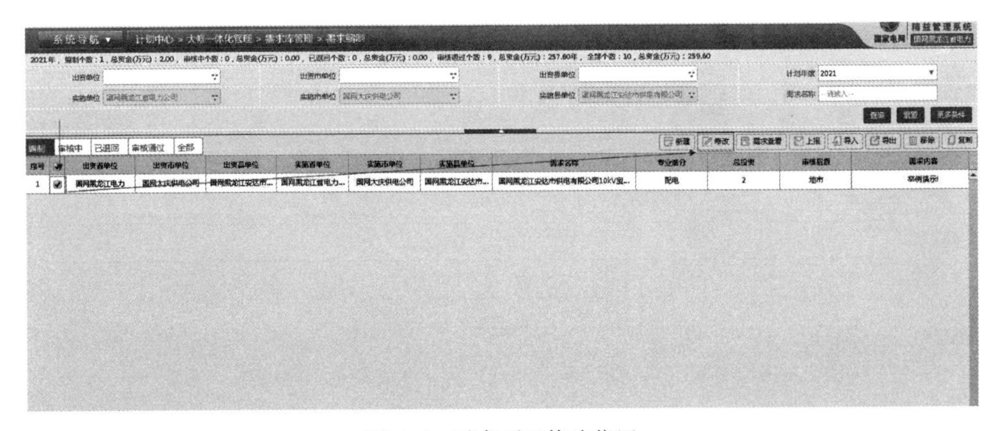

图 7–6　需求项目修改位置

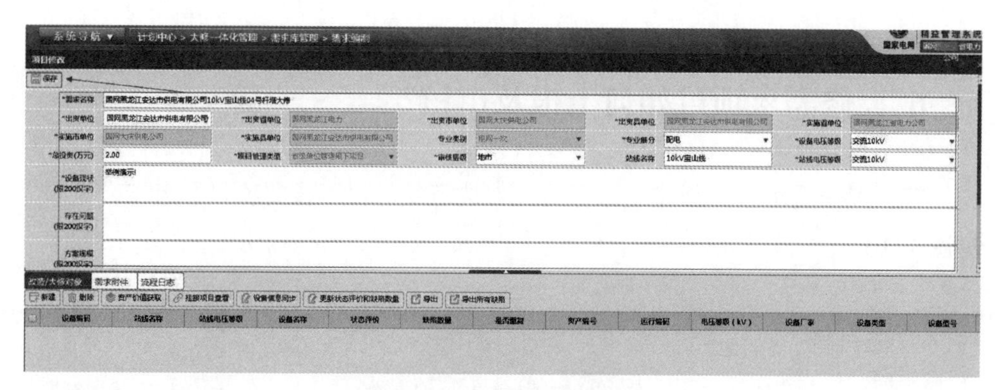

图 7–7　需求项目修改页面

5. 需求项目如何查看详细信息？

答：需求查看：双击某条项目，或勾选某一项目记录后单击“需求查看”按钮，弹出“项目查看”窗口，可以查看所选项目的具体详细信息，见图 7–8 和图 7–9。

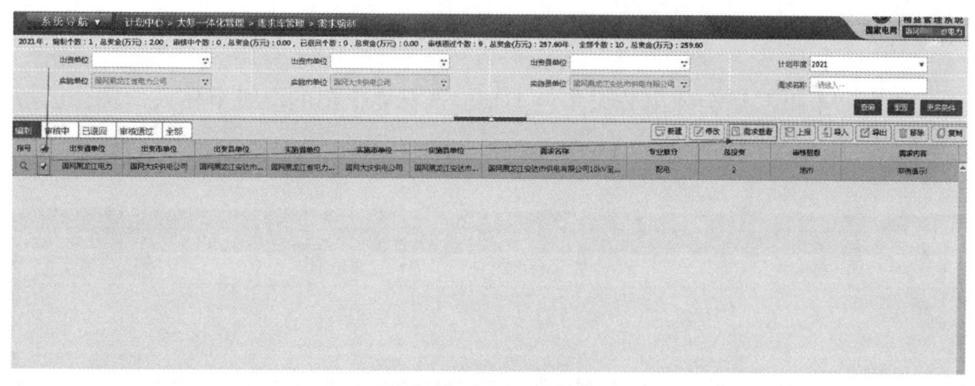

图 7–8　需求查看位置

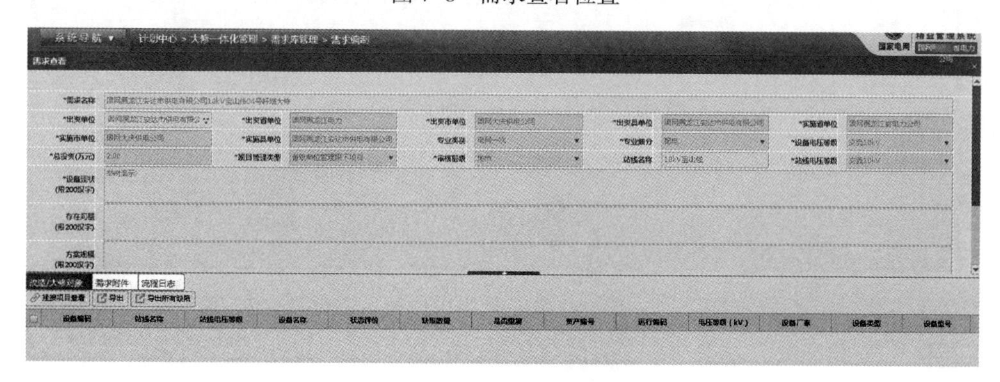

图 7–9　需求查看页面

6. 大修需求项目如何上报及审核?

答：大修需求项目创建完保存后，勾选需要上报审核的项目，点击“上报”见图 7–10。

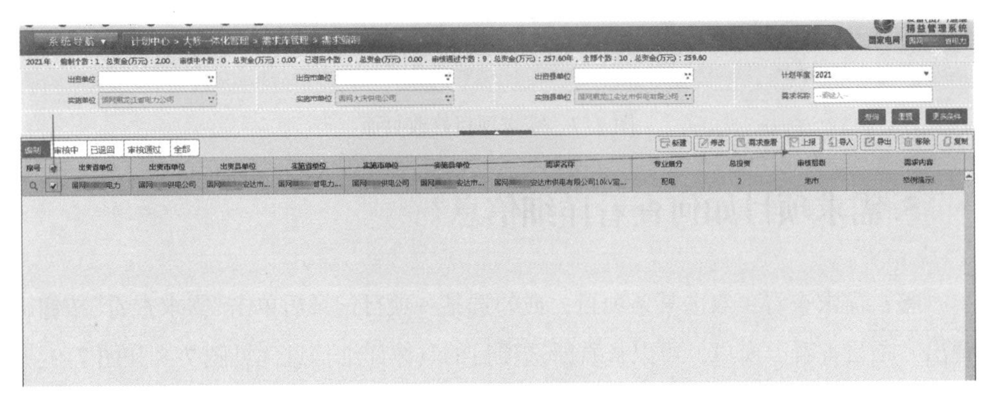

图 7–10　上报需求项目

点击“上报”后会弹出分派角色类型，选择要上报的上级审核人勾选，点击“选取”即上报完成，见图 7–11。

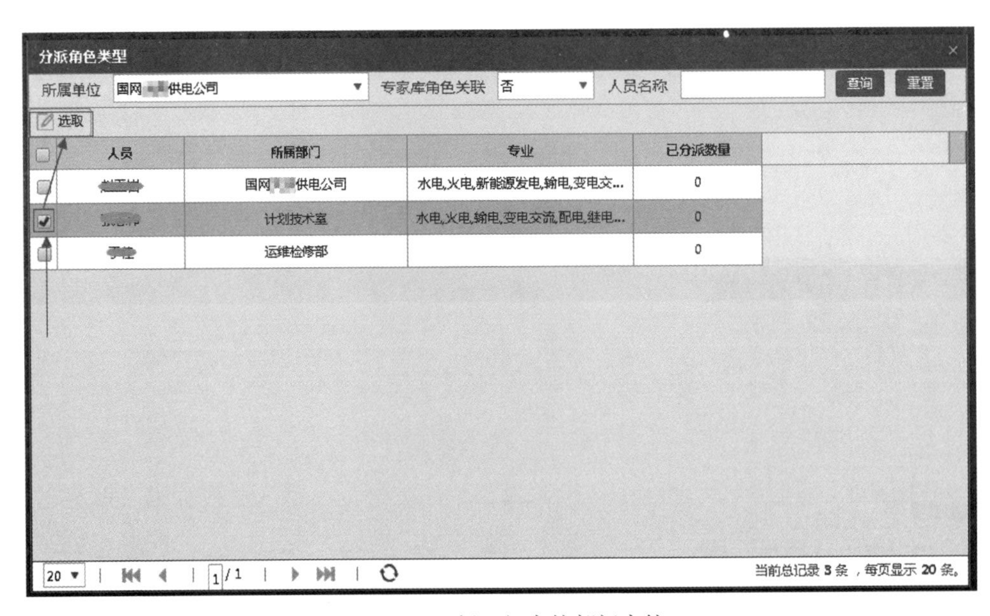

图 7–11　上报上级审核部门审核

上报完成后，需上级审核部门审批，点击“系统导航”下拉菜单中选择“大修一体化管理”，右侧子菜单中选择“需求库管理”中的“需求审核”见图 7-12。

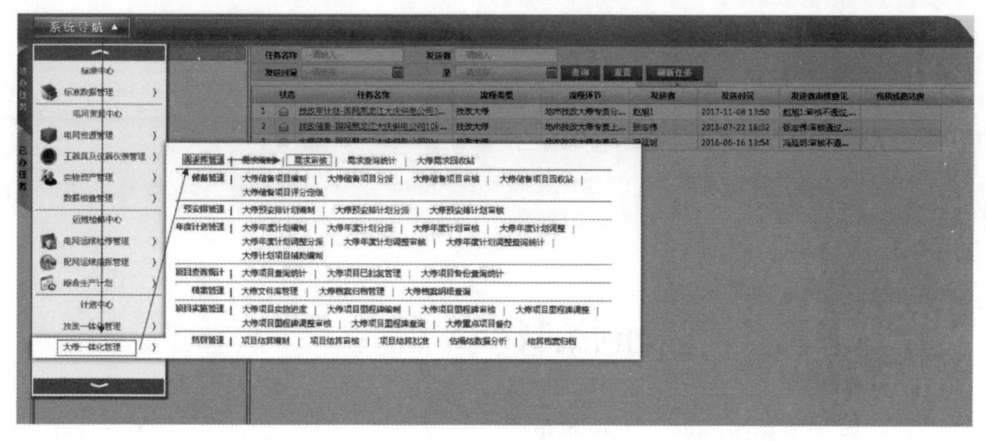

图 7-12　需求审核

进入“需求审核”中，找到要审核的项目，进行审阅，审阅后勾选项目，审核结论选择“通过”，审核意见填写“同意”，然后点击“保存”，见图 7-13。

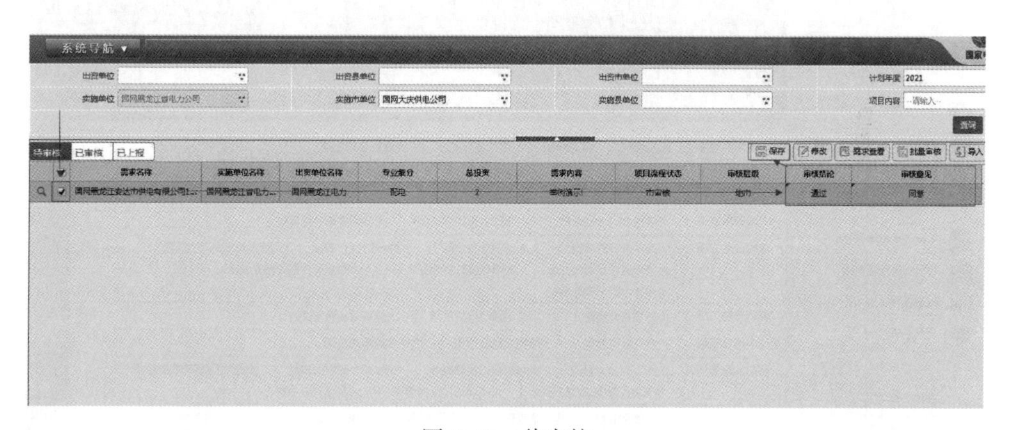

图 7-13　待审核

保存后，点击“已审核”，勾选待审项目，点击上报，即审核完成，见图 7-14。

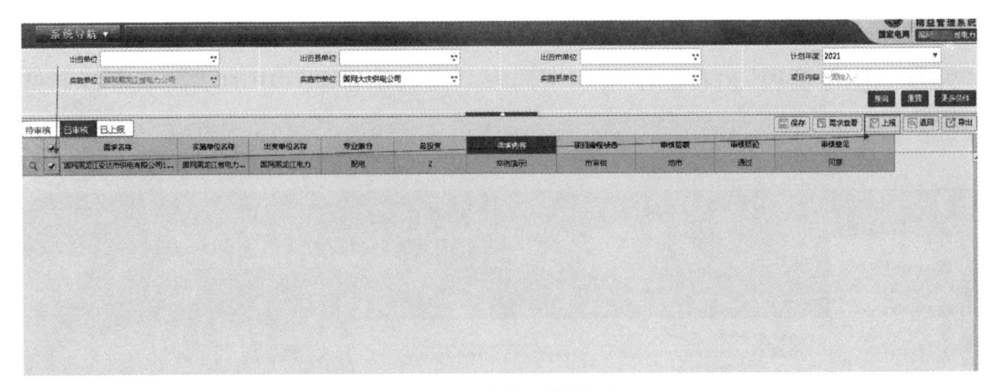

图 7-14　审核上报完成

7. 大修储备项目如何编制?

答: 点击“系统导航”下拉菜单中选择“大修一体化管理”，右侧子菜单中选择“储备管理”中的“大修储备项目编制”，见图 7-15。

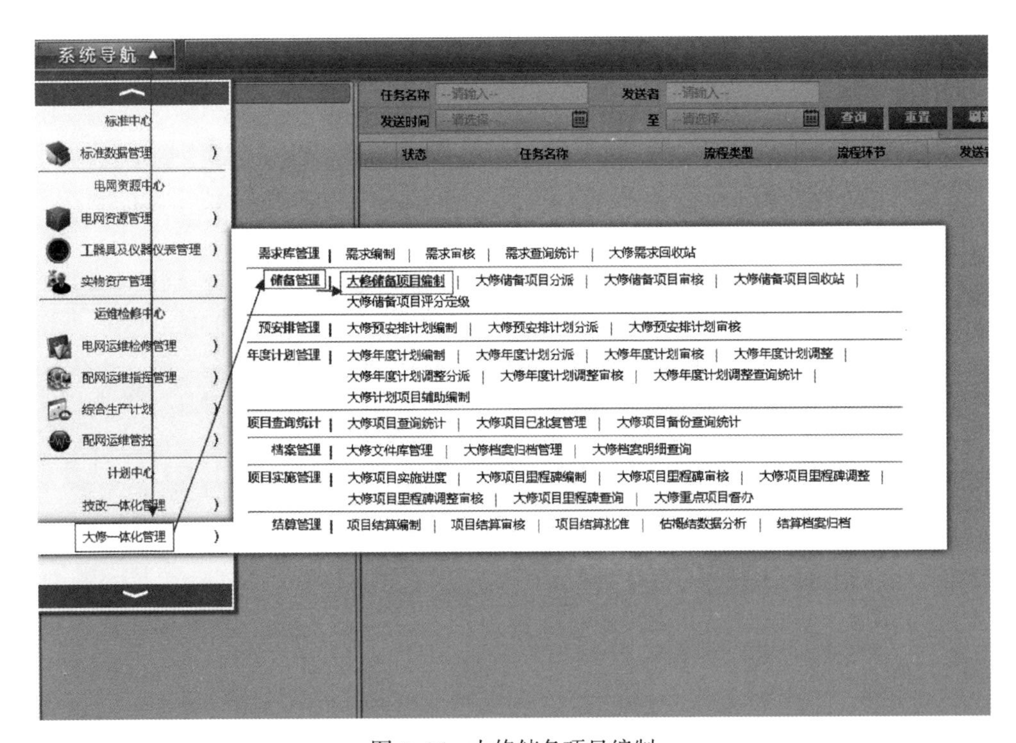

图 7-15　大修储备项目编制

点击“大修储备项目编制”，进入大修储备项目编制中，点击“储备项目选取”按钮，见图 7–16。

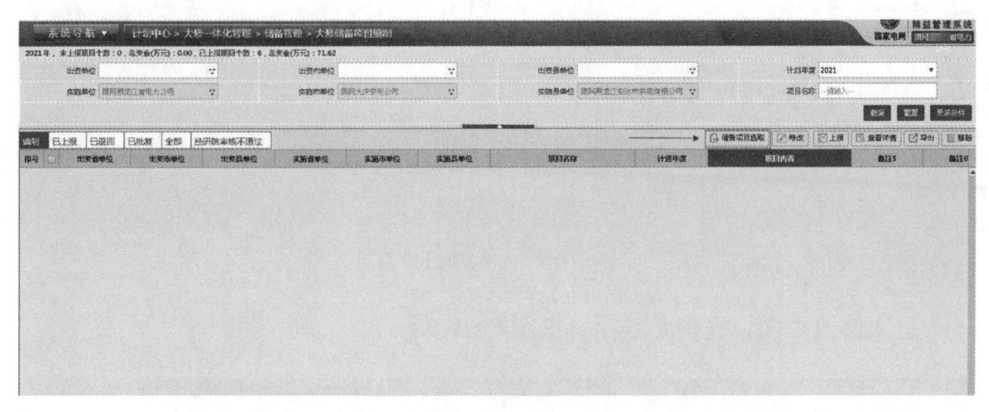

图 7–16　储备项目选取

点击后会弹出审批完的需求项目，找到需要储备编辑的项目，然后勾选点击“选取”按钮，见图 7–17。

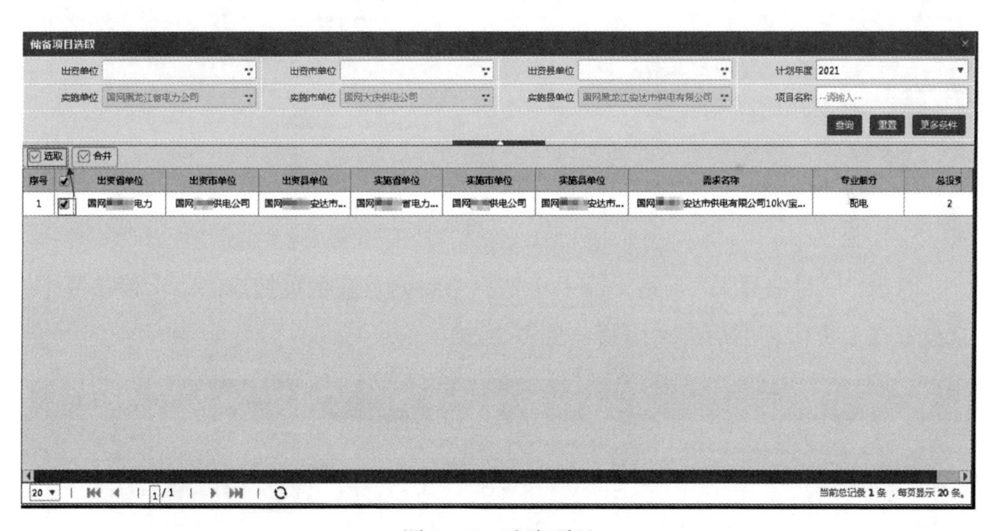

图 7–17　选取项目

选取后会在“大修储备编制”页面出现选取的项目，然后勾选项目，点击“修改”按钮进行编辑项目，见图 7–18。

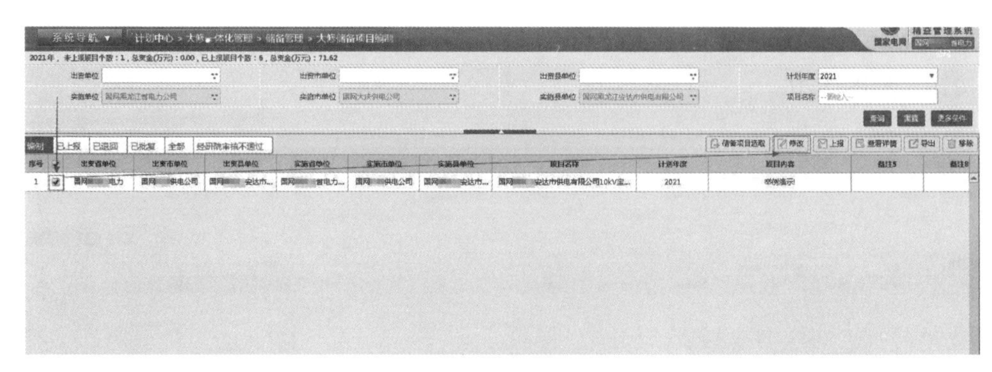

图 7-18　选取项目修改

进入修改页面，完善必填项，见图 7-19。

系统导航　计划中心 > 大修一体化管理 > 储备管理 > 大修储备项目编制　精益管理系统　国家电网

项目修改

保存

*项目名称	国网 供电有限公司10kV宝山线04号杆塔大修								
*出资单位	国网黑龙江安达市供电有限公司	出资省单位		出资市单位		出资县单位		*资产性质	省(直辖市、自治区)公司
*是否总省代维	否	实施省单位		实施市单位		实施县单位		编制部门	
*计划年度	2021	*项目开始时间	2021-01-01	*项目结束时间	2021-12-31	编制人		编制时间	2020-08-12
*项目性质	其他	项目管理类型		*专业类别	电网一次	*专业细分	配电	*设备电压等级	交流10kV
*大修项目所属		总投资(万元)		*大修目的	提升电网安全稳定水平	大修原因	设备老化	专项类别	--请选择--
线路类型	架空	*项目评分	91	储备项目级别		储备重点	--请选择--	项目编码	
*是否需求储项目	否	一体化类型		*预规版本	2016版本	*是否修缮项目	否	*是否农网	是
*是否直供直管	否	可研批复文号		*站线名称	10kV宝山线	*站线电压等级	交流10kV	项目类型	限下

项目估算书　分年度/分项投资　改造/大修对象　设备主材料　拆旧物资　项目规模　项目成效　规模成效（新）　项目附件　需求查看　流程日志

文件类型	文件名	操作	备注
估算书封面及签字页扫描件		上传	
估算书		编制 上传	
非标准格式估算书		上传	仅水电、火电、小型土建等类型的项目允许上传非标准格式估算书！

图 7-19　完善必填项

点击“项目估算书”页签，需上传估算书封面及签字页扫描件，上传估算书，总投资在上传估算书后自动填写，见图 7-20。

系统导航　计划中心 > 大修一体化管理 > 储备管理 > 大修储备项目编制　精益管理系统　国家电网

项目修改

保存

*项目名称	国网 供电有限公司10kV宝山线04号杆塔大修								
*出资单位	国网黑龙江安达市供电有限公司	出资省单位		出资市单位		出资县单位		*资产性质	省(直辖市、自治区)公司
*是否总省代维	否	实施省单位		实施市单位		实施县单位		编制部门	
*计划年度	2021	*项目开始时间	2021-01-01	*项目结束时间	2021-12-31	编制人		编制时间	2020-08-12
*项目性质	其他	项目管理类型		*专业类别	电网一次	*专业细分	配电	*设备电压等级	交流10kV
*大修项目所属		总投资(万元)		*大修目的	提升电网安全稳定水平	大修原因	设备老化	专项类别	--请选择--
线路类型	架空	*项目评分	91	储备项目级别		储备重点	--请选择--	项目编码	
*是否需求储项目	否	一体化类型		*预规版本	2016版本	*是否修缮项目	否	*是否农网	是
*是否直供直管	否	可研批复文号		*站线名称	10kV宝山线	*站线电压等级	交流10kV	项目类型	限下

项目估算书　分年度/分项投资　改造/大修对象　设备主材料　拆旧物资　项目规模　项目成效　规模成效（新）　项目附件　需求查看　流程日志

文件类型	文件名	操作	备注
估算书封面及签字页扫描件		上传	
估算书		编制 上传	
非标准格式估算书		上传	仅水电、火电、小型土建等类型的项目允许上传非标准格式估算书！

图 7-20　估算书上传

点击“分年度/分项投资”页签，如是当年项目不用修改，自动按估算书填写，如是跨年项目需修改年度投资，见图 7–21。

图 7–21　分年度/分项投资

点击“改造/大修对象”页签，点击“新建”按钮，在此处需关联 PMS 设备，且关联数量应与改造数量一致，见图 7–22。

图 7–22　技改/大修对象

点击“设备主材料”页签，无需填写，由估算书自动导入，“拆旧物资”页签，默认为在“改造/大修对象”页签关联的PMS设备，“项目规模”页签，左侧勾选“电压等级”和“项目规模”后点击“添加”按钮，在右侧填写数量，点击保存，见图 7–23。

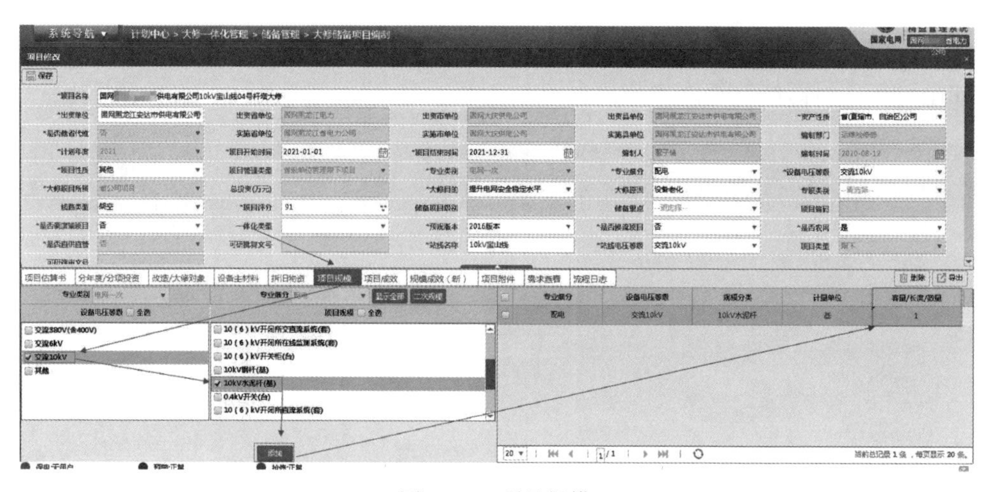

图 7-23　项目规模

点击“项目成效”页签，非必填项，有合适的选，没有则不填，勾选选择项后点击“添加”按钮，在右侧填写数量，点击“保存”，见图 7-24。

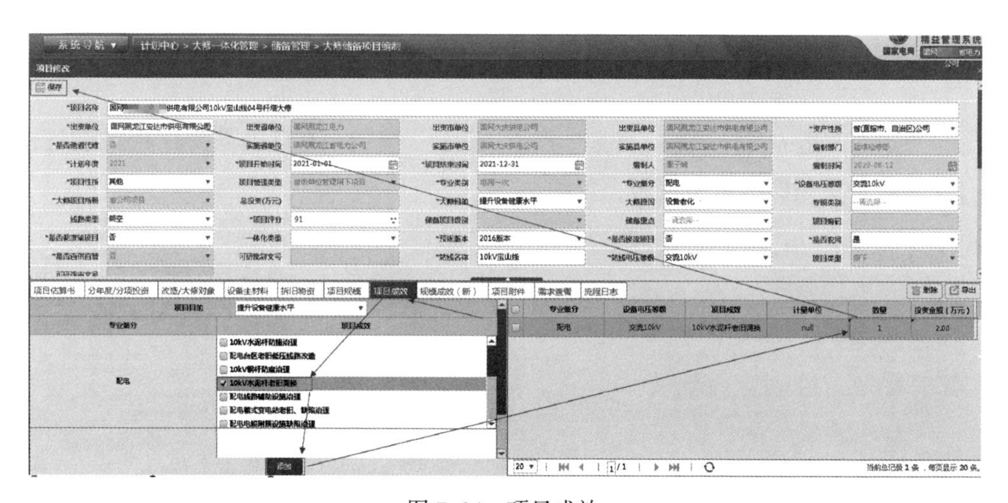

图 7-24　项目成效

点击“规模成效（新）”页签，左侧选择“电压等级”和“配电台区（0.4kV 线路）”后，填写数量，点击保存，见图 7-25。

点击“项目附件”页签，点击“在线编制”项目建议书，见图 7-26，补充完善系统未自动填写的信息，点击“附件上传”项目建议书，然后保存，见图 7-27。

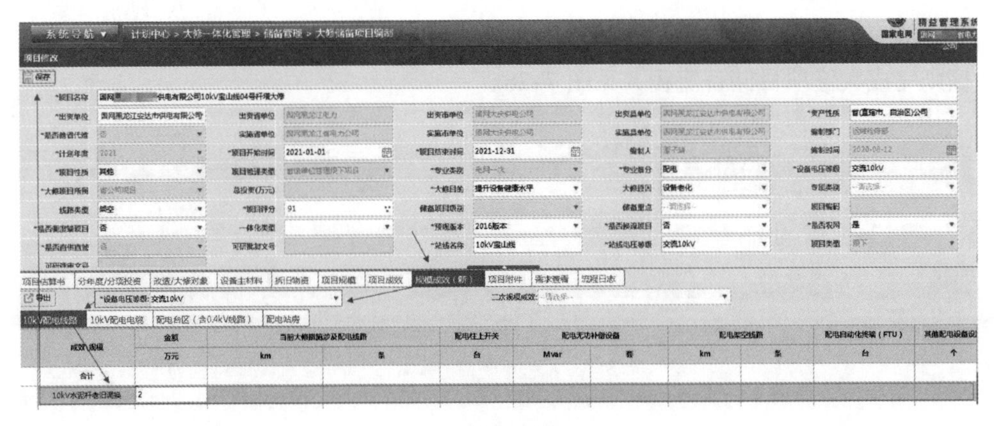

图 7–25　规模成效（新）

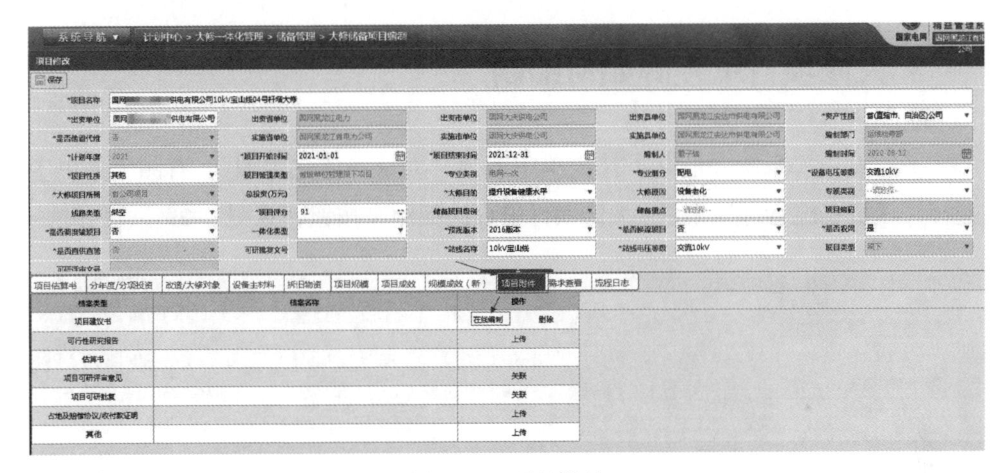

图 7–26　项目附件

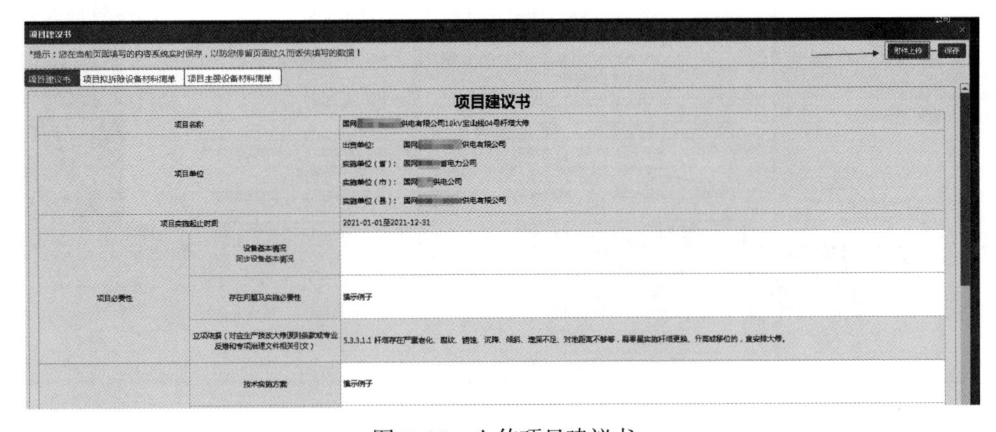

图 7–27　上传项目建议书

然后进入项目主页签，左侧勾选项目，右侧点击“上报”按钮，上报上级审核则完成大修项目储备流程，见图 7-28。

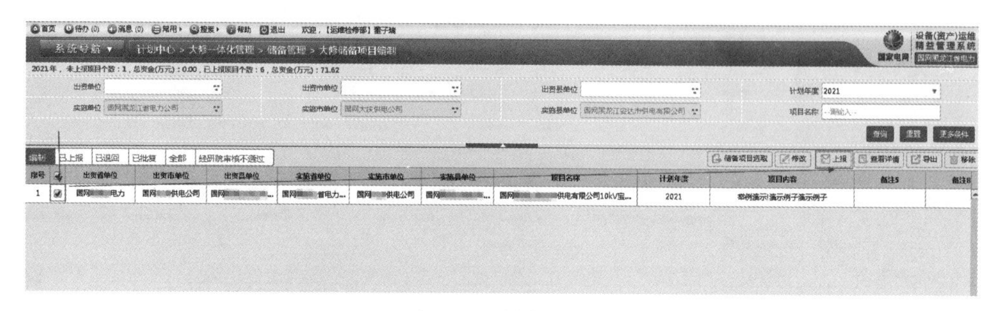

图 7-28　储备上报

8. 大修项目里程碑如何编制?

答：点击“系统导航”下拉菜单中选择“大修一体化管理”，右侧子菜单中选择“项目实施管理”中的“大修项目里程碑编制”按钮，见图 7-29。

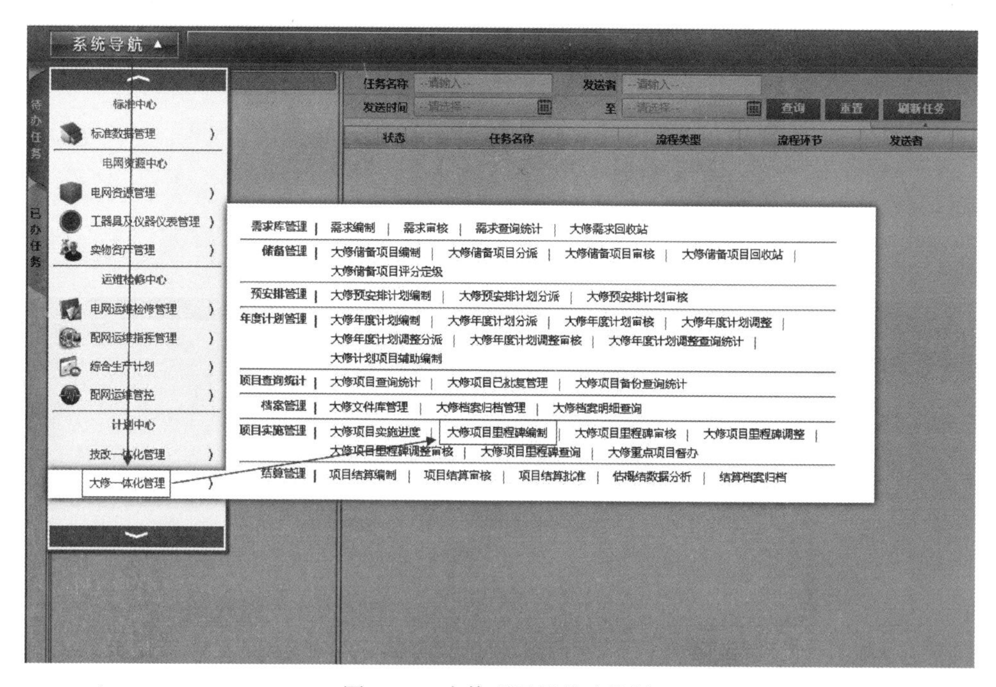

图 7-29　大修项目里程碑编制

点击进入“大修项目里程碑编制”中，计划年度选择当年时间，点击“查询”按钮会出现当年已经审批下达项目，见图 7–30。

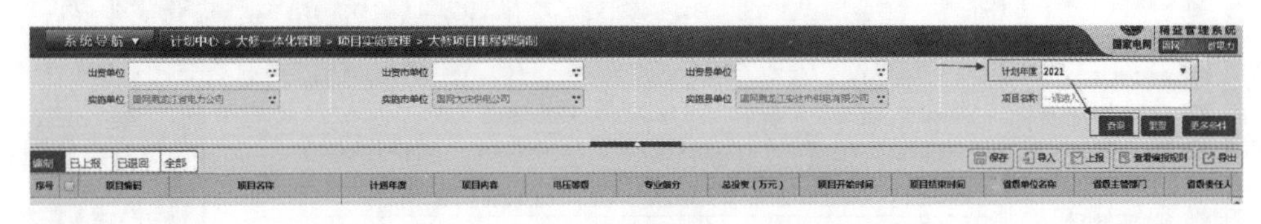

图 7–30　查询当年审批下达项目

“查询”后会出现当年下达项目，然后需要完善预计当年项目各项工作时间和填写相关责任人，见图 7–31。

序号		项目编码	项目名称	县/专业室	县/专业室责任人	计划下达	项目创建	物资/服务需求提报	物资到货	设计采购方式	设计合同签订	施工/服务合同签订	监理采购方
1		41241619013M	国网 供电有限公司110kV...	安达市电业局(代管)	李	2020-02-17	2020-02-24	2020-03-24				2020-06-20	
2		4124161900NT	国网 供电有限公司35kV...	安达市电业局(代管)	刘	2020-02-17	2020-02-24	2020-03-24				2020-06-20	
3		41241619013N	国网 供电有限公司110kV...	安达市电业局(代管)	李	2020-02-17	2020-02-24	2020-03-24				2020-06-20	

图 7–31　完善当年项目预计各项工作完成时间

填写完善后，点击“保存”按钮，点击“上报”即可，见图 7–32。

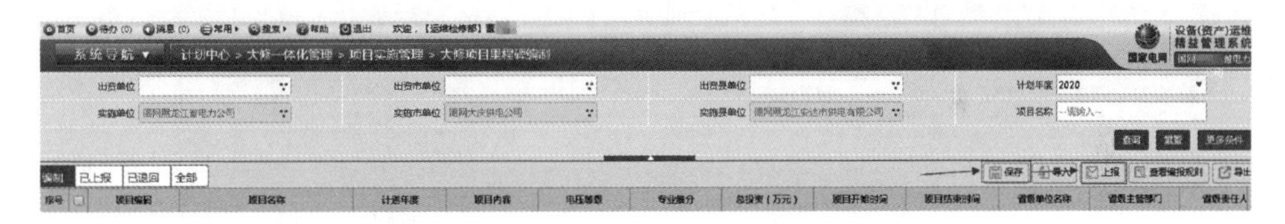

图 7–32　上报当年项目工作预计划时间

9. 大修项目如何完善实施进度？

答：“系统导航”下拉菜单中选择“大修一体化管理”点击，右侧子菜单中选择“项目实施管理”中的“大修项目实施进度”按钮点击，见图 7–33。

点击“大修项目实施进度”按钮，进入后会自动出现当年项目，项目会显示当月需要完善时间节点，见图 7–34。勾选需要完善的项目，点击“档案归档”按钮，见图 7–35。

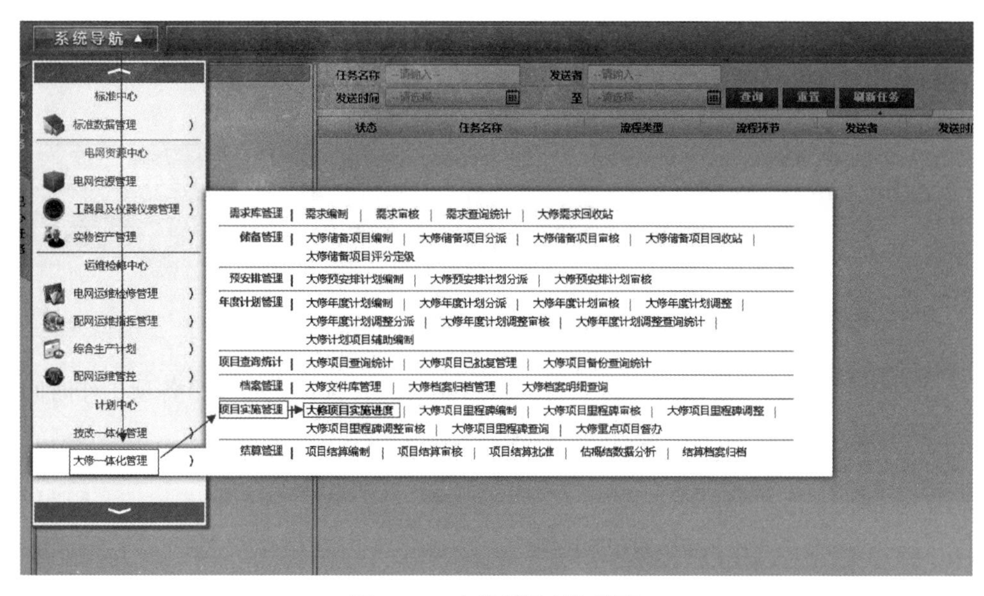

图 7–33　大修项目实施进度

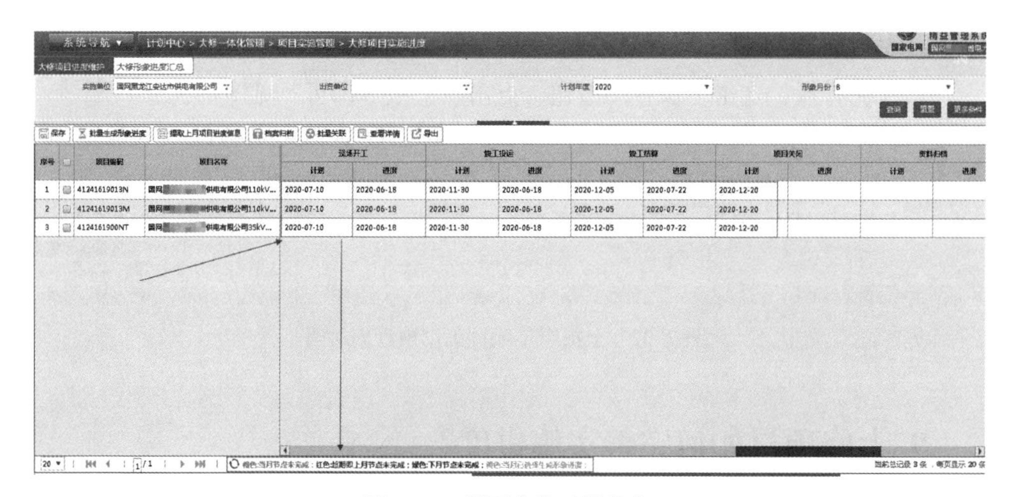

图 7–34　需要完善时间节点

进入“档案归档”中，需要上传相应文件，见图 7–36。

上传完成后，关闭档案资料，在“大修项目实施进度”中点击“保存”按钮即可，见图 7–37。

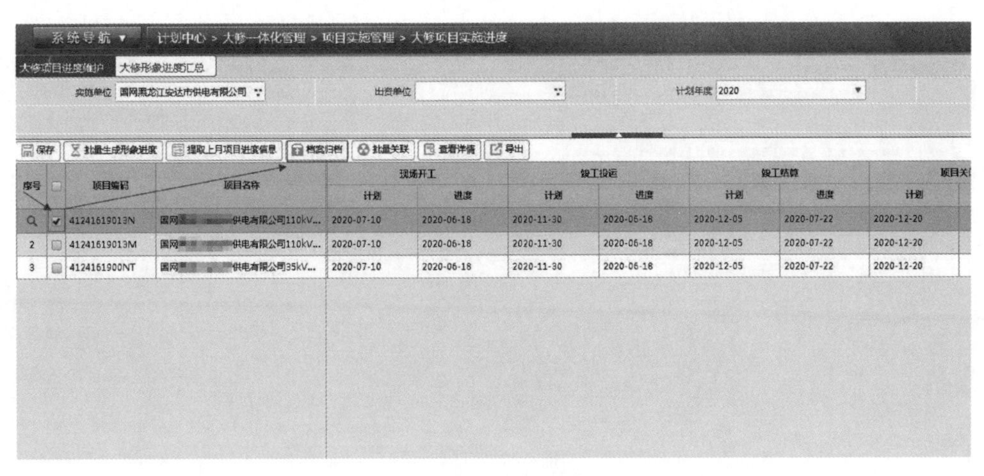

图 7-35　档案归档

档案资料

项目名称：国网黑龙江安达市供电有限公司110kV南来变等4座变电站电缆沟大修

项目阶段	档案类型	档案名称	操作	归档时间
前期阶段	项目建议书	国网供电有限公司110kV南来变等4座	查看	2019-07-1
	可行性研究报告		上传	
	估算书	国网供电有限公司110kV南来变等4座 国网供电有限公司110kV南来变等4座		2019-07-0
	项目可研评审意见	庆电处室经研〔2019〕66号国网供电公司经济	关联	2019-09-0
	项目可研批复	庆电运维发〔2019〕121号国网供电公司关于	关联	2019-09-0
	占地及赔偿协议/收付款证明		上传	
	其它	国网供电公司供电公司110kV南来 国网供电公司供电公司110kV南来	上传	2019-07-0
计划阶段	预安排计划下达文件		关联	
	年度计划下达文件		关联	
	年度调整计划文件		关联	
	项目预算文件		上传	
	综合计划文号		关联	
	综合计划调整文号		关联	
	设计合同及中标通知书		上传	

附件批量下载　关闭

图 7-36　上传相应文件

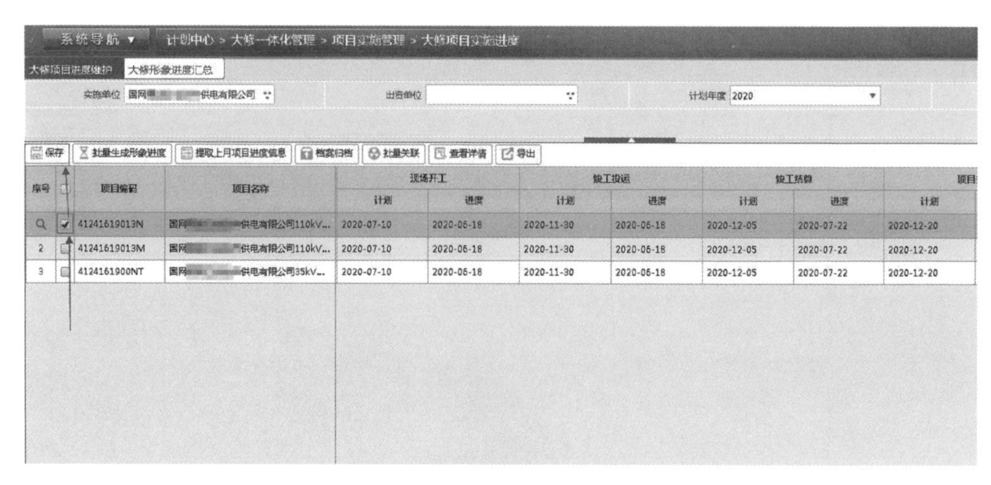

图 7–37　完善保存

10. 大修项目里程碑如何查询?

答：点击“系统导航”下拉菜单中选择“大修一体化管理”，右侧子菜单中选择“项目实施管理”中的“大修项目里程碑查询”按钮，见图 7–38。

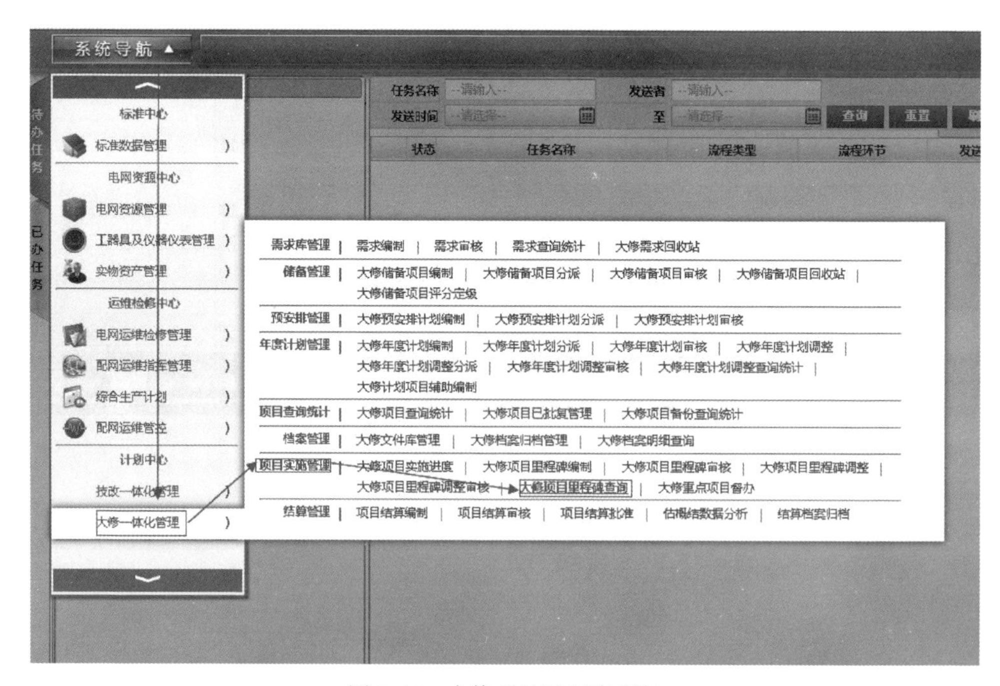

图 7–38　大修项目里程碑查询

点击进入“大修项目里程碑查询”后，选择“计划年度”点击“查询”按钮，会显示当年大修项目预计完成的时间节点，进行查看，按照时间节点可以完善“大修项目实施进度”，见图 7–39。

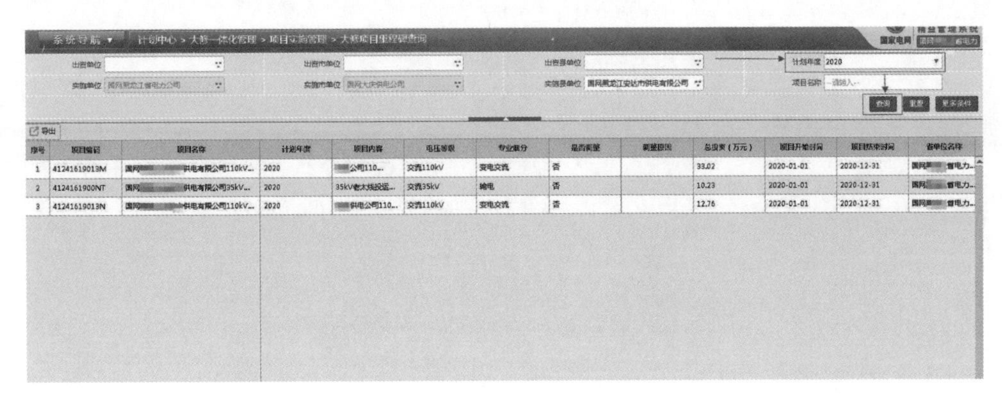

图 7–39　时间节点查看

八　PMS2.0 移动作业终端

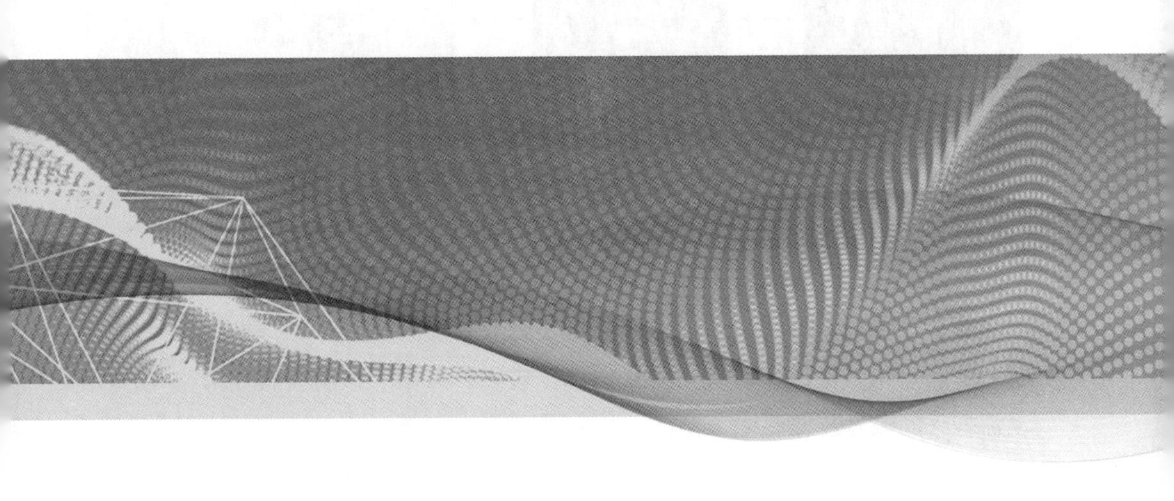

1. 移动作业终端启动流程是怎样的?

答：长按电源开关键开机，开机后双击进入“安全接入平台”联网，或进入桌面点击“安全接入平台”图标也可以进入平台。

点击左下角“连接”，检查安全平台“已连接”后，最小化“安全平台”，回到主界面，进行设备维护工作。具体流程见图 8–1。

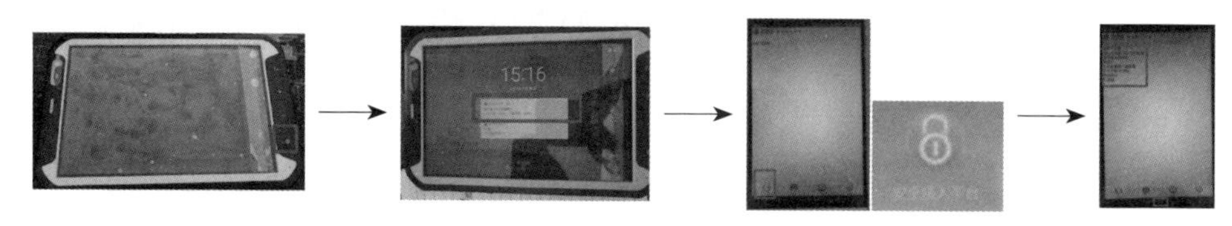

图 8–1　移动作业终端启动流程

2. 用移动作业终端怎样新增设备（以变电为例）?

答：在电脑 PMS 系统完成设备铭牌建立及新增流程启动，移动端扫码建立设备台账。点击“电网资产统一身份编码”进入，点击“移动商店登录”，输入启动流程人的账号及密码。

注：之前已经登录设备，不用再登录，直接进入“电网资产统一身份编码”界面。但要检查登录人与启动流程人是否一致。

点击“设备新增”，进入“设备变更申请单”界面，选择之前在电脑 PMS 系统里新建的“设备新增”流程。点击左上角“电压互感器”字样，选择“设备类型”与新设备相符，例如：断路器、隔离开关等。本次录入设备“电压互感器”，所以点选此设备类型。

选好设备类型后，点选右下角扫描设备二维码（或利用 RFID 扫设备条码）。提示项点击“确定”。生成台账后，将“运行数据”“物理参数”“资产参数”内数据完善，尤其注意加“*”号必填完善。字段完善后“资产参数”页，左上角点击“提交”，完成数据提交。（注：所填数据也可以在电脑端完善。）

数据提交后，在电脑 PMS 系统“新增流程”完善新建立的台账。在电脑 PMS 系统“新增流程”内将新增流程终结。新建设备铭牌、台账已经创建好后，新建图形。

用移动作业终端新增设备（以变电为例）见图 8–2。

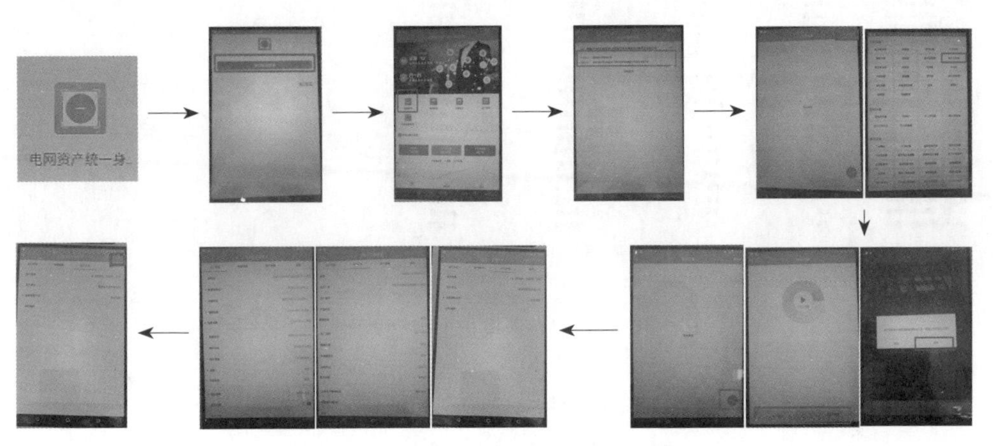

图 8–2　新增设备（以变电为例）流程

3.PMS 移动端如何上传作业卡?

答：PMS 移动端上传作业卡需要在 PC 端完善表格版作业卡（待上传），进入“运维标准作业卡维护”（见图 8–3），首先点击“导入模板下载”（见图 8–4），作业卡模板见图 8–5。

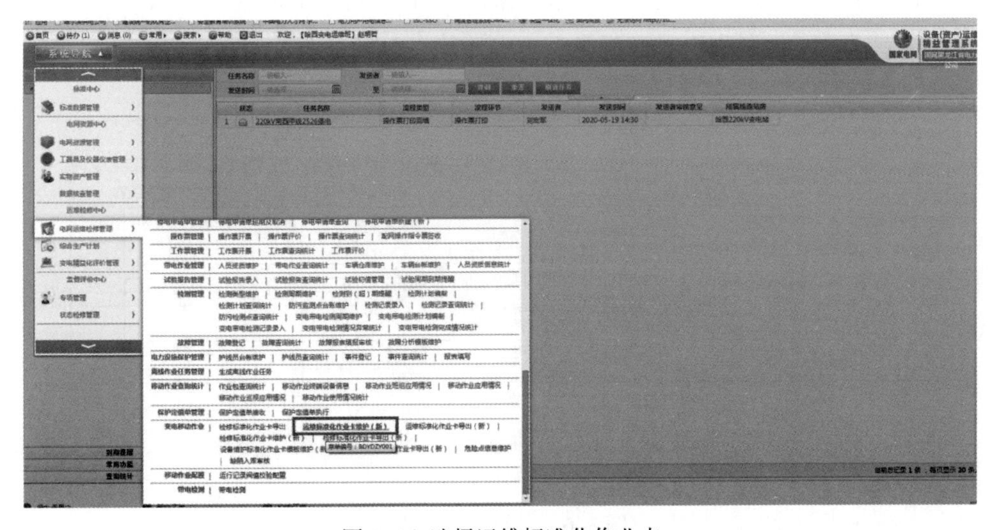

图 8–3　选择运维标准化作业卡

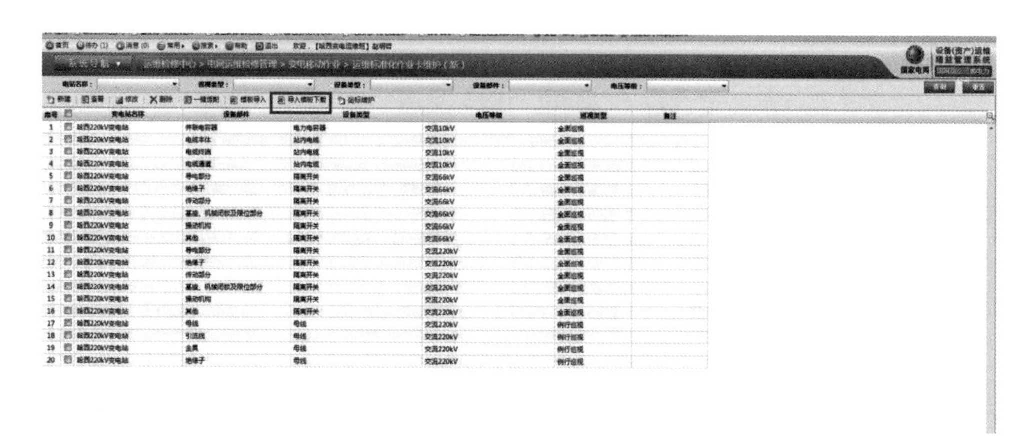

图 8–4 “导入模板下载”界面

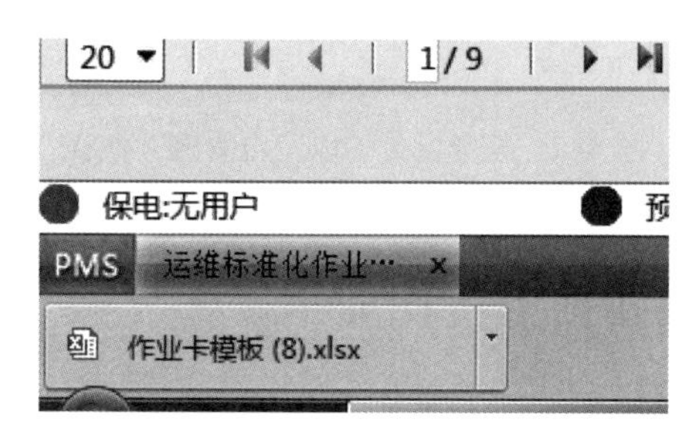

图 8–5 作业卡模板

导出表格后，按此表格式并依照五通“变电运维管理规定 28 册细则”规定完善作业卡“巡视部位、巡视及要求、来源”，待上传，如图 8–6 所示。

注：此表“设备类型、巡视类型、电压等级”可点选，禁止格式改动，以免无法上传。

电力电容器				熄灯巡视			交流35kV		
序号	巡视部位	内容及要求	来源	测量项	单位	阈值上线	阈值下线	是否必填	备注
1	本体	各部位无渗油、漏油；声响均匀、正常；	国家电网公司变电运维管理规定（试行） 第1分册 油浸式变压器（电抗器）运维细则						
		抄录主变油温及油位。	国家电网公司变电运维管理规定（试行） 第1分册 油浸式变压器（电抗器）运维细则	油面温度表	℃	222	20	是	
				绕组温度表	℃	4000	30	否	
				油位指示		12	6	是	
2	套管	套管1	国家电网公司变电运维管理规定（试行） 第1分册 油浸式变压器（电抗器）运维细则						
		套管2	国家电网公司变电运维管理规定（试行） 第1分册 油浸式变压器（电抗器）运维细则	油面温度表1	℃	14	0	是	
				绕组温度表1	℃	20	0	是	
				油位指示2				否	bz444

图 8–6 完善作业卡界面

4.PMS 移动端如何上传运维标准作业卡？

答：点击“导入模板”（见图 8–7）进行作业卡导入。选择需要的变电站，点击“保存”（见图 8–8）。

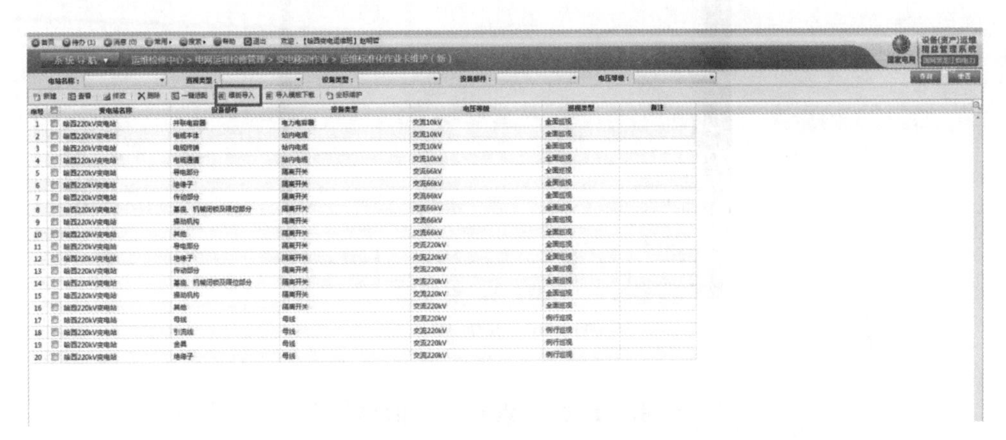

图 8–7 “模板导入”界面

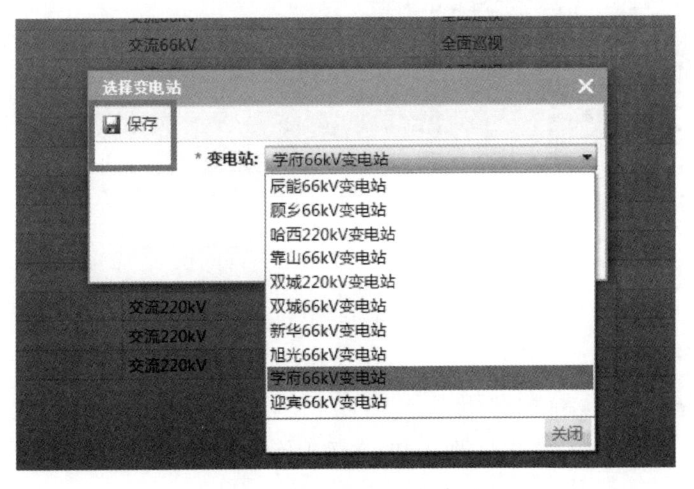

图 8–8 选择变电站并保存界面

点击“添加”，添加所需上传表格后，点击“上传”（见图 8–9）。

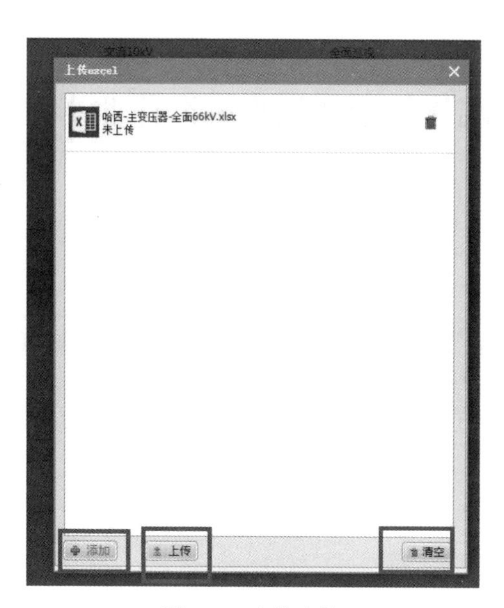

图 8-9　上传表格

上传后，点击选项，搜索“查询”，查看上传信息是否有误，如图 8-10 所示。

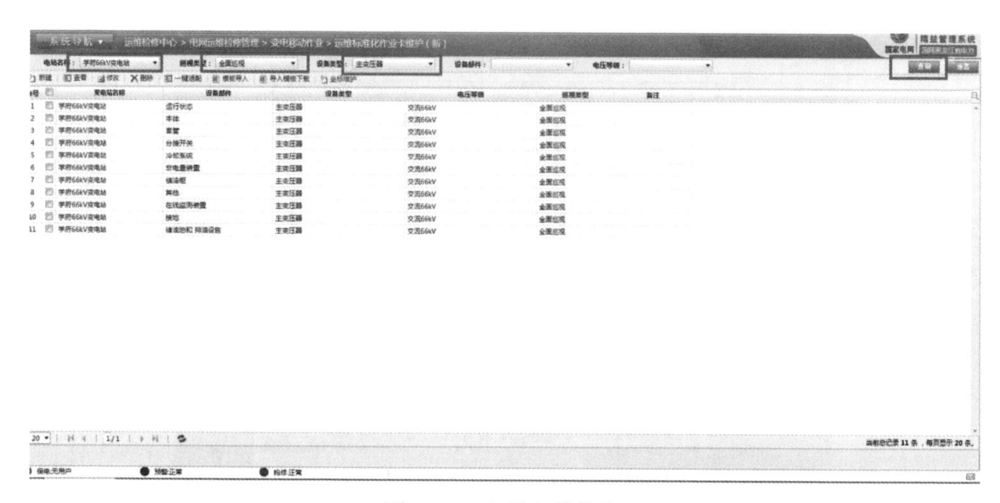

图 8-10　查看上传信息

5.PMS 移动端如何删除运维标准作业卡?

答：在“运维标准化作业卡维护”界面，序号打钩后，点击“删除”按钮即可删除作业卡，见图 8-11。

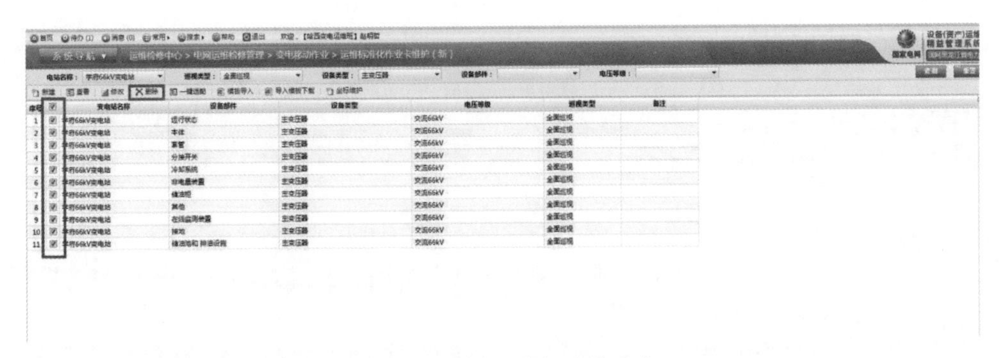

图 8–11　删除运维标准作业卡

6. 如何区分是否为移动终端录的巡视记录?

答: 运维检修中心→电网运维检修管理→巡视管理→巡视记录登记（新）里，查看线路巡视登记记录，见图 8–12。

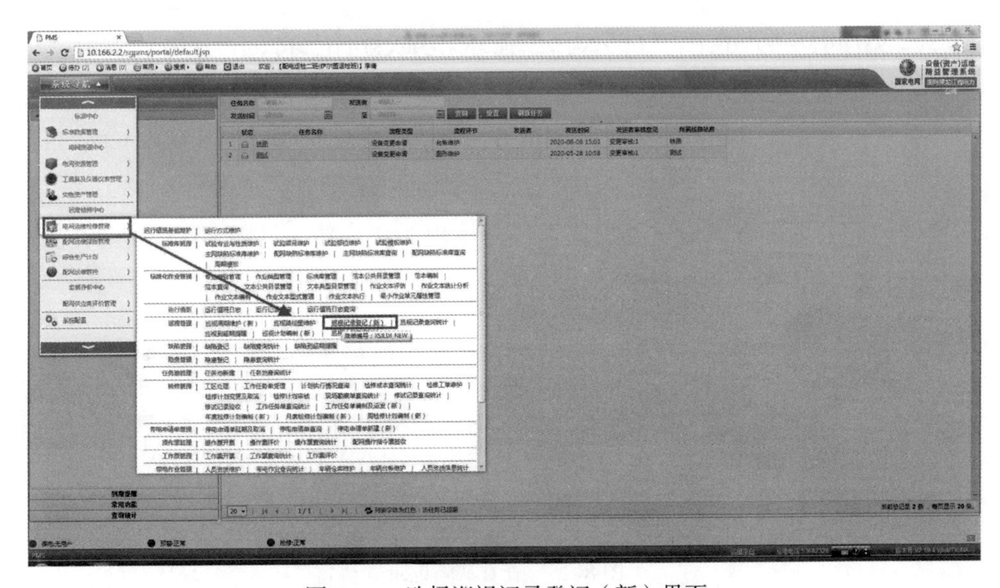

图 8–12　选择巡视记录登记（新）界面

点击线路巡视记录登记（见图 8–13），查看是否移动作业（终端巡视类型一般为特殊巡视），“是”表示在移动终端录的线路巡视。“否”表示在 PMS 端录的巡视线路。如果数据需要删除，可点击删除键进行删除，如图 8–14 所示。

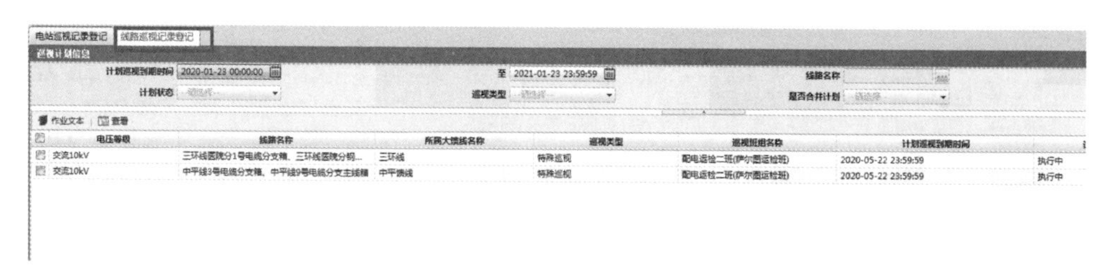

电站巡视记录登记　线路巡视记录登记

巡视计划信息

计划巡视到期时间 2020-01-23 00:00:00　至 2021-01-23 23:59:59　线路名称

计划状态　巡视类型　是否合并计划

作业文本　查看

电压等级	线路名称	所属大馈线名称	巡视类型	巡视班组名称	计划巡视到期时间	
交流10kV	三环线医院分1号电缆分支箱、三环线医院分钢...	三环线	特殊巡视	配电运检二班(萨尔图运检班)	2020-05-22 23:59:59	执行中
交流10kV	中平线3号电缆分支箱、中平线9号电缆分支主线箱	中平馈线	特殊巡视	配电运检二班(萨尔图运检班)	2020-05-22 23:59:59	执行中

图 8–13　进入“线路巡视记录登记”界面

巡视记录信息

巡视时间 2020-01-23 00:00:00　至 2021-01-23 23:59:59　线路名称

巡视班组　是否归档　电压等级

登记巡视记录　临时记录登记　批量登记巡视记录　修改　删除　查看　导出　归档　发送至TMS

电压等级	线路名称	所属大馈线	巡视类型	巡视班组名称	巡视人员	巡视结果	巡视开始时间	巡视结束时间	巡视长	发现缺	发现	隐患处理	巡视	巡视	专业分类	是否归档	是否移动作业	备注
交流10kV	中平馈线5#电缆...	中平馈线	正常巡视	配电运检二班(萨...	尹哲	已完成	2020-06-11 14:13:57	2020-06-11 15:20:13	0.11	0	0	0	是		配电	否	否	
交流10kV	萨桥线3号电缆分...		特殊巡视	配电运检二班(萨...	李倩	正常	2020-06-12 13:53:40	2020-06-12 13:59:50	0	0	0	0	是	...	配电	否	是	李倩,2020-06-12 ...
交流10kV	中平馈线5#电缆...	中平馈线	正常巡视	配电运检二班(萨...	尹哲	已完成	2020-06-18 09:10:30	2020-06-18 10:02:37	0.11	0	0	0	是		配电	否	否	
交流10kV	ZY-1200		特殊巡视	配电运检二班(萨...	尹哲	正常	2020-06-19 10:30:42	2020-06-19 10:43:02	1	0	0	0	是	...	配电	否	是	尹哲,2020-06-19 ...
交流10kV	中八乙线会战分1...		特殊巡视	配电运检二班(萨...	李倩	正常	2020-07-07 09:01:18	2020-07-07 11:03:10	0.5	0	0	0	是	...	配电	否	是	李倩,2020-07-07 ...
交流10kV	中平线5号电缆分...	中平馈线	特殊巡视	配电运检二班(萨...	李倩	正常	2020-07-10 09:54:48	2020-07-10 10:47:55	0.6	0	0	0	是	...	配电	否	是	李倩,2020-07-10 ...
交流10kV	中平馈线	中平馈线	正常巡视	配电运检二班(萨...	尹哲	已完成	2020-07-21 13:37:27	2020-07-21 15:00:00	15....	0	0	0	是		配电	否	否	
交流10kV	中桥乙线	无	正常巡视	配电运检二班(萨...	尹哲	已完成	2020-07-22 09:12:34	2020-07-22 10:40:43	3.01	0	0	0	是		配电	否	否	

图 8–14　查看是否移动作业

7. 如何区分是否为移动终端录的缺陷记录?

答：运维检修中心→电网运维检修管理→巡视管理→巡视记录登记（新）里，查看线路巡视登记记录，见图 8–12。点击线路巡视记录登记（见图 8–13），线路巡视登记记录里可查看通过移动终端巡视发现的缺陷数，见图 8–15。若发现缺陷，用 PMS 按正常流程处理缺陷。

巡视记录信息

巡视时间 2020-01-23 00:00:00　至 2021-01-23 23:59:59　线路名称　巡视类型

巡视班组　是否归档　电压等级

登记巡视记录　临时记录登记　批量登记巡视记录　修改　删除　查看　导出　归档　发送至TMS

电压等级	线路名称	所属大馈线	巡视类型	巡视班组名称	巡视人员	巡视结果	巡视开始时间	巡视结束时间	巡视长	发现缺陷数	发现隐患数	隐患处理次数	巡视是否完成	巡视	专业分类	是否归档	是否移动作业	备注
交流10kV	中平馈线5#电缆...	中平馈线	正常巡视	配电运检二班(萨...	尹哲	已完成	2020-06-11 14:13:57	2020-06-11 15:20:13	0.11	0	0	0	是		配电	否	否	
交流10kV	萨桥线3号电缆分...		特殊巡视	配电运检二班(萨...	李倩	正常	2020-06-12 13:53:40	2020-06-12 13:59:50	0	0	0	0	是	...	配电	否	是	李倩,2020-06-12 ...
交流10kV	中平馈线5#电缆...	中平馈线	正常巡视	配电运检二班(萨...	尹哲	已完成	2020-06-18 09:10:30	2020-06-18 10:02:37	0.11	0	0	0	是		配电	否	否	
交流10kV	ZY-1200		特殊巡视	配电运检二班(萨...	尹哲	正常	2020-06-19 10:30:42	2020-06-19 10:43:02	1	0	0	0	是	...	配电	否	是	尹哲,2020-06-19 ...
交流10kV	中八乙线会战分1...		特殊巡视	配电运检二班(萨...	李倩	正常	2020-07-07 09:01:18	2020-07-07 11:03:10	0.5	0	0	0	是	...	配电	否	是	李倩,2020-07-07 ...
交流10kV	中平线5号电缆分...	中平馈线	特殊巡视	配电运检二班(萨...	李倩	正常	2020-07-10 09:54:48	2020-07-10 10:47:55	0.6	0	0	0	是	...	配电	否	是	李倩,2020-07-10 ...
交流10kV	中平馈线	中平馈线	正常巡视	配电运检二班(萨...	尹哲	已完成	2020-07-21 13:37:27	2020-07-21 15:00:00	15....	0	0	0	是		配电	否	否	
交流10kV	中桥乙线	无	正常巡视	配电运检二班(萨...	尹哲	已完成	2020-07-22 2020-07-21 13:37:27	-22 10:40:43	3.01	0	0	0	是		配电	否	否	

图 8–15　查看缺陷记录

8. 如何区分是否为移动终端录的隐患记录?

答：运维检修中心→电网运维检修管理→巡视管理→巡视记录登记（新）里，查看线路巡视登记记录，见图 8–12。点击线路巡视记录登记（见图 8–13），线路巡视登记记录里可查看通过移动终端巡视发现的隐患数，见图 8–16。若发现隐患，用 PMS 按正常流程处理隐患。

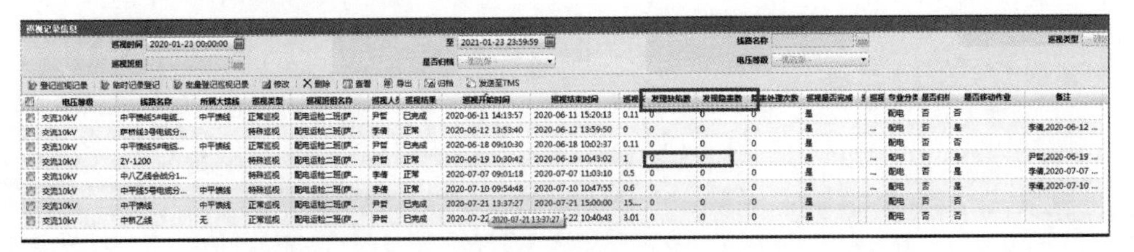

图 8–16 查看隐患记录